"卓越工程师教育培养计划"规划教材

化工过程参数监测与自动化

熊远钦　阳卫军　万其中　梁志武　编

化学工业出版社

·北京·

本书是为适应国家教育部的"卓越工程师教育培养计划"教学的需要而编写的高等学校化工类专业试用教材,除讲述构成化工过程自动控制系统的被控对象、检测元件与传感器、自动控制仪表及执行器等工业仪表知识外,在介绍了基本控制系统的基础上,还分别举例介绍了集散控制系统与现场总线控制系统、几种典型化工单元装置与过程的控制方案。

本书在内容编排和组织上注重实际应用,注意引用工程中的实例,培养学生的工程意识和工程应用能力,适用于高等学校化学工程与工艺专业的教学要求,也适宜于其他一些类型(例如石油、医药、轻工、食品、林业、冶金、煤矿、生物、环境)相关专业,还可供从事连续化工生产过程的工艺技术人员参考。

图书在版编目(CIP)数据

化工过程参数监测与自动化/熊远钦等编. —北京:
化学工业出版社,2014.1
"卓越工程师教育培养计划"规划教材
ISBN 978-7-122-19164-9

Ⅰ.①化… Ⅱ.①熊… Ⅲ.①化工过程-参数-监测-高等学校-教材②化工过程-参数-自动化-高等学校-教材
Ⅳ.①TQ02

中国版本图书馆 CIP 数据核字(2013)第 286494 号

责任编辑:杨　菁　李玉晖　　　　　　文字编辑:谢蓉蓉
责任校对:边　涛　　　　　　　　　　装帧设计:张　辉

出版发行:化学工业出版社(北京市东城区青年湖南街 13 号　邮政编码 100011)
印　　装:三河市延风印装厂
787mm×1092mm　1/16　印张 19½　字数 483 千字　2014 年 3 月北京第 1 版第 1 次印刷

购书咨询:010-64518888(传真:010-64519686)　　售后服务:010-64518899
网　　址:http://www.cip.com.cn
凡购买本书,如有缺损质量问题,本社销售中心负责调换。

定　　价:46.00 元

前　言

为适应国家教育部提出的"卓越工程师教育培养计划"，培养和造就一大批创新能力强、适应经济社会发展需要的高质量各类型工程技术人才教学过程的需要，突出工程教育改革发展的"四个更加重视"，我们依据教育部审定的高等学校化工类专业《化工仪表及自动化》教学大纲的要求，编写了《化工过程参数监测与自动化》这本教材。

本书较系统地介绍了化工过程参数监测及其控制的基础知识、过程控制系统的设计方法等基本理论，并以典型的化工单元控制方案实例予以诠释。全书共分 10 章，前五章重点介绍有关监测仪表的知识，后五章讲述化工过程自动化控制系统方面的知识。第 1 章为化工参数测量的基本知识，介绍化工过程中工艺参数检测的基本概念、测量仪表的分类与性能指标等共通性知识；第 2 章为化工过程压力的监测，主要介绍压力以及压差的检测方法、压力监测仪表及其变送器的工作原理、选用、安装和校验；第 3 章主要介绍化工过程流量的监测，包括流量的测量方法，各种流量仪表及变送器的工作原理、结构特点、仪表的选择、安装与校验；第 4 章讲述化工过程中物位的检测方法，物位监测仪表及变送器的原理、选用、安装与校验；第 5 章是化工过程温度的监测，主要介绍温度的检测方法，各种测温仪表以及变送器的工作原理、选用、安装与校验；第 6 章介绍化工参数控制的基本知识，包括自动控制系统的构成、品质指标以及工程化图示，描述被控对象的特性参数及其响应的动态曲线；第 7 章为自动控制系统及仪表，主要介绍各种常用控制规律，控制器、执行器、电-气转换器、阀门定位器的结构、原理及应用；第 8 章介绍基本控制系统，包括简单控制系统、控制器参数的工程整定，还介绍了串级、比值、均匀、前馈等常用复杂控制系统；第 9 章是集散控制及现场总线系统，本章不限于单一的化工装置和参数，而是对工厂、车间整体的集散控制系统，以及现场总线控制系统的结构、特点、功能进行了讨论，并介绍了相应的常见控制系统实例；第 10 章为典型化工单元设备的控制，分别对流体输送设备、换热设备、精馏塔、化学反应器的温度控制进行了介绍。

限于各个学校在化工类专业教学计划中分配给《化工仪表及自动化》课程的教学课时有限，故本书编者力求简明扼要，讲述理论时深入浅出，介绍分类仪表时原理与结构并重，并尽可能地引用图片进行展示，使学生在课堂学习中对化工厂的各类仪表、装置建立起感性认识，有助于后续的下厂实习、摸索工艺流程、理解工艺装置的原理内涵，以促进培养 21 世纪卓越工程技术人才的进程。

本书由湖南大学化学化工学院熊远钦老师策划、组编，熊远钦、阳卫军、万其中和梁志武共同编写，各章分工如下：第 1～5 章由熊远钦编写，第 6～8 章由阳卫军编写，第 9 章由万其中编写，第 10 章由梁志武编写，全书由熊远钦进行统稿及审定。在本书的编写过程中，同院的夏新年、李文生、王勤波老师等都提出了许多宝贵的意见，对他们的支持和帮助深表感谢。

湖南大学化学化工学院 2009 级化学工程与工艺专业本科生孙青、罗浩、熊振华同学，2010 级王进同学，2011 级硕士生屈晓娟，2012 级硕士生杨忠奎、王钊、高涛、孙宝帅同学对本书写作过程中在文字和图表校对等方面付出了辛勤的劳动，在此也一并表示谢意。

鉴于编者的学识水平有限，成稿时间仓促，书中难免存在不当和瑕疵，在此恳请广大师生和读者不吝指正，提出宝贵的修改意见。我们先致以诚挚的感谢，并在后续的教学和再版中及时改进、完善。

编者
2013 年 9 月

目　录

第1章　化工参数测量的基本知识

在化工生产过程中，一切操作过程都必须在预定条件下进行。为了正确地指导生产操作，保证化工过程的安全和产品质量，保障生产过程的稳定，其中必不可少的工作是准确而及时地检测出生产过程相关参数，如压力、流量、物位及温度等。用来检测这些参数的技术工具称为测量仪表，用来将这些参数转换为某种便于传送的信号（如电信号或气压信号）的仪表通常称为传感器，而把传感器的输出信号转换成统一标准的模拟信号或者满足特定标准的数字量信号的仪表称为变送器，将变送器的输出信号用指针、数字、曲线等形式显示出来，与/或同时送到控制器的装置称为显示装置。有时将传感器、变送器和显示装置统称为检测仪表；也常把测量仪表和传感器称为一次仪表，变送器和显示装置称为二次仪表。

为保证化工生产的正常运行和安全、提高产品质量、节约能源，必须准确及时地对压力、物位、流量、温度等参数进行测量和控制。过程参数检测是化工生产过程自动控制系统的重要组成部分。实施任何一种控制，首要问题是要准确及时地把被控参数检测出来，并变换成为调节、控制装置可识别的形式，将测量数据与预定的许可数据相比较，由控制系统根据两者的偏差的正负、大小和变化趋势，按照设定的控制程序进行调节。因此，化工参数的监测是实现生产过程自动化、改善工作环境、提高劳动生产率的首要环节。

1.1　化工参数的监测过程与测量误差

1.1.1　测量的概念

测量就是借助专门的技术工具，并采用某一计量单位把待测量的大小表示出来，实际上，测量是确定某一参数量值的过程。这个过程分为两种情况：一是狭义上的测量，即将被测参数的量值与作为标准量的单位进行比较，从而确定被测参数的量值；二是广义上的测量，将信号检出、放大处理及显示的综合过程。

一个完整的测量过程，一般应包括以下三个过程。

① 信息的提取。由传感器来完成，一般是将被测信息转换成电信号，也就是说，把被测信息转换成电压、电流或电路参数（电阻、电感、电容）等电信号输出。

② 信号的放大及处理。由于传感器输出的信号比较小，不足以驱动显示器显示或指示装置指示，所以一般是由放大器把信号进行放大处理。

③ 放大后的信号送入显示部分进行显示。

工业过程检测涉及的内容很广泛，一般分为：热工量（温度、压力、流量、物位等），机械量（质量、尺寸、力、速度、加速度等），成分量（介质的成分浓度、密度、黏度、湿度、酸度等），电工量（电压、电流、功率、电阻等）。本书主要介绍在化工生产过程中的热工量的检测方法及仪表。

1.1.2　测量方法

对参数的测量方法，从不同的角度有不同的分类方法。按被测变量变化速度分为静态测量（习惯称之为检测）和动态测量（习惯称之为监测），化工过程中各种热工量的测量多属于监测的概念；按测量敏感元件是否与介质接触可分为接触式测量和非接触式测量；按比较方式分为直接测量和间接测量；按测量原理分为偏差法、零位法、微差法等。

在实际应用中，更多地按直接测量和间接测量来分。

直接测量方法：是指用事先标定好的仪表或量具直接读出测量值，即把待测量与作为标准量的单位进行比较，确定被测量是标准量单位的倍数，直接得到测量结果的方法。例如，用刻度尺、天平等对长度和质量进行的测量就是直接测量。

间接测量方法：是指用多个仪表（或环节）所组成的一个测量系统（一般包含被测变量的测量、变换、传输、显示、记录和数据处理过程）的方法，这种测量方法在工程中应用广泛。通过测量与待测参数成某种函数关系的几个直接测量量，然后求出待测量。例如人体体温的测量，其测量过程是首先是将温度的变化转换为水银的体积变化，再由玻璃管内部的腔体把水银的体积变化转化为水银柱高度的变化，根据水银柱高度便可知温度的高低。

1.1.3 测量误差的特点及规律

测量的目的是期望能得到测量参数的"真实值"，正确地反映客观实际，但是，无论人们怎么努力（包括从测量原理、测量方法、仪表精度等方面进行努力），都无法测得"真实值"，而只能是尽量接近"真实值"。也就是说，测量值与"真实值"之间始终存在着一定差值，这种差值就是测量误差。在实际的测量过程中，常常是以精度较高的标准仪表指示值作为被测参数的真实值，而把一般检测仪表的指示值与标准仪表的指示值之差称作测量误差，该差值越小，说明测量仪表的可靠性越高。因此，求知测量误差的目的就是用来判断测量结果的可靠程度。

常用的测量误差分类方法有两种：一是按误差的性质分类；二是按误差的量纲分类。

（1）按误差的性质分类

误差的性质分类有系统误差、随机误差、粗大误差。

① 系统误差　是指在重复条件下，对同一被测量进行无限多次测量所得到的测量结果的平均值与被测量真值之差。系统误差是由于仪表本身缺陷、仪表使用不当或测量时外界条件变化等原因所引起的。系统误差包括方法误差（测量、计量、操作）和附加误差（环境条件、仪表本身、材料的热胀冷缩、操作者的读数习惯），它的大小、正负是有规律的，可以消除。

这种误差的特点有以下四种规律：a. 恒定的系统误差：数值大小或符号（指正或负的误差）都相同的误差；b. 误差按一定线性规律变化；c. 误差按某一周期规律变化；d. 误差变化没有规律。

必须指出，单纯地增加测量次数，无法减少系统误差对测量结果的影响，但在找出产生误差的原因之后，便可通过对测量结果引入适当的修正值而加以消除。例如采用标准孔板测量蒸汽流量时，如果工作时蒸汽压力和温度与设计孔板孔径时的数值不同，就会引起系统误差，如果已知变动工作状态后的蒸汽压力和温度值，则可以通过一定的函数关系计算，对仪表的指示值进行修正，以消除测量的系统误差。

② 偶然误差（又称随机误差）　是指在重复条件下，对被测量进行测量时，测量值与真实值之差。偶然误差是由许多复杂因素微小变化的综合作用引起的，它是指在相同的条件下，对某一参数进行重复多次测量时，多次测量的误差服从统计规律。这类误差的大小与测量次数有关，其算术平均值将随测量次数的增多而减小（但不是线性关系）。偶然误差决定

了测量的精密度。它的平均值愈小，测量愈精密。

偶然误差是没有规律可循的，在统计学上呈正态分布，具有如下特点。a. 对称性：正、负绝对值相等的误差出现的次数相同。b. 抵偿性：由于正、负绝对值相等的误差出现的次数相同，因此对某一参数进行重复多次测量时，正、负绝对值相等的误差互相抵消。c. 有界性：误差的绝对值不会超过某一值。d. 单峰值：误差的绝对值愈小，出现的次数愈多，因此曲线呈现出单峰性。

③ 疏忽误差（粗大误差）　测量误差明显超出正常测量条件下预期的范围，称为疏忽误差，也称粗大误差。实际测量工作中常常把那些误差明显超大的测量值称为坏值或异常值。

疏忽误差是由于测量人员在使用仪器或仪表时，不能认真地读取或记录测量数据而造成的。这类误差数值的大小很难估计。如果测量值中含有这类误差，那么这样的测量结果毫无意义。疏忽误差是工作责任心问题，由于测量者将仪表指示值读错、记错、仪表操作失误、计算错误等造成的，因此，必须认真工作，杜绝产生这类误差。

在对某一参数进行测量时，采用适当的方法来确定在测量的过程中是否存在系统误差和粗大误差，以提高测量的准确性。消除和削弱系统误差的影响，常用实验对比法和残差校核法；消除粗大误差的依据一般是以检验测得的数据是否偏离正态分布函数而建立的。

（2）按误差的量纲分类

按误差的量纲分类，可分为绝对误差、相对误差和引用误差三种。

① 绝对误差　在一定条件下，某一物理量所具有的客观量值称为真实值。测量的目的就是力图得到真实值。在实际的测量中，由于受测量方法、测量仪器、测量条件以及观测者水平等多种因素的限制，测量结果与真实值之间总存在一定的差异，即总是存在测量误差。这种差值被称为绝对误差。

设测量值为 x_1，测量值的真值为 x_t，绝对误差为 Δ，则

$$\Delta = x_1 - x_t = x - x_0 \tag{1-1}$$

式中，x 是用测量仪表得到的测量值；x_0 为用"标准仪表"得到的"标准值"

它的量纲与被测量相同，且有正、负之分。显然，绝对误差 Δ 越小，测量结果 x_1 与被测量的真实值 x_t 就越接近，表明测量的准确度越高。绝对误差可以由多种原因产生，引起绝对误差的原因可能有：测量装置的基本误差、非标准工况条件下所增加的附加误差、被测量随时间的变化、测量原理、影响量（不是被测量，但是对测量结果有影响的量）引起的误差、观测人员的疏忽产生的误差。

② 相对误差　用相对误差表示测量过程中某一测量值的精确程度是比较合适的。相对误差 δ 是在测量范围内某一点的绝对误差 Δ 与该点标准值 x_0 之比的百分数。

$$\delta = \frac{\Delta}{x_0} = \frac{x - x_0}{x_0} \tag{1-2}$$

③ 引用误差　引用误差 q 是描述仪表本身的测量准确程度的参数。它是在仪表量程范围内的最大绝对误差 Δ_{max} 与量程 L 之比的百分数：

$$q = \frac{\Delta_{max}}{L} = \frac{x - x_0}{L_上 - L_下} \tag{1-3}$$

很显然，某个测量数据的引用误差大小不仅与其大小有关，还与仪表的量程大小有关，而且是一个无量纲的数据。

1.2　检测仪表的组成与分类

1.2.1　检测仪表的基本组成

与一般的机械量、电工量的检测有所不同，对于化工生产过程中化工参数的检测普遍是动态检测，这类用于监测的仪表品种多，类型复杂，结构各异。但它们都承担着共同的任务——动态监测出被测参数的值，因此，它们在基本组成上具有明显的共性，都是由检测传感部分、中间传送（包括放大）部分和显示（包括转换成其它信号）部分构成。

（1）检测传感部分

① 敏感元件　敏感元件是能够灵敏地感受到被测参数的变化并作出相应响应的元件。例如，弹性膜盒能感受到压力的大小而引起形变。一般用作敏感元件的输入/输出关系必须呈稳定的单值函数关系。

② 传感器　传感器是从被检测参量中提取出有用信息（通常是电量）的器件。其结构由敏感元件本身（有时包括一次或二次转换元件）与/或部分的测量电路构成，有电量传感器（例如热电偶元件）和电参数传感器（例如应变片）两类。

（2）中间传送部分

中间传送部分（也称信号处理器）是把检测部分的输出信号进行放大、转换、滤波、线性化处理，以推动后级显示器的工作。

转换器是信号处理器的一种。传感器的输出通过转换器把非标准信号转换成标准信号，使之与带有标准信号的输入电路或接口的仪表配套，实现检测或调节功能。所谓标准信号，就是物理量的形式和数值范围都符合国际标准的信号。例如，直流电流 $4 \sim 20\text{mA}$、直流电压 $1 \sim 5\text{V}$、空气压力 $20 \sim 100\text{kPa}$ 等都是当前工业控制过程中的通用标准信号。

变送器是传感器与转换器的另一种称呼。凡能直接感受非电性被测量并将其转换成标准信号输出的转换传送装置都可以称作变送器。例如，差压变送器、电磁流量变送器等。

（3）显示部分

将测量结果用指针、记录笔、数字值、文字符号（或图像）的形式显示出来的器件就是检测仪表的显示部分。

在仪表的生产过程中，根据检测参数性质以及测量原理的不同，有的仪表把上述三部分功能组合在一起，如弹簧管压力表，有的则需要把这三部分制成各自相对独立的仪表，如热电偶温度计。在这种情况下，就有前面叙述过的"一次仪表"和"二次仪表"之分。

1.2.2　检测仪表的分类

化工生产过程中使用的仪表类型繁多、结构各异，因而分类方法也不少，现就常见的几种分类方法简介如下。

① 依据所测参数的不同，可分成压力（包括差压、负压）检测仪表、流量检测仪表、物位检测仪表、温度检测仪表、物质成分分析仪表等。

② 按仪表工作时使用的能源不同，分为气动仪表、电动仪表和液动仪表。

③ 按参数获得、传递、表达的方式不同，可分成检测型、指示型、记录型、信号型、远传指示型、累积型等。

④ 按精度等级以及使用场合的不同，可分为实用仪表、范型仪表、标准仪表。

⑤ 按仪表功能的组合形式不同，分为单元组合仪表和基地式仪表。

1.3　检测仪表的性能指标

尽管现代检测仪器、检测系统的种类、型号繁多，用途、性能千差万别，但仪表的基本性能指标不外乎静态特性、动态特性、可靠性、经济性。以下只讨论其静态特性和动态特性。

1.3.1　静态指标

（1）量程

每个仪表都不可能在其参数测量值方面做到万能，也就是说，它的测量值总被限制在某个范围之内。在规定的误差极限内，测量仪表所能测得的被测参数的最小值到最大值的范围称为该仪表的测量范围，测量范围的上限与下限的代数差则被称作仪表的量程。

我国对于不同参数的测量仪表分别规定了相应的量程规范化系列数值，在进行仪表量程的选择时必须根据测量值的大小、波动性质和精确度要求，对照确定相应的上下限规格，不能自行随意指定仪表的量程。

（2）精确度

仪表的精确度是描述仪表测量结果准确程度的指标。在实际的检测过程中，都存在一定的误差，其大小一般用精度来衡量。仪表的精度是仪表最大引用误差 q_{max} 去掉正负号和百分号后的数值。

工业过程中常用仪表的精度等级来表示仪表的测量准确程度，是由国家统一规定的系列指标，也是仪表允许的最大引用误差，我国仪表精度等级大致有以下几级。

Ⅰ级标准表——0.005、0.02、0.05。

Ⅱ级标准表——0.1、0.2、0.35、0.5。

一般工业用仪表——1.0、1.5、2.5、4.0。

仪表的精度等级越小，精确度越高。当一台仪表的精度等级确定后，仪表的允许误差也随之确定了。仪表允许误差表示为 $\delta_允$，合格仪表的精度 q_{max} 不超过其仪表的最大允许误差。

我们国家规定，每个仪表出厂前，应在其表盘正面的明显位置，用菱形、倒三角形或圆形线框标明其精确度，如图 1-1 所示。

这里需要特别强调的是，当根据仪表的校验数据来确定仪表的精度等级时，仪表的允许误差应大于或至少等于仪表校验结果所得的最大引用误差，并且要在国家统一规定的仪表等级数值里

图 1-1　仪表精确度的标示

往大的一侧选最靠近的一个数确定；而根据工艺要求来选择仪表的精度等级时，仪表的允许误差应小于或至多等于工艺上所允许的最大引用误差。下面举例进行说明。

【例 1-1】 有一台测压仪表，其标尺范围为 $0\sim500\text{kPa}$，已知其绝对误差最大值 $\Delta p_{max}=4\text{kPa}$，求该仪表的精度等级。

解：先计算

$$q_{max}=\frac{4}{500-0}\times100\%=0.8\%$$

该仪表的最大引用误差大于 0.5%，而小于 1%，按仪表精度等级的划分，该仪表的精度为 1 级。

现根据测量的需要，将该仪表的测量范围改为 $200\sim400$ kPa，仪表的绝对误差不变，此时仪表的最大引用百分误差为：

$$q_{max}=\frac{4}{400-200}\times100\%=2\%$$

故该仪表的精度等级为 2.5 级。同时也说明，仪表的绝对误差相等，测量范围大的仪表精度高，反之仪表精度低。

【例 1-2】　某台测温仪表的测温范围为 $0\sim1000\text{℃}$。根据工艺要求，温度指示值的误差不允许超过 $\pm6\%$，试问应选择哪个精度等级的仪表才能满足以上要求？如果要求测量的温度值误差不超过 $\pm6\text{℃}$，又该选用哪个等级的仪表呢？

解：根据工艺上的要求，仪表的允许百分误差为

$$q_{允}=\frac{\pm6}{1000-0}\times100\%=\pm0.6\%$$

如果将仪表的允许误差去掉"$\pm$"号与"$\%$"号，该数值介于 $0.5\sim1.0$ 之间，如果选择精度等级为 1.0 级的仪表，其允许的误差为 $\pm1.0\%$，超过了工艺上允许的数值，故应选择 0.5 级仪表才能满足工艺要求。

对于测温要求绝对误差不允许超过 $\pm6\text{℃}$ 的情况，要求该仪表的最小相对误差为：

$$\delta_{min}=\frac{\pm6}{1000}\times100\%=\pm0.6\%$$

那么，这时选择量程为 $0\sim1000\text{℃}$ 测温仪表的精度等级应该为 0.5 级。

（3）线性度

在 1.2.1 章节中曾要求过，一般用作敏感元件的输入/输出关系必须呈稳定的单值函数关系，对于理论上具有线性特性的检测仪表，往往由于各种因素的影响，使其实际测量值的特性曲线偏离理论上的线性值，如图 1-2 所示。

线性度是表征线性刻度仪表的输出量与输入量的实际校准曲线与理论直线的吻合程度。通常总是希望测量仪表的输出与输入之间呈线性关系。因为在线性情况下，模拟式仪表的刻度就可以做成均匀刻度，而数字式仪表也可以不必采取线性化措施。线性度通常用实际测得的输入-输出特性曲线（称为校准曲线）与理论直线之间的最大偏差与测量仪表量程之比的百分数表示。

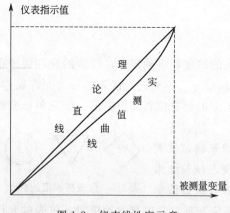

图 1-2　仪表线性度示意

（4）回差

回差又称变差，是指在外界条件不变的情况下，用同一仪表对被测量在仪表全部测量范围内进行正、反行程（即被测参数逐渐由小到大和逐渐由大到小）测量时，被测量值正行程和反行程所得到的两条特性曲线之间的最大偏差，如图 1-3 所示。

造成回差的原因很多，例如传动机构间存在的间隙和摩擦力、弹性元件的弹性滞后等。回差的大小，用在同一被测参数值下正、反行程间仪表指示值的最大绝对差值与仪表量程之比的百分数来表示，即：

$$回差=\frac{正、反行程测量值的最大绝对差值}{仪表的量程}\times100\%$$

必须注意，仪表的变差不能超出仪表的允许误差，否则，应及时检修。

（5）灵敏度及与灵敏限

仪表针的线位移或角位移，与引起这个位移的被测参数变化量之比值称为仪表的灵敏度，即：

$$S=\frac{\Delta\alpha}{\Delta x}$$

式中，S 为仪表的灵敏度；$\Delta\alpha$ 为指针的线位移或角位移；Δx 为引起 $\Delta\alpha$ 所需被测参数变化量。

所以，仪表的灵敏度，在数值上就等于单位被测参数变化量所引起的仪表指针移动的距离（或转角）。

所谓仪表的灵敏限，是指能引起仪表指针发生动作的被测参数的最小变化量。通常仪表灵敏限的数值应不大于仪表允许绝对误差的一半。

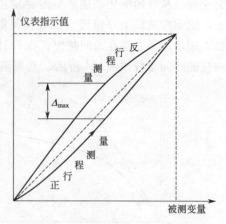

图 1-3 测量仪表的回差示意图

检测仪表的灵敏度可以通过增大环节的放大倍数来提高；若仅加大灵敏度而不改变仪表的基本性能，这样来提高仪表精度是不合理的，反而可能出现似乎灵敏度很高，但精度却下降的虚假现象。为防止该现象，通常规定仪表标尺的最小分格值不能小于仪表允许误差的绝对值。

值得注意的是，上述指标仅适用于指针式仪表。在数字式仪表中，往往用分辨力来表示仪表灵敏度（或灵敏限）的大小。分辨力则是指数字显示器的最末位数字间隔所代表的被测参数变化量。

1.3.2 动态指标

上面所介绍的仪表的量程、精确度、回差、线性度、灵敏度及与灵敏限都是稳态（静态）性能指标。动态指标则是指检测仪表受外扰动作用（即参数本身发生变化）后，仪表指示值对被测变量实际值的响应情况。这些情况的不一致是由于检测系统中检测元件的各种运动惯性以及能量形式转换需要时间所造成的。衡量各种运动惯性的大小，以及能量传递的快慢常采用仪表的反应时间、检测系统的时间常数 T、传递滞后时间（纯滞后时间）τ 三个参数表示。

（1）仪表的反应时间

当用仪表对被测量进行测量时，被测量突然变化以后，仪表指示值总是要经过一段时间后才能准确地显示出来。反应时间就是用来衡量仪表能不能尽快反映出参数变化的品质指标。反应时间长，说明仪表需要较长时间才能给出准确的指示值，就不宜用来监测变化频繁的参数。因为在这种情况下，当仪表尚未准确显示出被测值时，参数本身早已改变了，仪表始终不能及时指示参数瞬时值的真实情况。所以，仪表反应时间的长短，实际上反映了仪表动态特性的好坏。

仪表的反应时间有不同的表示方法。当输入信号突然变化一个数值后，输出信号将由原来的值逐渐变化到新的稳态值。仪表的输出信号（即指示值）由开始变化到达到新稳态值的 63.2% 所用的时间，可用来表示反应时间，也有用变化到新稳态值的 95% 所用的时间来表示反应时间的。

（2）时间常数

在各种检测过程中，如果被测参数受到外界的阶跃干扰作用而发生变化，其仪表监测值响应曲线从开始变化到达到新的稳定值的过渡时间被称为时间常数 T。如果时间常数 T 越大，则响应曲线上升越慢，仪表检测数据的动态误差存在的时间越长；反之，曲线上升越快，则动态误差存在时间越短。在设计检测系统时，总希望把 T 值取得小一些。仪表阶跃响应的时间常数如图 1-4 所示，监测系统的滞后时间如图 1-5 所示。

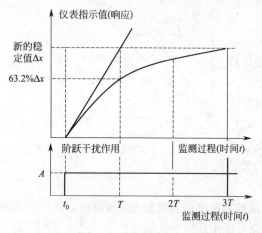

图 1-4　测量仪表对参数变化的响应（时间常数 T）　　　图 1-5　监测系统的滞后时间 τ_0

（3）滞后时间

在监测系统中，如果被测参数受到外界的干扰作用后，被控变量不能立即显示其他变化，这种现象称为滞后现象。如其中存在较长的取样管线和预处理等环节，使得系统在显示测量值时存在时间延迟，即纯滞后时间 τ_0。在纯滞后时间 τ_0 内，动态误差最大，且一直延续到时间 τ_0 结束；而时间常数 T 对动态误差的影响是逐渐减少的。故在检测系统中 τ_0 的不利影响远远超过时间常数 T 的影响，应引起足够的重视，使其越小越好。τ_0 的产生主要是由于介质的输送需要一段时间而引起的。

思考与练习题

1. 何谓测量误差？什么是测量误差？基本误差与附加误差有何不同？检测仪表的误差有哪几种表示方法？相对误差与引用误差有何异同？如何减小系统误差？

2. 工业检测仪表是如何进行分类的？检测仪表有哪几个基本组成部分？试述各部分作用。

3. 何谓检测仪表的准确度等级？我国仪表的精度等级分为多少级？

4. 通过查阅资料，请你写出我国对于弹簧管压力计和水银温度计分别规定的量程系列。

5. 某温度表的测温范围为 0～1000℃，准确度等级为 0.5 级，试问此温度表的允许最大误差为多少？在校验点为 500℃ 时，该温度表的指示值为 504℃，请问该温度表在这一点上的准确度是否符合 0.5 级，为什么？

6. 如果有一台压力表，其测量范围为 0～1.6MPa，在对其进行常规校验时，得到如表 1-1 所示的数据。

表 1-1　压力表校验数据

项目	上行程	下行程
被校表读数/MPa	0.0,0.4,0.8,1.2,1.6	1.6,1.2,0.8,0.4,0.0
标准表读数/MPa	0.000,0.386,0.790,1.210,1.595	1.595,1.215,0.810,0.405,0.000

（1）求出该压力表的回差。

（2）问该压力表是否符合 1.5 级准确度？

第 2 章　化工过程压力的监测

在化工生产过程中，许多工艺过程只有在一定的压力条件下才能进行，因而经常会遇到比大气压高几百倍，甚至上千倍的压力，或者比大气压低很多的工艺条件。例如，氨的合成必须在 32MPa 的高压下进行；某些精馏或蒸发过程需要很高的负压（也称真空度）。因为压力可以改变化学平衡，影响反应速度，也可以改变物质性质，提高过程质量等。然而，所有工艺设备的承压能力都是有限的，超过设备的额定压力容易造成设备的损坏，甚至造成爆炸事故。因此，为了保证生产始终处于高产、优质、安全、低消耗，以获得最好的技术经济指标，在各种化工过程中，对压力进行监测和控制是十分重要的。

此外，压力测量的意义还不局限于它自身，有些其他参数的测量，如物位、流量等往往是通过测量压力或差压来进行的，即测出了压力或差压，便可确定物位或流量。

2.1　压力的测量方法

压力是一物体施加于另一物体单位面积上的均匀、垂直的作用力（在物理学中称为压强）。在化工生产过程中，流体给器壁的压力是由流体分子的重量和分子运动队器壁撞击而产生，由受力的面积和垂直作用力大小的决定，方向指向受压物体，可表示为：

$$p = \frac{F}{S} \tag{2-1}$$

式中　p——物体单位面积上所受到的压力，N/m^2；

　　　F——物体受到的垂直作用力，N；

　　　S——受力面积，m^2。

物体单位面积上所受压力的总和称为绝对压力。来源于空气（柱）形成的压力称为大气压力。当绝对压力大于大气压力时，两者的差为正，称为表压。反之，差值为负，称为真空度（有时候也称为负压）。测量绝对压力的仪表称为绝对压力表。普通压力仪表测得的压力是表压。测量负压的仪表一般称为真空表。既能测量表压又能测量负压的仪表称为压力真空表。

由于各种工艺设备和检测仪表通常都是处于大气之中，本身就承受着大气压力，所以工程上经常采用表压力或真空度来表示压力的大小；因此，一般的压力检测仪表所指示的压力也是表压力或真空度。本书在以后章节中所提到的压力，若无特殊说明，均指的是表压。

有时候，工业生产上还需要测量和比较某两个测压点之间的压力差。其中，差压计和差压变送器就广泛应用于节流式流量计和压力式液位计中。

1960 年第 14 届国际权度大会规定以 Pa（Pascal，帕）作为国际制压力单位。它等于每 $1m^2$ 的面积上垂直作用 $1N$ 的力所产生的压力，即 $1Pa = 1N/m^2$。我国也已推行并普遍采用国际制压力单位。

根据流体静力学原理，对于密度为 ρ、高度为 H 的流体柱，由于其自身重力对容器底部所产生的压力为：

$$p = H\rho g \tag{2-2}$$

式中 g——重力加速度，6.674×10^{-11} N/kg。

所以，对于密度一定的流体，可用该流体的液柱高度来表示压力的大小，如 mmHg、mmH$_2$O 等。

在实行国际单位制之前，曾经使用过的压力单位还有 at（1at = 98066.5Pa）、atm（1atm = 101325Pa）、bar（1bar = 10^{5}Pa）等。它们之间的量值换算可参阅有关手册、书籍。

在化工生产过程中，压力的检测和控制非常重要，它是安全生产和产品质量的重要保证措施。测量范围从负压（减压塔）到 300MPa（高压聚乙烯反应器），从就地检测压力表到压力变送器、压力传感器都已获得广泛的应用。

由于化工生产工艺和介质的不同，压力测量的方法也有很多。如果按敏感元件和转换原理的特性不同，一般分为以下四类。

① 液柱式压力测量方法   它是根据流体静力学原理，通过测量液柱高度实现对被测压力的测量。利用这种方法测量压力的仪表主要有 U 形管压力计、单管压力计、斜管微压计等。

② 弹性式压力测量方法   它是根据弹性元件受力变形、撤力即能恢复的原理，将被测压力转换成弹性元件的位移来实现对压力测量的。常用的弹性元件有弹簧管、膜片和波纹管等。这类方法在压力测量中应用最广。

③ 电测式压力测量方法   它是利用敏感元件将被测压力转换成各种电量，如电阻、电感、电容、电位差等。该方法具有较好的动态特性，量程范围大，线性好，便于实现压力的自动控制。

④ 负荷式压力测量方法   它是基于静力平衡原理进行压力测量的。典型测量仪表主要有活塞式、浮球式和钟罩式三大类，它们普遍被用作标准压力表对普通压力检测仪表进行标定。

本章重点介绍前三种压力测量方法。

2.1.1   连通液柱法

所谓连通液柱法测量压力，是根据不可压缩的连续流体柱具有传递静压力的原理，通过测量液柱高度的变化实现对被测压力的监测。

实际应用连通液柱法测量压力时，需要在测定压力的容器或管道壁处开一个取压口，用合适的连通管将被测介质与测压仪表中的测压工作液相连接，再观测工作液的液柱高度与变化情况。其中的力学原理及数学演算过程在《化工原理》等课程中已有介绍，不宜赘述，此处仅列示其结果表达式：

$$p = H\rho g \tag{2-3}$$

式中 p——被测压力，N/m^2；

　　　　H——连续流体柱的垂直高度，m；

　　　　ρ——连续流体的密度，kg/m^3；

　　　　g——万有引力常数，6.674×10^{-11}N/kg。

利用这种方法测量压力的仪表主要有 U 形管压力计、单管压力计、斜管微压计等，如图 2-1 所示。

这种仪表结构简单，使用方便，价格便宜，在一定的条件下容易得到较高的准确度，目前仍得到广泛的应用。但由于它们易碎，不耐压，读数不便，体积较大，量限不高，不易实

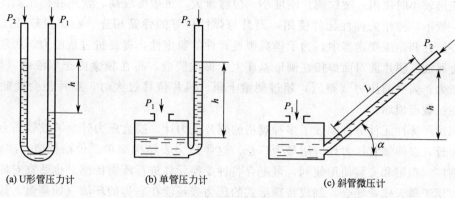

(a) U形管压力计　　　　　(b) 单管压力计　　　　　　(c) 斜管微压计

图 2-1　连通液柱法测压计

现远传和自动记录，因而应用范围受到一定的限制。多用于低压、负压和压力差的测量，也可作为实验室精密测量低压和校验仪表之用。

2.1.2　弹性元件变形法

利用弹性元件的变形来测量压力，常见的弹性元件有弹簧管、弹性膜片、膜盒和波纹管等，见图 2-2。

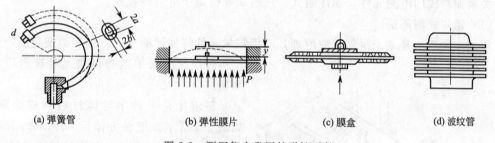

(a) 弹簧管　　　　　　(b) 弹性膜片　　　　　(c) 膜盒　　　　　(d) 波纹管

图 2-2　测压仪中常用的弹性元件

在力的作用下，弹性元件会发生暂时变形，当由于变形产生的反作用力与作用力达到平衡时，弹性元件的变形（位移）与作用在它上面的力成正比，由此，可以把被测压力的变化转换成弹性元件的变形（位移）来实现对压力测量。这类方法在压力测量中应用最广。

同样，弹性元件变形法测量压力时，也需要通过被测介质取压口、连通管将被测介质引入到弹性元件中，被测介质压力的变化会引起弹性元件发生弹性形变，通过监测弹性元件自由端（末端）的位移来显示被测介质压力的变化。其中单圈弹簧管（亦称波登管，因为最先由法国工程师波登发明）和多圈弹簧管（亦称螺旋管，其最高测量上限约 1.57×10^7 Pa，即约为 160kgf/cm²）可用于高、中、低压和负压的测量；薄膜式（包括膜片与膜盒）、波纹管式多用于低压、微压和负压的测量。

波纹管是用金属材料滚压或叠焊制成的形状为周围有褶皱的圆柱形薄壁筒，其自由端封闭，另一端通入被测压力的流体。在压力作用下，其自由端受力产生伸缩变形。波纹管的变形主要是各层波纹产生弯曲，其特点是刚度小、位移量大。对压力的灵敏度高，可用来测量较低的压力。

膜片一般用金属薄片、橡胶膜或硅材料制成，其形式有平膜片、波纹膜片和挠性膜片。其中平膜片可以承受较大的被测压力，变形量较小，灵敏度不高，一般在测量较大的压力而且要求变形较小时使用；波纹膜片刚度小，位移量大，灵敏度较高，常用在低压测量中；挠性膜片一般不单独作为弹性元件使用，而是与弹性较好的弹簧相连，在测量较低压力时使用；在差压计和差压变送器中，为了提高弹性元件的稳定性，提高抗过载能力，通常把两张相同的金属波纹膜片面对面焊接在圆形基座上，做成膜盒，再在膜盒内充填液体（如硅油）来传递压力；当被测压力（差压）超过测量上限、膜片位移过大时，膜片便会紧贴在基座上，避免过载而损坏。

利用这些弹性元件分别制成了多种规格的膜片压力计、膜盒压力计、波纹管压力计、弹簧管压力计，以弹簧管压力计应用最为广泛。这类压力表结构简单、价格低廉、准确度高、测量范围广，携带和安装使用便利，可配合各种变换元件进行压力传感；也适宜安装在各种设备上或用于露天作业场合，制成特殊形式的压力表还能在恶劣的环境（如高温、低温、振动、冲击、腐蚀、黏稠、易堵和易爆）条件下工作。其缺点是频率响应低，不宜用于监测波动频繁的压力。

2.1.3　电量转换法

电量转换法测量压力是利用压力敏感元件将被测压力转换成各种电量（如电阻、电感、电容、电位差等）来进行压力的测量。这类方法具有较好的动态特性，量程范围大，线性度好，便于实现对压力参数的远传和自动控制。另外，利用某些物体的某一物理性质与压力之间的关系而制成的电测元件，如压阻式、压磁式等也属于电量转换法。

（1）霍尔式测压法

霍尔式测压法是基于霍尔效应原理，利用霍尔元件将弹性测压元件随压力变化所产生的位移转换成为霍尔电势以实现对被测压力的测量。

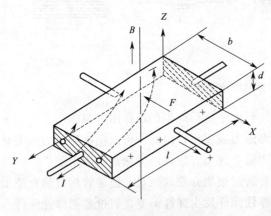

图 2-3　霍尔效应示意图

霍尔片是一种半导体材料制成的薄片，如图 2-3 所示。把长方体形（$l \times b \times d$）霍尔元件放置于磁场 B 中，磁力线沿 Z 方向垂直穿过霍尔元件。在霍尔片的 Y 方向上通入恒定电流 I 以后，半导体材料内的自由电子在作与外加电流 I 方向相反的运动时，由于受到磁场洛伦兹力的作用，自由电子的运动方向会发生偏移，从而造成在霍尔片的 $-X$ 方向端面上有电子积累，$+X$ 方向端面上有正电荷过剩，于是在霍尔片的 X 方向出现电位差 E_H，这种电位差被称为"霍尔电势"。这种现象则称为霍尔效应。

霍尔电势 E_H 的大小与半导体的材料、控制电流 I、磁感应强度 B 和霍尔片的几何尺寸（$l \times b \times d$）有关，在数值上可用下式表示：

$$E_H = \frac{IB}{ned} = R_H \times \frac{IB}{d} \tag{2-4}$$

式中　E_H——霍尔电势，mV；

　　　　I——控制电流，mA；

　　　　B——外加磁场强度，特斯拉，即 N/(mA·mm)；

　　　　n——霍尔片材料的电子密度，C/mm³；

e——电子电量，C；

d——霍尔片的厚度，mm；

R_H——霍尔常数，mA·N·mm/C²，它反映了材料的霍尔效应的强弱，其大小由霍尔片的材料所决定。

金属材料中的自由电子浓度很高，其霍尔常数 R_H 很小，所产生的霍尔电势 E_H 也极小，故不宜做霍尔元件。所以霍尔元件都是由半导体材料制成的。当霍尔片的材料和厚度一定时，R_H 是一个常数，代表着霍尔片的灵敏度，表示在单位电流和单位磁场强度作用下，开路时霍尔电势的大小。R_H 与霍尔片的厚度成反比，霍尔片越薄，灵敏度系数就越大。但在设计霍尔片的尺寸结构、考虑提高其灵敏度的同时，必须兼顾霍尔片的强度和内阻。

（2）电容式测压法

用弹性元件做成封闭的电容器的极板，极板间充以不可压缩流体（介电质）。当流体受到的压力发生改变时，这种电容器的极板就会发生弹性形变，从而导致电容器的极板间距（电容量）发生变化。此时电容器电容量的变化与弹性元件的变形量有关，测得电容量变化便可测出弹性元件的变形量，进而测得被测压力。电容式测压原理如图 2-4 所示。

根据平板电容器的电容量表达式：

$$C = \varepsilon \frac{A}{d} \tag{2-5}$$

式中　C——电容量，F；

ε——电容器极板间绝缘介质的介电常数，F/m；

A——电容器两极板覆盖的面积，mm²；

d——两极板间的距离，m；

由式（2-5）可知，改变距离 d 或面积 A 中的任何一个参数都可使电容器的电容量 C 发生变化。因此，可以通过改变极板面积或者改变极板间距离的方法来测量被测压力。

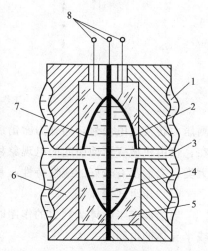

图 2-4　电容式测压原理图

1—隔离膜片；2,7—固定电极板；

3—硅油（不可压缩流体，充当介电质）；

4—测量膜片（可移动电极板）；5—玻璃层；

6—底座；8—信号引出线

（3）差动电感式测压法

差动电感式的压力测量方法是以电磁感应为基础，通过弹性元件把压力 P 的变化转换成差动线圈电感量的变化来测量压力，其电感传感器原理如图 2-5 所示。

由图 2-5 可知，如果把可动铁芯与弹性元件相连，当弹性元件在压力的作用下发生弹性形变，带动它上下移动时，将使铁芯在次级线圈中的相对位置发生改变，导致次级线圈里的感应电动势 e_1 和 e_2 发生变化，从而使线圈的输出电势 u 产生更大的变化，这样就实现位移-电感的转换。这里的所谓差动，指的是将次级线圈分成两段且反向绕制，当可动铁芯在其中发生位移时，一段线圈内的感应电动势增加，另一段线圈的感应电动势则减小，引出端电动势的变化是它们两段各自变化值的代数和（差值）。

（4）压电式测压法

它是根据"压电效应"原理，即当某些晶体沿某一方向受压或受拉发生机械变形（压缩或伸长）后，在其两个相对面（指受力面与受力相对面）上内部的正、负电荷中心发生相对位移，将"产生"异性电荷，这种电荷量的大小与所施加的压力或拉力成正比，如此就把被

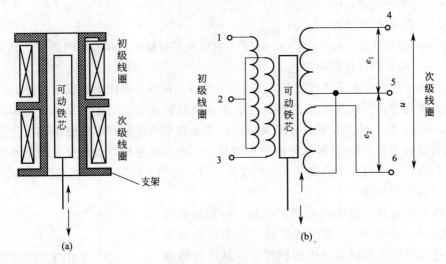

图 2-5　电感传感器原理

1，2，3—工作电源接线端；4，5，6—感应电动势引出端

测压力转换成电信号，当外力撤销后它又会重新回归为不带电的状态。这种没有外界电场存在，仅由机械变形而引起的电现象称为压电效应。常用的压电材料有压电晶体、压电陶瓷两大类。它们都有较好的线性特性，是理想的压电测压元件材料。

（5）压阻式测压法

当金属或半导体受到力的作用时，其电阻率会发生变化，这种现象称为压阻效应。金属或半导体的电阻为：

$$R = \rho \frac{L}{A} \tag{2-6}$$

式中　ρ——导体的电阻率，$\Omega \cdot m$；

　　　L——导体的长度，m；

　　　A——导体的横截面积，m^2。

当导体受到力的作用后，电阻的变化率为：

$$\frac{\Delta R}{R} = \frac{\Delta \rho}{\rho} + \frac{\Delta L}{L} - \frac{\Delta A}{A} \tag{2-7}$$

对于金属导体来说，轴向应变 $\dfrac{\Delta L}{L} = \varepsilon$，径向应变 $\dfrac{\Delta A}{A} = -\mu\varepsilon$，又因为 $\Delta\rho/\rho \ll 1$，因此有：

$$\frac{\Delta R}{R} = \frac{\Delta L}{L} - \frac{\Delta A}{A} \approx (1+\mu)\varepsilon = K\varepsilon \tag{2-8}$$

式中　K——金属导体的灵敏系数。

当金属导体材料一定时，K 为常数，这时，其电阻的变化率与金属导体的轴向应变成正比。

对于半导体而言，$\Delta\rho/\rho \gg 1$，这时便有：

$$\frac{\Delta R}{R} = \frac{\Delta \rho}{\rho} = \pi E\varepsilon \approx K\varepsilon \tag{2-9}$$

$$K = \pi E$$

式中，K 称为半导体的灵敏系数。对于不同材料的半导体，其灵敏系数是不同的。K

一般约为 $60\sim200$，比金属导体的灵敏系数大得多。但其受温度的影响也要比金属材料大得多，且线性度较差，因此使用时应考虑补偿和修正。

还有一类基于静力平衡原理进行压力测量的，其典型测量仪表有活塞式、浮球式和钟罩式等三大类。它们主要被用作标准压力表对普通压力检测仪表进行标定，在实际工业生产中，很少用它们来进行压力参数的监测。

2.2　压力监测仪表及变送器

在工业生产中，使用较多的测压仪表有弹性式压力计、电感式、应变式、压电式、电容式等压力、差压变送器等。

2.2.1　弹性式压力计

弹簧管压力表是工业上常用的就地指示且便于远传的测压仪表，其中应用最多的是单圈弹簧管压力表，如图 2-6 所示。

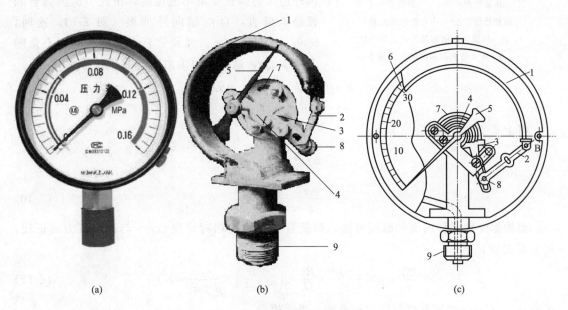

(a)　　　　　　　　　(b)　　　　　　　　　(c)

图 2-6　弹簧管压力表的结构

1—单圈弹簧管；2—拉杆；3—扇形齿轮；4—中心齿轮；
5—指针；6—仪表面板；7—游丝；8—调整螺钉；9—连接口

单圈弹簧管是一根具有椭圆形截面且弯成 $270°$ 的圆弧形的空心金属薄壁管。椭圆形截面的长轴垂直于仪表盘面。弹簧管固定端（连接口）作为待测压力输入端，自由端封闭，其位移用于对压力变化信息的输出。当被测压力的流体引入固定端以后，由于椭圆截面在压力 P 的作用下趋于变圆，这时在弹簧管圆弧形的外侧受拉应力的作用，弹簧管的内侧受到压应力的作用，弹簧管原有的圆弧形随之产生向外挺直的扩张，其自由端因此发生位移。注意：弹簧管自由端的位移量一般很小，直接显示有困难，所以必须通过放大机构（拉杆、扇形齿轮、中心齿轮、游丝等）才能指示出来。即把弹簧管受压后自由端产生的位移进行放大，并将该线位移变换为角位移，推动同轴指针发生偏转，从而指示所受压力的大小。

在化工生产过程中，如果在普通弹簧管压力表上附加触点机构则形成的电接点压力表，可用于压力警示与或定点控制压力参数。如果在普通弹簧管的自由端附上霍尔片装置，则可实现对被测压力的远距离传输。

弹簧管压力表的灵敏度计算介绍如下。

当待测压力的流体引入压力表的弹簧管里后，其中心角 γ 会增加 $\Delta\gamma$，被测压力越大，弹簧管中心角的变化量 $\Delta\gamma$ 就越大。若以 γ'、R'、r'、a'、b' 分别表示弹簧管受压后的对应值，则有：

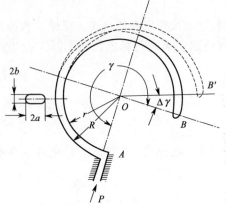

图 2-7　弹簧管受压变形示意图

A—弹簧管的固定端；B—弹簧管的自由端；
O—弹簧管中心轴；γ—弹簧管中心角
的初始值；$\Delta\gamma$—中心角的变化量；
r，R—弹簧管弯曲圆弧的内、外半径；
a，b—弹簧管椭圆截面的长、短半轴

$$R\gamma = R'\gamma' \quad r\gamma = r'\gamma'$$
$$(R-r)\gamma = (R'-r')\gamma'$$

因为：$R-r=2b$；$R'-r'=2b'$

所以：$b\gamma = b'\gamma'$

弹簧管内部受压后（管内压力比管外压力大），其椭圆形截面将趋向于变成圆形，但弹簧管圆弧的内外边缘的弧长受限不能改变，由此引起弹簧管圆弧趋于挺直，自由端向外伸展（图 2-7）。这时，$b>b'$，所以 $\gamma<\gamma'$。弹簧管自由端所在的中心角随之减少 $\Delta\gamma$，这时自由端由 B 点发生位移到 B'。

$$b'=b+\Delta b \quad \gamma'=\gamma-\Delta\gamma$$
$$b\gamma = (b+\Delta b)(\gamma-\Delta\gamma)$$

将上式变换，得到：

$$\Delta\gamma = \frac{\Delta b}{b+\Delta b}\gamma$$

$$\frac{\Delta\gamma}{\gamma} = \frac{\Delta b}{b+\Delta b} \tag{2-10}$$

而根据弹性元件的变形原理可知，弹簧管中心角的相对增量 $\Delta\gamma/\gamma$ 与被测压力成正比，其关系式如下：

$$\frac{\Delta\gamma}{\gamma} = p\times\frac{1-\mu^2}{E}\times\frac{R^2}{bh}\times\left(1-\frac{b^2}{a^2}\right)\times\frac{\alpha}{\beta+\kappa^2} = Kp \tag{2-11}$$

式中　μ，E——弹簧管材料的泊松系数、弹性模量；

　　　h——弹簧管的壁厚；

　　　κ——弹簧管的几何参数；

　　　α，β——与 b/a 比值有关的参数。

综上可以得出以下结论.

① 弹簧管中心角度的变化量与弹簧管的结构尺寸有关。γ、R 越大，b/a、h 越小，弹簧管中心角度的变化量 $\Delta\gamma$ 越大，灵敏度越高；但如果 $b=a$，则 $\Delta\gamma=0$，即圆形截面且壁厚均匀的弹簧管不能用来做测压元件。

② 弹簧管中心角度的变化量 $\Delta\gamma$ 与弹簧管材料的性能有关，μ、E 越小，灵敏度越高。

③ 弹簧管结构、尺寸和材料一定时，弹簧管中心角度的变化量 $\Delta\gamma$ 与被测压力成正比。

因此，弹簧管原来的中心角 γ（如多圈弹簧管）越大，其灵敏度越高；而短半轴 b 越小，中心角的变化量将越大，即在相同的中心角下，短半轴越小越灵敏。

2.2.2　电气式压力计

电气式压力计通过机械和电气元件将被测压力转换成电压、电流、频率等电量进行测量的，它一般由压力敏感元件、转换元件、测量电路等组成。压力敏感元件一般是弹性元件，被测压力通过它转换成一个与压力有确定关系的非电量（如弹性形变、应变力或机械位移）；通过转换元件的某种物理效应将这一非电量转换成电阻、电感、电容、电势等电量；测量电路则将这种电量进行放大和再转换，变成易于传送的电压、电流或频率信号输出。

电气式压力计包括应变片压力表、压阻式压力表、电容式压力表、膜片式压电压力表和活塞式压电压力表等。当然，霍尔片式压力表也可归属于电气式压力计。

需要注意的是，有的电气式压力计的压力敏感元件和转换元件是同一个元件；有的仅包含压力敏感元件和转换元件，而将测量电路置于显示、控制仪表中。

（1）应变片压力表

应变片压力表的功能元件是金属应变片，分丝式和箔式两种，如图 2-8 所示。

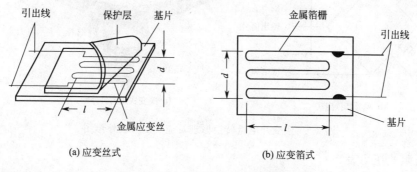

(a) 应变丝式　　　　　　　　　　(b) 应变箔式

图 2-8　压力表用应变片结构示意图

丝式应变片由往复回绕成栅状的金属丝（称为敏感栅）、基底、引线，保护膜等组成。敏感栅一般采用直径为 0.015～0.05mm 的康铜、镍铬合金、铁铬铝合金等金属丝，用黏合剂固定在厚 0.02～0.04mm 的纸或胶膜基底上，引线由直径为 0.1～0.2mm 的低阻镀锡铜线或银线制成，用于与测量电路相连。箔式应变片的敏感栅用预先粘贴在绝缘基片上的厚度为 0.003～0.01mm 的金属箔经光刻、腐蚀等工艺制成，其优点是表面积与截面积之比大，散热条件好，能承受较大电流和较高电压，因而输出灵敏度高，并可制成各种需要的形状，便于大批量生产，而金属丝式应变片的蠕变较大，伸缩过程中容易脱胶滑落，因此，箔式应变片正逐渐取代丝式应变片。

应变片压力表内设计有一个传感筒，将两个应变片分别沿传感筒的径（轴）向和紧紧贴附在筒外壁上，当传感筒受到被测压力的作用，应变片被压缩时则其电阻值减小，被拉伸时其电阻值增加。然后将应变片阻值的变化通过惠斯登电桥转化成相应的毫伏级电势输出，其组装结构见图 2-9，其中纬向贴附的应变片主要对测量温度起补偿作用。

半导体应变片以硅或者锗等半导体材料制成，有体型、薄膜型和扩散型三种形式，其基本原理也是应变片受到拉伸或压缩后，其电阻值发生改变，同样用惠斯登电桥转化成相应的电势变化值输出。薄膜型和扩散型的硅应变片压力计更多地被列为压阻式压力表。半导体应变片相对于金属应变片的特点是，灵敏系数大、频率响应快、机械滞后小、阻值范围宽、体积小，但热稳定性较差，需要进行温度补偿。

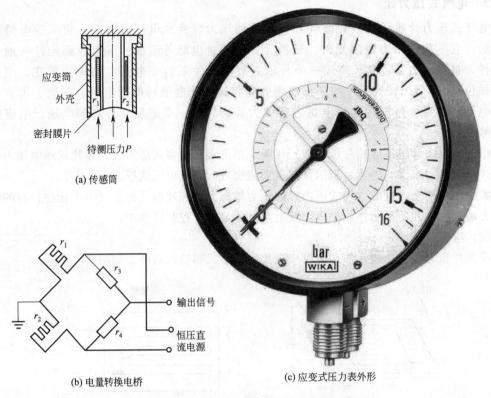

应变筒
外壳
密封膜片
待测压力P
(a) 传感筒

r_1
r_3
r_2
r_4
输出信号
恒压直流电源

(b) 电量转换电桥

(c) 应变式压力表外形

图 2-9　应变片电量转换原理及应变压力表外形图

（2）压阻式压力表

压阻式压力表是利用某些固体材料（如单晶硅等）受到力的作用后，其电阻率会发生变化，当这种变化规律呈现线性关系时，就可以通过测量固体材料的电阻值来间接测量它所受到的压力大小。这种受力改变电阻的现象被称为压阻效应，据此制得的测压元件称为压敏电阻片（或者压敏电阻杯）。压阻式压力表的内部结构见图 2-10。

图 2-10 中（a）是压阻压力表的核心元件——附着在高度绝缘的硅质弹性膜片上的扩散单晶硅电阻；（b）是它们的组装内部结构图，硅质弹性膜片被制作成杯状，在硅质弹性膜片的两侧分别引入压力 P_1 和 P_2，则可以用于监测它们间的压差；（c）所展示的是带内置膜片的压阻式压力传感器的外形，它可用于压力的现场指示，通过电阻信号引线可以将压阻材料的电阻值变化通过惠斯登电桥转化成相应的电势变化值输出，实现被测压力的远传。同样，压阻压力传感器的特点是灵敏度高，频率响应快；测量范围宽，可测低至 10Pa 的微压到高至 60MPa 的高压；准确度高，工作可靠，其准确度可达 $\pm(0.2\% \sim 0.02\%)$；易于微小型化，目前国内已生产出直径 $1.8 \sim 2$mm 的压阻式压力传感器。

（3）电容式差压变送器

电容式压力表（或差压变送器）由电容式测量膜盒和转换电路组成，电容式测量膜盒将差压的变化转换为电容量的变化。测量膜盒内充以填充液（硅油）、中心感压膜片（可动电极）和其两边弧形固定电极分别形成电容 C_1 和 C_2。当被测压力加在测量膜片上后，通过腔内填充液的液压传递，使中心感应膜片产生位移，因而使中心感应膜片与两边弧形固定电极的间距不再相等，从而使 C_1 和 C_2 的电容量不再相等，通过转换部分的检测和放大，将电容的变化量转换为直流电流信号输出。电容式差压变送器的结构如图 2-11 所示。

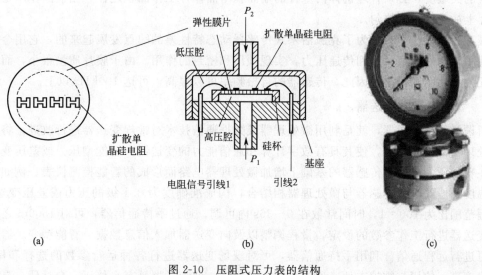

图 2-10　压阻式压力表的结构
($P_1 > P_2$)

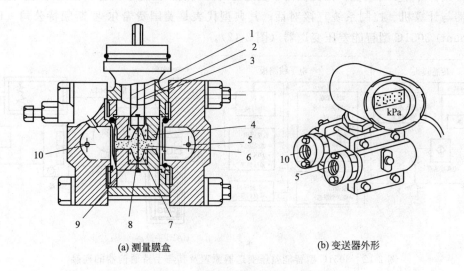

(a) 测量膜盒　　　　　(b) 变送器外形

图 2-11　电容式差压变送器的结构

1，2，3—电极引线；4—差动电容膜盒；5—低压导压口；6—硅油；
7—低压侧极板；8—中心感压膜片；9—高压侧极板；10—高压导压口

电容式差压变送器的作用是将不同范围的差压转换为标准的 4～20mA 的直流电信号输出。不同的测压范围可通过差压变送器的调零和调量程的方法实现，当压力变化较大时，需换不同测压范围的变送器。电容式差压变送器的精度较高，由于它的结构能经受振动和冲击作用，其可靠性、稳定性高。当测量膜盒的两侧与不同压力的介质相连接时，便可以用来测量差压、液位等参数。

（4）活塞式和膜片式压电压力表

活塞式压电压力表是一种适合于测量瞬态超高压的压电传感器，其测量压力的上限达 300～400MPa。被测压力作用在活塞的端面，通过活塞杆的传递作用，在活塞的另一头由砧盘将压力传到压电晶体上。为了保证在测量条件下，不会超越压电晶体的允许应力，又能获得较大的灵敏度，必须合理选择活塞杆的端面积与晶体片工作面积之比，砧盘的作用是保证晶体片上的受压较为均匀。

膜片式压电压力表是为了克服活塞式传感器动态特性差的缺点发展起来的，它用金属膜片取代了活动的活塞，起到传递压力，实现预压和密封的作用。由于膜片质量很小，而且与压电元件相比刚度很小，因此，传感器的自振频率可以很高，可达 100kHz 以上。

2.2.3　智能型压力变送器

所谓智能型变送器，就是利用微处理器及数据通信技术对常规变送器进行改进，将专用的微处理器植入变送器，使其具有数字计算和通信能力的变送器。智能型压力或差压变送器就是在普通压力或差压传感器的基础上增加微处理器电路而形成的智能检测仪表。例如，用带有温度补偿的电容传感器与微处理器相结合，构成准确度为 0.1 级的压力或差压变送器，其量程范围比为 100∶1，时间常数在 0～36s 内可调，通过手持通信器，可对 1500m 之内的现场变送器进行工作参数的设定、量程调整以及向变送器加入信息数据。智能型变送器的特点是可进行远程通信。利用手持通信器，可对现场变送器进行各种运行参数的选择和标定，其准确度高，使用与维护方便。通过编制各种程序，使变送器具有自修正、自补偿、自诊断及错误方式告警等多种功能，因而提高了变送器的准确度，简化了调整、校准与维护过程，促使变送器与计算机、控制系统直接对话。其典型代表是美国费希尔-罗斯蒙特公司（Fisher-Rosemount）3051C 型智能差压变送器（图 2-12）。

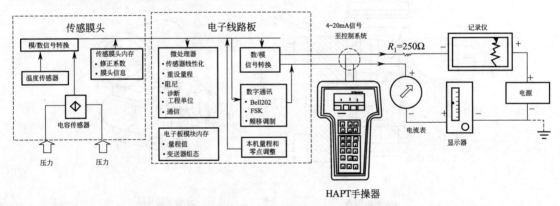

图 2-12　3051C 型智能差压变送器原理及其与手持通信器的连接

另一款应用较宽的 ST-3000 智能差压变送器是由美国 Honeywell 公司研制的二线制变送器，它的检测元件是扩散硅压阻传感器，如图 2-13 所示。与模拟式扩散硅差压变送器的不同之处是采用了复合型传感器，在单片 5mm×5mm 的硅片上应用超大规模集成电路的离子注入技术，集成了测量静压、压力差、温度用的三种元件，并集成了电子多路开关盒 A/D 转换器，通过微处理器处理这些数据信息，从而产生高精度的输出。

尽管不同厂商的智能变送器，其传感元件、结构原理、通信协议多有不同，但总的说来，其基本特点都是相似的。归纳起来，可叙述如下。

① 测量精度高，基本误差仅为 ±0.075% 或 ±0.1%，性能稳定、可靠，响应快。

② 具有静压和温度补偿功能，保证仪表的精度。

③ 具有较大的量程比（20∶1 或 100∶1）和较宽的零点迁移范围。

④ 支持现场总线通信协议，输出模拟、数字混合信号或全数字信号。

图 2-13　智能差压变送器的外形

⑤ 除有检测功能外，智能变送器还具有计算、显示、报警、控制、诊断等功能；与智能执行器配合使用，可就地构成控制回路。

⑥ 利用手持通信器或其它组态工具可以对变送器进行远程组态。

2.3　压力仪表的选择、安装与校验

检测仪表都是利用某种工作原理而制作的，它们都要求特定的条件和环境，离开这些条件和环境，检测结果会带来很大的误差，甚至引起仪表不能正常工作，所以安装的正确与否也是一个至关重要的问题，必须认真对待，必须按有关的规程进行。

2.3.1　检测仪表安装的一般原则

由于检测仪表品种繁多，工作原理差异极大。因此，安装的要求差别很大，这里先概述安装工作中的一般原则。

（1）确保其检测的准确性

利用检测元件来检测某一物理量的大小，关键技术指标是准确。离开准确，检测就失去意义。怎样才能使检测具有足够的准确性呢？一般应注意以下几点。

① 利用传热、传质原理制作的检测元件即接触式检测元件，必须使检测元件与被测介质有良好的接触，能进行充分的传热、传质过程。

② 检测元件的测量头必须顶着被测介质的流动方向，即成逆流状态，以减少测量中的误差。

③ 检测元件应安装在被测介质流速最大处，不应安装在被测介质流动死区，以避免测量数据的不正确性。

④ 非接触式检测元件应安装在被测介质容易被检测到的地方。如光学高温计，应安装光线能顺利通过，并能看到被测介质。

（2）确保检测元件工作安全可靠

检测元件安装的正确与否，关系到生产能否正常进行，以及设备能否确保人身安全。

① 凡检测高压介质参数的检测元件，应保证其有足够的机械强度。

② 检测元件的机械强度还应与其结构形式、安装方法、插入深度以及被测介质流速等因素有关，须综合考虑。

③ 凡安装承受压力的检测元件，都必须保证其密封性。

④ 凡安装在高温介质中的检测元件，必须能承受高温对检测元件的影响。

⑤ 凡安装在高速流动介质中的检测元件，必须能承受过大的冲蚀，最好能把检测元件安装于管道的弯曲处。

⑥ 凡安装在腐蚀性介质中的检测元件，必须考虑耐腐蚀的问题。

（3）便于仪表工作人员的维修、检验

为了确保检测工作的准确，对检测仪表必须定期进行检定；另外，在日常运行中，检测仪表随时也会发生故障，这就需要仪表工去维修，计量工去检定，因而就要给他们一定的环境条件，如在高空时，须装有平台、梯子等。

（4）便于仪表工的观察和记录

在工矿企业中，为了保证生产的正常运行，都建立起巡回检查制度及定时看表、记录并存档制度。一般来说，仪表工每天需2～3次去现场检查仪表运行情况，重要岗位每小时去检查一次。这就要求仪表表盘正面安装在检查时容易看到的地方，便于仪表工能正常操作。

2.3.2　各类测压仪表的特点与应用

压力测量系统是由被测对象、取压口、导压管和压力仪表等组成的。因此，压力仪表的选择、安装和校验与这四个方面密切相关。为使化工生产中的压力测量经济、合理、有效，正确地选择、校验和安装压力测量仪表是十分重要的。这里先将目前国内各类压力表的特点与应用场合列表概述于表2-1。

表 2-1　各类压力仪表的特点与应用场合

分类与品种		特点	测量范围	精度	应用场合
液柱式压力表	柱形压力计	结构简单，制作方便，但易破损	100～1000mm 液柱	1.5	用于测量气体的压力及差压（也可用于测量对充填工作液不起作用的腐蚀性介质），可用于差压流量计
	杯形压力计		300～1500mm 液柱		
	斜管压力计		40～125mm 液柱	0.5～1	测气体微压、炉膛微压及差压
	补偿式压力计		1150～250mm 液柱		
弹性式压力表	工业用压力表	普通压力表、电接点压力表、真空表（防爆、非防爆）、双针双管压力表	结构简单，成本低廉，使用维护方便，产品品种多，使用最广泛	−0.1～1000MPa	1.0,1.5,2.5	用于测量非腐蚀性、无爆炸危险的非结晶的气体，以及液体压力、负压。防爆场所应用防爆电接点压力表
				−0.1～160MPa	1.5,2.5	
		双面压力表		0.4～6MPa	1.5	非腐蚀性介质压力，可同时测两点表压及两点压差，用于机车上
		矩形压力表		0～2.5MPa	1.5	用于蒸汽机车、锅炉蒸汽压力测量
		远传压力表（电阻式、电感式）	有刻度，不防爆	0.16～2.5MPa	2.5	安装在仪表盘测非腐蚀介质的压力、负压
				0.1～80MPa	1.5	实现压力远传，也能就地指示
		标准压力表	结构严密，精密压力表簧管材质为1Cr18Ni9Ti	−0.1～160MPa	0.2,0.25	检验普通压力表或精确测量非腐蚀性介质的压力，精密压力表，可用于硝酸，大部分有机酸的介质压力测量

续表

分类与品种		特点	测量范围	精度	应用场合
弹性式压力表	专用压力表 · 精密压力表	结构严密,精密压力表簧管材质为1Cr18Ni9Ti	6～60MPa	0.4,0.25	检验普通压力表或精确测量非腐蚀性介质的压力,精密压力表,可用于硝酸、大部分有机酸的介质压力测量
	氨用压力表-电接点为非防爆	弹簧管材质为不锈钢	－0.1～160MPa	1.0,1.5,2.5	液氨、氢气及混合物和对不锈钢不起腐蚀性作用的介质
	氧气压力表	严格禁油	0.16～160MPa	1.0,1.5,2.5	氧气压力
	乙炔压力表		0.25～2.5MPa	2.5	乙炔发生器压力
	氢气压力表		0.25～60MPa	2.5	氢气压力
	耐酸压力表	镍铬,钛钼合金为簧管材料	4～60MPa	1.5	测对本仪表材质不起作用的介质的压力
	传感式油压表	导管长度<12m	0.3～1.6MPa	1.5,2.5	发动机润滑系统中的油压测量
	船用压力表	防震结构,不宜盘装	0.025～0.4MPa	1.0,1.5	用于船舶和有灰尘、振动、湿热的场所非腐蚀性介质
	多圈螺旋管压力表,真空表,波纹管压力表	结构复杂,但能记录,远传报警指示	0.6～16MPa 0.025～0.4MPa	1.0,1.5	能把非腐蚀性介质压力远传,也能就地指示、记录、调节
	膜片式压力表,真空表(电接点装置有耐腐蚀、不耐腐蚀两种材质)	耐腐蚀材料为1Cr18Ni9Ti 和Ni30CrAl,含钼不锈钢,带电接点装置,不防爆	2.5MPa 0.1MPa	2.5	适宜测量腐蚀性、非腐蚀性、非结晶、非凝固的黏性较大的介质压力和负压
	压力、真空变送器(不防爆) 霍尔变送器	霍尔效应原理	无刻度 0.26～40MPa	1.5,1.0	能把非腐蚀性介质压力传至远离测量点的二次仪表,不能就地指示霍尔变送器,不耐震
	变送器	电感式、电阻式			
其他压力表	压力信号器	接触元件为微动开关,触点容量<10V·A	1.6～4MPa	1.5	用于非腐蚀性介质压力远传到声光信号系统和联锁
	压力继电器		0.6～3MPa	1.0,0.2	
	防爆压力开关		0.1～2.5MPa		
	薄膜降压信号器		0.3～3.3MPa	0.2	可对非腐蚀介质进行压力调节
	压力调节器		0.2～4MPa	0.2	
活塞式	压力校验仪	精度高、结构严密	－0.1～250MPa	0.2	用于校验各类压力表、真空表
	真空校验仪		0.1MPa	0.5	

2.3.3　压力表的选择

压力表的选择是一项重要的工作,如果选用不当,不仅不能正确、及时地反映被测对象压力的变化,而且还可能引起事故。选择压力表应根据被测压力的种类(正压力、负压或压差),被测介质的物理、化学性质和用途(指示、记录和远传),以及生产过程所提出的检测要求来选择。必须根据工艺生产的要求来选择压力表类型。例如,是否需要远传变送、自动记录或报警;被测介质的性质(温度、黏度、腐蚀性、易燃易爆性)是否对仪表提出特殊的要求;现场环境条件(湿度、温度、磁场、振动)对仪表类型有无限制。因此根据工业要求正确地选用压力表类型是保证仪表正常工作及安全生产的重要前提。同时应本着既能满足准确度的要求,又要经济合理的原则,正确选择压力表的类型、量程和精度等级。主要从以下三个方面进行选择。

(1) 仪表类型的选择

普通压力表的弹簧管多采用铜合金、合金钢,可用于大多数压力测量场合。但是,由于氨、乙炔等与铜能够形成络合物而对铜合金产生腐蚀作用，因而监测氨气和乙炔压力的压力计不能使用铜合金的弹簧管；另外，浓氧对各类有机油脂存在强氧化作用，极易引发燃烧甚至爆炸，因此，氧气压力表在使用中是禁油的，在对其校验时，也不能用变压器油作为工作介质。用于其它特殊介质或环境监测压力时，应选择不同类型的压力表。

① 压力表的外形选择　弹簧管压力表在结构外形上，根据引入压力的接头方向和安装环边的不同，可分为径向、轴向、直接安装式、凸装式、嵌装式等几种，表盘的公称直径有 40mm、50mm、60mm、100mm、150mm、250mm 等大小之分，如图 2-14 所示。

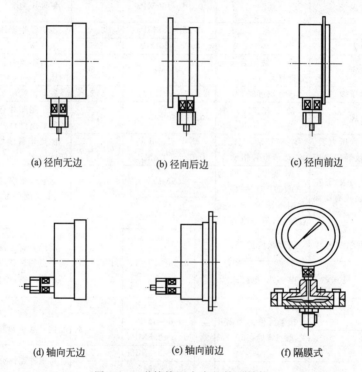

|(a) 径向无边|(b) 径向后边|(c) 径向前边|
|(d) 轴向无边|(e) 轴向前边|(f) 隔膜式|

图 2-14　弹簧管压力表的外形结构

在经济、实用的基础上应考虑便于安装和美观。一般屏装场合宜用矩形压力表；其他场合多用圆形弹簧管压力表，其表盘直径多为 ϕ150mm。

② 根据使用环境和介质的性能考虑

a. 从被测介质的压力大小来考虑，如测量微压（几百帕至几千帕），宜采用液柱式压力管表或膜盒压力计；如被测介质压力不大（在 15kPa 以下），且不要求迅速读数的，可选 U 形管压力计或单管压力计；如要求迅速读数，可选用膜盒压力表；如测高压（＞50kPa），应选用弹簧管压力表。

b. 从被测介质的性质来考虑，测量氨、氧、氢气、氯气、乙炔、硫化氢等流体时，应选用其专用压力表；这些专用压力表在出厂时会涂刷不同的颜色以示区别，如氧气（天蓝）、氢气（深绿）、氨（黄色）、氯气（褐色）、乙炔（白色）、可燃气体（红色）、惰性气体（黑色）等；测量弱酸、碱、胺类、稀硝酸、乙酸，以及其他具有腐蚀性的流体时，宜选用耐酸压力表、氨压力表或不锈钢压力表；测量具有强腐蚀性、含固体颗粒、高黏稠度、易结晶液体介质时，应选用隔膜压力表。

c. 从使用环境来考虑，在腐蚀性较强、粉尘较多和易被雨水淋湿等环境恶劣场合，应选用密闭式不锈钢及全塑压力表；当安装、使用的场合有较强的摇晃、振动情况时（如各类压缩机、柱塞泵等的出口），需要选用耐震压力表或船用压力表；对温度特别高或特别低的环境，应选择温度系数小的敏感元件以及其他变换元件；用于测量温度大于 80℃ 以上的蒸气或介质的压力表需装螺旋形或 U 形弯管；对于爆炸性环境、信号需要远传和调节控制压力功能时采用气动仪表，用电动仪表时须选用防爆型。

　　d. 强腐蚀性、含固体颗粒、黏稠液的介质，以及稀盐酸、盐酸气、重油类及其类似介质时可考虑用吹气法、冲液法或用隔离膜盒并充隔离液进行测量。隔离测量又可采用将隔离液直接注入测量管和隔离罐的两种方法，前者多用于平稳压力测量，后者多用交变压力测量。

　　③ 满足工艺要求

　　a. 对于现场指示，在 0.06MPa 以下的非危险性介质的压力、真空、差压测定时，用玻璃管压力计或膜盒式微压计；0.06MPa 以上用一般弹簧管压力表、真空表、双管双针压力表、波纹管压力计。

　　b. 从仪表输出信号的要求来考虑，若只需就地观察压力变化，应选用弹簧管压力计；若需要以标准信号（4~20mA）传输时，则应选用压力变送器，如霍耳式压力计、电气式压力计等；对于既要现场指示又要远距离指示的情况，选用就地指示的远传压力表；当需要有信号报警、联锁与位式控制功能时，应选用电接点压力表、压力继电器、压力调节器，对于易结晶、堵塞、黏稠或有腐蚀性的介质，应选用法兰型变送器。

　　c. 若需监测快速变化的压力，应选压阻式压力计和电容式压力计等电气式压力计；若被检测的是管道水流压力且压力脉动频率较高，应加装螺旋形减振器和阻尼阀，且选电阻应变式压力计或声学压力计。当测量带粉尘的气体时需装除尘器。

　　用于科研积累数据或易出事故场所及车间经济核算累计备查（如蒸汽压力）时用记录式压力表。

　　（2）测量量程的选择

　　压力表量程范围的选择是根据被测压力的大小来确定。一方面，为了避免压力表超压损坏，压力表的上限值应该高于工艺生产中可能的最大压力值，并留有波动余地；另一方面，为了保证测量值的准确性，所测压力不能接近于压力表的下限。

　　① 压力表量程选择　综合考虑，在测稳定压力时，弹性式压力计的最大量程应选择接近而又大于正常值的 1.5 倍。在测交变压力时，则最大量程应选择接近（或大于）正常值的 2 倍。往复泵出口压力测量的最大量程应选择接近而又大于往复泵出口的最大压力（真空表不受此限）。上述选择是由于测量时稳定压力常使用在分度上限值的 1/3~2/3 处，交变压力不大于分度上限的 1/2。对于瞬间测量，允许使用至分度上限的 3/4，这样可保持弹簧管长时期的弹性不变形。一般在测量稳定压力时，最大工作压力不应超过仪表满量程的 3/4；在测量压力波动较大或测量脉动压力时，最大工作压力则不应超过仪表满量程的 2/3；在测量高压时，则不应超过仪表满量程的 3/5。为了保证测量准确度，最小工作压力不应低于满量程的 1/3。当被测压力变化范围大，最大和最小工作压力有时不能同时满足上述要求的情况下，选择仪表量程应首先满足最大工作压力条件。但是，被测压力的最小值应不低于所选仪表量程的 1/3，即所选压力表的量程 B 可以分别按以下几个公式计算。

　　设被测压力的最大值为 P_{max}，最小值为 P_{min}，所选压力表的量程为 B，则有：

当被测压力比较平稳时 $\quad P_{\max} \leqslant \dfrac{2}{3}B$ (2-12)

当被测压力波动较大时 $\quad P_{\max} \leqslant \dfrac{1}{3}B$ (2-13)

当测量高压压力时 $\quad P_{\max} \leqslant \dfrac{3}{5}B$ (2-14)

被测压力的最小值 $\quad P_{\min} \geqslant \dfrac{1}{3}B$ (2-15)

② 压力变送器的量程选择 对于弹性元件的压力变送器，当只用于压力测量时，其量程选择原则与压力表相同。如果压力变送器用于自动控制系统之中，考虑到控制系统会使参数稳定在设定值上，为使指示控制方便，上、下波动偏差范围相同，变送器量程一般是选用系统设定值的两倍。

③ 国产压力表的量程系列 目前，我国出厂的压力（包括差压）检测仪表具有统一的量程系列，它们是 1kPa、1.6kPa、2.5kPa、4.0kPa、6.0kPa 以及它们的 10^n 倍数（n 为整数）。在选择压力表的量程时，先根据式(2-11)~(2-14)计算其测量上限，然后在上述量程系列中就近、就大选取。真空/压力表的量程则为 $-0.1 \sim 0.06\text{MPa}$（或 0.15MPa）。

(3) 精确度的选取

一般地说，仪表的准确度越高，测量结果越准确、可靠，而仪表的价格就会越贵，操作和维护要求越高。因此，仪表精度的选择要在满足工艺要求的前提下，必须本着节约的原则，选择合适的精度等级。

第 1 章中已述及，我国的压力表准确度等级有 0.005 级、0.02 级、0.05 级、0.1 级、0.2 级、0.35 级、0.5 级、1.0 级、1.5 级、2.5 级、4.0 级等级别。一般工业用 1.5 级、2.5 级已足够，在科研、精密测量和校验压力表时，则需用 0.4 级或 0.25 级以上的精密压力表和标准压力表。校验测量上限为 0.25MPa 以内的 0.16 级、0.25 级标准压力表和真空表或其他类似仪器可用双活塞真空压力计；校验 0.25MPa 以上的同样精度的标准压力表可用活塞式压力计。

所选压力计的准确度等级值，应小于或等于根据工艺允许的最大测量误差计算出的准确度值，即：

$$A \leqslant \frac{\Delta_{\max}}{B} \times 100\%$$ (2-16)

式中 $\Delta_{\max}$——工艺允许的最大误差；

$\quad\quad B$——所选压力表量程。

下面通过一个例子来说明压力表的选用。

【例 2-1】 某台往复式压缩机出口压力范围为 $2.5 \sim 2.8\text{MPa}$，测量误差不得大于 0.1MPa，工艺上要求就地观察，并能高低限报警。试正确选用一台压力表，指出其型号、测量范围和精度。

解：设选用压力表的量程为 B。由于往复式压缩机的出口压力波动较大，根据压力表的选择原则，有

$$2.8 \leqslant \frac{1}{2}B \quad\quad B \geqslant 5.6$$

$$2.5 \geqslant \frac{1}{3}B \quad\quad B \leqslant 7.5$$

根据上面两式求得的结果，选取压力表的量程为 6MPa，测量范围为 0～6MPa。

所选压力表的准确度等级为：

$$A \leqslant \frac{\Delta_{\max}}{B} \times 100\% = \frac{0.1}{6} \times 100\% = 1.667\%$$

根据压力表准确度等级系列值和压力表的选择原则，选取压力表的型号为 YX-150 型电接点压力表，精度等级为 1.5 级。

2.3.4　压力表的检定与校验

压力检测仪表品种繁多，检测管理也各不相同，这里仅以为弹簧管式一般压力表的检验为例进行说明。

(1) 压力表的检定

① 检定条件

a. 标准器：弹簧管式精密压力表，检定时它的综合误差应不大于被检压力表误差绝对值的 1/3。

b. 压力表校验器：一般用工作标准活塞式压力计。

c. 检定时环境温度为 (20±5)℃，对测量上限值不大于 0.25MPa 的压力表，工作介质为空气或其他无毒、无害、化学性能稳定的气体；对测量上限值大于 0.25MPa 的压力表，工作介质应为液体。

② 检定项目和检定方法

a. 外观检定　目测检查压力表，应符合以下规定。

(a) 依据测量介质的不同，在压力表表盘的仪表名称下面应有一条表明其测量介质颜色的横线，并注明该介质的名称，氧气表还必须标以红色"禁油"字样。各种介质用压力表的颜色规定见表 2-2。

表 2-2　各种介质用压力表的颜色规定

所测介质	涂料颜色	所测介质	涂料颜色
氧气	天蓝色	乙炔气	白色
氢气	深绿色	氨气	黄色
氯气	褐色	其他可燃性气体	红色
其他惰性气体或液体	黑色		

(b) 压力表的各部件应装配牢固，不得有影响计量性能的锈蚀、裂纹、孔洞等缺陷。

(c) 压力表的表盘分度数字及符号应完整清晰。

(d) 压力表应有表明检定合格的铅封标志。

b. 示值检定

(a) 检查零位示值　压力表处于工作位置，在未加压时，在升压检定和降压检定后，其指针零值误差应符合下列要求：有零值限止钉的压力表，其指针须在零值分度线宽度范围内；零值分度线宽度不得超过最大允许基本误差绝对值的 2 倍。

(b) 压力表的示值检定

按标有数字的分度线进行 (包括零值)。检定时，逐渐升压，当示值达到测量上限后，耐压 3min；弹簧管重新焊接过的压力表应在测量上限处耐压 10min，然后按原检定点降压回检。轻敲表壳前和轻敲表壳后的示值与标准器示值之差应符合被检压力表的精度级要求。升压和降压所有检定点上的同一检定点，升压时轻敲后的读数与降压时轻敲后的读数之差

（即回程误差）不应超过最大允许基本误差的绝对值。轻敲压力表表壳后，其指针示值变动量不得超过最大允许基本误差绝对值的 1/2。

（c）进行示值检定时，要检查指针的平稳性，在全分度范围内应平稳，不得有跳动或卡住现象。

c. 各类压力表检定时的注意事项

（a）检定压力真空表时，压力部分按标有数字的分度线进行示值检定。真空部分，测量上限值为 0.06MPa 时，检定三点；测量上限值为 0.15MPa 时，检定两点。且按当地气压的 90% 以上的真空进行耐压检定。

（b）氧气压力表的无油脂检定。为了保证安全，应确认氧气压力表内没有油脂时才能进行示值检定。检定前，应先检查是否有油脂。方法是：将纯净的温水注入弹簧管内，经过摇晃，再将水甩入盛有清水的器皿内，如水面上没有彩色的油影，即可认为没有油脂。

（c）带检验指针的压力表检定。先将检验指针与示值指针同时进行示值检定，并记录读数，然后把示值指针回到零点，对示值指针再进行示值检定。两次升压读数之差不应超过最大允许基本误差的绝对值。

（d）双针双管压力表的检定。应先检查两管连通性，两管不应连通；然后用三通接头安装压力表，进行示值检定。双针双管或双针单管的压力表还应检查两指针示值之差，其差值应不超过最大允许基本误差的绝对值。两指针应互不影响。

（e）带电接点信号装置压力表的检定。

压力表的电器部分与外壳之间的绝缘电阻在环境温度 15～35℃，相对湿度不大于 85% 时，应不小于 20mΩ（工作电压 500V）。将压力表安装在校验器上，用拨针器将两个信号接触指针分别拨到上限及下限以外，然后进行示值检定。示值检定合格后，进行信号误差检定。其方法是：将上限和下限的信号接触指针分别定于三个以上的不同检定点上，检定点应在测量范围的 20%～80% 之间选定。缓慢地升压或降压，直至信号发生接通或断开为止，标准器的读数与信号指针示值间的误差不得超过最大允许基本误差绝对值的 1.5 倍。

③ 检定结果处理和检定周期

a. 经检定合格的压力表应予封印或发给合格证。必要时，封印的同时也发给合格证。

b. 经检定不合格的压力表，允许降级使用，但必须更改准确度等级标志。

c. 压力表的检定周期可根据具体情况确定，一般不应超过 0.5 年。

（2）压力表的校验

弹性式压力表经过长期使用后，由于弹性元件的弹性衰退而产生缓变误差，或是因弹性元件的弹性滞后和传动机构的磨损而产生变差。所以必须定期对压力表进行校验，以保证监测值的准确性。所谓校验，就是将被测压力表与标准压力表通以相同压力的流体，用标准表的示值作为真值和被校表的示值进行比较，以确定被校表的误差、准确度、变差等性能。

校验方法有两种，一是采用标准压力信号发生器（活塞式压力计）作为标准压力表；二是采用高级别的压力表作为标准压力表，所选标准表的允许最大绝对误差应小于被校表允许最大绝对误差的 1/3。这样标准表的示值误差相对于被校表来说可以忽略不计，认为标准表的读数就是真实压力的数值。

根据校验结果，如果被校表引用误差、变差的值均不大于其准确度值和变差值，则判定该被校表合格。如果压力表校验不合格时，可根据实际情况调整其零点、量程或维修更换部分元件后重新校验，直至合格。对无法调整合格的压力表可根据校验情况降级使用或报废。

常用压力表校验仪器是活塞式压力计和高精度的弹簧管压力计，如图 2-15 所示。活塞式压力计由压力发生部分和测量部分组成。

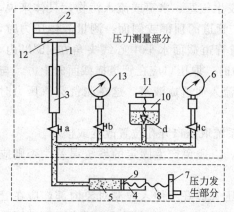
(a) 活塞式压力校验仪

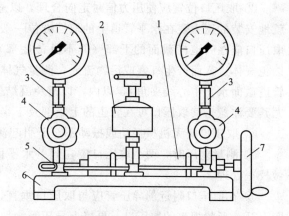
(b) 弹簧管表压力校验仪

1—导压活塞杆；2—校准砝码；3—导压活塞腔（油）；
4—手动调压活塞；5—导压油；6—被校验压力表；
7—调压手轮；8—手轮连杆；9—调压活塞；
10—补油杯；11—泄压手轮；12—砝码托盘；
13—基准（标准）压力表；a，b，c—针型阀；d—泄压阀

1—导压活塞；2—补油杯；3—连接螺丝；
4—针型阀；5—压力分配管；
6—仪器座；7—调压手轮

图 2-15　压力表校验装置及其连接图

用活塞式压力计校验普通压力表时的具体操作步骤如下。

① 校验前，装好被校压力表。打开油杯阀门，反旋手轮使工作活塞右移，吸入工作液于活塞筒中，关闭油杯泄压阀 d，即可进行校验。

② 校验时，逐步向测量活塞托盘上放砝码，同时旋转手轮，缓慢增加压力，直到测量塞被顶起。轻轻转动测量活塞及砝码，以克服活塞对活塞筒的静摩擦力，同时读出被校压力表的指示值。

③ 依此步骤，使压力逐渐从零增加到各校验点压力（正行程），记下各校验压力下被校表示值，然后逐渐减少砝码，降低压力（反行程），一直降压到零点为止。根据被校表校验数据计算压力表的误差、变差、准确度等指标。

活塞式压力计也可以作为压力发生器使用。此时，只要关死测量活塞上的针型阀 a，在两个压力表接头上分别接上被校表和标准表，就可以用标准压力表校验工业用普通压力表。为了方便读数，提高校验准确性，通常使被校表指示整数值（校验点压力），用标准表读数作为分析依据。

2.3.5　压力检测系统的安装

压力检测系统由取压口、导压管、压力表及一些附件组成，各个部件安装正确与否对压力监测准确度都有一定的影响。为了确保压力的准确测量，不仅要依赖于测压仪表的准确度，而且还与压力信号的获取、传递等中间环节有关。

（1）取压口的选择

选择的取压口处的压力能反映被测压力的真实情况，安装时应注意取压孔的位置和形状，具体选用原则如下。

① 取压点应选在被测介质呈直线流动的管道上，远离局部阻力件；不要选在管路拐弯、

分岔、死角或流束形成涡流的地方。取压点在管道阀门、挡板前后时，与阀门、挡板的距离应大于 $2D \sim 3D$（D 为管道径）。

② 取压口位置应使压力信号走向合理，以避免发生气塞、水塞或流入污物。具体来说，就地安装的压力表在水平管道上的取压方位一般应在管道的顶部或侧面；测量液体压力时，取压口应在管道横截面的下部（但不是最底部），与管道截面水平中心线夹角在 45°以内，以免气体进入而产生气塞或污物流入；测量气体压力时，取压口应在管道横截面的上方，与管道截面水平中心线夹角 45°以内，以避免凝结气体流入而造成液塞。这在测量蒸汽压力时尤其要注意，其取压口可在管道的上半部及下半部。

③ 取压口应无机械振动或振动不至于引起测量系统取压口开孔位置改变或损坏。

④ 测量差压时，两个取压口应在同一水平面上，以避免产生固定的系统误差，否则应做校正处理。

⑤ 在取压口附近的导压管应与取压口垂直，导压管最好不伸入被测对象内部，应在管壁上开一形状规整的取压口，再接上导压管。取压口一般为垂直于容器或管道内壁面的圆形开口，无明显的倒角，表面应无毛刺和凹凸不平。当一定要插入对象内部时，其管口平面应严格与流体流动方向平行，否则就会得出错误的测量结果。

⑥ 取压口的轴线应尽可能地垂直于流体的流向，偏斜不得超过 5°～10°。口径在保证加工方便和不发生堵塞的情况下应尽量小，但在压力波动比较频繁和对动态性能要求较高时可适当加大口径。

（2）导压管的敷设

导压管是传递压力、压差信号的通道，安装不当会造成能量损失，所以应满足以下技术条件。

① 管路长度与导管直径　一般在工业测量中，管路长度不得超过 60m，测量高温介质时不得小于 3m；导压管直径一般在 7～38mm 之间。安装导压管应遵循以下原则。

a. 在取压口附近的导压管应与取压口垂直，管口应与管内壁平齐，不得有毛刺。

b. 导压管不能太细、太长，防止产生过大的测量滞后；直径应为 6～10mm，长度一般不超过 60m。

c. 水平安装的导压管应有 1：10～1：20 的坡度，坡向应有利于排液（测量气体压力时）或排气（测量液体的压力时）。

d. 当被测介质易冷凝或易冻结时，应加装保温伴热管。

e. 测量气体压力时，应优选压力表高于取压点的安装方案，以利于管道内冷凝液回流至工艺管道，不必设置分离器；测量液体压力或蒸汽时，应优选压力表低于取压点的安装方案，使导压管内不易集聚气体，也不必另加排气阀。当被测介质可能产生沉淀物析出时，在仪表前的管路上应加装沉淀器。

f. 为了检修方便，在取压口与仪表之间应装切断阀，并应靠近取压口。

② 导压管的设置要求

a. 导压管路应垂直或倾斜设置，不得有水平段。导压管倾斜度至少为 3：100，一般为 1：12。当导压介质的黏度较大时要加大倾斜度。测量低压时，倾斜度要增加到 5：100～10：100。

b. 测量液体、气体时，导压管位置分别处于下坡流动和上坡流动状态；测量差压时，两根导压管要平行放置，并尽量靠近以使两导压管内的介质温度相等。

c. 导压管在靠近取压口处应安装关断阀，以方便检修。在需要进行现场校验和经常冲洗导压管的情况下，则应安装三通开关。

（3）压力表的安装

压力表的安装应遵循以下原则。

① 压力表应安装在能满足仪表使用环境条件，并易观察、易检修的地方。仪表必须垂直安装，若装在室外时，还应加装保护箱。

② 安装地点应尽量避免振动和高温，必要时加装隔热板，减小热辐射；测高温流体或蒸汽压力时，应加装回转冷凝管予以保护。对于蒸汽和其他可凝性热气体，压力表应选用带冷凝管的安装方式，如图 2-16(a) 所示。

③ 测量有腐蚀性、黏度较大、易结晶、有沉淀物的介质时，应优先选取带隔膜的压力表及远传膜片密封变送器，测量腐蚀介质时，必须采取保护措施，安装必要的隔离系统。对于测量波动频繁的压力，如压缩机出口、泵出口等，可增装阻尼装置以保持稳定，如图 2-16(b) 所示。

④ 被测压力不高，而压力表与取压口又不在同一高度，如图 2-16(c) 所示。要对高度差所引起的测量误差进行修正。

⑤ 压力表的连接处应加装密封垫片，一般温度低于 80℃，压力低于 2MPa 以下时，用橡胶或四氟乙烯垫片；在温度为 450℃ 及压力为 5MPa 以下时用石棉垫片或铝垫片；温度及压力更高时（50MPa 以下）用退火紫铜或铅垫片。选用垫片材质时，还要考虑介质的性质。例如测量氧气压力时，不能使用浸油及有机化合物垫片；测量乙炔压力时，不得使用铜制垫片。

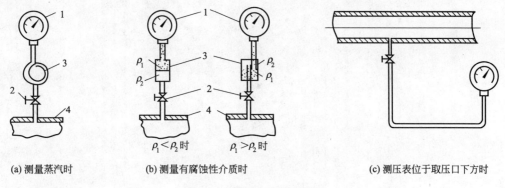

(a) 测量蒸汽时　　(b) 测量有腐蚀性介质时　　(c) 测压表位于取压口下方时

图 2-16　测压表安装示意图

1—压力表；2—切断阀；3—隔离罐；4—管道或设备；ρ_1，ρ_2—惰性隔离液和被测介质的密度

思考与练习题

1. 什么是压力？表压力、绝对压力、负压力（真空度）之间有何关系？

2. 为什么一般工业上的压力计都做成测表压或真空度，而不做成测绝对压力的形式？

3. 为什么测量仪表的量程要根据测量值的大小来选取？若选一个量程很大的表来测量较小的参数值时，可能会发生什么问题？

4. 压力表的使用范围如果超过了它的量程的 2/3，时间长了会出现什么情况？

5. 安装压力计应该注意哪些问题？

6. 弹簧管压力表是如何将压力转换成位移的？

7. 霍尔片式远传压力表是如何将压力信号转换成霍尔电势的？

8. 测量液体压力时，取压口位置为什么在管道的下方？测量气体压力时，取压口为什么在管道的上方？

9. 在霍尔片式远传压力表中，为什么要求霍尔片所处的磁场是线性非均匀的磁场？

10. 有一脉动的压力，其压力变化范围为 $4\sim6MPa$，要求用弹簧管压力表来测量压力，工艺上允许的最大误差为 $\pm0.12MPa$。试确定压力表的量程和准确度等级。

11. 有一块压力变送器，标准输出信号为 $0.02\sim0.1MPa$，精度为 1.0 级，对它进行校验时，手里只有一块 $0\sim0.6MPa$、0.25 级标准压力表。问此表能否当作标准输出表使用。

12. 现有一只量程为 $0\sim1.6MPa$，精度为 1.5 级的普通弹簧管压力表，校验结果见表 2-3。

表 2-3 弹簧压力表校验结果

项　　目	上行	下行
被校表读数/MPa	0,0.4,0.8,1.2,1.6	1.6,1.2,0.8,0.4,0
标准表读数/MPa	0,0.385,0.790.1.21,1.595	1.595,1.215,0.81,0.405,0

试问：这只表是否合格？能否用于某液氨储槽的压力测量（该储槽工作压力为 $0.8\sim1MPa$）？要求就地指示，且测量的绝对误差应不大于 0.05MPa。

13. 计算：一个反应器的工况压力为 15MPa，要求测量误差不超过 $\pm0.5MPa$，现选用一个 2.5 级，$0\sim25MPa$ 的压力表进行压力测量，问能否满足对测量误差的要求？应选用几级的压力表？

14. 用一个泵向稳压器输送流体，已知泵出口压力为 $0.6\sim0.7MPa$，且允许最大误差为 $\pm0.016MPa$。试选用一块弹簧管压力表来测量压力，确定压力表的量程和准确度等级。

第3章 化工过程流量的监测

在化工生产过程中，为了有效地进行操作、监督、控制和管理生产过程，常需要知道单位时间内流过管道某截面流体的体积、质量或重量，即体积流量、质量流量或重量流量。有时也需要知道在一段时间间隔内流体流过的总量。同时，物料总量的计量也是经济核算和能源管理的重要依据。因此，流量检测仪表是发展生产、节约能源、改进产品质量、提高经济效益和管理水平的重要工具，是工业自动化仪表与装置中的重要仪表之一。

在工程上，流量通常是指单位时间内通过管道（或设备）某一截面的流体数量，称为瞬时流量，简称流量，依据计量单位的不同，可分为体积流量和质量流量。体积流量是指单位时间内流过管道某一截面流体的体积数量，常用符号 Q_v 表示，其单位为 m^3/s。质量流量则是指单位时间内流过管道某一截面流体的质量数量，常用符号 Q_m，其单位为 kg/s。体积流量与质量流量之间的关系为：

$$Q_m = Q_v \rho \tag{3-1}$$

式中，ρ 为流体密度，kg/m^3。

必须注意，流体密度是随温度、压力而变化的，在换算时，必须予以考虑。

还有一种重量流量，是指单位时间内流经管道某一截面流体的重量。设流体的密度为 ρ，重力加速度为 g，则重量流量为：

$$Q_w = Q_m g = Q_v \rho g \tag{3-2}$$

重量流量的单位一般用 kgf/h（1kgf=9.8N）表示。

在不同海拔高度上的重力加速度值不同，即同一质量的物质在不同地方会因海拔高度不同而具有不同的重量，因此重量流量受海拔高度影响。而质量流量就不会受海拔高度影响，这是质量流量的重要特点，即 1kg 质量的物质在重力加速度为 $9.80665 m/s^2$ 时所受的地心引力为 1kgf，也就是重量为 1kgf，所以在重力加速度等于 $9.80665 m/s^2$ 的地方测量流量时，重量流量单位为 kgf/h 和质量流量（kg/h）在数值上是相等的。为了便于区别，本书以 kgf/h 表示重量流量单位，以 kg/h 表示质量流量单位。

除瞬时流量外，有时还要求知道在一段时间内流过管道某一截面的流体数量，称为累积流量，即瞬时流量在某一段时间内的累积值，也可称为流量总量。总量也可分为体积总量与质量总量，其常用单位分别为 m^3 和 kg。总量与流量之间的关系可表示为：

$$Q_{总} = \int_0^t Q dt \tag{3-3}$$

由于流体的性质各不相同，液体和气体在可压缩性上差别很大，其密度受温度、压力的影响也相差悬殊，流量检测的条件具有复杂性和多样性，因此流量检测的方法非常多，其中有十多种常用于工业生产中。

3.1 流量的测量方法

工业上常用流量计种类很多，由于流量检测条件的多样性和复杂性，如生产工艺要求的不同，介质的性质、温度、压力也可能不同，因此流量测量方法和仪表的种类也不同。按其被测流体状态分类，有单相流量计和多相流量计；按测量的单位（检测量）分，有质量流量检测与体积流量检测；按测量流体运动的原理分，有容积式、速度式、动量式和质量流量式检测；按测量方法分，有直接测量和间接测量。目前应用较多的是按照检测量分类的体积流量和质量流量两大类。

（1）体积流量直接检测法

直接法也称为容积法，它是在单位时间内以标准固定体积对流动介质进行连续不断地度量，以排出流体固定容积数量来计算流量。它是出现最早的一种流量计，主要用于累计流体的体积总量。这类仪表的测量精度很高，一般可以达到 0.5% 左右，有的还要高一些，基于这种直接检测方法的流量检测仪表主要有椭圆齿轮流量计、旋转活塞式流量计和刮板式流量计等。容积法受到流体的流动状态影响较小，适用于测量高黏度、低雷诺数的流体。但是，由于流体内存在转动部件，要求介质纯净，不含机械杂质，以免使转子磨损或卡住，使测量精度降低或损坏仪表。

（2）体积流量间接检测法

间接法也称为速度法，它是先测出管道内的平均流速，再乘以管道截面积来求得流体的体积流量。用来检测管道内流速的方法主要有以下几种。

① 节流式检测方法　利用安装在管道中的节流元件（如孔板、喷嘴、文丘利管等）前后的差压与流速之间的关系，通过差压值获得流体的流速。由于这类流量计的结构简单、价格便宜、使用方便，又有百分之几的精度，因此是应用最广泛的一种流量计。属于差压式流量计的有节流式差压流量计和转子流量计。

② 电磁式检测方法　导电流体在磁场中运动时会产生感应电势，感应电势的大小正比于流体的平均速度。

③ 变面积式检测方法　基于力平衡原理，通过锥形管内转子的平衡高度把流体的流速转换成转子的位移，相应的流量检测仪称为转子流量计。

④ 旋涡式检测方法　流体在流动中遇到一定形状的物体阻碍，会在其周围产生有规则的旋涡，旋涡释放的频率正比于流速。

⑤ 涡轮式检测方法　流体流动时，对置于管道内涡轮产生一个轴向作用力，使涡轮发生转动，在一定的范围内其转动速度与管内流体的流速成正比。

⑥ 流体冲量检测方法　以检测流体作用在测量管道中心并垂直于流动方向的圆盘（靶）上的力来测量流体流量，该类流量计被称为靶式流量计。当被测介质在测量管中流动时，因其自身的动能对靶板产生作用力，使靶板产生微量的位移，其作用力的大小与介质流速的平方成正比，该力经靶杆传递使传感器的弹性体产生微量变化，经过电路转换，输出相应的电信号。它既有孔板、涡轮等流量计无可动部件的特点，同时又具有很高的灵敏度、与容积式流量计相媲美的准确度，量程范围宽。用于解决高黏度、低雷诺数流体的流量测量，尤其在小流量、高黏度、易凝易堵、高低温、强腐蚀、强振动等流量计量困难的工况中具有很好的适应性。

⑦ 声学式检测方法　根据声波在流体中传播速度的变化可获得流体的速度。

⑧ 热学式检测方法　利用加热器被流体的冷却程度与流速的关系来检测流速，基于此方法的流量检测仪表主要有热线风速仪等。

间接法有较宽的适用条件，可用于各种工况下的流体的流量检测，有的方法还可用于对脏污介质流体的检测。但是，由于这种方法是利用平均流速计算流量，所以管路条件的影响很大，流动产生涡流以及截面上流速分布不对称等都会给测量带来误差。

（3）质量流量的检测

质量流量的检测，一方面可以通过体积流量与流体密度的乘积换算得到，另一方面也可以采用差压式流量计与定量泵联合测取。如利用孔板和定量泵组合实现的差压式检测方法；利用同轴双涡轮组合的角动量式检测方法；基于麦纳斯效应（Meissner effect）的热式检测方法；基于科里奥利（Coriolis）的力学效应检测方法等。也可以利用两个检测元件分别测出两个相应参数，通过运算间接获取流体的质量流量。这种测定方式具有被测流体流量不受流体的温度、压力、密度、黏度等变化的影响，是一种快速发展中的流量测定方式。

本书主要按测量原理进行分类。

3.1.1　基于流体静压力变化测流量

在化工原理课程中，我们知道，流体流过管道或节流元件时，流体的静压力会发生变化（降低），这种降低的幅度与流体的流动速度直接相关。差压式测量流量的方法，就是利用流体流经节流装置所产生的动/静压能转换原理来实现流量的测量。

差压式测量流量的方法简单，具有没有可动部件、工作可靠、适应性强、测量准确度高等优点，可用于检测气体、蒸汽、液体的流量，在工业生产中得到广泛的应用。

（1）流动中流体的能量转换关系

只有具有一定能量的流体才能在管道中流动，这种能量包括两个部分：动能和静压能。由流体本身的静压力产生的能量为静压能，流动的流体又具有一定的速度，这种由流速产生的能量为动压能。这两种形式的能量在一定的条件下可以互相转化。根据能量守恒定律，在能量转换的过程中，流体的能量总和是不变的。应用差压法测量流量就是基于动能和静压能的转换原理实现的。

假设流体是在水平管道中沿轴线方向稳定流动，流体不对外做功，且和外界没有热量交换，流体本身也没有温度变化，流体的黏度也可以忽略，则可由流体力学关系写出它的能量平衡和转化方程式——不可压缩性流体的伯努利方程。

$$\frac{p}{\rho}+\frac{u^2}{2}=常数 \tag{3-4}$$

式中，p 为流体的静压力；ρ 为流体的密度；u 为流体的流动速度。

式中每一项都代表着单位质量流体的能量，第一项为静压能，第二项为动能。

如果在管道中放置一个妨碍流体流动的阻力体（节流装置），流体在流过节流件前、后的速度分别为 u_1、u_2，而流体流过节流件前、后的压力分别为 p_1、p_2，节流件前后流体的密度为 ρ_1、ρ_2。根据能量守恒定律，流体流经节流件前的动、静压能之和与流体流经节流件后的动、静压能之和相等，即：

$$\frac{p_1}{\rho_1}+\frac{u_1^2}{2}=\frac{p_2}{\rho_2}+\frac{u_2^2}{2} \tag{3-5}$$

变换成流体在流过节流件前、后静压能与动能的关系，为：

$$\frac{p_2}{\rho_2}-\frac{p_1}{\rho_1}=\frac{u_2^2}{2}-\frac{u_1^2}{2} \tag{3-6}$$

从式(3-6) 可以看出，由于节流装置使流过的流体流动束截面变小，流速加快（$u_2>u_1$），故，$p_2<p_1$；即流体的动能增加，静压能减小。

（2）节流装置中静压力与流速的关系

所谓节流装置，就是在管道中能使流体产生局部收缩的元件，它包括节流元件和取压装置。节流元件是使管道中的流体产生局部收缩的元件，应用最广的节流元件是孔板，其次是喷嘴、文丘利管和文丘利喷嘴。流体在流经节流装置时，在节流装置前后的管壁处，流体的静压力产生差异的现象称为节流现象。下面以图 3-1 流体流经孔板时的情况做一下讨论。

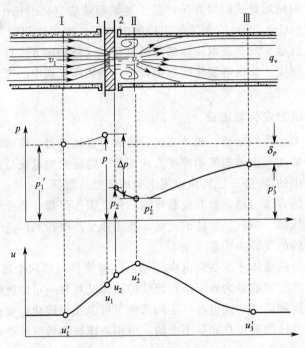

图 3-1　流体流经孔板时的流速和静压力变化示意

流体在管道截面 I 以前，以一定的流速 u_1' 流动，流型未受节流件影响，流束充满管道，管道截面为 A，管内静压力为 p_1'。在接近孔板时，由于孔板的阻力作用，靠近管壁处的流体流速降低，一部分动压能转换成静压能，则孔板前靠近管壁处的流体静压力升高至 p_1，并且大于管中心处的压力，从而，在孔板前管壁与管道轴线之间产生一个径向压差，迫使流体质点改变流动方向，产生收缩运动。此时管中心处流速加快，静压力减小。由于流体运动的惯性，流过孔板后，流体会继续收缩一段距离，在管道截面 II 处流体流束最小，其截面积为 a_2'，流体密度为 ρ_2。流速最大为 u_2'，动压能最大，而静压能最小（静压最低为 p_2），随后流束又逐渐扩大，流速减小，直到截面 III 后接近恢复到原来的流动状态，此时的静压力为 p_3'。由于涡流区的存在，导致流体能量损失，因此在截面 III 处的静压力 p_3' 不等于原先静压力 p_1'，产生了永久的压力损失 δ_p。

因此，当流体流过节流件时，节流件前的静压力大于节流件后的静压力，也就是说，在节流件前、后产生了静压差 Δp。此压差的大小与流体的瞬时流量（即瞬时流速与流束面积的乘积）有关，对于确定的节流元件，流量越大，在节流件后的流束就越小，动压能就越大，静压能就越小，静压力 p_2' 就越小，节流件前后产生的静压差也越大。因此我们只要测得节流件前后的静压差，就可测得流量，这就是差压法测量流量的基本原理。

需要说明的是，我们不可能准确地测量出节流件截面 2 中心处的压力 p_2，实际测量中，我们是在节流件前后的管壁上选择两个固定位置作为取压点来测量节流件前后的压差，例如从孔板前后端面处取出压力 p_1 和 p_2'（即截面 II 处流束外缘的静压力）。

设管道的截面为 A，节流件的开孔面积为 a。根据流体的连续性方程，即流体流过管道某一截面的质量等于流体流过节流件的开孔面积的质量，则有：

$$A\rho_1 u_1 = a\rho_2 u_2 \tag{3-7}$$

式(3-5) 和式(3-7) 就是流体在管道中流过时的伯努利方程和连续性方程。

注意一下这两个方程式中的 ρ_1 和 ρ_2，对于不可压缩流体，其密度可以认为是不变的，即 $\rho_1 = \rho_2$；假设差压流量计所在的工艺管道的直径为 D，其横截面积为 $A = \dfrac{\pi D^2}{4}$；节流元件的开孔直径为 d，流体流过节流件时的流通面积为 $a = \dfrac{\pi d^2}{4}$；将其代入到式(3-6) 和式(3-7) 中，并联立求解，可以求得不可压缩流体流经节流件时的流速为：

$$u_2 = \frac{1}{\sqrt{\left[1-(d/D)^4\right]}} \times \sqrt{\frac{2}{\rho}(p_1 - p_2)} \tag{3-8}$$

令直径比 $\beta = d/D$；差压 $\Delta p = p_1 - p_2$；于是，流体的体积流量为：

$$Q_v = a \times u_2 = \frac{a}{\sqrt{\left[1-(d/D)^4\right]}} \times \sqrt{\frac{2}{\rho}(p_1 - p_2)} \tag{3-9}$$

必须注意到，通过角接取压、法兰取压或 $D-D/2$ 取压方式测得的 p_2' 并不是截面 2 处的流体静压力，而是截面 II 处流束外缘的，此截面流束的横截面积也不是孔板的开口面积 $a = \dfrac{\pi d^2}{4}$，而是由于流体分子的运动惯性而收缩了的 a'。

对于可压缩流体，流体经过节流件时，由于流体的动压能增加而使静压能降低，则流体的密度必然要减小，体积膨胀，如果采用不可压缩性流体的流量公式计算，计算出来的流量值要比实际流量大，因此不能忽略在节流过程中流体密度的变化。在工程实际中，常常是通过引入流体的可膨胀性系数 ε 的概念来表示流体可压缩性的影响，详细的数量关系及其推导过程请参阅相关书籍或手册的介绍，本书不宜赘述。

对于喷嘴和文丘里管，由于其中流体流束的收缩情况与节流件的几何形状相接近，流束的最小截面可以认为就是喷嘴和文丘里管的喉部截面。因此它们的流通面积 A 和 a 是确定的，通过静压力的变化求取流速相对来说要简单一些。但又要注意到，喷嘴和文丘里管在轴向结构上要比孔板长很多，造价和安装成本相对较高；特别是对于那些有机械杂质、悬浮物、易结晶和黏稠的流体，发生附壁黏着的可能性更大，引起流体流通截面和流向的改变更严重，因而会带来更大的测量误差。因此，在实际工业装置中，孔板流量计的使用更加普遍一些。

（3）流量基本方程

根据流体在管道中流过时的伯努利方程和连续性方程，应用流体力学以及其它的物理、数学原理，可以推导出流体流过管道的流量与其压差之间的定量关系，即流量基本方程：

$$Q = \alpha \varepsilon F_0 \sqrt{\frac{2}{\rho_1} \Delta P} \tag{3-10}$$

$$M = \alpha \varepsilon F_0 \sqrt{2\rho_1 \Delta P} \tag{3-11}$$

式中　α——流量系数，它与节流装置的结构形式、取压方式、孔口截面积与管道截面积之比 m、流体流动的雷诺数 Re、孔口边缘锐度、管壁粗糙度等因素有关；

　　ε——膨胀校正系数，它与节流装置前后压力的相对变化量、介质的等熵指数、孔口截面积与管道截面积之比等因素有关，应用时可查阅有关手册，但对不可压缩的液体来说，常取 $\varepsilon=1$；

　　F_0——节流装置的开孔截面积；

　　ΔP——节流装置前后实际测得的压力差；

　　ρ_1——流体在节流装置前的密度。

　　由流量基本方程式可以看出，要知道流量与压差的确切关系，关键在于 α 的取值。α 是一个受许多因素影响的综合性参数，对于标准节流装置，其值可从有关手册中查得；对于非标准节流装置，其值要由实验确定。所以，在进行节流装置的设计计算时，应针对特定条件，选择一个 α 值。计算的结果只能应用在一定条件下，一旦条件改变（例如节流装置形式、尺寸、取压方式、工艺条件等的改变），就不能沿袭套用，必须另行计算。如果按小负荷情况下计算的孔板，用来测量大负荷时流体的流量，就会引起较大的误差，必须进行必要的修正。

　　由流量基本方程式还可以看出，流量与压力差 ΔP 的平方根成正比。所以，用这种流量计测量流量时，如果不加开方器，流量标尺刻度是不均匀的。起始部分的刻度很密，后来逐渐变疏。因此，在用差压法测量流量时，被测流量值不应接近于仪表的下限值，否则误差将会很大。

　　至于节流装置的标准化，我国有相应的国家标准给予规范性限定，相关内容留待本章第二节做概要介绍。

3.1.2　基于流体流通面积的改变测流量

　　基于流体流通面积的改变测量流量（或者称为变面积式测流量、恒压降式测流量）也是以流体的动压原理为基础的一种流量测量方法。它与上述差压式流量测量方法相比，又有其特殊的地方，其典型代表是转子流量计。

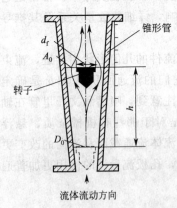

图 3-2　变面积式测量流量原理
d_f—转子的最大直径；A_0—流体在转子与锥形管间的环形流通面积；D_0—流量计标尺零刻度处锥形管的内径；h—转子的悬浮高度

　　（1）测量原理

　　变面积式流量测量方法是在一段上阔下窄的圆锥形管子中放置一个重度大于被测流体重度的浮子（在仪表领域习惯称之为转子），该浮子能随被测流体流量的大小变化而上下浮动，如图 3-2 所示。

　　由图 3-2 可知，当流体自下而上流经锥形管时，转子因受到流体流动的冲击而向上运动。随着转子的上移，转子与锥形管之间的环形流通面积增大，流体流速减低，冲击作用减弱，直到流体作用在转子上的向上推力与浮子在流体中的重力相平衡。这时，转子就会停留在锥形管中的某一高度上。如果流体流量继续增大，则转子所处的平衡位置就更高；反之则下降。因此，依据转子在锥形管中的悬浮高度就可测得流体流量的大小。

　　由上述分析可知，转子平衡时的作用力是通过改变流体流通面积的方法来实现的，因此被称为变面积式测流量。此外，无论转子处于哪个平衡位置，流体作用于它的向上与向下的压力差总是相同的，因而该法也被称为恒压降式测量流量。

（2）转子平衡时的受力分析

当流体自下而上流动时，作用在转子上的力有四个（参见图 3-3）：一是转子本身垂直向下的重力 W；二是流体对浮子所产生的浮力 f，作用方向是垂直向上；三是流体作用于转子的冲击力 F（即动压力）；四是因转子阻碍流体流动的节流作用而产生的静压差 Δp。注意，不论转子位于哪个高度，该 Δp 在水平方向上的静压差都为零（左与右、前与后等对应方向相互抵消），在垂直方向上的静压差大小与转子自身的长度有关，是个定值；同时由于转子的长度相对于锥形管的长度（即流量计的测量范围）要小很多，在实际测量时，相对于仪表允许的精度误差而言，垂直方向上的静压差是可以忽略的。

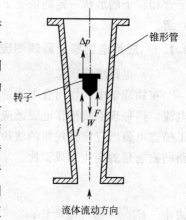

图 3-3 转子平衡时的受力情况

若把流体作用在转子上的力以动压能的形式表示，则其表达式为：

$$F = CA_f \frac{\rho u^2}{2} \tag{3-12}$$

式中　C——阻力系数；

　　A_f——转子的最大截面积；

　　ρ——被测流体的密度；

　　u——环形通道处流体的流速。

设转子的体积为 V_f，其材料的密度为 ρ_f。当转子稳定在某一高度时，流体对转子的浮力与流体作用在转子上的力之和等于转子自身的重力，即：

$$f + F = W$$

代入它们各自的表达式，则有：

$$V_f \rho g + CA_f \frac{\rho u^2}{2} = V_f \rho_f g \tag{3-13}$$

（3）流量基本方程式

由式（3-13）可以求出流体通过环形通道截面处的流速 u 为：

$$u = \sqrt{\frac{2g V_f (\rho_f - \rho)}{CA_f \rho}} \tag{3-14}$$

如果环形流通面积为 A_0，则可求得流体的体积流量为：

$$Q = A_0 u = \alpha A_0 \times \sqrt{\frac{2g V_f (\rho_f - \rho)}{A_f \rho}} \tag{3-15}$$

式中　α——流量系数，它等于 $\sqrt{1/C}$。

式（3-15）称为变面积式流量计的基本流量方程式。

由式（3-15）可知，当锥形管、转子的形状和材质一定时，环形流通面积 A_0 是随流量的增加（即转子的平衡高度上升）而增加的。同样，根据质量流量的定义，还可写出变面积式流量计的质量流量方程式：

$$M = A_0 u \rho = \alpha A_0 \times \sqrt{\frac{2g V_f \rho (\rho_f - \rho)}{A_f}} \tag{3-16}$$

流量系数 α 与锥形管的锥度、转子的几何形状以及被测流体的雷诺数等因素有关。在锥形管和转子的形状一定的情况下，流量系数随雷诺数的变化而变化，参见本书后续 3.2.2 节介绍。

3.1.3 应用电磁感应原理测流量

（1）电磁感应现象

在物理学中，当闭合电路的一部分导体在磁场中做切割磁感线运动时，导体中就会产生电流，这种现象被称作电磁感应（图 3-4）。法拉第在详细研究了电磁感应现象后，总结出了描述电磁感应定量规律的法拉第电磁感应定律：电路中感应电动势的大小，跟穿过这一电路的磁通量的变化率成正比。

$$E_x = k\frac{\mathrm{d}\Phi}{\mathrm{d}t} = Blu \tag{3-17}$$

式中　E_x——感应电动势；

$\dfrac{\mathrm{d}\Phi}{\mathrm{d}t}$——磁通量的变化率；

B——磁场强度；

l——切割磁力线的直导线的长度；

u——直导线的平移速度。

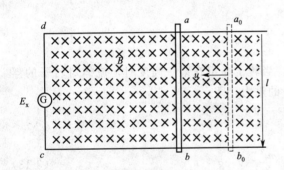

图 3-4　法拉第电磁感应现象

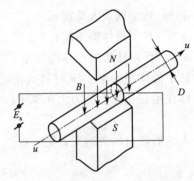

图 3-5　电磁感应式流量计测量原理

（2）电磁感应式流量计的测量原理

应用法拉第电磁感应定律，对于具有一定电导率的酸、碱、盐溶液，腐蚀性液体以及含有固体颗粒（泥浆、矿浆等）的液体，可以通过在其流过的管道外部设置一对具有恒定磁通量 B 的磁场，并使其磁场线与流体流动方向垂直。另外在与磁力线和流体流动方向两两正交垂直的管道上引出两根导线形成回路，则在此回路上就存在导电粒子切割磁感应线的感应电动势，如图 3-5 所示。

$$E_x = k\frac{\mathrm{d}\Phi}{\mathrm{d}t}kBDu \tag{3-18}$$

式中　E_x——感应电动势；

k——比例系数；

$\dfrac{\mathrm{d}\Phi}{\mathrm{d}t}$——磁通量的变化率；

B——磁感应强度；

D——流体所在管道的内径；

u——流体的流速。

从式(3-18)可以看出，当外加磁场的强度一定，输送流体的管道直径一定时，外引导线回路中的感应电势大小仅与管道内带点粒子的流通速度呈线性关系。

(3) 电磁式流量计的流量方程

因为体积流量 Q 等于流体流速 u 与流通管道截面积 A 的乘积，由此，可以推导出电磁式流量计的流量方程：

$$Q = \frac{1}{4}\pi D^2 u = \frac{\pi D}{4B}E_x \qquad (3-19)$$

至此，只需测得外接回路中电磁感应电动势的大小，便可通过式(3-19)计算得到其中流体的流量。

不过，电磁感应测流量的方法，只适用于导电液体的流量测量，准确度等级可达 ±1%，量程比可达 100∶1。从理论上讲，这种测量方法不受流体的温度、压力、密度和黏度的影响。因而在最近几年有了迅速的发展。

3.1.4　基于流过的流体容积测流量

在单位时间内以标准固定体积对流动介质连续不间断地进行度量，以排出流体的固定容积数来计算流量的方法称为容积法。容积法受流体流动状态的影响较小，适用于测量高黏度、低雷诺数的流体。

在实际测量过程中，无论是质量流量、体积流量，还是重量流量都受流体的密度影响，而流体的密度又随工艺参数而变化。对于液体，由于压力变化对密度的影响很小，一般可以忽略不计，但温度变化产生的影响则不容忽视。一般来说，温度每变化 10℃ 时，通常液体的密度变化不会超过 1%。因此，除了温度变化较大、测量准确度要求较高的场合外，测量液体流量时液体密度的影响可忽略不计。对于气体，其密度受温度、压力变化的影响比较大，通常在自然界的常温附近，温度每变化 10℃ 时，密度变化约为 3%；在常压附近，压力每变化 10kPa 时，密度大约也变化 3%。因此，在测量气体体积流量时，必须根据测量时的工艺条件进行温度和压力的补偿，即同时测量流体的温度和流体的密度或重度，然后通过计算进行折算。

容积式法测量流量的原理是先让被测流体充满具有固定容积的"计量室"，然后再把这部分流体排出，这样重复不断地进行，就实现了对流体流过"计量室"数量的监测。各种容积式流量计内部都有一个定容的计量室，这也是容积式流量计内部结构的基本特点。

鉴于容积式流量计的容积性，实际生产过程中更多地用它们来计量累积流量。如果需要瞬时流量，可以根据计量室的容积和单位时间内旋转部件旋转（排出）的次数求出。

容积式流量计测流量的准确度与流体的密度无关，也不受流动状态的影响，因此它们是流量计中准确度最高的一类仪表，因而被广泛应用于石油、化工、涂料、医药、食品以及能源等工业部门的产品总量计量，并作为标准流量计对其他类型的流量计进行标定。

常见的容积式流量计有椭圆齿轮流量计、腰轮（罗茨）流量计、刮板流量计、活塞式流量计、皮膜式流量计等。

3.1.5　基于流过流体的质量测流量

前面介绍的各种流量检测方法可以直接测出流体的体积流量，或是流体的流速（通过乘以管道截面积得到体积流量）。在化工生产中，由于物料平衡、热平衡以及储存、经济核算等所需要的都是流体的质量或重量，而不是体积，因而，在流量测量工作中，常常需要将已测出的体积流量，乘以密度换算成质量流量。而流体的密度是随其温度、压力的变化而变化的，为了将体积流量换算成标准状态下的数值，进而求出质量流量，在测量体积流量时必须同时检测出流体的温度和压力，当温度、压力变化比较频繁时，不仅换算工作麻烦，有时甚至难以满足要求。鉴于此，研究发展出了可以直接测量质量流量的方法，无须进行上述换算就能提供准确的质量流量。目前，质量流量的检测方法主要有三大类。

（1）质量流量的直接检测方法

直接检测法是利用检测元件的流量特性，使得输出信号直接反映出流体的质量流量。直接式的质量流量检测方法又分为量热式、角动量式、差压式和科氏力式等几种。

（2）质量流量的间接检测方法

质量流量的间接检测是由测量体积流量的仪表与测量密度的仪表相配合，同时检测出体积流量和流体密度，或同时用两个不同的检测元件检测出两个与体积流量和密度有关的信号，再用运算器将测得的两个相应参数进行数理运算，从而间接获取流体的质量流量。间接式的质量流量检测元件的组合方式有以下三种：①由测量体积流量 Q 的仪表与测量密度 ρ 的仪表相组合；②由测量 ρQ^2 的仪表与密度计相组合；③由测量 ρQ^2 的仪表的仪表与测量体积流量 Q 的仪表组合。

应该注意，对于瞬变流量或脉动流量，推导式测量方法检测到的是按时间平均的密度和流速，而直接式测量方法是检测流量的时间平均值。因此，通常认为，推导式测量方法不适于测量瞬变流量。这样的方法，对于测量温度和压力变化较小，服从理想气体定律的气体，以及密度和温度呈线性关系（温度变化在一定范围内）的液体，并在流体成分一定时，自动进行温度、压力补偿还是不难的。然而，温度变化范围较大，液体的密度和温度不是线性关系，以及高压时气体变化规律不服从理想气体定律，特别是流体成分变化时，就不宜采用这种方法。

（3）补偿式的质量流量检测方法

与质量流量的间接检测方法一样，补偿式的质量流量检测是同时检测出流体的体积流量及其即时的温度、压力，再利用仪表里所配置的元件应用有关公式求出流体的密度或将被测流体的体积流量自动地换算成标准状态下的体积流量，从而间接地确定质量流量。

3.1.6　基于流体的动量或动量矩测流量

在石油、化工生产过程中，常常会遇到某些黏度较高的介质或含有悬浮物及颗粒介质的流量测量，如原油、渣油、沥青等。20 世纪 70 年代出现的靶式流量计就部分地解决了工业生产中高黏度、低雷诺数流体的流量测量问题。它具有结构简单，安装、维护方便等优点。但压力损失较大，且准确度仅有 ±1.0% 左右。

基于流体的动量或动量矩测流量的方法包括靶式流量计、涡轮流量计、旋涡流量计等。

（1）靶式流量计

靶式流量计是应用动压原理制成的流量计，适合于测量高黏度、低雷诺数流体的流量。它一般由上、下两部分组成，下部为检测器，上部为转换器，如图 3-6 所示。

下部检测器包括测量管 2、测量靶 1、靶杆 3 和轴封膜片 4，其作用是将流体作用在靶面上的动压力转换成作用在主杠杆上的悬臂力。靶板一般用不锈钢材料制成，靶的迎力面边缘必须锐利、无钝角。主杠杆也由不锈钢制成，密封膜片由厚度为 0.1～0.2mm 的高强度弹性合金制成。

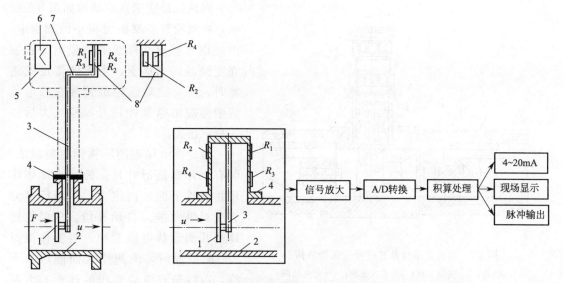

图 3-6　靶式流量计工作原理简图

R_n—应变片；1—测量靶；2—流量测量管；3—靶杆；4—轴封膜片；

5—转换指示部分；6—信号处理电路；7—推杆；8—悬臂块

　　上部转换器由力转换器、信号处理和显示仪几部分组成。力转换器的主要任务是将检测部分输出的力信号按比例地转换为电信号输出。新型靶式流量计的力转换器多采用应变式力传感器或电容式力传感器，它们完全克服了力平衡机构的缺点，性能大大提高。

　　应变式力传感器是用特殊胶合剂将电阻应变片 R_1、R_3 粘贴在悬臂块 8 的正面，R_2 和 R_4 粘贴在悬臂块 8 的背面，两对应变电阻构成了电桥的四个臂。流体流动时，靶板受到流体的动压力作用，以轴封膜片 4 为支点产生 2～3mm 的位移，经靶杆 3、推杆 7 使悬臂块产生微弯曲的弹性变形。R_1 和 R_3 受拉伸，其电阻值增大，R_2 和 R_4 受压缩而电阻值减小，于是电桥失去平衡，输出一个电信号 U 正比于作用在靶上的动压力 F，即 U 反映了被测流体流量的大小。U 经放大转换，转变为标准电信号输出，也可由毫安表就地显示流量。但因 $Q \propto \sqrt{F}$、$U \propto Q^2$，所以信号处理电路中一般应采取开方运算，使输出信号直接与被测流量成正比例关系。

　　采用电容式力传感器的靶式流量计具有更高的准确度和稳定性，所采用的力传感器与差压变送器中的差动电容膜盒相似，只是力直接作用在中心测量膜片上。靶上的作用力，经测杆传递到电容式力传感器上。相应的电容量变化 ΔC 经电容-电压转换、前置放大、A/D 转换及微处理器处理后，求出瞬时流量和累积总量，进行就地显示或 4～20mA 电流输出。

　　（2）涡轮流量计

　　涡轮流量计也是速度式流量计，它以动量矩守恒原理为基础，流体流动冲击涡轮的叶片使涡轮旋转，涡轮的旋转速度与流体的流量直接相关，因而可以由涡轮的转速求出流量值。通过磁电转换装置将涡轮转数换成电脉冲，送入二次仪表进行计数和显示，由单位时间的脉冲数和累计脉冲数反映出瞬时流量和累积流量（总量）。与螺旋式叶轮流量计相比较，由于去掉了密封装置和齿轮传动机构，采用了非接触式的、反作用又小的磁电转换方式，大大减轻了涡轮的负载，并由于其他方面的改进，可以使它达到准确度高、反应快，耐高压，因而得到广泛的应用。

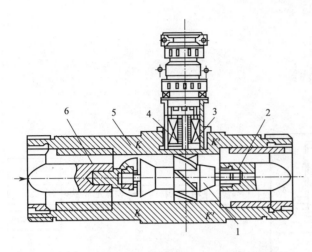

图 3-7　涡轮流量计及其信号变送器结构

1—涡轮；2—支撑轴承；3—永久磁钢；4—变电线圈；
5—涡轮流量变送器壳体；6—导流机构

涡轮流量变送器的结构如图 3-7 所示，将涡轮置于摩擦力很小的轴承中，由磁钢和感应线圈组成的磁电装置装在变送器的壳体上，当流体流过变送器时，便要推动涡轮旋转并在磁电装置中感应出电脉冲信号，经放大后送入显示仪表。

涡轮是由导磁的不锈钢材料制成，装有数片螺旋形叶片。为减小流体作用在涡轮上的轴向推力，采用反推力方法对轴向推力自动补偿。从涡轮轴体的几何形状可以看出，当流体流过 $K—K$ 截面时，流速变大而静压力下降，以后随着流通面积的逐渐扩大而静压力逐渐上升，因而在收缩截面 $K—K$ 与 $K'—K'$ 之间产生了不等静压场，此不等静压场所造成的压差作用在涡轮上的轴向分力（与流体的轴向推力反向），可以抵消流体的轴向推力，减小轴承的轴向负荷，以提高变送器的寿命和精度；也可以采取中心轴打孔的方式，通过流体实现轴向力自动补偿。

导流器是由导向环（片）及导向座组成的，使流体在进入涡轮前先导直，以避免流体的自旋而改变流体与涡轮叶片的作用和角度，从而保证仪表的精度。在导流器上装有轴承，用以支承涡轮。

磁电感应转换装置是由线圈和磁钢组成的。当导磁性的叶片旋转时，叶片便要周期性地改变磁电系统的磁阻值，使通过线圈的磁通量发生周期性的变化，因而在线圈内感应出脉动电信号，磁电转换装置除上述磁阻式外，也有采用感应式的，它的转动涡轮用非导磁性材料制成，将一小块磁钢埋在涡轮内腔，当涡轮旋转时，磁钢也随着旋转，因而在固定于壳体上的线圈里感应出电信号。磁阻式比较简单，并可以提高输出信号的频率，有利于提高测量精度。

（3）旋涡流量计

在自然界中，风吹架空的电线会发出"嗖嗖"的声响，风速越大声音频率越高，这是由于气流通过电线后形成旋涡所致，利用这一原理可设计出旋涡流量计。在流体前进的通道上设置一非流线型的柱状阻挡物，当流体遇到阻力体的前滞点时就要分为两路绕过阻力体，在阻力体两侧流动的流体先后剥离柱面时，使柱面附近的压力减小而形成旋涡，这个旋涡的形成又加速了另一侧流体的流速，使另一侧的流体剥离柱面形成另一侧的旋涡。所以，在流体流动过程中，会在阻力体后面两侧交替地产生旋涡，我们就能依据旋涡出现的频率测定流量。旋涡流量计是利用有规则的旋涡剥离现象来测量流体流量的仪表。

如图 3-8 所示，在流体中垂直插入一个非流线形的柱状物（圆柱或三角柱）作为旋涡发生体。当雷诺数达到一定的数值时，会在柱状物的下游处产生如图 3-8(b) 所示的两列平行状，并且上下交替出现的旋涡，有如街道旁的路灯，故有"涡街"之称，又因此现象首先被卡曼（Karman）发现，也称作"卡曼涡街"。旋涡流量计又称涡街流量计。它可以用来测量各种管道中的液体、气体和蒸汽的流量，是目前工业控制、能源计量及节能管理中常用的新型流量仪表。

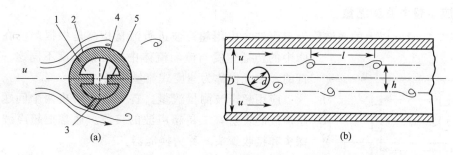

图 3-8　圆柱式 Karman 涡街形成原理与内部结构示意

1—圆柱的内腔；2—Karman 圆柱；3—导压孔；4—铂电阻丝；5—"隔墙"；

u—流体流向及速度；D—测量管内径；d—圆柱体的外径；l—旋涡间的距离；h—涡街间的距离

阻挡物后面产生旋涡的频率与物体的形状和流速有关，而且旋涡频率的稳定性也是有条件的。实验表明，只有当两列旋涡之间的距离 h 和同列的两旋涡之间的距离 l 之比能满足 $h/l=0.281$ 时，所产生的涡街才是稳定的。

由圆柱体形成的卡曼旋涡，其单侧旋涡产生的频率，与柱体附近的流体流速 u 成正比，与柱体的特征尺寸 d（旋涡发生体的迎面最大宽度）成反比，即

$$f=St\times\frac{u}{d} \tag{3-20}$$

式中　f——单侧旋涡产生的频率，Hz；

　　　u——流体平均流速，m/s；

　　　d——圆柱体直径，m；

　　　St——斯特劳哈尔（Strouhal）系数，它是一个无因次数，主要与旋涡发生体的形状和雷诺数有关。在雷诺数为 500～15000 的范围内，St 基本上为一常数（如雷诺数 $Re=5\times10^2\sim15\times10^4$ 时，$St=0.2$）。

由式（3-20）可知，当 St 近似为常数时，旋涡产生的频率 f 与流体的平均流速 u 成正比，测得 f 即可求得体积流量 Q。

对旋涡频率，有许多种检测方法，如热敏检测法、电容检测法、应力检测法、超声检测法等，这些方法无非是利用旋涡的局部压力、密度、流速等的变化作用于敏感元件，产生周期性电信号，再经放大整形，得到方波脉冲。

图 3-8 所示的圆柱式涡街发生器就是一种采用铂电阻丝作为旋涡频率检测元件的热敏转换器。在圆柱形旋涡发生体上有一段空腔（检测器），被隔墙分成两部分，在隔墙中央有一小孔，在小孔中，将两只热敏电阻对称地嵌在圆柱体迎流面的中间，并与另两只固定电阻构成电桥，电桥通以恒定电流使热敏电阻温度升高。当圆柱体旋涡发生体两端未产生旋涡时，两只热敏电阻温度一致，阻值相等，电桥无电压输出。当旋涡发生体两端交替产生旋涡时，在产生旋涡的一侧，流速降低，静压升高，于是在有旋涡的一侧和无旋涡的一侧之间产生静压差，流体从空腔上的导压孔进入，向未产生旋涡的一侧流出。流体在空腔内流动时细铂丝上的热量被带走，铂丝温度下降，导致其电阻值减小。由于旋涡是交替地出现在柱状物的两侧，所以铂热电阻丝阻值的变化也是交替的，且其电阻值变化的频率与旋涡产生的频率相对应，故可通过测量铂丝阻值变化的频率利用式（3-20）来推算流量。

3.1.7　应用超声波测流量

频率在 20kHz 以上的声波称为超声波。应用超声波进行流量检测是根据声波在静止流体中的传播速度与流动流体中的传播速度不同这一原理进行的，因此也称为速度式流量仪表。

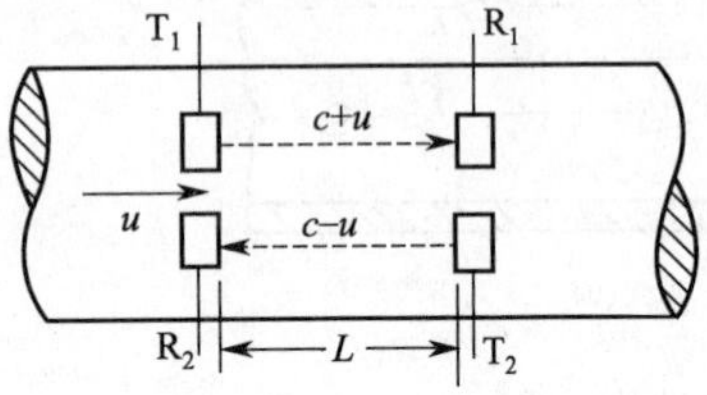

图 3-9　应用超声波测速原理

应用超声波测量流量，首先需要解决两个问题，一是超声波的发射；二是超声波的接收。通常把超声波的发射探头和接收探头统称为换能器。

设超声波在静止流体中的传播速度为 c，流体的流速为 u。若在横截面积均匀的直管道中沿流体流动方向间隔 L 安装两对超声波传播方向相反的超声波换能器（图 3-9），则超声波从发射器 T_1、T_2 到接收器 R_1、R_2 所需要的时间分别如下。

$$t_1 = \frac{L}{c+u} \tag{3-21}$$

和

$$t_2 = \frac{L}{c-u} \tag{3-22}$$

由此可得：

$$t_2 - t_1 = \frac{L}{c-u} - \frac{L}{c+u} = \frac{2Lu}{c^2-u^2} \tag{3-23}$$

由于在工业管道中，流体的流动速度 u 远远小于超声波在静止流体中的传播速度 c，即 $c \gg u$，因此两者的时差为

$$\Delta t = t_2 - t_1 \approx \frac{2Lu}{c^2} \tag{3-24}$$

由式（3-24）可以看出，当已经知道超声波在流体中的传播速度时，测出两组换能器发、接超声波的时间差便可以求出流速 u，进而乘以管道的横截面积，便可求出流体的流量。这种由超声波的时间差求取流速 u 的测量方法称为时差法，此外还有相位差法、频率差法等。

探头（换能器）一般是斜置在管壁外侧，通过声导、管道壁将超声波射入被测流体。也可在管壁上开孔，将换能器紧贴着管道斜置，通过透声膜将超声波直接射入被测流体。前者是有折射的（或称外壁透射式），后者是无折射的。

3.2　流量监测仪表及变送器

上一节所述的不同流量测量方法适应于不同状况的流体，如流动状态、流体的物理性质、流体的工作条件、流量计前后直管道的长度等。本节以目前化工厂常用的流量计为例，进一步介绍它们各自的组成、测量原理、对测量精度的影响因素和调整方法等。

3.2.1　差压式流量计

（1）差压式流量计的组成

节流式流量计是目前化工生产中用来测量气体、液体和蒸汽流量的最常用的一种流量仪表，它具有以下特点：①结构简单、安装方便、工作可靠、成本低，又具有一定的准确度，基本能满足化工生产测量的需要；②人们对节流式流量计的研究和使用历史悠久，有丰富的、可靠的实验数据，孔板、喷嘴和文丘里管式流量计的设计加工已经标准化，只要是完全按照标准设计加工的节流式流量计，就不需要进行标定，也能在已知的不确定度范围内测量

流量。

差压式流量计由节流装置、引压管路和差压变送器（或差压计）三部分组成，如图 3-10 所示。

节流装置包括节流件和取压装置，它的作用是把流体的流量变化转换为节流件两端的压差变化，并由取压装置把压差信号取出。

导压管是连接节流装置与差压计的管线，是传输差压信号的通道。为了保证差压计或差压变送器可靠使用，或者应急抢修、更换，通常在导压管上安装平衡阀组件（三阀组）及其他附属器件（截止阀、聚集、分离气泡或冷凝液的缓冲罐）。

差压计用来测量压差的大小，并把此压差转换成可传输的信号进行远传、指示或记录。也可以采用其他形式的差压变送器或流量显示积算仪等来代替差压计进行流量测量。

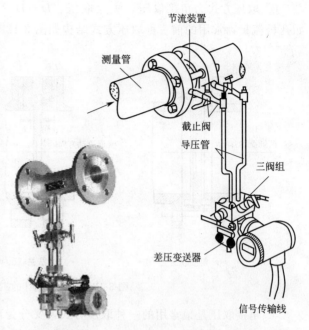

图 3-10　差压式流量计的组成及示意

（2）标准节流装置

用作流量检测的节流件有标准的和非标准的两大类。标准节流件包括标准孔板、标准喷嘴和标准文丘里管，如图 3-11 所示。对于标准化的节流件，在设计计算时都有统一标准的规定、要求和计算所需的有关数据、图及程序；按照标准制造、安装和使用，不必进行标定。

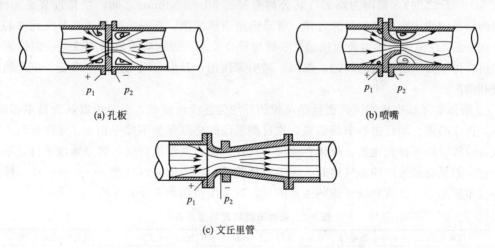

图 3-11　测量流量的三种标准节流装置

按照 ISO 5167（GB/T 2624—1993）的规定，对于各种节流装置的结构形式和技术要求的标准化包含以下几个方面的内容。

① 节流元件限于孔板、喷嘴、长颈喷嘴、文丘里管以及文丘里喷嘴 5 种，对于它们的形状、结构参数及使用范围均有严格的要求。

② 取压方式为角接取压、法兰取压、$D-D/2$ 径距取压、理论取压及管接取压 5 种，如孔板流量计常用的前三种取压方式结构如图 3-12 所示。

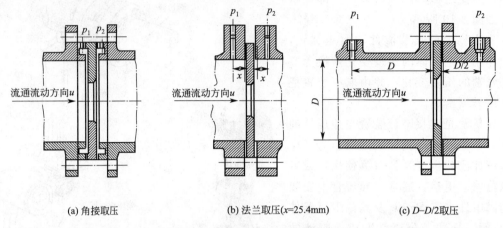

(a) 角接取压　　　　　　(b) 法兰取压(x=25.4mm)　　　　　(c) $D-D/2$取压

图 3-12　孔板流量计的三种取压方式

a. 角接取压是最常用的一种取压方式，又分为环室取压（工艺管道 $\phi \leqslant 400$mm）和单独钻孔取压（工艺管道 $\phi \geqslant 200$mm）两种方式，取压点分别位于节流元件前后端面处，适用于孔板和喷嘴两种节流装置。

b. 在距节流元件前、后端面各 1in（1in＝0.0254）处的法兰上钻孔取压的方式称为法兰取压，此方式仅适用于孔板流量计。

c. $D-D/2$ 径距取压是在距节流元件前端面 D、后端面 $D/2$ 处的管道上钻孔取压，可适用于孔板和喷嘴流量计。

③ 测压管道的管道应该是直的（节流元件的上游直管段在 $10D\sim50D$ 之间，下游直管段在 $5D\sim8D$ 之间），截面为圆形，其公称直径在 $50\sim1000$mm 之间，在靠近节流元件 $2D$ 范围内管径的圆度应标准检验并合格；管道内壁应该洁净，新安装的管道在节流元件的上游 $10D$ 和下游 $4D$ 范围内的内表面粗糙度参数应符合要求，否则应采取措施改进；但仪表长期使用后，由于介质对管道的腐蚀、黏结、结垢等作用，其内表面可能发生改变，应定期进行检查和清洗。

④ 流体必须是牛顿流体，而且是单相的并均匀连续地流动，或者可以认为是单相流体，同时，流体必须充满管道和节流装置，流过测量段时必须保持不发生相变、亚声速的、稳定的或者仅随时间缓慢变化的。流体在流进节流件以前，其流束必须与管道轴线平行，不得有旋转流。如果测量流体的是气体时，在节流件前后的压力比应该达到 $p_2/p_1=0.75$。标准节流装置不适用于脉动流和临界流的流量测量，其适用范围如表 3-1 所示。

表 3-1　标准节流装置的适用范围

节流装置		管径(D)/mm	孔径(d)/mm	直径比($\beta=d/D$)	流体雷诺数 Re
标准孔板	角接取压	$50\leqslant D\leqslant1000$	$d\geqslant12.5$	$0.1\leqslant\beta\leqslant0.75$	$\beta\leqslant0.56, Re\geqslant5000$
	$D-D/2$压压				$\beta>0.56, Re\geqslant16000\beta^2$
	法兰取压				$Re\geqslant5000, Re\geqslant170\beta^2D$
标准喷嘴	角接取压	$50\leqslant D\leqslant500$		$0.3\leqslant\beta\leqslant0.80$	$0.3\leqslant\beta<0.44,$ $7\times10^4\leqslant Re\leqslant10^7;$ $0.44\leqslant\beta<0.80,$ $2\times10^4\leqslant Re\leqslant10^7$

续表

节流装置		管径(D)/mm	孔径(d)/mm	直径比($\beta=d/D$)	流体雷诺数 Re
长颈喷嘴	$D-D/2$ 取压	$50 \leqslant D \leqslant 630$		$0.2 \leqslant \beta \leqslant 0.80$	$10^4 \leqslant Re \leqslant 10^7$
文丘里管	粗铸收缩段	$100 \leqslant D \leqslant 800$		$0.3 \leqslant \beta \leqslant 0.75$	$2 \times 10^5 \leqslant Re \leqslant 2 \times 10^6$
	加工收缩段	$50 \leqslant D \leqslant 250$		$0.4 \leqslant \beta \leqslant 0.75$	$2 \times 10^5 \leqslant Re \leqslant 1 \times 10^6$
	粗焊收缩段	$200 \leqslant D \leqslant 1200$		$0.4 \leqslant \beta \leqslant 0.70$	$2 \times 10^5 \leqslant Re \leqslant 2 \times 10^6$
文丘里喷嘴		$65 \leqslant D \leqslant 500$	$d \geqslant 50$	$0.316 \leqslant \beta \leqslant 0.775$	$1.5 \times 10^5 \leqslant Re \leqslant 2 \times 10^6$

（3）非标准节流装置

特殊节流件也称非标准节流件，如 1/4 圆孔板、圆缺孔板、偏心孔板、1/4 圆缺喷嘴等（参见图 3-13），它们可以利用已有实验数据进行估算，但必须用实验方法单独标定。特殊节流件主要用于特殊介质或特殊工况条件的流量检测。

还有楔形孔板、线性孔板、环形孔板、道尔管、弯管等形式的非标准节流装置流量计。它们各自适应的特殊介质或工况条件如下。

① 低雷诺数节流装置：1/4 圆孔板、锥形入口孔板、双重孔板、半圆孔板等。

② 脏污介质用节流装置：圆缺孔板、偏心孔板、环状孔板、楔形孔板、弯管等。

③ 低压损用节流装置：洛斯管、道尔管等。

④ 宽流量范围节流装置：线性孔板。

⑤ 层流流量计节流装置：毛细管。

⑥ 临界流节流装置：声速文丘里喷嘴等。

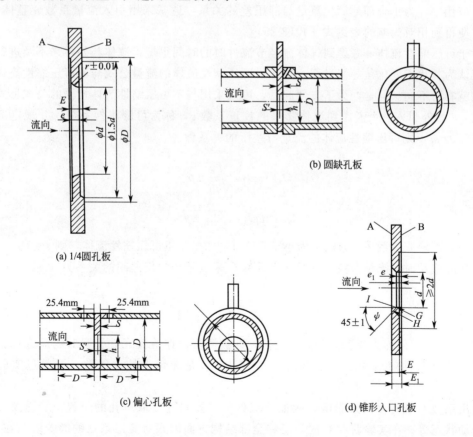

(a) 1/4圆孔板　(b) 圆缺孔板　(c) 偏心孔板　(d) 锥形入口孔板

图 3-13　非标准节流装置结构示例

（4）差压式测流量的变送与实际流量关系

差压式流量计的信号变送原理与第 2 章压力的变送相一致，因而使用到的变送器也与压力信号变送器完全相同。主要有电容式差压变送器、智能差压变送器等，在此不再重述。有所差异的是在中控室或终端显示时需要转换成流量的示值。

根据能量守恒定律和质量守恒定律所推导出理论流量方程式，说明了流体流过节流件时的流量值与节流件上下游的差压值存在一定的函数关系。但是由于实际情况与理论的差异，即在推导流量公式时，没有考虑实际流量测量过程中的一些影响因素，如压力损失、由于运动惯性引起的流束变小等。如果按理论流量方程式计算流量值，则计算出的流量值会大于实际流量值。因此，只有对理论流量方程式（3-9）进行修正后才能得到实际的流量值。

$$Q_{\mathrm{v}} = a' \times u_2' = \alpha A_0 \sqrt{\frac{2}{\rho} \Delta p} \tag{3-25}$$

式中　α——流量系数；

A_0——节流元件的开孔面积；

ρ——不可压缩流体的密度；

Δp——流经节流元件前后流体的静压差。

因为图 3-1 中流束最小截面 Ⅱ 的位置是随流速而变的，而实际取压点的位置则是固定的；另外，实际取压处在管壁，所测得的压力是管壁处的静压力等上述等因素的影响，在实际工程应用中，为了合理地简化流量与静压差的关系，通常采用引入流量系数 α 整体考虑，由此，便得到相对简略的表达式 [式（3-25）]。

对于可压缩性流体，考虑到气体流经节流件时的时间很短，流体与外界来不及进行热交换，可认为其状态变化是等熵过程，这样，可压缩性流体的流量公式与不可压缩性流体的流量公式就有所不同。但是，为了方便起见，可以采用与不可压缩性流体相同的公式形式和流量系数 α，另外引入一个考虑到流体膨胀的校正系数 ε，称为可膨胀性系数，并规定节流件前的密度为 ρ_1，则可压缩性流体的流量与差压的关系为

$$Q_{\mathrm{v}} = \alpha \varepsilon A_0 \sqrt{\frac{2}{\rho_1} \Delta p} \tag{3-26}$$

$$Q_{\mathrm{m}} = \alpha \varepsilon A_0 \sqrt{2 \rho_1 \Delta p} \tag{3-27}$$

式中，可膨胀性系数 ε 的取值为小于等于 1。如果是不可压缩性流体，则 $\varepsilon = 1$。

在实际应用时，流量系数 α 常用流出系数 C 来表示，它们之间的关系为

$$C = \alpha \sqrt{1 - \beta^4} = \alpha \sqrt{1 - \left(\frac{d}{D}\right)^4} \tag{3-28}$$

式中，$\beta = d/D$ 称为节流元件的直径比，即被测流体在节流元件受阻时的流通面积的当量直径 d 与节流件前后的工艺管道直径 D 之比。C 是无量纲的比值数，可通过实验方法确定。

流出系数 C 受许多因素影响，例如节流件形状及尺寸、取压孔的位置、管道及安装情况、流动状态等。在实验获取 C 时，已将全部结构方面因素对流出系数的影响统归在其中，所以在一定安装条件下，对于给定的节流装置，流出系数 C 只与雷诺数有关。

图 3-14 绘出的是标准孔板的流出系数 C 与 Re 的关系曲线。

从图 3-14 可以看出，当雷诺数 Re 大于某个数值（界限雷诺数）后，C 值趋于稳定，并且 β 值愈大，C 趋于定值的 Re 也愈大。只有 C 为一常数时流量 Q 才能够与差压 Δp 之间呈现固定的函数关系。在实际测量中为保证测量的准确度，流量计的测量范围要选在大于界限雷诺数的区域内。

对于不同的节流装置，只要这些装置是几何相似，并且在相同雷诺数的条件下，则流出系数 C 的数值是相同的。

应用差压式流量计监测流量时，各种物性参数在其组成的各部分间的转换、传送关系如图 3-15 所示。

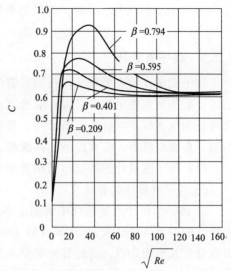

图 3-14 　标准孔板流出系数 C
与雷诺数 Re 的关系

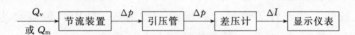

图 3-15 　差压式流量计内物性参数转换与传送

节流装置把流体流量 Q_v（或 Q_m）转换成静压差 Δp（$\Delta p = k_1 Q_m^2$），再通过引压导管传送给差压计。差压计进一步将差压信号 Δp 转换为电流 ΔI（$\Delta I = k_2 \Delta p$），显示仪表把接收到的电流信号通过标尺指示成流量，标尺长度 l（$l = k_3 \times \Delta I$）。由于节流装置的流量方程式是非线性关系，因此显示仪表的流量指示标尺也必须是按非线性刻度，这给标尺的设计和读数带来不便，误差也会相对增大。

为解决流量指示的非线性问题，需要在该检测系统中增加一个非线性补偿环节（即开方器）。开方器可以依附在差压计（这种差压计称带开方器的差压计）内，即差压计输出与差压之间的关系为 $\Delta I = K_2 \sqrt{k_2 \Delta p}$；也可以在差压计后插入一个开方器，开方器输出为 $\Delta I' = K_2' \sqrt{\Delta I}$，由开方器输出到显示仪表。增加一个开方器后，标尺长度与流量就呈线性关系了。

$$l = k_3 K_2' \sqrt{k_1 k_2 Q_m} = K Q_m \tag{3-29}$$

【例 3-1】 有一台节流式流量计，满量程为 10kg/s，标尺总长度为 100mm。试求当流量为满刻度的 65% 和 30% 时，流量值指针在标尺上距标尺起始点的相应位置。

解：如果流量计不带开方器，则标尺长度与流量的关系为

$$l = K Q_m^2$$

依照题意，当 $Q_m = 10$kg/s 时，$l = 100$mm

则有
$$K = 1 \text{mm}/(\text{kg} \cdot \text{s});$$

当 $Q_m = 10 \times 65\% = 6.5$kg/s 和 3.0kg/s 时，可求得

$$l_{65\%} = 42.25 \text{mm} \quad \text{和} \quad l_{30\%} = 9.0 \text{mm}$$

如果流量计带开方器，则标尺长度与流量为线性关系，由式（3-29）可得，当流量为

$Q_m = 6.5 \text{kg/s}$ 和 3.0kg/s 时，流量值指针在标尺上的位置（距标尺起始点）分别为

$$l_{65\%} = 65.0 \text{mm} \quad \text{和} \quad l_{30\%} = 30.0 \text{mm}$$

3.2.2 转子流量计

转子流量计的类型很多，按锥形管的材料可分为透明锥管流量计和金属管流量计两种。前者一般为就地指示型，后者一般被制成流量变送器。按转换器的不同，金属管转子流量计又可分为气远传、电远传、指示型、报警型、带积算等；按变送器的结构和用途又可分为基本型、夹套保温型、防腐蚀型、高温型、高压型等。

（1）转子流量计的特点与结构类型

① 转子流量计的特点

a. 转子流量计主要适合于检测中小管径、较低雷诺数的中小流量，玻璃和金属管转子流量计的最大口径分别为 100mm 和 150mm，如果选用对黏度不敏感的转子形状，则临界雷诺数只有几十到几百，这比其他类型流量计的临界雷诺数要低得多。

b. 转子流量计的结构简单，使用方便，工作可靠，对仪表上游侧的直管段长度的要求较低。

c. 转子流量计的测量范围较宽，量程比可达 10:1，其基本误差约为仪表量程的 ±2%。

d. 压力损失较低。玻璃转子流量计的压损一般为 2～3kPa，较高会达到 10kPa 左右。金属管转子流量计一般为 4～9kPa，较高能达到 20kPa 左右。

e. 流量计的测量精度易受被测介质密度、黏度、温度、压力、纯净度、安装质量等的影响。所以测量准确度不高，多用作直观的流量指示或测量准确度要求不高的现场指示。一旦实际被测流体的密度和黏度与厂家标定介质的情况不同，就应对流量指示值进行修正，以免给测量带来误差。

(a) 软管连接　　　　(b) 螺纹连接　　　　(c) 法兰连接

图 3-16　玻璃转子流量计的外形与连接方式

② 玻璃管转子流量计　在这种流量计中，锥管多由硼硅玻璃制成，所以习惯上称为玻璃转子流量计。由于玻璃强度低，若无导向杆结构，玻璃锥管很容易被转子击破。目前，锥管还常用透明的工程塑料如聚苯乙烯、有机玻璃等材料制作。流量刻度有直接刻在锥管外壁上的，也有在锥管旁另装刻度标尺的。

小口径（DN4～15mm）转子流量计工作在压力较低的场合时一般为软管连接方式，口径为 40mm 以下的转子流量计采用螺纹连接方式，对于较大口径（DN40～100mm）转子流量计的连接方式则采用法兰连接方式。

玻璃转子流量计虽然结构简单，价格便宜，使用方便，但玻璃强度低、易破碎、耐压低，所以多用于常温、常压、透明流体的就地指示。因受工作条件的限制，玻璃转子流量计不宜制成电远传式，电远传式一般采用金属锥形管。玻璃转子流量计的外形与连接方式如图 3-16 所示。

③ 金属管转子流量计　金属管转子流量计的外形如图 3-17 所示。公称直径一般为DN15～150mm，连接方式多为法兰式连接。金属管转子流量计与玻璃转流量计相比，具有耐高压、高温、读数清晰等特点，并适用于不透明介质和腐蚀性介质的流量测量。

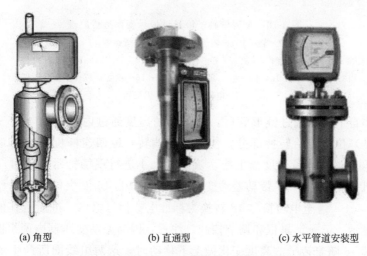

(a) 角型　　　　　　　(b) 直通型　　　　　　　(c) 水平管道安装型

图 3-17　金属管转子流量计的外形结构图

根据不同的应用环境，金属管转子流量计可分为普通型、防爆型、夹套型、耐腐型几种。其中防爆型用于有爆炸性气体或粉尘的场所；夹套型可在夹套中通入加热或冷却介质，给流体保温以免流体凝固、结晶、气化；耐腐型转子流量计与流体接触的部分都是用聚四氟乙烯、氟塑料等耐腐蚀材料制成的，用于腐蚀性介质的流量测量；而普通型转子流量计与流体接触的部位一般多采用普通钢、不锈钢或工程塑料制成。

（2）转子流量计的信号变送

不同型号的金属管转子流量计其内部结构也不尽相同，但大体都是由传感器和转换器组成，传感器由锥形管和转子组成，转换器有就地指示和远传信号两大类型。所有金属管转子流量计的传感器与转换器之间无一例外的都是采用磁耦合的方式将转子的位置信号传送到转换器上。

电远传型金属管转子流量计普遍采用差动变压器结构，锥形管和转子将流量的大小转换成转子的位移，铁芯和差动变动器将转子的位移转换成感应电动势信号，其传送原理如图 3-18 所示。

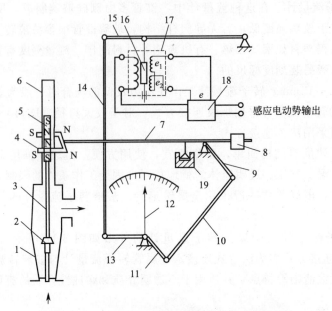

图 3-18　金属管转子流量计信号变换远传原理

1—锥形管；2—转子；3—转子导向杆；4—外置磁钢；5—内置磁钢；

6—不导磁隔离管；7—杠杆；8—平衡锤；9，10，11—第一套四连杆机构；

12—指针；13，14，15—第二套四连杆机构；16—铁芯；17—差动变压器；

18—电转换器；19—阻尼器

　　当被测流体自下而上流过锥形管时，转子 2 的高度通过内外磁钢 4、5 的磁耦合方式，将转子的（高度）位移传给转换部分，使杠杆 7 偏转，经四连杆机构 9、10、11 带动指针 12 偏转相应的角度，在流量刻度盘上指示流量的大小进行现场指示，同时，转子位移通过第二套四连杆机构 13、14、15 带动差动变压器 17 的铁芯 16 发生位移，差动变压器所产生的差动电势 $e = e_1 + e_2$ 送至电转换器 18 转换为标准电势信号输出，进而由其他配套仪表进一步实现流量的显示、记录、累积和调节控制。注意，因为差动变压器内两组次级线圈是反向绕制的，当铁芯 16 随着转子的高度变化做上下移动时，这两组线圈所产生的感应电动势变化也是反向的，从而有 $e = e_1 + e_2$，这样就达到了使感应电动势成倍放大的目的。

　　智能型转子流量计是在电远传型转子流量计的基础上，采用微处理器控制、全数字显示技术，使其具有显示瞬时流量、累积流量，标准电信号输出，报警触点输出等功能。必要时，微处理器还可将流量转换成 4~20mA 的电流号输出或进行流量累积。其流量计前面板的按钮，可用来设定报警点，调整累加器零点，选择瞬时流量或累积流量显示，设置显示单位，进行零点、满度和时间常数的调整，可重新刻度流量计以适应过程工况条件的变化。

　　（3）转子流量计流量方程中各参数的讨论

　　从上节所述的式(3-15)、式(3-16)可知，转子流量计指示的流量与流量系数 α 及被测流体的密度 ρ 有关。流量计生产厂家为了方便批量生产和推广应用，其所提供的液体转子流量计的流量值是在标准工况（20℃，101.325kPa）下用水进行标定的，而气体转子流量计的流量刻度是在标准工况下用空气标定的。因此，实际使用时，如果被测介质不是水或空气，或不是在标准工况下，则必须对转子流量的流量指示值进行修正。

　　① 流量系数 α　实验证明，流量系数 α 与锥形管的锥度、转子的几何形状以及被测流体

的雷诺数等因素有关。在锥形管和转子的形状已经确定的情况下，流量系数随雷诺数变化。图 3-19 是三种常用的不同形状转子的流量系数与雷诺数的关系曲线。从图中可以看出，当雷诺数比较小时，α 随雷诺数的增加而逐渐增大，当雷诺数达到一定值后则基本上保持平稳。不同形状转子的 α 与雷诺数的关系曲线也不同。

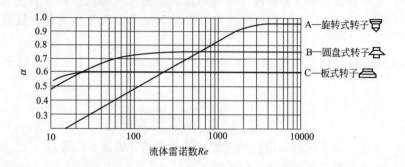

图 3-19　不同形状转子的流量系数 α 与雷诺数的关系

② **流体密度 ρ**　由于转子流量计流量方程式（3-15）以及式（3-16）中包括有流体的密度 ρ，因此应用转子流量计检测流量时应事先知道流体的密度。按相关产品的国家标准 JJG 257—2007，规定转子流量计的流量刻度时是以最常用和便宜的流体（液体是水，气体是空气）在标准工况（20℃，101.325kPa）下进行标定的。当被测介质种类或工况与上述标定情况不同时，应对仪表的流量刻度进行修正。

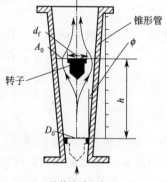

对于转子流量计流量方程

$$Q = A_0 u = \alpha A_0 \times \sqrt{\frac{2gV_f(\rho_f - \rho)}{A_f \rho}} \qquad (3\text{-}15)$$

当流量计的结构确定，即标尺零刻度处锥形管的内径 D_0、转子的最大截面直径 d_f、锥形管的锥半角 ϕ 保持不变时，流体流通的环形流通面积 A_0 与转子最大横截面所在的高度 h 呈线性关系（图 3-20）。

$$A_0 = \frac{\pi}{4}\left[(D_0 + 2h\tan\varphi)^2 - d_f^2\right] \qquad (3\text{-}30)$$

图 3-20　转子流量计中流通面积 A_0 与转子高度 h 的关系

d_f—转子的最大直径；A_0—流体在转子与锥形管间的环形流通面积；D_0—流量计标尺零刻度处锥形管的内径；h—转子的悬浮高度；ϕ—锥形管的锥半角

在设计、制造转子流量计时，一般使 $D_0 \approx d_f$。锥形管的锥半角 ϕ 很小（在 $12' \sim 11°31'$ 内），因而 $\tan\phi$ 很小，$(h\tan\phi)^2$ 可以忽略。由此，式（3-30）简化为

$$A_0 = \pi D_0 \tan\varphi \times h \qquad (3\text{-}31)$$

于是，转子流量计的流量方程就变为

$$Q = \alpha\pi D_0 \tan\varphi \times \sqrt{\frac{2gV_f(\rho_f - \rho)}{A_f \rho}} \times h = k\alpha \times \sqrt{\frac{2gV_f(\rho_f - \rho)}{A_f \rho}} \times h \qquad (3\text{-}32)$$

设被测介质的实际密度为 ρ'，当流量计指示值为 Q 时，实际流体的流量 Q' 为

$$Q' = Q\sqrt{\frac{(\rho_{\mathrm{f}} - \rho')\rho}{(\rho_{\mathrm{f}} - \rho)\rho'}} \tag{3-33}$$

式中，ρ 为水（测量液体时）或者空气（测量气体时）在标准工况下的密度；ρ_{f} 为转子材料的密度。

式(3-33) 是在假设介质改变或密度改变时流体的黏度与标定用的水或空气的黏度相差不大的前提下得出的。如果黏度变化比较大，会导致阻力系数发生变化，从而影响流量系数 α。

① 液体实测流量的修正　根据基本流量公式，标准工况下用水标定转子流量计的流量为

$$Q_{20} = k\alpha\sqrt{\frac{2gV_{\mathrm{f}}(\rho_{\mathrm{f}} - \rho_{20})}{A_{\mathrm{f}}\rho_{20}} \times h} \tag{3-34}$$

式中　Q_{20}——标准工况下用水标定时的流量（转子流量计的指示流量）；

ρ_{20}——标准工况下水的密度，$998.2\mathrm{kg/m^3}$。

当被测液体的黏度与水的黏度相差不大（不超过 $0.03\mathrm{Pa \cdot s}$）时，可近似认为流量系数 α 和标准工况下的水一样，则被测液体的实际流量为

$$Q = k\alpha\sqrt{\frac{2gV_{\mathrm{f}}(\rho_{\mathrm{f}} - \rho)}{A_{\mathrm{f}}\rho} \times h} \tag{3-35}$$

式中　Q——被测液体在工作状态下的实际流量值；

ρ——被测液体在工作状态下的实际密度。

联立式(3-34) 和式(3-35)，经整理可得液体流量的修正公式为

$$Q = Q_{20}\sqrt{\frac{(\rho_{\mathrm{f}} - \rho)\rho_{20}}{(\rho_{\mathrm{f}} - \rho_{20})\rho}} \tag{3-36}$$

② 气体实测流量的修正　由于气体介质的黏度很小，故可以忽略它的影响，认为测量气体流量时的流量系数 α 与测量空气时是一样的。

考虑到气体的密度远小于转子材料的密度，可近似为 $\rho_{\mathrm{f}} - \rho = \rho_{\mathrm{f}}$，$\rho_{\mathrm{f}} - \rho_{20} \approx \rho_{\mathrm{f}}$。同样，依照上述对液体流量的修正方法，可得到气体流量的修正公式

$$Q = Q_{20}\sqrt{\frac{\rho_{20}}{\rho}} \tag{3-37}$$

式中　Q_{20}——标准工况下用空气标定时的流量（转子流量计的指示流量）；

ρ_{20}——标准工况下空气的密度，$1.2046\mathrm{kg/m^3}$；

Q——被测气体在工作状态下的实际流量；

ρ——被测气体在工作状态下的实际密度。

被测气体在标准状态下的密度可通过查表得到，而实际密度 ρ 只能根据具体工况条件计算。为了修正方便，根据气体状态方程导出被测介质密度与温度、压力的关系

$$\rho = \frac{pT_0 z_0}{p_0 Tz}\rho_0 \tag{3-38}$$

式中　ρ_0，p_0，T_0，z_0——被测气体在标准状态（$20℃$ 即 $293.15\mathrm{K}$，$101.325\mathrm{kPa}$）下的密度、绝对压力、热力学温度和压缩系数；

ρ，p，T，z——被测气体在工作状态下的密度、绝对压力、热力学温度和压缩系数。

将式（3-38）代入到式（3-37）中，得到

$$Q = Q_{20} \sqrt{\frac{\rho_{20}}{\rho} \times \frac{p_0 T z}{p T_0 z_0}} \qquad (3\text{-}39)$$

$$\rho_0 = 101.325 \text{kPa}, \quad T_0 = 293.15 \text{K}$$

但在实际应用中，由于气体的体积流量受温度和压力影响很大，在不同的温度和压力下，气体的体积流量之间没有可比性，因此在计量气体的体积流量时，为了有共同的衡量基准，一般都要将工作状态下气体的实际流量换算成标准状态下的气体流量（单位为 m^3/h）。根据

$$Q_N = Q \sqrt{\frac{\rho}{\rho_N}}$$

可得到

$$Q_N = Q_{20} \sqrt{\frac{\rho_{20}}{\rho_N} \times \frac{p T_0 z_0}{p T z}} \qquad (3\text{-}40)$$

式中　Q_N——被测气体换算为标准状态下的流量值。

【例 3-2】　有一转子流量计，用于测量水蒸气的流量，设计时的水蒸气密度为 $\rho = 8.93 \text{kg/m}^3$。但实际使用时水蒸气的压力下降，使实际密度减小为 8.12kg/m^3。试求当流量计读数为 8.5kg/s 时，实际流量为多少？由于密度变化使流量指标值产生的相对误差为多少？

解：当密度变化时，实际流量可参照式（3-37）求得

$$Q = Q' \sqrt{\frac{\rho'}{\rho}} = 8.5 \sqrt{\frac{8.12}{8.93}} = 8.105 \quad \text{kg/s}$$

相对误差为

$$\delta = \frac{Q - Q'}{Q} \times 100\% = \frac{8.105 - 8.5}{8.105} \times 100\% = -4.9\%$$

由此可以看出，当流体密度改变时，流量的实际值与指示值之间将产生较大的误差，实际密度与标准工况的值相差越大，则流量误差也越大。

3.2.3　电磁流量计

电磁流量计是随着电子技术的快速发展，于 20 世纪 50～60 年代投入实际使用的一种流量测量仪表。它们是依据法拉第电磁感应定律工作的，主要用来测量具有一定导电率的导电液体和浆料的体积流量，但不能检测气体、蒸汽和非导电液体的流量，广泛用于化工、水利工程给排水、污水处理、煤炭、矿冶、食品、印染、造纸等领域。

（1）电磁流量计的类型

电磁流量计按其结构形式上的差异，可分为一体式和分体式两种，不过它们都是由电磁流量传感器和转换器两大部分组成。传感器安装在工艺管道上以感受流量信号；转换器则是将传感器送来的感应信号进行放大和再转换，从而实现以标准的电信号进行流量信号的传送、显示、记录、累计或控制，如图 3-21 所示。

分体式电磁流量计的传感器和转换器是分开的，因而转换器可以远离恶劣的现场环境，对于流量计的参数设置和调试都比较方便；一体式则能够就地显示，信号远传，无需励磁和信号电缆的布线，接线更简单，仪表价格更便宜。因此，对于非恶劣工作环境一般都选用一体式电磁流量计。

(a) 一体式　　　　　　　　(b) 分体式

图 3-21　电磁流量计的外形结构

（2）电磁流量计的特点

① 传感器结构简单，测量导管内无活动部件及阻流部件，因而测量中几乎没有压力损失，运行能耗极低，这对于要求低阻力损失的大管径供水管道是极具优势的。

② 被测流体只要具有导电性，它们可以含有颗粒、纤维、悬浮物、脏污性流体，也可以是酸、碱、盐等腐蚀性介质。

③ 电磁流量计的输出信号与体积流量呈线性关系，并且不受液体的温度、压力、密度、黏度等参数的影响，与流体的流动状态无关。

④ 电磁流量计的量程比一般为 10∶1，准确度较高的量程比可达 100∶1，流体的流速可在 0.3~1.2m/s，测量管口径范围大，可以从 6mm 到 2.2 m。特别适用于 1m 以上管径的液体流量的测量；测量精度一般优于 0.5%。

⑤ 电磁流量计没有活动部件的机械惯性，响应迅速，反应灵敏，因而可以用于测量瞬时脉动流量，在管路中的安装不受流向、方位的限制。

电磁流量计的主要缺点是容易受到外界强电磁干扰的影响；不能测量气体、蒸汽和石油制品以及含有铁磁物质、较多或较大气泡等流体的流量；由于衬里绝缘材料的限制，一般使用温度为 0~120℃；同时，由于电极是嵌装在测量导管上的，这也使最高测量压力受到一定限制，一般为 0.25MPa。

（3）电磁流量计的流量传感器

电磁流量计的传感器结构如图 3-22 所示，它主要由磁路系统、流体导管、电极、衬里、外壳等部分组成。

在测量管（流体导管 5）的上、下装有励磁绕组 3，通电后即产生磁场穿过测量管；一对电极 6 装在测量管内与流体相接触，引出感应电动势信号。

① 测量管组件　测量管两端设计成法兰或其他形式以便于工艺管道相连接；为了避免磁场被屏蔽，让磁力线穿过测量管进入被测流体，测量管必须由非导磁的金属或非金属材料，如不锈钢、铝合金或工程塑料等制成；为防止电极感应信号被金属管壁短路，同时抵抗流体对测量管的腐蚀，在金属测量管的内壁常喷涂、固着有聚四氟乙烯、氯丁橡胶、聚氨酯或陶瓷绝缘内衬层。

② 磁路系统　磁路系统用于产生均匀的直流或交流磁场，主要由励磁绕组和铁芯组成，其工作动力——励磁电流则由转换器提供。直流磁场可以用永久磁铁来实现，其结构比较简

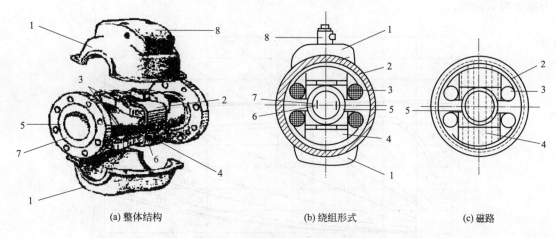

图 3-22　电磁流量计传感器的结构

1—外壳；2—磁轭；3—励磁绕组；4—铁芯；5—流体导管；6—电极；7—绝缘内衬；8—接线盒

单。但是，在电极上产生的直流电势会引起被测液体的电解，在电极上发生极化现象，破坏原有的测量条件；当管道直径较大时，永久磁铁也要求很大，这样既笨重又不经济。所以，工业生产用的电磁流量计，大多采用交变磁场，且是用 50 Hz 工频电源激励产生的。产生交变磁场励磁线圈的结构形式因导管的口径不同而有所不同，分别设计成变压器铁芯式、集中绕组式和分段绕组式三种。为形成磁路，减少干扰及保证磁场均匀，在线圈外围设有若干层硅钢片叠成的磁轭。

③ 电极　电极安装在与磁场垂直的测量管两侧的内壁上，其作用是把被测介质切割磁力线时所产生的感应电势引出。为了不影响磁通分布，避免因电极引入的干扰，电极一般由耐磨、耐腐蚀导电性好的非导磁的不锈钢、哈氏合金、钛等材料制成。安装电极时要求与衬里平行，以便流体通过时不受阻碍。电极的安装位置宜在管道的水平方向，以防止沉淀物堆积在电极上而影响测量精度。

传感器的外壳一般用铁磁材料制成，它是保护励磁线圈的外罩，并可隔离外磁场的干扰。

（4）电磁流量计的流量转换器

转换器的任务就是把流量变送器输出的电势信号 E 转换成 4～20 mA 的标准电流信号。由传感器感应到的流体流动产生的电势十分微弱，工业上常采用 50 Hz 交流电源供电，因此各种干扰因素的影响很大。转换器的另一个目的是抑制主要的干扰信号。

3.2.4　容积式流量计

化工生产中应用容积法检测流量的仪表主要有椭圆齿轮流量计、腰轮流量计等。它们的测量准确度与流体的密度无关，也不受流动状态影响，一般可以达到 0.5% 左右，有的还要高一些，因而是流量计中准确度最高的一类仪表，被广泛用于石油、化工、涂料、医药、食品以及能源等工业部门的产品总量计量，并常用作为标准流量计对其他类型的流量计进行标定。

（1）容积式流量计的工作特性和特点

容积式流量计的工作特性与流体的黏度、密度以及工作温度、压力等因素有关，相对来说，黏度的影响要大一些。图 3-23 是容积式流量计的代表性特性曲线，其中包括误差和压力损失两组曲线。

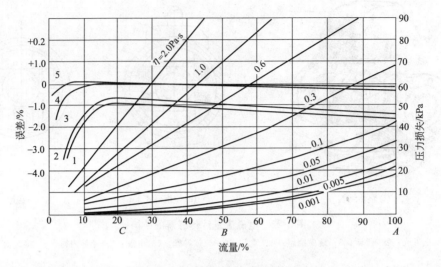

图 3-23　容积式流量计的特性曲线
1—汽油；2—水；3—轻柴油；4—重柴油；5—轻质机油

由误差曲线可以看出，多数曲线是负误差，其中主要原因是仪表中有活动壁，在活动壁与壳体内壁间的间隙处产生流体的泄漏。在小流量时，由于齿轮或腰轮等所受的力矩小，而流体本身又有一定的摩擦阻力，因而泄漏量相对较大，特别是在流量很小时，负误差会很大；当流量达到一定数值后，泄漏量相对较小，特性曲线比较平坦；当流量较大时，由于流量计的进、出口间压力降增大，导致泄漏量相应增大。在相同的流量下，流体的黏度越低，越容易泄漏，误差也就越大；对于高黏度流体，则泄漏相对较小，因此误差变化不大。流体流过流量计的压力损失随流量的增加几乎线性上升，流体黏度越高，压损也越大。

容积式流量计有如下特点。

① 测量精度较高，积算精度可达±0.2%～±0.5%，有的甚至能达到±0.1%；量程比一般为 10∶1；测量口径在 10～150mm 左右。

② 容积式流量计适宜测量较高黏度的液体流量，在正常的工作范围内，温度和压力对测量结果的影响很小。

③ 安装方便，对仪表前、后直管段长度没有严格的要求。

④ 由于仪表的精度主要取决于壳体与活动壁之间的间隙，因此对仪表制造、装配的精度要求高，传动机构也比较复杂。

⑤ 要求被测介质干净，不含固体颗粒，否则会使仪表卡住，甚至损坏仪表，为此要求在流量计前安装过滤器。

⑥ 不适宜测量较大的流量，当测量口径较大时，成本高，重量和体积大，维护不方便。

（2）椭圆齿轮流量计

① 椭圆齿轮流量计的结构　椭圆齿轮流量计由测量主体、联轴耦合器、表头三部分组成。测量部分由壳体及两个相互啮合的椭圆截面的齿轮构成，如图 3-24 所示。当被测流体流过椭圆齿轮流量计时，它将带动椭圆齿轮旋转，椭圆齿轮每旋转一周，就有一定数量的流体流过仪表，只要用传动及累积机构记录下椭圆齿轮的转数，就能知道被测流体流过仪表的总量。在椭圆齿轮与壳体内壁、上、下盖板之间围成一个"月牙"截面柱形固定容积的空

间，就是所谓的"计量室"。

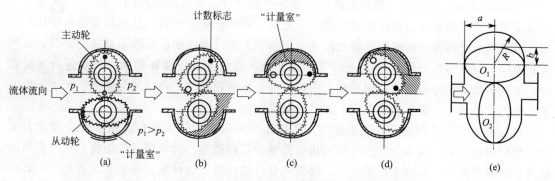

图 3-24　椭圆齿轮流量计的测量原理图

椭圆齿轮流量计的测量功能主要由两个相互啮合的椭圆齿轮及其外壳承担，椭圆齿轮在被测介质压差力矩的作用下发生转动。主动轮和从动轮互相交替地由一个带动另一个转动，将被测介质以半月形空腔——"计量室"为单位一次一次地由进口排至出口，椭圆齿轮流量计每转一周所排出的被测介质流量为"计量室"体积的 4 倍。由此，流过流量计的体积流量 Q 就可以被计算出来。

② 椭圆齿轮流量计的流量计量与指示　　由图 3-24（e）可知，通过流量计的体积总量 V 为：

$$Q = 4nV_0 = 2n\pi(R^2 - ab)\delta \tag{3-41}$$

式中　　n——椭圆齿轮的转速；

V_0——椭圆齿轮与壳体间形成的月牙形体积；

R——流量计壳体容积室内壁的半径，也是椭圆齿轮的长半径；

a，b——椭圆齿轮的长半轴和短半轴；

δ——椭圆齿轮的厚度。

椭圆齿轮流量计的流量指示，可分为就地显示和远传显示两种。就地显示是将椭圆齿轮的转动通过磁性密封联轴器和一套传动减速机构传递给机械计数器，直接指示出流经流量计的流体总量。

为了实现流量的远距离集中显示和流量计标定的需要，可以在表头内设置发信装置。将椭圆齿轮转数转换成相应的电脉冲数，远传后由显示仪表对脉冲信号进行累积、计数处理，以显示流体的流量和总量。

流量积算机构中的机械计数器原理是将椭圆齿轮转速 n 通过传动齿轮，选取一个恰当的传动比后，使机械计数器的末位数字轮转动，显示流过的体积值。这里传动齿轮起到了流量换算作用，即流量计通过单位体积流体，使椭圆齿轮转时，经传动齿轮减速，使机械计数器末位数字轮（个位）转圈，数字轮示数增加 10 个字，以显示出流体总量增加一个单位体积。计数器的数字轮上除有数字外，字轮两侧均有齿轮，以配合字轮上方的进位齿轮实现进位功能。表头中的传动齿轮，只驱动末位数字轮动。

瞬时流量可以通过两种途径得到。一是从指针转一圈所代表的流量及所用时间去推算，二是用瞬时流量显示器直接指示瞬时流量值。瞬时流量显示器是在表头传动齿轮中装上一个小型测速发电机。根据椭圆齿轮转速与流量成正比的关系，将流量的大小变为电流，由电流表指示出来。远传显示附加发信装置后，再配以显示仪表就可实现远传指示瞬时流量或累积流量。

（3）腰轮流量计

① 腰轮流量计的结构 腰轮流量计又称罗茨流量计，其结构原理图如图 3-25 所示。它测量流量的原理与椭圆齿轮流量计相同，只是轮子的形状略有不同。其测量部分由壳体及一对（或两对）可以相切旋转的表面光滑无齿的腰轮实现（因盖板形状酷似链条的链节，有明显的缩腰，因此得名腰轮）。两个轮子表面无牙齿，因而不是依靠互相啮合滚动进行接触旋转，而是借助套在伸出壳体的两根轴上的齿轮啮合相互联动的，在腰轮与壳体、上下盖板内壁之间围成的具有一定容积的空间，即"计量室"。

腰轮流量计除了能测量液体流量外，还能测量大流量的气体流量。由于两个腰轮上无齿，所以对流体中的固体杂质没有椭圆齿轮流量计那样敏感。由于腰轮的缩腰形状与椭圆齿轮鼓腰形状相反，在相同直径条件下，腰轮流量计的计量室比椭圆齿轮流量计的要大，其仪表体积相对就小。

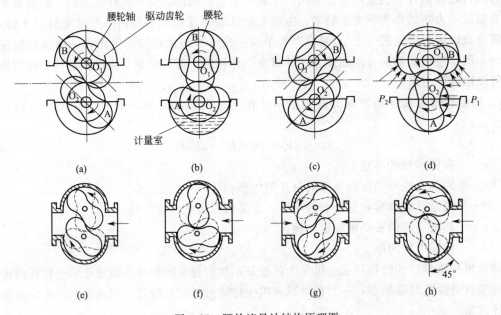

图 3-25 腰轮流量计结构原理图

在结构上，由腰轮的外轮廓和流量计壳体的内壁面组成具有一定容积的计量室，该计量室内所充满的流体是腰轮从进口连续流体中分隔而成的单个体积。随着腰轮的继续旋转，计量室中的流体被排向出口。当两个腰轮转子都旋转了 180°，两个计量室的流体先后被排向流量计出口。随着腰轮从图 3-25（d）所示的状态到（a）所示的状态继续旋转，不断有流体被测量元件分隔并从进口送到出口。只要知道计量室空间的容积 v 和记录腰轮的转动次数 N，就可得到通过流量计的流体体积 V。

显然，对于腰轮流量计：

$$V = N K_0 D_0^2 L \tag{3-42}$$

式中 N——腰轮的转速；

D_0——腰轮的长轴直径，m；

K_0——腰轮计量室的容积系数，与腰轮的形状有关，无量纲；

L——腰轮转子的轴向厚度，m。

　　腰轮流量计能用于各种清洁液体的流量测量，尤其适用于油品计量，也可制成测量气体的流量计。它的计量准确度高，可达 0.1～0.5 级。其主要缺点有：体积大、笨重；压损较大；运行中振动较大等。利用互成的 45°角的两对腰轮结构［图 3-25(e)～(h)］，可以大大减小运行中的振动噪声。

　　② 腰轮流量计的特点　腰轮流量计与椭圆齿轮流量计相比，具有体积小、测量范围宽、准确度高等特点，可用来测量气体的流量。两个腰轮间有微小的间隙，对介质清洁度要求低，允许测量含有微小颗粒的流体。腰轮流量计的准确度可达 0.2 级，口径为 15 ～ 300mm，测量范围为 2.5～1000m³/h。

3.3　流量仪表的选择、安装与校验

3.3.1　各类流量仪表的特点及比较

　　如前所述，流量的测量比起压力的测量，其测量原理和仪表结构类型要丰富很多，因而在选择流量仪表时需要考虑、对比的因素更为复杂一些。为此，将流量检测仪表按其原理分类共列于表 3-2 中比较如下，它们与被测流体特性的关系也列于表 3-3 中。

表 3-2　各类流量计的特点与应用场合

流量计种类		检测原理	主要特点	用途
差压式	孔板	基于节流原理，利用流体流经节流装置时产生的压力差而实现流量的测量	已实现标准化，结构简单，安装方便，但差压与流量为非线性关系	管径大于 50mm，低黏度、大流量清洁的液体、气体和蒸汽的流量测量
	喷嘴			
	文丘里管			
转子式	玻璃管	基于节流装置的原理，利用流体流经转子时，流通面积的变化来实现	压头损失小，检测范围大，结构简单，使用方便，但必须垂直安装	适用于小管径、小流量的液体或气体的流量测量，可进行现场指示和信号远传
	金属管			
容积式	椭圆齿轮式	采用容积分界的方法，转动（或往复）零件每运行一个周期，都可送出固定体积的流体，利用运行速度实现流量测量	精度高、量程宽，对流体的黏度变化不敏感，压头损失小，安装使用方便，但结构复杂、造价高	小流量、高黏度、不含颗粒和杂物、温度不太的液体或气体的流量测量
	腰轮式			
	皮囊式			
	旋转活塞式			
涡轮流量计		利用叶轮或涡轮被液体冲击转动后，叶轮或涡轮的转速与流量的关系进行测量	安装方便，精度高、耐高温，反应快，便于信号远传。但需水平安装	可测脉动、洁净、不含杂质的液体流量
电磁流量计		利用电磁感应原理进行测量	压头损失小，对流量变化的响应速度快。但结构复杂、造价高，容易受外界电磁场的干扰，不能振动	可测酸、碱、盐等导电液体以及含有固体或纤维的流体流量
旋涡式	旋进旋涡型	利用有规律的旋涡剥离现象进行测量	精度高、范围广，无运动部件，无磨损压头损失小，维修方便，节能	可测量各种管道中的液体、气体和蒸汽的流量
	卡门旋涡型			
	间接式质量流量计			

　　对于表中的各种流量仪表来说，一般的流量检测多采用孔板等标准节流装置。若测量精确度要求不高于 1.5 级、量程比不大于 10：1 时，可选用转子流量计。其中，玻璃管转子流量计一般用于就地指示，适用于流体的压力小于 1MPa，温度低于 100℃ 的中小流量、微小流量的测量；金属管转子流量计用于小流量测量，适用于有毒、易燃、易爆但不含磁性、磨损性物质，且对不锈钢无腐蚀性的流体；靶式流量计用于流体黏度较高且含少量固体颗粒，精确度等级要求不高于 1.5 级，量程比不大的流量测量；涡轮和涡街流量计适用于洁净的气体和液体的测量，测量精度较高；椭圆齿轮流量计用于洁净的、黏度较高的液体的流量测

表 3-3　流量检测仪表与被测流体特性的关系

仪表种类	清洁液体	脏污液体	蒸汽或气体	黏性液体	腐蚀性液体	腐蚀性浆液	含纤维浆液	高温介质	低温介质	低流速液体	部分充满管道	非牛顿液体
节流式流量计　孔板	○	●	○	●	◎	×	×	○	●	×	×	●
文丘里管	○	●	○	●	◎	●	×	●	●	×	×	×
喷嘴	○	●	○	●	◎	●	×	●	●	×	×	×
弯管	○	●	○	×	◎	×	×	◎	×	×	×	●
电磁流量计	○	○	×	○	○	○	○	×	×	◎	×	◎
旋涡流量计	○	●	○	●	○	○	○	○	◎	◎	×	×
容积式流量计	○	×	○	◎	○	×	×	◎	◎	◎	×	○
靶式流量计	○	●	●	●	●	●	●	●	●	×	×	●
涡轮流量计	○	●	○	●	○	×	×	○	◎	×	×	×
超声波流量计	○	●	●	●	○	○	○	○	○	○	×	○
转子流量计	○	●	○	◎	◎	×	×	◎	◎	×	○	●

注：○表示适用；◎表示可以用；●表示在一定条件下可以用；×表示不适用。

量；腰轮流量计用于洁净气体或液体，特别是有润滑性的黏度较高的油品的流量测量；刮板流量计用于各种油品的精确计量。电磁流量计用于对耐腐蚀性和耐磨性有要求的场合，如酸、碱、盐、纸浆、泥浆等液体的流量测量；凡能传导声波的流体均可选用超声波流量计，特别是工作条件比较恶劣、无法采用接触式测量时，可采用超声波流量计。质量流量主要用于需要直接精确测量液体的质量流量或密度时。

为了保证流量测量的准确性，流量计出厂前和使用一定时间后就要对其进行校验。流量校验（或检定）涉及流量校验装置和校验方法。对流量仪表出厂和使用中的校验目的是标准化测量，如流量仪表的精度、重复性等。对测量仪表研制时的校验是为了找出仪表特性的数学模型，确定流量仪表静态、动态特性及测量方法。有些流量计在体的性质和状态发生变化时，如果不能用计算的方法求出修正值，就需要在工作状态下进行实流校验。

流量计的校验有直接测量法、间接测量法和综合测量法三种。

（1）直接测量法

将被测量与同种类的标准量进行比较的测量方法称为直接测量法，即流量计在流量标准装置上进行校验，装置上有标准（标准量）可以进行比较。目前，容积式流量计、电磁流量计、涡轮流量计、超声波流量计、质量流量计等大多数流量计都采用直接测量法校验，也称实流校验。校验流量计时，一般采用直接校验法（实流校验法），即试验流体流过被校流量计，同时用标准流量计（或流量标准装置）测出标准流量，然后比较两表的示值，从而确定被校流量计的测量误差。标准表校验法是把高精度的流量计作为标准表，对较低精度的流量计进行对比校验，从而对被校流量计进行分度，或确定其精度等级。目前，椭圆齿轮流量计的精度可以达到±（0.1～0.2)%，涡轮流量计的精度可达±0.2%，它们对于一般工业用流量计均可作为标准表。标准表校验法简单可行，已经被广泛使用。但是，介质的性质和流量大小要受到标准表的使用条件限制，要有稳定可调的流量发生系统。

目前，用来校验液体流量计的方法一般有静态、动态标准容积（质量）法、标准仪表校验法、标准体积管校验法等。用来检定气体流量计的方法有标准容积校准法、标准仪表校验法、置换法、声速喷嘴校验法等。

实流校验非常麻烦，特别是校验大型流量计时。因此，一般要委托有条件的研究机构或流量计制造厂。

（2）间接测量法

通过对与被测量有函数关系的其他量进行测量而得到被测量的方法称间接测量法，间接测量法也称干式校验法。例如，节流式流量计采取节流装置的几何尺寸及与流体有关的参数而得到流量值的方法。间接测量法方法简便，校验设备投资少，但是由于流量计的特性不仅与仪表的几何特性、电测特性有关，而且与管道特性、流体物性、流态、流速分布等多种因素有关，可以说，即使是几何相似、动力相似的两个流量计，其示值也很难保证完全一致，因而，间接测量法精度较低。目前，电磁流量计可以实现干式校验。

（3）综合测量法

难以用直接测量法或间接测量法测量的流量，采用相似模型的模拟实流校验，然后用相似原理推算的方法称为综合测量法。

用于测量液体流量计的校验有静态容积法（通过计量在一小段时间内流入标准计量容器的流体体积方式来求得流量的方法）和标准流量计法（用准确度高一等级的标准流量计与被校验流量仪表串联，让流体同时通过标准表和被校表，比较两者的示值以达到校验或标定的目的）。常用的标准流量计有涡轮流量计、容积式流量计、科里奥利质量流量计等。

对于气体流量计的校验主要是钟罩法。钟罩式气体流量标准装置的工作压力一般小于10kPa，最大流量由钟罩的体积决定。常用钟罩的容积有 50～10000L 多种，最大测量流量可达 4500m³/h，装置的准确度一般优于 0.5%，最高可达 0.2%。

钟罩式气体流量标准装置是以经过标定的钟罩有效容积为标准容积的计量器具。由风机把气体输送到钟罩内，使钟罩上升。由于钟罩容积是已知的，也即钟罩内气体的体积是固定的。当钟罩下降时，钟罩内的气体经试验管道排往被校表，以钟罩排出的气体标准体积来校验流量仪表。为了保证在一次校验中，气体以恒定的流量排出钟罩，钟罩内的压力必须恒定。在钟罩式气体流量标准装置中，恒定的压力是利用钟罩本身的重力与平衡锤重力之差产生。并利用补偿机构使得压力不随钟罩浸入液槽中的深度而改变。当需要不确定的工作压力时，可增减平衡锤砝码来实现，平衡锤砝码加得愈多，钟罩内的工作压力就愈低。

3.3.2　差压式流量计的选择、安装与校验

（1）标准节流装置的选择原则

依据差压式流量计的工作原理和结构特点，标准节流装置必须满足如下使用条件：①流体必须充满圆管和节流装置，并连续地流经管道；②管道内的流束（流动状态）必须是稳定的，且是单向、均匀的，不随时间变化或变化非常缓慢；③流体流经节流元件时不发生相变；④流体在流经节流元件以前，其流束必须与管道轴线平行，不得有旋转流。

对于标准节流装置的选择，一般来说，务必遵循以下原则。

① 当流速小、允许压头损失较小时，可采用文丘里管和文丘里喷嘴。

② 在检测某些容易使节流装置玷污、磨损和变型的脏污或腐蚀性介质的流量时，选用喷嘴式比孔板为好。

③ 对于相同检测流量和压头损失值的情况，喷嘴的开孔界面比孔板的小，喷嘴有较高的检测精度，而且节流装置前后所需的直管长度也较短。

④ 在加工制造和安装方面，以孔板最简单，喷嘴次之，文丘里管、文丘里喷嘴最为复杂，造价也高，但其前后所需的直管长度也较短。

至于差压式流量计及其变送器量程（管径）的选择（计算），由于这类流量计都是按照国家标准设计和制造，一般只需根据监测点的工艺管道直径来选取。量程的选择，按仪表的

刻度方式分两种：按方根值刻度时，最大流量为满刻度的 95％左右，正常流量为满刻度的 70％～80％左右，最小流量为满刻度的 30％左右；按线性刻度时，最大流量为满刻度的 90％左右，正常流量为满刻度的 50％～70％左右，最小流量为满刻度的 10％左右（对方根特性经开方变成直线特性时，为满刻度的 20％左右），这样可以获得较高的测量精度；在流量范围确定的前提下，流量计的口径是根据测量管内流体的流速与压头损失的关系选取的，以流速 2～4m/s 最为合适。

（2）差压式流量计的安装

差压式流量计的安装包括三个部分：节流装置、差压信号管路和差压计的安装。假如安装过程中存在不符合各项技术要求规定的情况，就会给差压式流量计的测量准确度带来很大影响，因此对标准节流装置、引压管线和差压计的安装提出了严格的要求，必须严格执行。如果差压式流量计在设计计算、安装、使用各个环节都符合技术要求，一般来讲其测量误差应在±1％～±2％范围内。然而，在现场使用中，由于各种条件的限制和各方面因素的影响，其实际测量误差往往超过上述数值，其中，由于安装质量不符合规定的要求所造成的测量误差，往往占有相当大的分量。

① 标准节流装置的安装　为了确保流体经过节流装置时流动状态与节流元件设计计算中所用数据的实验条件相符合，使实际流量和差压之间的关系与设计计算时的相一致，流体在节流装置前后应始终保持单相流体。在蒸汽流量测量中，节流装置前后不应含有水。在安装标准节流装置时应注意以下几个方面。

a. 节流装置前、后方位常以"＋"、"－"标记，不得装反；装反后虽然有压差，但其误差无法估算。节流装置的前后应保证有足够的直管段，直管段的长度应根据现场的情况，按国家标准规定确定最小直管段长度。

b. 节流件的入口端面要与管道轴线垂直，其偏差不得超过 1°；必须保证节流件与管道同心，其不同心度不得超过。

c. 夹紧节流件用的密封垫片（包括环室与法兰、环室与节流件以及法兰取压的法兰与孔板之间的垫片），其厚度一般应为 0.5～1.0mm。在夹紧后垫片不得突入管道内壁。

d. 为了正确确定工作温度下的 β 值，应采用已知热膨胀系数的材质制造管道和节流件。若管道材质和节流件材质热膨胀系数不一致，节流件的安装应保证夹紧后在受热情况下能自由膨胀、变形。

e. 管口与法兰密封面应平齐，夹紧环室或夹紧环的法兰密封面应为凸型，并与环室或夹紧环的凹槽配合。若环室材质的热膨胀系数大于法兰材质的热膨胀系数时，应采用过盈配合，反之，应采用间隙配合。

f. 对于测量准确度要求较高的场合，最好把节流件、环室（或夹紧环）和上游 10D 和下游 5D 长的带连接法兰的直管段先行组装，检验合格后再接入主管道。

g. 节流装置的各管段和管件的连接处不得有任何管径突变；新装管路系统必须在管道冲洗后再进行节流件的安装。

② 差压信号管路的安装　被测流体的流量经节流装置转换成差压信号后，由差压信号管路把差压信号传送给差压计，以显示出被测流量的大小。为了使节流装置输出的差压可靠、准确地传送到差压计或压变送器上，差压信号管路要按照规定敷设。在各种不同监测条件下，差压信号管路的安装如图 3-26～图 3-31 所示。

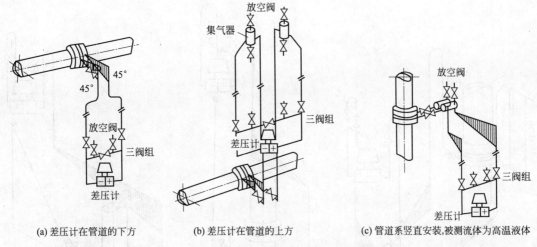

(a) 差压计在管道的下方　　(b) 差压计在管道的上方　　(c) 管道系竖直安装,被测流体为高温液体

图 3-26　监测清洁液体流量时的信号管路安装图

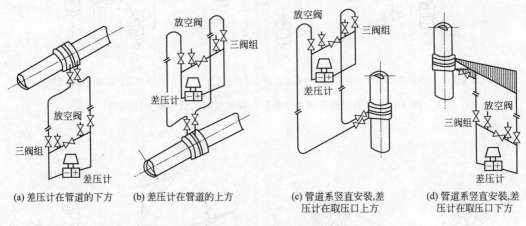

(a) 差压计在管道的下方　　(b) 差压计在管道的上方　　(c) 管道系竖直安装,差压计在取压口上方　　(d) 管道系竖直安装,差压计在取压口下方

图 3-27　监测清洁"干"气体流量的信号管路安装图

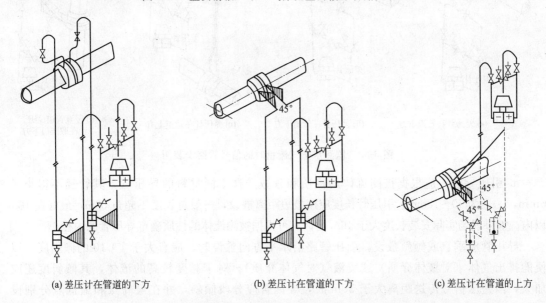

(a) 差压计在管道的下方　　(b) 差压计在管道的下方　　(c) 差压计在管道的上方

图 3-28　监测水平管道中"湿"气体流量时的信号管路安装图

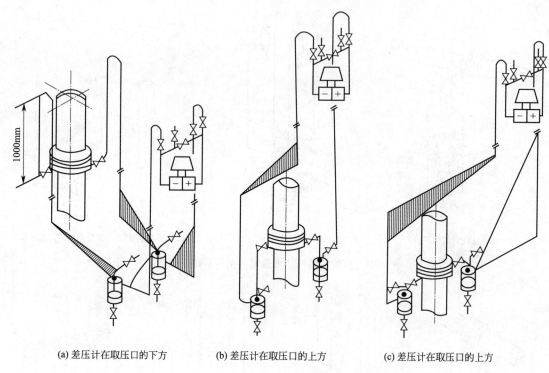

(a) 差压计在取压口的下方　　(b) 差压计在取压口的上方　　(c) 差压计在取压口的上方

图 3-29　监测竖直管道中"湿"气体流量时的信号管路安装图

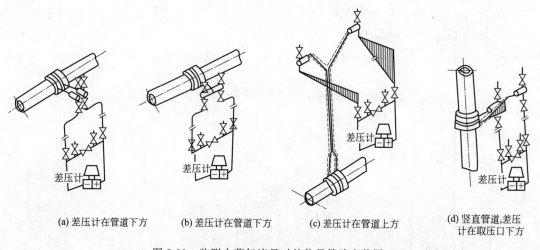

(a) 差压计在管道下方　(b) 差压计在管道下方　(c) 差压计在管道上方　(d) 竖直管道,差压计在取压口下方

图 3-30　监测水蒸气流量时的信号管路安装图

a. 引压导管　应根据被测流体的性质和参数选择不同材料的导压管,其管径不得小于 6mm,一般为 10~18mm。引压管长度应按最短距离敷设,一般总长度不超过 50m,最好在 16m 以内。如果现场实际安装长度大于 16m 的话,可根据被测流体的性质确定导压管的内径。

导压管应垂直或倾斜敷设,引压管路沿水平方向敷设时,应有大于 1:10 的倾斜度,以便能排出气体(对液体介质)或凝液(对气体介质)。对于黏度较高的流体,其倾斜度还应加大,当差压信号传送距离大于 30m 时,导压管应分段倾斜,并在最高点和最低点分别设置集气器(或排气阀)和沉降器(或排污阀)。引压管路应加装切断阀、集液器、凝液器等

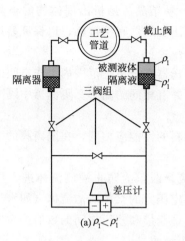
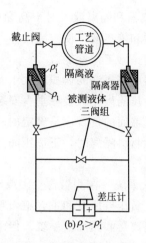

图 3-31 监测具有腐蚀性液体流量时的信号管道安装图

必要的附件，以备与被测管路隔离进行维修和冲洗排污之用，如被测介质有腐蚀性时还应加隔离罐。

为了避免差压信号在传送的过程发生失真，正负压导压管应尽量靠近敷设。严寒地区导压管应加防冻装置，与主管道采取同样措施，用电或蒸汽加热保温时，要防止过热。低沸点易气化的流体，应防止流体在导压管中气化，以免产生假差压。如果被测量介质有凝固或冻结的可能，则应沿引压管路进行保温或伴热。

b. 取压口　取压口一般设置在法兰、环室或夹紧环上。安装法兰、环室和夹紧环时，对于液体应考虑防止气体进入导压管，被测流体为气体时则要防止水和脏物进入导压管，应正确地选择取压孔的位置。

若节流装置安装点的主管道是垂直敷设时，取压口的方位可在节流装置的平面上任意选择，两个差压取压口可在管道的同一侧或分别位于两侧；若节流装置处于水平或倾斜位置时，则取压口位置在节流装置中心水平线下方；测量气体时，取压点在节流装置上方；测量蒸气时，取压点在节流装置的中心水平位置 0°～45° 角引出。

c. 截断阀、冷凝器、集气器和沉降器　在靠近节流件的信号管路上应装截断阀。若信号管路上装有冷凝器时，则截断阀应装在冷凝器之后但又靠近冷凝器的位置上。截断阀的耐压和耐腐蚀性能应与主管道相同，其流通面积不应小于导压管的流通面积，其结构（多为直孔式）应能防止在其阀体中聚积气体或液体，以免影响差压信号的传送。

冷凝器的作用是使导压管中的被测蒸汽冷凝，并使正负压导压管中的冷凝液面有相等的高度并保持恒定。为此冷凝器的容积应大于在全量程内差压计或差压变送器工作空间的最大容积变化的 3 倍，在水平方向的横截面积，不得小于差压计或差压变送器的工作面积，以便忽略由于冷凝器中的冷凝波面波动而产生的附加误差。

测量蒸汽流量用的差压信号管路，即使差压计或差压变送器的位移很小，也必须装设冷凝器。当被测流体为高压蒸汽时，在节流件和冷凝器之间应装设冷凝水捕集器，以防流量波动很大时，冷凝水返回主管道并使节流件变形。

被测流体为液体时，应在导压管的各最高点上装设集气器或排气阀，以便收集和定期排出信号管路中的气体。对于各种被测流体，在导压管的最低点应装设沉降器或排污阀，以便收集和定期排出信号管路中的污物和气体信号管路中的积水。

d. 隔离器和隔离液　对于高黏度、有腐蚀性、易结晶、易析出固体物的被测流体，应采用隔离器和隔离液，使被测流体不与差压计或差压变送器直接接触，以保证差压计或差压变送器等的正常工作性能。

隔离器中隔离液的体积应大于差压计或差压变送器在全量程范围内工作空间的最大体积变化。正负压隔离器应装在垂直安装的导压管上，并有相同的高度。隔离器中隔离液的最高液面和最低液面的位置应是确定的。

用弹性材料隔离时，正负压隔离器所用弹性材料的性能应相同，在隔离膜的下面应装设排气阀。

e. 喷吹系统　在测量含尘多或危险性的流体流量时，为防止被测流体进入导压管，采用同时向正负压导压管和主管道内喷吹一定量的恒定压力的某种清洁流体（如水、空气等），以此代替隔离器和隔离液系统。但采用喷吹系统时，流量和差压之间的数值关系应用实验方法确定。信号管道喷吹系统如图 3-32 所示。

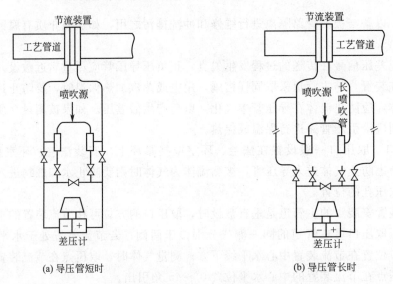

图 3-32　信号管道喷吹系统示意图

使用喷吹系统时，正负压信号管路的横截面积应均匀一致，长度相等，且有相同数量的管件和弯头。总之，不应影响两根信号管路中的压力信号。喷吹到导压管、主管道中流体的量应根据被测流体的流量是否稳定、差压计形式和导压管总容积等因素来确定，总的原则是在任何情况下被测流体都不能进入导压管。喷吹量应稳定，喷吹量太小时难以控制，应避免使用。

当被测流体为液体时，只有被测流体的压力较低，而差压计或差压变送器装在主管道上方时，才可使用清洁气体喷入主管道的方法。

③ 压差计的安装　差压计的安装主要是对安装地点周围条件（例如温度、湿度、腐蚀性、振动等）的选择。如果现场周围的条件与差压计使用时规定要求的条件有明显差别时，应采取相应的预防措施，否则应改换安装地点。其次，当测量液体流量时或引压导管中为液体介质时，应使两根导压管路内的液体温度相同，以免由于两边重度差别而引起的附加测量误差。

a. 安装前的检查　管道直径是否符合设计要求，节流装置孔径须与设计相符，其加工精度必须符合要求。密封用的垫圈内径不得小于管径，可比管径大 2～3mm。节流装置用的法兰焊接后必须与管道垂直，不得歪斜。法兰中心与管道中心应重合，焊缝必须平趋光滑。

节流装置的前后至少有 2 倍以上管道直径的距离内无明显不光滑的凸块，无电、气焊的熔渣，以及露出的管接头、铆钉等。环室取压时，环室内径不得小于管道的直径，可比管道直径稍大些。孔板、环室及法兰等在安装前应清除积垢和油污，并注意保护开孔锐边不得碰伤。节流装置安装应在管道吹洗干净后及试压前进行，以免管道内污物将节流装置损坏或将取压口堵塞。

b. 安装　节流装置安装的方向必须使孔板的圆柱形孔到直角端和喷嘴的短喇叭形曲面端迎着流体的流向。对于不同的流体及其性能的差异，差压计与管道的相对连接关系也要区别对待，如图 3-33 所示。

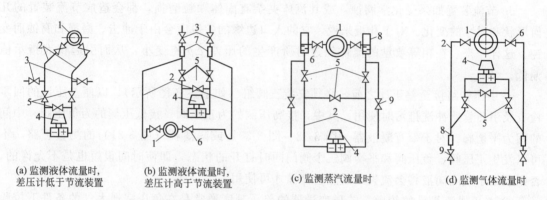

(a) 监测液体流量时，差压计低于节流装置　(b) 监测液体流量时，差压计高于节流装置　(c) 监测蒸汽流量时　(d) 监测气体流量时

图 3-33　差压计与被测流体管道的相对连接关系

1—节流装置；2—信号管路；3—放空阀；4—差压计；5—三阀组；6—切断阀；7—储气器；8—凝液器；9—排放阀

（3）差压式流量计的投运、使用与校验

差压式流量计的流量与压差数量关系刻度的标定是在仪表生产厂完成的，它是根据流量计的设计参数、差压变送器的量程、流量与差压开方的关系［式(3-10)］计算出差压达到最大时对应的流量。从理论上来说，只要采用的是标准化的差压装置，并严格遵循加工、安装要求，现场使用时就无需另行标定，即可达到规定的精度。因此，差压式流量计在车间现场安装完毕，经检测校验无误后，就可以投入使用。

开表前，必须先使引压管内充满液体或隔离液，引压管中的空气要通过排气阀和仪表的放气孔排除干净。在开表过程中，要特别注意差压计和差压变送器的弹性元件不能受突然的压力冲击，更不要处于单向受压状态。

① 差压式流量计的投运　差压式流量计的投运步骤如下。

a. 打开节流装置前后引压口的截止阀。

b. 打开三阀组中的平衡阀，再逐渐打开正压侧切断阀，使差压计的正、负压室承受同样的压力。

c. 开启差压计负压侧的切断阀，并逐渐关闭平衡阀，仪表投入使用。

仪表停运时，与投运步骤相反。在运行中，如需在线校验仪表的零点，只需打开平衡阀，关闭两个切断阀即可。切记：三阀组的启动顺序是打开正压阀，关闭平衡阀，打开负压阀；停运的顺序是关闭负压阀，关闭正压阀，打开平衡阀。

② 差压式流量计的使用　流量计使用不当，容易造成测量误差。使用时应注意以下

问题。

　　a. 应考虑流量计的使用范围，如角接取压，孔板 $50 \leqslant D \leqslant 1000$，$Re \geqslant 4000$（$0.1 \leqslant \alpha \leqslant 0.5$），$Re \geqslant 16000$（$\alpha > 0.5$）。安装地点和环境应满足正常的工作条件（环境温度、湿度、雷诺数等），并且便于操作和维修。

　　b. 被测流体的实际工作状态（温度、压力、湿度等），以及相应的流体重度、黏度、雷诺数等参数应与设计计算时一致，否则会造成由差压计算得到的流量值与实际的流量值之间的误差。如果存在这种误差，就必须按新的工艺条件重新进行计算，或将所测的数值给予修正。

　　c. 在使用中，要保持节流装置的清洁，如在节流装置处有沉淀、结焦、堵塞等现象，会引起较大的测量误差，必须及时清洗。

　　d. 节流装置如果受化学腐蚀，或其流体夹杂有固体颗粒磨损，都会造成节流装置的几何形状和尺寸的变化。对于孔板来说，它的入口边缘的尖锐度会由于冲击、磨损和腐蚀而变钝。这样一来，在相等数量的流体经过时所产生的压差 Δp 将变小，从而引起仪表指示值偏低。

　　e. 引压管路接至差压计之前，必须安装三阀组（如上述各图所示），以便差压计的回零检查及引压管路冲洗排污时使用。其中，接高压侧的为正压阀；接低压侧的为负压阀；中间的阀为平衡阀。对于带有凝液器（图 3-28～图 3-30）或隔离器（图 3-31）的测量管路，不可以发生正压阀、负压阀和平衡阀三个阀门同时打开的状态，即使时间很短也是不允许的，否则凝结水或隔离液将会流失，需重新充灌才可使用。

　　③ 差压式流量计的校验　差压变送器的差压刻度通常是在负压室通大气的条件下校验的，安装到现场通入实际使用静压校零时，往往发现零位输出与负压室通大气校验时的零位输出不一致。这种正负压室通入相同静压得到的零位输出高于通入大气校验时的零位称为静压误差。差压变送器的静压误差是由其正负压室膜盒有效面积不相等引起的。在 DDZ-Ⅲ 型差压变送器中，静压误差可高达 $\pm 0.5\%$FS。在智能型差压变送器中，由于装有静压传感器，并且通过实验的方法测出静压在规定的范围内变化时零位输出的偏离值，然后在表内的单片机中将静压误差予以校正。经过静压误差在线校正的差压变送器，残存的静压误差一般可降低到 $\pm 0.1\%$ 以下，从而使其性能得到显著改善。差压变送器的静压误差如果不作校正，将会给流量测量带来误差，尤其是在相对流量较小时，影响更可观。残存的静压误差在仪表投运时可以在使用现场时通入实际静压的静压误差再一次检查校核。其方法是向正负压室通入相同的静压，将三阀组的高低压阀中的一个打开，另一个关闭，将平衡阀打开，如果怀疑正负压室内尚未充满被测介质，则可通过正负压室上的排气（或排液）阀排净积气（或积液），然后检查变送器的输出。有的差压变送器带有开平方功能和小信号切除功能，在检查静压误差时应将小信号切除功能暂时解除，以观察真正的零位。差压变送器的输出也可在流量显示仪表中读出，为了读出真正的零位输出，也需将小信号切除功能暂时解除。

3.3.3　转子流量计的选择、安装与校验

　　(1) 转子流量计的选择

　　根据转子流量计的用途和适应范围，可分为普通型、带筋锥管型、微小流量及小外形型、耐腐型、实验室型、保温型、报警型和耐高压型八个系列。按照国家制订的仪表系列型谱，不论哪个系列，最多包括从 1mm 到 100mm 共 12 个口径数，可测量的流量范围是：液

体（水）0.1mL/min～40m³/h，气体（空气）1mL/min～1000m³/h。用于环保仪器配套的玻璃转子流量计一般口径不超过 10mm，测量的流量属于小流量范围。

① 依据所监测的对象，即流体的种类（液体、气体、蒸气）、压力高低、化学性质进行选择。如果是测量具有腐蚀性的流体，则应选择耐腐流量计。

② 根据价格选用。一般来讲，精度高的价格高。要根据测量目的选用仪表精度等级，如只须控制测量介质通过量，经试运行调整，以后需始终稳定这个通过量，那么精度就是次要的。

③ 流量计本身性能。上述条件确定后，若价格没有大的变化，可优先选用针阀置于流量计上部的，有较大流通孔的，是直接流量刻度的、结构简单的、外部尺寸较小的等。如是小流量范围，则可选用球形转子式，因它测量时稳定、不易积尘、精度较高、互换性好。

④ 根据转子流量计实际测量的流量大小和性质进行选择。

a. 微小至中小流量流量，压力小于 1MPa，温度低于 100℃的洁净透明，无毒，无燃烧和爆炸危险且对玻璃无腐蚀无黏附的流体流量的就地指示，可采用玻璃转子流量计。

b. 对易气化、易凝结、有毒、易燃、易爆但不含磁性物质、纤维和磨损物质，以及对不锈钢无腐蚀性的流体中小流量测量，可选用普通型金属管转子流量计进行就地指示或信号的远传显示及控制。

c. 当被测流体易结晶或气化或黏度高时，可选用带夹套的金属管转子流量计，在夹套中通以加热或冷却介质。

d. 当测量介质有腐蚀性时，可采用防腐型金属管转子流量计。

（2）转子流量计的安装

① 仪表安装方向　转子流量计必须垂直安装在无振动的管道上，不能存在明显的倾斜，流体自下而上流过仪表。其中心线与铅垂线的夹角一般不超过 50°，高精度（1.5 级以上）仪表 $\theta \leqslant 2°$，如果 $\theta = 12°$ 则会产生 1% 的附加误差。特殊的金属管转子流量计可与水平管道连接，但水平安装时与水平面的夹角要小于 2°；转子流量计安装时对上游直管段长度虽无严格要求，但安装地点应易于观察和维护，在其上、下游还要加设切断阀和旁路阀；但金属转子流量计入口处应有 5 倍管径以上长度的直管段，出口应有 250mm 直管段，以保证仪表测量精度；管道法兰、紧固件、密封垫与流量计法兰标准相同才能使仪表正常安装运行。

② 配件的安装　为了避免由于管道引起的流量计变形，工艺管线的法兰必须与流量计的法兰同轴并且相互平行，适当地支撑管道以避免管道振动和减小流量计的轴向负荷，测量系统中控制阀应安装在流量计的下游。由于仪表是通过磁耦合传递信号的，所以为了保证仪表的性能，安装周围至少 10cm 处，不允许有铁磁性物质存在。测量气体的仪表，是在特定压力下校准的，如果气体在仪表的出口直接排放到大气，将会在浮子处产生气压降，并引起数据失真。如果是这样的工作条件，应在仪表的出口安装一个阀门；由于在不均匀压力的作用下，聚四氟乙烯（PTFE）会变形，所以在安装 PTFE 衬里的仪表时，要特别小心，法兰螺母均匀拧紧对称。带有液晶显示的仪表，安装时要尽量避免阳光直射显示器，以免降低液晶使用寿命；带有锂电池供电的仪表，安装时要尽量避免阳光直射、高温环境（≥65℃），以免降低锂电池的容量和寿命。

③ 用于污脏流体的监测时　要保持转子和锥管表面的清洁，特别是对于小口径仪表，转子表面的洁净程度明显影响测量值。因此，当监测脏污流体时，必须在流量计的上游进口前加装过滤器，带有磁性耦合的金属管转子流量计用于可能含磁铁性杂质流体时，应在仪表

前装磁过滤器，以备处理故障或吹洗时之用。

④ 脉动流的安装　流动本身的脉动，如拟装仪表位置的上游有往复泵或调节阀，或下游有大负荷变化时，应改换测量位置或在管道系统中予以补救改进，如加装缓冲罐；若是仪表自身的振荡，如测量时气体压力过低，仪表上游阀门未全开，调节阀未装在仪表下游等原因时，应有针对性地改进克服或改选用有阻尼装置的仪表；当用于气体测量时，应保证管道压力不小于 5 倍流量计的压力损失，以使转子稳定工作。

⑤ 排尽液体用仪表内的气体　当用角型金属转子流量计监测液体时，其进出口不在一条直线上，应注意转子位移的外传引申套管内是否残留空气，若有残余，则必须排尽。如果液体中含有微小气泡，流动时极易积聚在套管内，这时也应定时排气。这点对小口径仪表更为重要，否则将明显影响流量示值。

⑥ 扩大范围度的安装　如果要求测量的流量范围变宽，当量程超过 10 时，可以在一台仪表内放两只不同形状和重量的转子，小流量时按轻转子读数，轻转子上升到顶部后则按重转子读数，这样，流量值的测量量程比可扩大到50～100。

⑦ 流量值的必要换算　若不是按实际使用流体的密度、黏度等介质参数向制造厂专门定制的仪表，仪表的流量值必须根据使用条件的流体密度、气体压力、温度等做必要的换算。如果被测介质的温度高于 220℃ 或流体温度过低易发生结晶，需采取隔热保护措施时，应选用夹套型，以便进行冷却或保温。

（3）转子流量计指示值的修正

玻璃转子流量计的刻度，是仪表生产厂在标准工况条件下用近似于理想流体的水和干燥空气作介质标定得到的。但流量计在使用现场，有两种情形不能直接使用它的刻度值：一是测量介质不是水和空气；二是介质虽为水和空气，但其状态（温度、压力）与刻度状态有别。这样，在使用流量计时，就必须对刻度值进行修正。

转子流量计的校验和标定常用标准表法、容积法和称量法；气体常用钟罩法，小流量用皂膜法。国外有些制造厂的大宗产品已做到干法标定，即控制锥形管尺寸和转子重量尺寸，间接地确定流量值，以降低成本，只对高精度仪表才做实流标定。国内也有些制造厂严格控制锥形管起始点内径、锥度以及转子尺寸，实流校验只起到检查锥形管内表面质量的作用。

转子流量计在装置正常运行后，一般不需要维护，故障多发生在装置刚刚启动时，由于管道吹洗不干净而发生转子被固体颗粒卡住的现象，此时指示器的指针停在一位置不动。这时首先应关闭流量计两边的阀门，然后拆下上法兰，取出浮子进行清洗，再重新装好。注意紧固上法兰螺母要平衡拧紧，并垫好垫圈。

（4）转子式差压计（无附加装置）的校验

转子式差压计的校验主要是调零点。当差压等于零时，指针应指在零刻度线上，其偏差不得大于最基本误差的绝对值的一半。如果零位偏差不大时，可松开指示仪表指针座螺钉，将指针移到零位上，然后旋紧指针座螺钉即可。零位偏差较大时，则可松开扇形板上的螺钉，移动弯臂来改变它和扇形板的相对位置。零位偏低，扇形板向右移；零位偏高，扇形板向左移。调整好后旋紧螺钉即可。调线性和量程：用捏手加压器或定值器向仪表的高压室加压，使指针稳定后，记录 U 形管差压计的读数，此即为校验第一点的实际值。读数后指针不应改变原来的位置。用同样方法，慢慢升压，依次校验其余各点。

3.3.4　电磁流量计的选择、安装与校验

（1）电磁流量计的选择

根据电磁流量计的检测特点，流量转换器应满足以下要求。

① 测量负压状态流体流量时，不能选用电磁流量计，因为在负压下，电磁流量计的绝缘衬里层极易脱落。

② 要求转换器有很高的输入阻抗。由于感应电势的通道是两个电极间的液体，被测液体的导电性能往往很低，例如 100mm 的管径，被测介质是蒸馏水时，内阻约为 20kΩ 左右。另外，考虑到分布电容的影响，故一般希望转换器的输入阻抗要大于 10MΩ，最好要超过 100MΩ。

③ 感应电势 E 比较微弱，并且伴有各种干扰信号。为此，要求转换器除对有用信号进行放大外，还必须设法消除各种干扰。

（2）电磁流量计的安装

要保证电磁流量计的测量精度，正确的安装使用是很重要的，一般要注意以下几点。

① 电磁流量计应安装在室内干燥通风处，避免安装在环境温度过高的地方，不应受强烈振动，尽量避开有强烈磁场的设备，如大电动机、变压器、电焊机和变频器等。避免安装在有腐蚀性气体的场合，安装地点便于检修，这是保证流量计正常运行的环境条件。

② 为了保证电磁流量计测量管内充满被测介质，流量计最好垂直安装，流向自下而上，尤其对于液固两相流，必须垂直安装，且保证测量管与工艺管道同轴心。若现场只允许水平安装，则必须保证两电极处在同一水平面，以避免下方电极被沉淀物覆盖，上方电极被气泡绝缘。

③ 对工艺上不允许流量中断的管道，电磁流量计两端应装截止阀和旁路管道，以便维护和调零；当测量含有沉淀物流体时，应加设清洗管路。

④ 电磁流量变送器的电极所测出的几毫伏交流电势，是以变送器内液体电位为基准的。为了使液体电位稳定并使流量计与流体保持等电位，以保证测量信号稳定，变送器外壳与金属管两端应有良好的接地，转换器外壳也应接地，并不能与其他电器设备的接地线共用。

⑤ 为了避免干扰信号，变送器和转换器之间信号必须用屏蔽导线传输，不允许把信号电缆和电源线平行放在同一电缆钢管内。信号电缆长度一般不得超过 30m。

⑥ 转换器安装地点应避免交、直流强磁场和振动，环境温度为 $-20 \sim 60^\circ\text{C}$，不含有腐蚀性气体，相对湿度不大于 80%。

⑦ 为避免流速分布对测量的影响，流量调节阀应设置在变送器下游。对小口径变送器来说，因为电极中心到流量计进口端的距离已相当于好几倍直径 D 的长度，所以对上游直管段可以不做规定。但对大口径流量计，如果上游有弯头、三通阀门等阻力件时，一般应有 $5D$ 以上的直管段，对下游直管段一般不做要求。

（3）电磁流量计的校准步骤

电磁流量计投入运行时，必须在流体静止状态下做零点调整。运行正常后也要根据被测流体及使用条件定期停留检查零点，定期清除测量管内壁的结构层。

① 按进行检定试验的管路口径及流量大小，选择相应的流体泵。

② 如系统采用压缩空气动力，开启空压机，达到系统要求的气源压力，以保证换向器的快速切换和夹表器的正常工作。

③ 流量计正确安装连线后，应按照检定规程的要求通电预热 30min 左右。

④ 如采用高位槽水源，应查看稳压水塔的溢流信号是否出现。在正式试验前，应按检定规程要求，用检定介质在管路系统中循环一定时间，同时检查一下管路中各密封部位有无

泄漏现象。

⑤ 在开始正式检定前，应使检定介质充满被检流量计传感器，再关断下游阀门进行零位调整。

⑥ 检定时，应先打开管路前端的阀门，慢慢开启电磁流量计后的阀门，以调节检定点流量。

⑦ 在校准过程中，各流量点的流量稳定度应在1%～2%之内，如果校验的是流量总量，则可允许在5%以内。在完成一个流量点的检定过程时检定介质的温度变化应不超过1℃，在完成全部检定过程时，应不超过5℃。被检流量计下游的压力应足够高，以保证在流动管路内（特别在缩径管内）不发生闪蒸和气穴等现象。

⑧ 每次试验结束后，都应首先将试验管路前端的阀门关闭，然后停泵，以免将稳压设施放空。同时必须把试验管路中剩余的检定介质都放空，最后关闭控制系统与空压机。

3.3.5 容积式流量计的选择、安装与校验

（1）容积式流量计的选择

容积式流量计的选择应从流量计类型、流址计性能和流量计配套设备三个方面考虑，一是流量计形式的选择；二是流量计性能的选择；三是流量计配套设备的选择。其中，流量计类型的选择应根据实际工作条件和被测介质特性而定，并需考虑流量计的性能指标。

① 容积式流量计形式的选择　容积式流量计的形式有多种，如腰轮、椭圆齿轮、刮板、旋转活塞、往复活塞和双转子等，一时无法确定时，可待下面性能明确后再选择具体的形式。

② 容积式流量计性能的选择　在容积式流量计性能选择方面主要应考虑以下五个要素：流量范围、被测流体性质和测量准确度、耐压性能（工作压力）和压力损失以及使用目的。

a. 被测流体的性质测量准确度　被测流体物性主要考虑流体的黏度和腐蚀性。例如，测量各种石油产品时，可选用铸钢、铸铁制造的流量计；测量腐蚀性轻微的化学液体以及冷、温水时，可选用铜合金制造的流量计；测量纯水、高温水、原油、沥青、高温液体、各种化学液体等应选用不锈钢制造的流量计。

根据被测流体和测量范围的不同，对于高黏度的油类，可考虑采用刮板式容积流量计；对于低黏度的油类以及水的测量，可考虑采用椭圆齿轮式、腰轮式等容积流量计；对于准确度要求不高的场合，也可采用旋转活塞式或刮板式容积流量计。

对于气体流量的测量，一般可采用转筒式或旋转活塞式容积流量计；在煤气的测量中，较常用的是皮膜式容积流量计；在一些准确度要求较高的测量中，齿轮型气体容积流量计也被采用。

b. 流量范围　容积式流量计的流量范围与被测介质的种类（主要取决于流体黏度）、使用特点（连续工作还是间歇工作）、测量准确度等因素有关。通常，下限流量 Q_{min} 是根据流量计误差特性来决定的，即该最小流量时的误差必须在允许误差范围之内；上限流量 Q_{max} 是依据流量计运动部件的磨损情况而决定：流量过大，会导致流量计运动部件加速磨损而引起泄漏量增加，误差增加。一般的选择为 $Q_{max} \approx (5 \sim 10) Q_{min}$。

某一容积式流量计，对于同一类流体，当测量较高黏度的流体时，由于下限流量可以扩展到较低的量值，故流量范围较大；当用于间歇测量时，由于上限流量可以比连续工作时大，故其流量范围较大；当准确度要求不高时，其流量范围较大，而用于高准确度测量时，流量范围较小。为了保持仪表良好的性能和较长的使用寿命，使用时最大流量最好选在仪表

最大流量的 70%～80%处。

由于一般的容积式流量计体积庞大，在大流量时会产生较大噪声，所以一般适合中小流量测量。在需要测量大流量时，可采用 45°组合腰轮结构的流量计；在需要低噪声工作的场合，可选用双转子流量计。

③ 容积式流量计配套设备的选择　为了使流量计正常安全运行，可以选用流量计配套附加设备。

a. 如为了减小流量计的附加误差，可选用与流量计配套的自动温度补偿器和自动压力补偿器。

b. 为了便于控制和管理，可以选用带发信器的流量计以及与之配套的远传指示器、积算仪、记录仪和控制器以及专用计算机设备等。

c. 为了滤除流体中的杂物，必要时在流量计前安装适用的过滤器或沉渣器；为了消除液体中的气体或蒸汽，在流量计前安装消气器；为了防止压力波动和过大的冲击，必要时在流量计上游安装缓冲罐、膨胀室、安全阀或其他保护装置；为了流量计安全运行，系统还应配备可靠的压力和流量控制设备，使系统压力和流量都不至于超过流量计能承受的上限值。

当然，现场安装条件、维护和运行费用、检定流量计的方法等也是选用时必须考虑到的。

(2) 容积式流量计的安装

容积式流量计是少数几种使用时仪表前不需要直管段的流量计之一。大多数容积式流量计要求在水平管道上安装，有部分口径较小的流量计（如椭圆齿轮流量计）允许在垂直管道上安装，这是因为大口径容积式流量计大都体积大而笨重，不宜安装在垂直管道上。为了便于检修维护和不影响流通使用，流量计安装一般都要设置旁路管道。在水平管道上安装时，流量计一般应安装在主管道中；在垂直管道上安装时，流量计一般应安装在旁路管道中，以防止杂物沉积于流量计内。

① 安装位置

a. 容积式流量计对于上游段来的流体速度分布没有要求，所以流量计前后不必设置直管段，比较容易选择安装场所。

b. 流量计的安装应按产品说明书的要求安装在干燥、通风、腐蚀性气体少、无强电磁场干扰、无剧烈振动场所，一般温度为－10(－15)～40(50)℃，湿度为 10%～90%。夏季日光直射会使温度升高；接近热辐射的场所，亦会使温度升高，这种场所应采取遮阳或隔热措施。

c. 非防尘、防浸水型仪表应避开有腐蚀性气体或潮湿场所，因为积算器减速齿轮等零部件会被腐蚀性气体和昼夜温差结露所损坏。如无法避免，可采取内腔洁净空气吹气方式保持微正压。避开振动和冲击的场所，要有足够空间便于安装、读数和日常维护。

② 配管

a. 设置旁路，以便拆除或检查流量计之用。做贸易计量交接用时，旁路上可加装双阀，中间加一个倒淋阀，以方便检查旁路是否泄漏。

b. 在流量计前，应加装过滤器（一般小型流量计过滤器的金属网为 200～500 目，大型流量计的金属网为 50～200 目）。对流体中含有少量污秽、夹杂物时，过滤器口径应比一般标准大一级，或加装并联双过滤器。

c. 过滤器前、后和流量计后三处均应加装就地压力表，以便检查过滤器和流量计的运行情况。流量计后靠近流量计处应加装就地温度计，以方便巡检了解流体升温情况。

d. 垂直配管时，流量计应装在副线上，当流体方向自下而上时，流量计上部的竖直管应尽量短，以减少上部配管中杂质的沉淀。

e. 流体中易混有气体时应加装气体分离器（消气器）。

f. 消气器、过滤器、流量计外壳上的箭头应与管道内流体流向相一致。

g. 流量计的流量调节阀应安装在流量计下游。

h. 流量计上、下游应安装截止阀，以便修理或清洗管道时，流体或清洗液体从另一旁路通过。

仪表位置、流动方向、与管道连接的一般安装示例如图 3-34 所示。若流动方向与图示相反，流量计与过滤器位置对换；要考虑便于卸下过滤网清洗；垂直安装时，为防止垢屑等从管道上方落入流量计，将其装在旁路管上。实际流动方向应与仪表壳体上标明的方向一致。一般只能作单方向测量，必要时在其下游装止逆阀，以免损坏仪表。

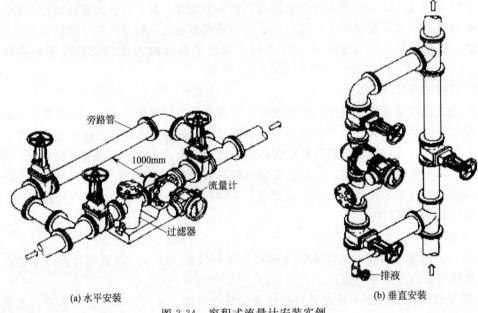

(a) 水平安装   (b) 垂直安装

图 3-34　容积式流量计安装实例

要使流量计不承受管线的膨胀、收缩、变形和振动；防止系统因阀门及管道设计不合理产生振动，特别要避免谐振。安装时不要使仪表受应力，例如上下游管道、两法兰平面不平行，法兰面间距过大，管道不同心等不良的管道布置。特别是对无分离测量室，受压壳体和测量室一体的容积式流量计更应注意，因为受较大安装应力会引起变形，影响测量精度，甚至卡死活动测量元件。

③ 防止异相流体进入仪表　流量计计量室与活动检测件的间隙很小，流体中颗粒杂质会影响仪表正常运行，造成卡死或过早磨损。仪表上游必须安装过滤器，并定期清洗；测量气体在必要时应考虑加装沉渣器或水吸收器等保护性设备。用于测量液体管道必须避免气体进入管道系统，必要时设置气体分离器。

④ 减小脉动流、冲击流或过载流的危害

脉动流和冲击流会损害容积式流量计，理想的流动源是离心泵或高位槽。大多数情况下，容积式流量计应装在流体输送泵的出口端。若必须要用往复泵，或在管道易产生过载冲击，或水锤冲击等冲击流的场所，应装缓冲罐、膨胀室或安全阀等保护设备。容积式流量计过载超速运行可能带来无法弥补的危害，如有可能发生过量超载流，应在下游安装限流孔板、定流量阀或流量控制器等保护设施。

⑤ 不断流安装　由于流量计测量元件损坏后会产生管道断流，在连续生产或不准断流的场所，应配备有自动切换设备的并联系统冗余；也可采取高流量常用的并联运行方式，一台出故障时，另一台仍可流通。

(3) 容积式流量计的使用与调校

① 流量计安装后管线运行前要清扫，随后还要用实流冲洗，通入流体时应先开旁路(副线)，将配管内之残留焊屑垢皮等污积物完全洗净。若无旁通阀。则先用短管将容积表更换下来，等吹扫干净后再将容积表装上去。并事先清扫过滤器，但要小心不可破坏网眼目。排尽气体并用实流冲洗后，管道内通常还残留较多空气，随着加压运行，空气以较高流速流过容积式流量计，活动测量元件可能过速运转，损伤轴和轴承。因此开始时要缓慢增加流量，使空气渐渐外逸。检查过滤器新线启动时，滤器网最易被冲破，试运行后要及时检查网是否完好。同时在过滤网清洁无污物时，记录下常用流量下的压力损失这个参数，确保今后不必卸下过滤网以检查网堵塞状况，即以压力损失增加程度判断是否要清洗。

② 流量计试运转时，先开旁路副线阀，再打开流量计前(上游)的阀门，检查流量计有无泄漏，再慢慢开启出口侧阀。观察流量计运转状况后，最后关闭旁路阀。此时流量、压力、温度不可超出其铭牌上的规格。旁路管切换顺序液流从旁路管转入仪表时，启闭操作顺序要正确，启闭要缓慢，特别在高温高压管线上更应注意。启动后通过最低位指针或字轮和秒表，确认未达过度流动，最佳流量应控制在最大流量的 $70\% \sim 80\%$，以保证仪表使用寿命。冲洗管道的蒸汽禁止通过容积式流量计。

③ 流量计在启动时，转子和壳体的温升是不一样的，前者快，后者慢，因而流量计的温度变化不能太剧烈，否则会使转子卡死，方法就是先在低流速下运行一段时间。流量计长时间没有使用而再使用时，应先检查流量计内部有无污积及腐蚀才可使用；带有回零指示的流量计，应检查确认在启动时回零。

④ 测量高黏度液体用于测量高黏度液体时，一般均匀加热后使之流动。当仪表停用后，其内部液体冷却而变稠，再启用时必须先加热，待液体黏度降低后，才让液体流过仪表，否则液体会粘住活动测量元件，使仪表损坏。被测介质为气体的容积式流量计在启用前必须加润滑油，日常运行时也要经常检查润滑油的存量。

⑤ 避免急剧流量变化。使用气体腰轮流量计时，应注意不能有急剧的流量变化(如使用快开阀)。因腰轮的惯性作用，急剧流量变化将产生较大附加惯性力，使转子损坏。用作控制系统的检测仪表时，若下游控制阀突然截止流动，转子一时停不下来，产生压气机效应，下游压力升高，然后倒流，会发出错误信号。

⑥ 计量仪表必须定期检定，更换内部零件后应重新检定。检定周期一般为 $0.5 \sim 1$ 年。

思考与练习题

1. 流量测量仪表有哪些类型？什么是流量检测仪表的量程比？当实际流量小于仪表量程比规定的最小流量时，会产生什么情况？请举例说明。

2. 差压式流量计测量流量的原理是什么？影响流量测量的因素有哪些？

3. 什么是标准节流装置？它们分别采用哪几种取压方式？

4. 节流式流量计为什么采用三阀组安装？画出三阀组的示意图。简述各阀的名称与作用。说明开停表的步骤。

5. 差压式流量计的安装使用应注意哪些问题？

6. 用孔板测量气体流量时，为什么用常用差压查取流束膨胀系数？

7. 常用取压方式用哪两种，各有什么特点？

8. 用差压计测量蒸汽流量时，在正负压室两侧应具有冷凝器，那么对冷凝器有什么要求？

9. 在用差压式流量计测量具有腐蚀性介质的流量时，为什么要在正负压室两侧加隔离器，对隔离器有什么要求？

10. 角接取压方式有哪两种，各有什么特点？

11. 在设计节流件时，依据哪两种方法确定差压上限？

12. 用节流件测量流量时，角接、法兰取压各应用何种节流件？

13. 在用差压计测量蒸汽流量时，如果差压计始终指示零，可能的原因是什么（差压计及安装不存在问题）？

14. 说明用孔板测量流量时，孔板装反了引起流量如何变化？为什么？

15. 说明在差压式流量计中，流量/差压变换基本原理。

16. 详细说明用孔板测量流量时，如果孔板的前端面与喉部的夹角不为 90°，流量示值是如何变化的？

17. 用孔板测量流量时，为何被测流量应大于孔板设计时采用的最小流量？

18. 简述转子流量计的工作原理。转子流量计的特点有哪些？

19. 当被测介质的密度压力或温度变化时，应如何修正转子流量计的指示值？

20. 电磁流量计的工作原理是什么？它对被测介质有什么要求？使用时有何特点和限制？

21. 为什么说电磁流量计只适合于测量导电介质的流量？

22. 涡轮流量计是如何工作的？它适用于什么介质的流量测量？

23. 涡街流量计是根据什么原理测量流量的？检测旋涡频率的基本依据是什么？

24. 椭圆齿轮流量计的误差主要是由什么原因产生的？

25. 椭圆齿轮流量计在小流量时的误差大，为什么？

26. 质量流量测量方法有哪些？

27. 简述靶式流量计的工作原理？为什么靶式流量计可以测量高黏度流体的流量？

28. 超声波流量计有哪些特点？用于何种状况下的测量比较合适？

29. 应用超声波法测量流量时，为什么采用频差法？

30. 在你学习到的各种流量检测方法中，请指出哪些测量结果受被测流体的密度影响，为什么？

31. 计算：差压式流量测量系统，差压变送器的输出信号是 $4\sim20mA$。流体的流量变化范围为 $0\sim6.3t/h$，对应的差压值为 $0\sim4000Pa$。问：当流量为 $3.15t/h$ 时，输入到差压变送器的差压为多少？对应差压变送器的输出电流是多大？

32. 计算：利用孔板测量某一流体的流量时，流量测量范围为 $0\sim1600t/h$，对应的差压值范围为 $0\sim1000$ Pa。如果采用Ⅲ型电动差压变送器测量其流量，则当差压变送器的输出电流为 $18mA$ 时，输入到差压变送器的差压值为多少？对应的流量是多少？

33. 用一量程为 $0\sim10000mm$ H_2O Ⅲ型电动差压变送器进行流量测量。电动差压变送器标准输出信号为 $4\sim20mA$。已知：流量范围 $0\sim1600m/h$。问：当电动差压变送器输入的差压值为 50% 时，对应的流量是多少？变送器的输出电流是多大？

34. 用一台 DDZ-Ⅲ型差压变送器与节流装置配合测量流量，差压变送器的测量范围是 $0\sim25kPa$，对应的流量是 $0\sim600m^3/h$。当输出值是 $12mA$ 时，差压是多少？流量是多少？

35. 有一台转子流量计测量密度是 $791kg/m^3$ 的甲醇的流量。转子的材料是不锈钢，密度是 $7900kg/m^3$，当流量计的示值是 $500L/h$ 时，甲醇的实际流量是多少？

36. 有一台用来测量液体流量的转子流量计，其转子材料是耐酸不锈钢（密度为 $7900kg/m^3$），用于测量密度为 750kg/m³ 的介质，当仪表读数为 5.0m³/h 时，被测介质的实际流量为多少？

37. 有一台电动差压变送器配标准孔板测量流量，差压变送器的量程为 16kPa，输出为 4～20mA，对应的流量为 0～50t/h。工艺要求在 40t/h 时报警。问：

① 差压变送器不带开方器时，报警值设定在多少？

② 带开方器时，报警值又设定在多少？

38. 计算：差压式流量测量系统，差压变送器的输出信号是 4～20mA。流体的流量变化范围为 0～6.3t/h，对应的差压值为 0～4000Pa。问：当流量为 3.15t/h 时，输入到差压变送器的差压值为多少？对应差压变送器的输出电流是多大？

39. 计算：利用孔板测量某一流体的流量时，流量测量范围为 0～1600t/h，对应的差压值为 0～1000Pa。如果采用Ⅲ型电动差压变送器测量其流量，则当差压变送器的输出电流为 8mA 时，输入到差压变送器的差压值为多少？对应的流量是多少？

40. 用一量程为 0～10000mmH₂O Ⅲ型电动差压变送器进行流量测量。电动差压变送器标准输出信号为 4～20mA。已知：流量范围 0～1600m/h。问：当电动差压变送器输入的差压值为 50％ 时，对应的流量是多少？变送器的输出电流是多大？

第4章 化工过程中物位的监测

物位是指开口或密封容器中介质的液面（液位）、两种液体介质的分界面（界面）和固体粉状或颗粒物在容器中堆积的高度（料面）。物位测量的内容包括液体介质的液位和相界位，浆体介质的液位，以及固体、颗粒、粉末介质的料位。其测量仪表称为液位仪（液体相对密度不同时为相界位）和料位仪（指固体介质颗粒或粉末）。在化工生产中一般以液位测量为主。

20世纪50年代以前，物位测量的方法主要有：目视法（玻璃管、玻璃板、视镜等）、浮力式及压力式，以现场指示及报警控制为主。50年代以后开始利用电测技术发展各种物位测量方法，如电容式、超声式、微波式、电导式、振动阻尼式等，它们都是利用被测物料的某种物理特性（介电率、电导率、声阻率、热导率、辐射吸收等）检测物位。80年代末期以来，借助微电子技术的发展和化工过程自动化的需求，液位测量技术得到了进一步发展。到了90年代，过程自动化技术的发展及市场的扩大，使得物位测量仪表需求旺盛，为物位测量技术的发展提供了推动力。这一阶段不但技术得到快速提高，而且促进了物位仪表生产的规模化，大型自动化公司开始重视物位仪表，原来专业性的物位仪表公司或被跨国大公司收购，或向综合性物位仪表公司发展。

由于测量过程与被测物料特性密切相关，而被测物料的特性又各不相同，因此除了浮力式仪表以外，物位仪表没有通用型产品，每类产品都有各自的适应范围。

4.1 物位的测量方法

在化工生产过程中，某些生产过程必须在某一物位高度条件下进行，为保证产品质量和生产的安全，需要对物位进行测量及控制。由于生产工艺不同，不仅有常温、常压、一般性介质的液位、料位和界面的测量，而且还常常会遇到高温、低温、高压、易燃易爆、黏性及多泡沫、沸腾状介质的物位测量问题。实现对不同介质物位的测量方法有许多，常用的有直读法、浮力法、静压法、电容法、放射性同位素法、超声波法等。另外，激光法及微波法在物位测量中也开始应用。

（1）按工作原理分类

① 直读式液位计　利用连通器原理测量液位，如玻璃管液位计、玻璃板液位计等。

② 浮力式物位计　利用处于液体中的物体都要受到液体浮力作用的原理测量液位或界面，有恒浮力式和变浮力式两种。

③ 静压式物位计　利用不可压缩流体能够等量传递静压力的原理测量液位，测量结果受液体密度影响很大。

④ 电气式物位计　将物位的变化转换为某些电量的变化，实现物位检测。一般把由敏感元件做成的杆状电极置于被测介质中，则电极之间的电气参数，如电阻、电容等，随物位的变化而改变。这种方法既可用于液位检测，也可用于料位检测。如电极式、电阻式、电感式、磁致伸缩式等物位测量仪表都属于此类。

⑤ 反射式物位计　利用超声波、微波在界面反射信号的行程或不同相界面之间的反射特性间接测量液位，如雷达式液位计、超声波液位计等。

⑥ 射线式物位检测仪表　放射性同位素所放出的射线穿过被测介质时，被吸收的程度与物位（穿透距离）有关。利用这种方法可实现物位的非接触式检测。

（2）按传感器与被测介质是否接触分类

① 接触式物位仪表，如直读式、浮力式、静压式、电容式等。

② 非接触式物位仪表，如雷达式、超声波式、射线式等。

4.1.1　借助连通器原理测量液位

利用连通器原理进行的液位测量，实际上是一种直读式方法，它可直接用于被测容器旁通的玻璃管或带夹缝的玻璃板显示容器中的液位高度，是一种最早而又最简单的直接观察液面位置的液位测量方法，至今仍然是工业生产中广泛应用的测量方法。其原理如图 4-1 所示。

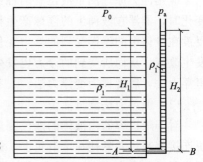

所谓连通器，是指上部开口不连通，下部连通的两个或几个容器。连通器里的同一种液体不发生流动、各容器直接与大气相通（液面上的压力相等）时，其液面总是保持同一高度。

由图 4-1 中可以看出，容器中 A 点的压力为 $P_0 + H_1\rho_1 g$，管子中 B 点的压力为 $P_a + H_2\rho_1 g$；因为 A、B 两点的液体是以管道连通的，处于同一水平高度。这两点的流体的静压力应该是相等的。因此有

图 4-1　连通器原理

$$P_0 + H_1\rho_1 g = P_a + H_2\rho_1 g \tag{4-1}$$

如果容器上方的压力 P_0 与管子上方的大气压力 P_a 是相等时，则有 $H_1 = H_2$，即两边的液位高度相等。这样一来，如果把连通管用玻璃或其他透明的材料制作，通过观察连通管内液体的高度，就可准确监测盛装液体容器中的液面高度。

利用这种原理，可以做成磁翻板式液位计，它是利用连通管内的电磁式浮子随液位的升降而引起连通管外侧的磁性翻板发生翻转而监测液位的。其结构如图 4-2 所示。

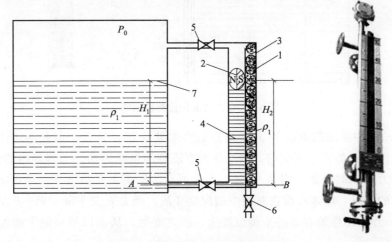

图 4-2　磁翻板式液位计安装示意图

1—磁翻板；2—内装磁浮子；3—翻板支架；4—连通器；5—连通阀；6—维修放料阀；7—被测液位

当内装磁浮子 2 在磁翻板旁经过时，由于浮子内磁铁较强的磁场对磁翻板 1 的吸引，会使磁翻板转向。从图 4-2 上看，磁浮子以下翻板为红色，磁浮子以上翻板为白色，在磁浮子水平位置上、下相邻的各两块翻板表示正在翻转的情形。这种液位计只能垂直安装，连通器 4 与被测液体 7 之间应装连通阀 5，以便仪表的维修、调整。磁翻板式液位计结构牢固，工作可靠，显示醒目。利用磁性传动，不需要电源，不会产生火花，宜在易燃易爆的场合使用。其缺点是当被测介质的黏度较大时，磁浮子与器壁之间易产生粘贴现象。严重时，可能使浮子卡死而造成指示错误并引起事故。

由于信号传输等技术问题，目前上述三类液位计仅用于现场检测和显示，尚未用于液位的集中控制。

4.1.2 浮力原理测量液位

应用浮力原理测量液位有两种：一是利用漂浮在液面上浮球的位置来测量液位，当液位变化时，漂浮在液面上的浮球产生相应的位移，根据浮球的位移就可测量出液位；二是利用浸没在液体中的浮筒受到的浮力变化来测量液位，当液位变化时，浮筒浸没在液体中的深度发生改变，从而所受到的浮力也发生变化，根据其所受浮力的变化测量液位。因此前者称为恒浮力法，后者称为变浮力法。

（1）恒浮力法测量液位

对于敞口容器内液体的液位测量，其测量原理如图 4-3 所示。通过吊绳将浮球和平衡吊块连接起来，并悬挂在定滑轮上。根据力平衡关系，浮球或平衡重物在某一位置不动时，则浮球所受的重力 W 和它所受到的浮力 F 之差与平衡吊块的重量 G 相平衡：

$$W-F=G \tag{4-2}$$

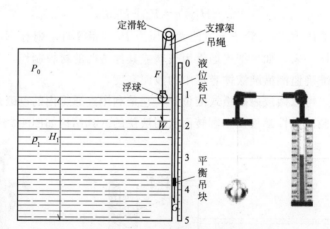

图 4-3 直读式液位监测原理图

由于式（4-2）中浮球的重量 W 和平衡重物的重量 G 都是常数，因此浮球停留在任何高度的液面时，浮力 F 的值是不变的，故把这种方法称为恒浮力法。当容器内的液位上升时，浮球所受的浮力 F 瞬时增加，则 $W-F \leqslant G$，使原有的平衡关系被破坏，浮球向上移动。在浮球向上移动的同时，浮球浸没在料液中的深度变浅，浮力 F 又下降，$W-F$ 又增加，直到 $W-F=G$ 时，浮球将停留在新的平衡位置上。反之亦然，从而以吊块的平衡位置实现对液位的跟踪。

这种方法的实质是通过浮球把液位的变化转换为平衡吊块的机械位移变化。在实际应用中，可通过机械传动机构带动指针对液位进行就地指示，如果需要远传，还可通过电或气的转换器把机械位移转换为电的或气的信号。

对于密闭容器内，液体介质的温度、压力、黏度较高，对于变化范围较小的液位监测还发展了浮球式液位计。其结构如图 4-3 所示。

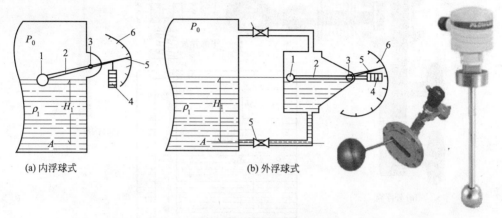

(a) 内浮球式　　　　　　　(b) 外浮球式

图 4-4　浮球式液位计安装示意图

1—浮球；2—连杆（杠杆）；3—转动轴；4—平衡锤；5—指针；6—刻度盘

浮球式液位计是将浮球的上下位移通过杠杆和绕轴的转动输出的，在其构造中用到了轴、轴套、填料密封等。在安装检修时，应充分考虑摩擦、润滑以及介质对仪表各部分的腐蚀等问题，否则，可能造成很大的误差。由钢或不锈钢制成的浮球 1 固定在连杆 2 的一端并置于液体中，连杆 2 可以绕转动轴 3 转动，连杆 2 的另一端穿过容器壁并悬挂一平衡锤 4，组成以转动轴 3 为支点的杠杆系统。一般要求浮球浮在液面、杠杆处于水平位置时系统达到力矩平衡状态，随着液位的升高或降低，平衡就被破坏，浮球也随之升高或降低，直至重新恢复平衡。所以，如果在容器外部的连杆末端固定指针，便可由指针的位置确定液位的高低。这种仪表因受机械杠杆臂长的限制，所以，量程通常都较小。

浮球式液位计可分为将浮球安装在容器内部［即内浮式，如图 4-4(a) 所示］。当容器直径很小时，也可在容器外侧另做一浮球室［即外浮式，如图 4-4(b) 所示］与容器相通。外浮球式的特点是便于维修，但它不宜用于测量过于黏稠或易结晶、易凝固的液体液位，内浮式则与此相反。

在使用时，若有沉淀物或易凝结的物质黏附在浮球表面时，则需重新调整平衡锤的位置。当被测介质有腐蚀性时，除与介质接触的材料必须耐腐蚀外，还应定期进行检查，以保证必要的测量准确度。

(2) 变浮力法测量液位

无论对敞口或者密闭容器中液体的测量，如果在容器的底部到上口沿竖直方向设置一个横截面相同均匀的浮筒，当液位不同时，浮筒受到的浮力也不相同，且与液位高度呈线性关系。该浮力会促使浮筒向上移，同样可以应用第 2 章监测压力时阐述的差动变压器将该浮力转换成差动电势信号，进而就能够把液位的变化以电势信号进行显示、远传和控制了。其原理如图 4-5 所示。

将一均匀截面的圆筒形金属浮筒垂直悬挂在弹簧上，浮筒的重量为 W。当浮筒浸没在液体中的高度为 H 时，浮筒受到一个向上的浮力 F，同时弹簧对浮筒也有一个向上拉力 f，

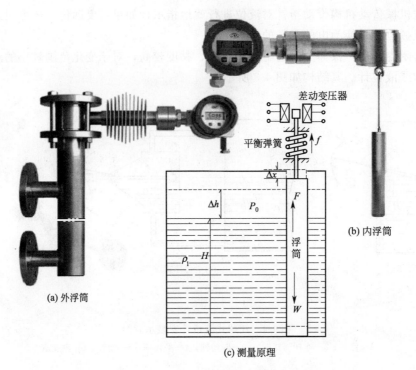

图 4-5　变浮力法（浮筒）监测液位

此时两个力之和与浮筒的重量相平衡，其表达式为：

$$F+f=W$$

即

$$HA\rho g+Cx=W \tag{4-3}$$

式中　H——浮筒浸没在液体中的高度；

　　　A——浮筒的横截面积；

　　　ρ——被测液体的密度；

　　　g——万有引力常数；

　　　C——弹簧的 Hook（虎克）系数；

　　　x——弹簧压缩的位移量。

当液位上升了 Δh 时，浮筒受到的浮力增加，破坏了原来的平衡状态，使浮筒向上移动了 Δx，弹簧对浮筒的拉力变小，达到新的平衡时，浮筒才停止移动。此时，浮筒的受力关系如下：

$$A\rho g(H+\Delta h-\Delta x)+C(x-\Delta x)=W \tag{4-4}$$

联立式(4-3) 和式(4-4) 可得：

$$\Delta h=\left(1+\frac{C}{A\rho g}\right)\Delta x=K\Delta x \tag{4-5}$$

$$K=1+\frac{C}{A\rho g}$$

由式(4-5) 可知，当浮筒的结构、材料及介质的密度一定时，浮筒产生的位移 Δx 与液位变化 Δh 成正比。测量出浮筒的位移便可测量出液位的高低。如果在浮筒的连杆上安装一铁芯（图 4-5），通过差动变压器就可把浮筒的位移信号转换成电信号，因此通过测量差动变压器的输出信号就可测量出液位的高低。

4.1.3　应用液压传递原理测量液位

应用液压传递原理测量液位是通过测量某一高度液柱所产生的静压力来测量液位高低的。如果容器是敞口的，可采用压力表进行测量；如果容器是密闭的，则采用差压变送器进行测量。

（1）压力式液位测量

用压力表或者压力变送器测量敞口容器中液位的测量原理如图 4-6 所示。其中，原理就是液体介质自身重力对容器底部所产生的静压力与液体的高度 H 成正比。因此可以通过测量由液位高度 H 所产生的静压力来实现液位测量。

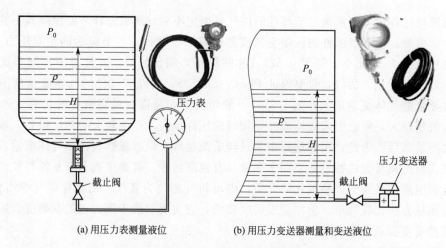

(a) 用压力表测量液位　　　　(b) 用压力变送器测量和变送液位

图 4-6　用压力表测量敞口容器里的液位

在这种测量方法中，如果压力表的安装位置低于最低液位时，应考虑由最低液位到压力表之间液柱产生的压力对测量值的影响，即要在压力表的读数中减去由最低液位到压力表之间液柱产生的压力。

当被测介质为黏稠或易于结晶的液体时，为避免导压管堵塞，可采用法兰式压力变送器测量其液位。如果被测介质具有腐蚀性、高黏度或含有悬浮颗粒时，可采用吹气法测量其液位。测量原理如图 4-7 所示。

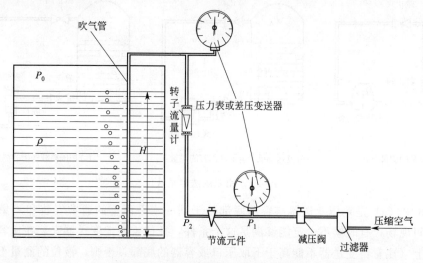

图 4-7　吹气法测量敞口容器里的液位

将一根导管插入密度为 ρ 的被测液体中，并在导管中通入一定量的经过过滤、减压的压缩空气，使它从吹气管下端逸出。当导管下端仅有微量气泡（约每分钟 30~50 个）逸出时，导管中的气压就与由液柱高度 H 产生的静压近乎相等。因此，由压力表所示的压力值就能反映液位 H 的高低。其关系 $P = P_0 + H\rho g$。如果是敞口容器，则 P_0 为当地大气压，按表压计为 0。当液位上升或下降时，液柱产生的压力也随之升高或降低，从而使从吹管中逸出的气泡量也要随之减少或增加。但是，由于流经节流元件的供气量维持恒定不变，于是吹气管内的空气压力势必随液柱的提高而增加，因此根据压力计的指示值就监测出容器内液位的变化。

上述测量过程中，要求流过节流件的供气量恒定不变，那么怎样才能保障其不变呢？根据流体力学可知，流经节流件的压缩空气或其他双原子气体，在节流后的绝对压力 P_2 与节流前的绝对压力 P_1 之比小于等于 0.528（称临界压力缩比）时，其流量不再随节流件前后压力差的增大而变化，所以，只要保证 $P_2/P_1 < 0.528$，流经节流件的气体流量就能维持定值。流过导管的气体流量的大小要合适，一般情况下，是以在最高液位时仍有气泡逸出为宜。因为流量过大，则会引起气体流经导管时的压降变大，产生较大的测量误差。流量过小又会增大测量滞后。为此，需在气路中装设转子流量计，借以观察和控制气体流量。

吹气式液位测量方法特别适于用来测量具有强腐蚀性、高黏度或含有悬浮颗粒的液体的液位。若被测液体是易燃、易氧化的介质，则可将气源改为氮气、二氧化碳气等惰性气体。这种液位测量方法比较简单，但测量准确度较低，它主要取决于压力表的准确度。所以，多用于测量准确度要求不很高的场合。

（2）用差压法测量液位

对于密闭容器，由于液面上部空间的气体有一定压力，其压力值将随液面的变化而变化，不是定值，如果仍沿用压力表式液位计来测量液位时，其指示值中就包含有气体压力值，因此即使在液位不变时，如果环境的气温发生变化，压力表的示值也可能变化，因而不能正常反映被测液位。为了消除气体压力变化对测量的影响，故需采用差压式液位计。差压法液位测量的原理如图 4-8 所示。

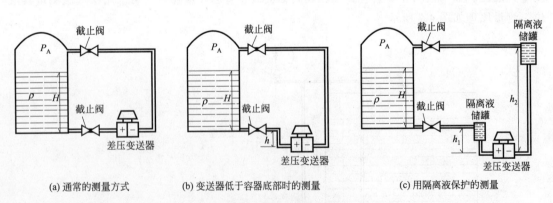

(a) 通常的测量方式　　(b) 变送器低于容器底部时的测量　　(c) 用隔离液保护的测量

图 4-8　用差压法测量液位

图 4-8 中（a）是差压变送器与容器底部处于同一水平面上的通常安装和测量方式。在实际的车间现场，有时候不一定能够满足这个条件，往往需要把变送器安装在比容器稍低一点的平面上（注意：变送器不能高于下取压口或容器的底部，否则，液位的测量下限就不能达到 0 位置）；（b）是差压变送器所在的平面比容器里的 0 液位低 h 高度的安装情形；（c）

则是被测液体对差压变送器存在腐蚀性，为了保护变送器免受腐蚀，在差压变送器的正负压室导压管上加装了隔离液储罐的情况。显然，（b）和（c）相对于（a）来说，它们的测量指示值是需要做校正的。这种校正措施在仪表应用中被称为仪表的零点迁移，具体处理方式留待后续的 4.2.2 节中讨论。

4.1.4　电容式测量液位

从物理学以及电工学的知识，我们知道由两个导电材料（平行平板、平行圆柱面）做成的电极，在电极间充以不导电介质就能组成电容器。进一步地，如果在这类电容器的两个电极间，充以不同介质（或者分段充填不同的介质），其电容量的大小也是不同的。由此就可以通过测量电容量的大小来计算不同介质的充填高度，借此可测量均质液体的液位、粉末物料的料位或两种密度不同且不相容的液体的分界面。

（1）导电介质的液位测量

在化工生产过程中，一般情况下容器都是圆柱形的。圆柱形电容器的结构如图 4-9 所示。

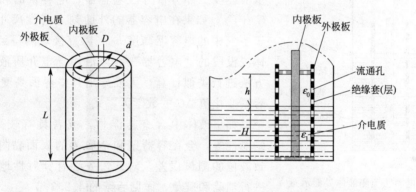

图 4-9　圆筒形电容器的结构及测量物位原理

由两个同轴圆柱形极板组成的圆筒电容器，其电容器的电容量为：

$$C_0 = \frac{2\pi\varepsilon_0 L}{\ln(D/d)} \tag{4-6}$$

式中　　C_0——电容器的电容量；

　　　　ε_0——两极板中间介质的介电常数；

　　　　L——两极板的长度；

　　　　D——圆筒形外电极的内径；

　　　　d——圆筒形内电极的外径。

由此可知，当 D 和 d 一定时，电容量 C 的大小与极板的长度 L、极板间介质的介电常数 ε 的乘积成正比。如果极板间流体的液位发生变化时，即其间所"充填"的介电质的高度 L，以及 ε 也随之发生变化，从而引起电容量 C 也发生变化。因此，可以通过测量电容器的电容量变化来测量液位。

$$C = \frac{2\pi\varepsilon_0 h}{\ln(D/d)} + \frac{2\pi\varepsilon_1 H}{\ln(D/d)} = \frac{2\pi\varepsilon_0 (L-H)}{\ln(D/d)} + \frac{2\pi\varepsilon_1 H}{\ln(D/d)} \tag{4-7}$$

$$\Delta C = C - C_0 = \frac{2\pi\varepsilon_1 H}{\ln(D/d)} - \frac{2\pi\varepsilon_0 H}{\ln(D/d)} = \frac{2\pi(\varepsilon_1 - \varepsilon_0)}{\ln(D/d)} H \tag{4-8}$$

电容量的变化量与液位的高度存在线性比例关系。令 $K = \dfrac{2\pi(\varepsilon - \varepsilon_0)}{\ln(D/d)}$，为电容式物位计的仪表常数，则 $\varepsilon_1 - \varepsilon_0$ 的值越大，$\ln(D/d)$ 的值越小，K 值就越大，也即电容量的变化值 ΔC 对于液位高度 H 变化的响应就越大，仪表越灵敏。也就是说，被测液体与空气的介电常数相差越大，电容器内外极板间的间距越小，该仪表的灵敏度越高。

如果被测介质是导电的液体，为防止内、外电极被导电的液体短路，内电极外必须加一层绝缘层，这样，就由导电液体与金属容器壁一起构成外电极。用于测量物位时，$L = H + h$，ε_0 为容器上部空气的介电常数 。

如果测的是非导电的液体，则其内、外电极上无须做绝缘（套）处理。

（2）互不相容的液体之间界面的测量

如果需要监测的是互不相容的液体之间的界面高低，用电容式物位计进行测量也是很方便的。其原理如图 4-10 所示。

电容器的总电容量等于图中空气段、轻液体段和重液体段三部分"分段电容器"电容量的和 $C = C_0 + C_1 + C_2$。如果在电容器的外面刻上高度尺寸，则敞露于空气中的电容器高度 h_0 可以直接观测得到，对被液体浸没段的"电容器"可以沿用导电介质液位测量的方法进行类似计算，可推导出其中界面高度 h_2 与总电容量变化值 ΔC 的数学关系式。

如果液体中含有悬浮物，或者具有较高的黏度、结晶性等，会在容器壁和金属棒的表面黏附，这将导致液位的测量误差。对此，务必有针对性地采取措施进行消除和避免，详见后续的 4.2.3 节。

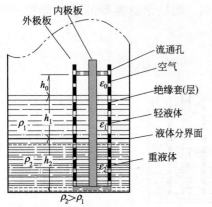

图 4-10　电容法监测液体界面示意

（3）固体粉末物料的料位测量

由于固体粉末物料相对于液体而言，流动性较差，故不宜采用双筒式的电容式物位计来测量其料位。对于非导电的粉末物料的料位测量，可采用一根金属电极棒与金属料仓器壁构成电容器的两电极。如果是导电性的，则需要在中心金属电极棒表面以及料仓的内壁做绝缘处理，形成以中心金属棒和粉末物料堆积高度层为两个电极板的电容器，其料位高度与电容量的变化关系也可利用式(4-6)推导、求出。电容法测量粉末料的物位如图 4-11 所示。

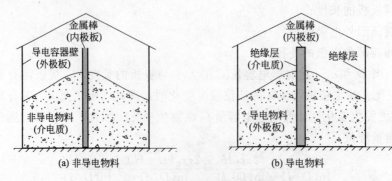

图 4-11　电容法测量粉末料的物位

固体粉末物料不仅流动性较差，通常还具有一定的堆积性，导致粉末的堆仓物面凹凸不平。因而，对粉末物料"物位"的测量往往不很准确，这是料位测量的特殊性，计量时需要注意到这一点。

4.1.5　非接触式测量物位

所谓非接触式测量物位，是指在测量过程中，仪表器件不与被测物料直接接触，利用微波、超声波或者射线穿透物料，再根据接收到的穿透后微波、超声波或者射线的能量耗损来计算所穿透物料层的厚度。

（1）微波式物位测量

微波是电磁波，指频率在 300MHz～300GHz 的电磁波（波长 1m～1mm），通常作为信息传递而用于雷达、通信技术中。利用微波测距技术制成的物位测量仪表称为雷达式物位计，是近些年来推出的一种新型的物位测量仪表。这种仪表的测量范围大，测量准确度高，稳定可靠。仪表无可动部件，安装使用简单方便，具有耐高温、耐高压，不与被测介质接触，非接触测量等特点，适用于大型储罐、腐蚀性液体、高黏度液体、有毒液体的液位测量。以其较高的性能和维护方便性成为近年来罐区液位测量的首选仪表。

根据微波传播时间测量物位的方法有两种：一是脉冲微波测量法，由微波发送器生成的一个脉冲微波通过天线发出，同时启动计时器开始计时，微波在液面被反射后由接收器接收，再将信号传给计时器，计时器停止计时，就可从计时器得到脉冲微波的往返时间。脉冲微波测量法大多采用 5～6GHz 的辐射频率，发射脉冲宽度约 8ns。由于雷达波的传播速度非常快，因此，直接精确测量脉冲的往返时间是这种测量方法的关键。二是连续调频波法，天线发射出的微波是频率连续变化的线性调制波，微波频率与时间呈线性正比关系，当微波经液面反射后的回波被天线接收到时，天线发射的微波频率已经改变，这就使回波和发射波形成一频率差，该频率差正比于微波往返的延迟时间。

微波从喇叭状或杆状天线向被测物料面发射微波，微波在不同介电常数的物料界面上会产生反射，反射微波（回波）被天线接收。微波的往返时间与界面到天线的距离成正比，测出微波的往返时间就可以计算出物位的高度。其测量原理如图 4-12 所示。

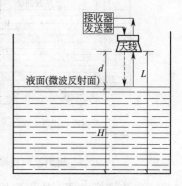

图 4-12　微波法测量液位原理

设天线与液面之间的距离为 d，天线与最低液位的距离为 L，液面高度为 H，雷达波的传播速度为 C，那么雷达波在天线与液面之间的往返时间 t 与天线液面之间的距离 d 的关系如下：

$$t = \frac{2d}{C}$$

被测液位为：

$$H = L - d = L - \frac{t}{2}C \qquad\qquad (4\text{-}9)$$

由式(4-9)可知，只要测得微波在天线与液面之间的往返时间 t 就可计算出液位 H。

（2）超声波式物位测量

声波是一种机械波，振动频率为 20Hz～20kHz 时可以引起人的听觉，称为闻声波，简称声波；20Hz 以下频率的机械波称为次声波；频率 20kHz 以上、高于人的听觉上限的机械波称为超声波。它们都是机械振动在介质中的一种传递过程，可以一定的速度在气体、液体、固体中传播。声波在穿过介质时会被吸收而衰减，气体吸收最强，衰减最大；液体次之；固体吸收最少，衰减最小。声波在穿过不同密度的介质分界面处还会产生反射。超声波物位计是根据声波从发射至接收到反射回波的时间间隔与物位高度成比例的原理来检测物位。

超声波用于物位检测主要利用了它的以下性质：① 它可以在气体、液体及固体中传播，并有各自的传播速度；② 超声波在介质中传播时会被吸收而衰减，因此对于一给定强度的声波，在气体中传播的距离会明显比在液体和固体中传播的距离短，同时，超声波在介质中传播时衰减的程度还与声波的频率有关，频率越高，声波的衰减也越大，因此，超声波比其他声波在传播时的衰减更明显；③ 超声波传播时的方向随声波的频率升高而增强，发射出的声束也越尖锐，超声波可近似为直线传播，具有很好的方向性；④ 当声波从一种介质向另一种介质传播时，因为两种介质的密度不同和声波在其中传播的速度不同，在分界面上声波会产生反射和折射。

超声波物位计的测量原理与微波法测量物位基本相似（特别是反射式测量），它是利用超声波发射探头发出超声脉冲，发射波在液位表面反射形成回波，由接收探头将信号接收下来，测出超声脉冲从发射到接受所需时间，根据已知介质中的波速，就能计算出探头到液位表面的距离，从而确定液位的高度（图 4-13）。数量关系也可借用式(4-9)。

必须注意的是，超声波在介质中的传播速度易受介质的温度、成分等变化的影响，是影响物位测量的主要因素，需要进行补偿。通常可在超声换能器附近安装温度传感器，自动补偿声速因温度变化的影响。还可使用校正器，定期校正声速。超声式物位计的构成形式多样，它既可以测量液位也可以测量料位，既可以连续测量，也可以实现物位的定点测量，并且可以实现非接触测量，适合于有毒、高黏度及密封容器的物位测量，对环境的适应性

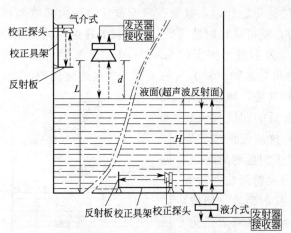

图 4-13 超声波测量液位原理

较强，安装维修方便，所以应用广泛。

超声物位传感器根据使用特点可分为定点式物位计和连续式物位计两大类。定点式物位计用来测量被测物介是否达到预定高度（通常是安装测量探头的位置），并发出相应的开关信号。根据不同的工作原理及换能器结构，可以分别用来测量液位、固体料位、固-液分界面、液-液分界面以及检测液体的有无。其特点是简单、可靠、使用方便，由于可实现非接触测量，适用于有毒、高黏度及密封容器内的液位测量，适用范围广，广泛应用于化工、石油、食品及医药等工业部门。

超声波物位计的组成主要有超声换能器和电子装置。超声换能器由压电材料制成，它完成电能和超声能的可逆转换，超声换能器可以采用接、收分开的双探头方式，也可以只用一个自发自收的单探头。电子装置用于产生电信号激励超声换能器发射超声波，并接收和处理经超声换能器转换的电信号。超声式物位计可以分为固介式、液介式和气介式。

（3）射线式的物位测量

放射性同位素在蜕变过程中会放射出 α、β、γ 三种射线。α 射线是从放射性同位素原子

核中放射出来的，它由两个质子和两个中子所组成，即实际上是氦原子核，带有正电荷，它的电离本领很强，但穿透本领最弱。β 射线是电子流，电离本领比 α 射线弱，而穿透本领较 α 射线强。γ 射线是一种从原子核中发出的电磁波，它的波长较短，不带电荷，它在物质中的穿透能力比 α 和 β 射线都强，但电离本领最弱。由于射线的可穿透性，它们常被用于情况特殊或环境条件恶劣的场合实现各种参数的非接触式检测，如位移、材料的厚度及成分、流体的密度、流量、物位等。γ 射线物位检测是其中一个典型应用。

γ 射线式物位计是根据被测物质对放射线的吸收、散射等特性而设计制造的。不同的物质对射线的吸收能力不同，固体吸收能力最强，液体次之，气体最弱。当放射线穿过一定的被测介质时，由于介质的吸收作用，会使射线的辐射强度随着被测介质的厚度增加而呈指数函数关系衰减。所以只要测出透过介质后的辐射强度，就可求出被测介质的厚度即物位的高度。

其强度随所通过介质厚度的增加呈指数规律衰减，其特性可表示为

$$I = I_0 e^{-\mu H} \tag{4-10}$$

式中，I_0、I 分别为射入介质前和通过介质后的射线强度；μ 为介质对射线的吸收系数；H 为射线通过的介质厚度。当放射源选定，被测介质已知时，则 I_0 与 μ 为常数，因此，只要能测得穿过介质后的射线强度 I，介质的厚度即物位的高度 H 就可求出。

射线式液位计由放射源、接收器和显示仪表所组成，原理框图如图 4-14 所示。

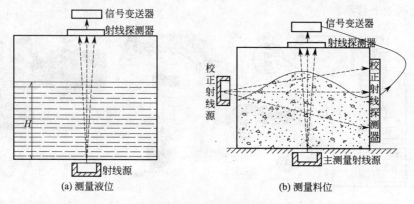

图 4-14　射线法测量物位原理

射线源发出强度为 I_0 的射线，射线探测器用来检测透过介质后的射线强度 I，再配以信号变送及显示仪表就可以指示物位的高低了。这种射线仪表能够透过钢板等各种物质，可以不接触被测物质，适用于高温、高压容器、强腐蚀、剧毒、有爆炸性、黏滞性、易结晶或沸腾状态的介质的物位测量，还可以测量高温融熔金属的液位。由于 γ 射线不受温度、湿度、压力、电磁场等影响，所以能在高温、烟雾、尘埃、强光及强电磁场等环境下工作。这种仪表体积小，重量轻，可以长时间连续使用，其最大缺点是放射线对人体有较大的危害，在选用时必须考虑到周围人员的安全，同时需要采取必要的安全防护措施。

对于射线源，主要从射线的种类、射线的强度以及使用的时间等方面考虑选择合适的放射性同位素和所使用的量。由于在物位检测中一般需要射线穿透的距离较长，因此，常采用穿透能力较强的 γ 射线。放射源的强度取决于所使用的放射性同位素的质量。质量越大，所释放的射线强度也越大，这对提高测量精度，提高仪器的反应速度有利，但同时也给防护带来了困难，因此必须两者兼顾，在保证测量满足要求的前提下尽量减小其强度，以简化防护

和保证安全。能产生 γ 射线的放射性同位素主要是钴-60 和铯-137，它们的半衰期分别为 5.3 年和 33 年。另外，由 $_{60}$Co 产生的 γ 射线能量较铯-137 大，在介质中平均质量吸收系数小，因此它的穿透能力较铯-137 强。但是，钴-60 由于半衰期较短，使用若干年后，射线强度的减弱会使检测系统的精度下降，必要时还需要更换射线源。若更换过程操作不慎，废弃的射线源处理不当，很容易引起不安全因素。

4.2 物位监测仪表及变送器

4.2.1 浮力式液位计

应用浮力原理测量液位的仪表有很多种，本节只介绍最常用的而且能够实现远传控制的两种：浮子钢带式液位计和扭力管式浮筒液位计。

（1）浮子钢带式液位计

浮子钢带式液位计的原理如图 4-15 所示。浮子吊在钢带的一端，钢带在恒力卷簧的作用下，可以通过收带轮自动收放。钢带对浮子施加一拉力，当浮子的位置在测量范围内变化时，钢带对浮子的拉力基本不变，浮子受到的浮力不变，故称为恒浮力式液位计。为了使浮子不受被测液体流动的影响，而偏离垂直位置，可增加一个导向机构。导向机构由悬挂的两根钢丝绳组成，钢丝绳的下端固定在容器的底部，上端固定在容器的顶部，浮子沿导向钢丝随液位变化而上下移动。

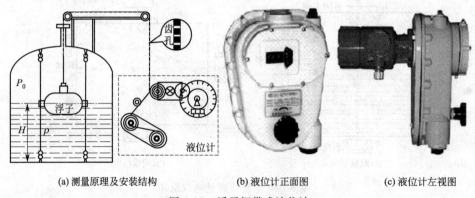

(a) 测量原理及安装结构   (b) 液位计正面图   (c) 液位计左视图

图 4-15　浮子钢带式液位计

浮子经钢带和滑轮将浮力的变化传到收带-卷簧轮上，钉轮周边的钉状齿与钢带上的孔啮合，将钢带的直线运动变为钉轮的转动，通过传动齿轮传动，由指针和机械计数器指示出液位。为了保证钢带的收放，绕过导向轮的钢带由收带轮收紧，其收紧力由恒力卷簧（盘簧）提供。恒力卷簧在自由状态是卷绕在储簧轮上的，受力后反绕在卷簧轮上以后，其弹性恢复力始终给收带-卷簧轮逆时针方向的力矩，并基本保持常数，因而称为恒力卷簧。

由于恒力卷簧有一定的厚度，其恢复力对卷簧轮的力矩并不恒定，液位越低，力矩越大。同样，由于钢带缠绕使液位低时收带轮的直径减小，于是钢带上拉力和液位也有关。液位低，拉力大，恰好能与浮子上面这一部分钢带的重力相抵消，使浮子受到的提升力几乎不变，从而减小了误差。由于钉轮的周长、钉状齿间距及钢带孔间距制造得很精确，可以达到较高的测量准确度。浮子钢带式液位计的主要技术参数如下。

① 测量范围一般为 0～20m，灵敏度 1.5mm。

② 测量准确度可达 0.03%。

③ 接触介质材料 1Cr18Ni9Ti。

④ 环境条件：温度为 −20～80℃，湿度为 5%～100%，压力为 86～108kPa。

⑤ 介质温度：−40～200 ℃；工作压力≤1.75MPa。

如果在齿轮传动轴上再安装一个变送器，就可以实现液位信号的远传。

（2）扭力管式浮筒液位计

扭力管式浮筒式液位计属于变浮力式液位计，有气动和电动之分。本节主要介绍电动的浮筒液位计，它由液位传感器、霍尔变送器和毫伏-毫安转换器组成。它可以进行连续测量、远传指示，并能与 DDZ 电动单元组合仪表配套使用，实现液位的自动记录和调节（图 4-16）。

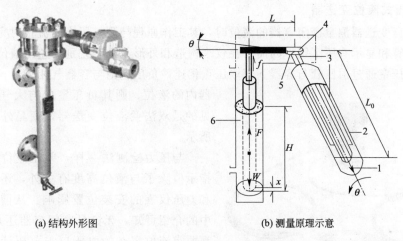

(a) 结构外形图　　　　　　　　(b) 测量原理示意

图 4-16　扭力管式浮筒液位计

1—心轴；2—外壳；3—扭力管；4—杠杆；5—支点；6—浮筒

浮筒一般是由不锈钢制成的空心长圆柱体，垂直地悬挂在被测介质中。浮筒的质量大于同体积的液体质量，筒的重心位于其几何中心下部，使浮筒不能漂浮在液面上，总是保持直立而不受液体高度的影响，故也称沉筒。浮筒 6 悬挂在杠杆 4 的一端，杠杆的另一端与扭力管 3，并与心轴 1 的一端固定连接在一起，由固定支点 5 所支撑。扭力管的另一端通过法兰固定在仪表外壳 2 上。心轴的另一端伸出扭力管后是自由的，用来输出位移。扭力管 3 是一种密封式的输出轴，它一方面能将被测介质与外部空间隔开，另一方面又能利用扭力管的弹性扭转变形把作用于扭力管一端的力矩变成心轴的转动。

当液位低于浮筒时，浮筒的全部重量作用在杠杆上，因而作用在扭力管上的扭力力矩最大，扭力管带动心轴扭转的角度最大（朝顺时针方向），这一位置就是零液位。当液面高于浮筒下端时，作用在杠杆的力为浮筒重量与其所受浮力之差。因此，随着液位升高，浮力增大而扭力矩逐渐减小，扭力管所产生的扭角也相应减小（朝逆时针方向转回一个角度）。在液位最高时，扭角最小，即转回的角度最大。这样就把液位变化转换成心轴的角位移，再经传动及变换装置将角位移转换为电信号远传或显示、记录。

扭力管式浮筒式液位计可用来测量液位、界位及密度，输出二线制 4～20mA DC 标准信号，并提供 HART 通信协议输出，可获取来自过程和智能液位计的信息，也可对液位计进行组态、标定或测试。其主要技术参数如下。

① 精度等级：0.5%～1.0%。

② 输入信号：液位、界位或密度的变化。

③ 输出信号：模拟量 4～20mA DC。

④ 测量范围：300～3000mm（也可根据用户要求制作）。

⑤ 介质相对密度：0.4～1.4（介质相对密度差>0.2），温度：-196～+400℃。

⑥ 工作压力：2.5～32MPa；环境温度：-40～70℃（也可用户的特殊要求协商解决）。

⑦ 工作电源：24V DC；功率：0.5W。

⑧ 连接：标准法兰。

⑨ 材质选择：用户在选择接液部分材质和内外筒材质时应和有关被测介质对接液部分的腐蚀轻重来选择。

4.2.2　差压式液位变送器

利用差压变送器测量密闭容器的液位时，其工作原理与测量压力和流量时完全相同，只是示值的换算和显示有所区别，因而，在仪表构造和外形上没有差别。差压液位变送器在安装时，其正压室通过引压管与容器下部取压点相连，负压室则与容器气相相通；若测敞口容器内的液位，则其负压室应与大气相通。最常见的是双法兰液位变送器，商品外观如图 4-17 所示。

图 4-17　双法兰液位变送器

与压力检测法一样，差压液位检测的差压指示值除了与液位高度有关外，还受液体密度和差压仪表的安装位置影响。从前面 4.1.3 节中的介绍可知，无论是密闭容器还是敞口容器，都要求液位零点的取压口与差压计的正压室口位于同一水平线上，否则会产生附加液柱高度误差。但是，在实际安装时，不一定都能满足这个要求。另外，当被测介质是高黏、易凝液体或腐蚀性液体时，为了防止被测介质进入变送器，造成管线堵塞或腐蚀，并保证负压室的液柱高度恒定，往往在变送器正、负压室与取压口之间分别加装隔离罐，并充以隔离液，这样一来又会带来变送器正、负压室端隔离液柱不等高的附加误差。为了使差压变送器能够正确地指示液位高度，必须对差压变送器进行零点调整，使它在液位为 0 时输出信号也为"0"（如 4mA），这种方法称为"零点迁移"。

(1) 零点迁移问题

对于地下或高位储槽，为了读数和维护的方便，液位检测仪表不能安装在零液位处的地下或高空中；同时，差压液位变送器的正压室进口也不能高于容器的底部（液位为 0 的水平面）。采用法兰式差压变送器时，由于从膜盒至变送器的毛细管中充以硅油，无论差压变送器安装在什么高度，一般均会产生附加静压。在这种情况下，可通过计算进行校正，更多的是对压力（差压）变送器进行零点调整，使它在受附加静压差时输出为"0"，这种方法称为"零点迁移"。零点迁移分为无迁移、负迁移和正迁移三种情况（图 4-18）。

① 无（需）迁移　如图 4-18(a) 所示，将差压变送器正、负压室分别与容器下部和上部的取压点相连通，并保证正压室口与零液位等高；连接负压室与容器上部取压点的引压管中充满与容器液位上方相同的气体，由于气体密度比液体小得多，则取压点与负压室之间的

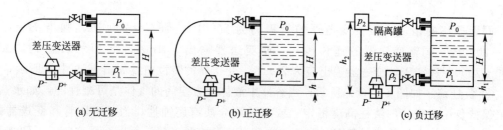

(a) 无迁移　　　　　　(b) 正迁移　　　　　　(c) 负迁移

图 4-18　差压式液位变送器的零点迁移

静压差很小，可以忽略。设差压变送器正、负压室所受的压力分别为 P^+ 和 P^-，则有：

$$P^+ = P_0 + H\rho_1 g \qquad P^- = P_0$$

$$\Delta P = P^+ - P^- = H\rho_1 g \tag{4-11}$$

可见，当 $H=0$ 时，$\Delta P=0$，差压变送器未受任何附加静压，这说明差压变送器无需迁移。

差压变送器的作用是将输入差压转化为统一的标准信号输出。对于Ⅲ型电动单元组合仪表（DDZ-Ⅲ）来说，其输出信号为 4～20mA 的电流，零点迁移只要调节变送器上的迁移机构。如果选取合适的差压变送器量程，使 $H=H_{max}$ 时，最大差压值 ΔP_{max} 为差压变送器的满量程，则在无迁移的情况下，即 $H=0$，此时输入差压值为 0，变送器的输出 $I=4$mA；当 $H=H_{max}$ 时，输入差压达到 $\Delta P_{max}=H_{max}\rho_1 g$，差压变送器的输出 $I=20$mA。因此，差压变送器的输出电流 I 与液位 H 呈线性关系。设对应某液位变化所要求的差变量程为 5000Pa，则此差变的特性曲线如图 4-19 中 a 所示，称为无迁移。

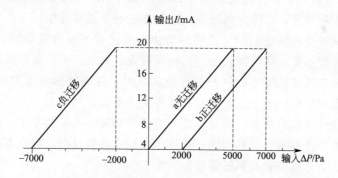

图 4-19　DDZ-Ⅲ型差压变送器的迁移及输入输出情况

② 正迁移　有时候，由于现场条件所限，不能满足将差压变送器的正取压口安装在与容器内的零液位处于同一水平面的要求，如图 4-18（b）所示。设连接负压室与容器上部取压口连通，且该段引压管中充满与液面上方相同状态的气体，并忽略该气体柱产生的静压力，则差压变送器正、负压室受到的压力分别为：

$$P^+ = P_0 + H\rho_1 g + h\rho_1 g \qquad P^- = P_0$$

所以

$$\Delta P = P^+ - P^- = H\rho_1 g + h\rho_1 g = H\rho_1 g + C \tag{4-12}$$

当差压变送器的安装位置一定（不再改变），被测液体的密度确定后，$C=h\rho_1 g$ 就是一个常数。

由式（4-12）可见，当 $H=0$ 时，$\Delta P=C$，差压变送器受到一个附加正差压作用，使其输出 $I\geqslant 4$mA。为使 $H=0$ 时，$I=4$mA，就需设法消去 C 的作用。由于 $C\geqslant 0$，需做迁移调整。由于调整的压差 ΔP 是大于 0，且作用于正压室的附加静压，故称为正迁移，迁移量

为 C。

同无迁移的情况，假设变送器的量程仍为 5000Pa，而 $C=2000$Pa，则当 $H=0$ 时，$\Delta P=2000$Pa，调整变送器的迁移机构，使变送器输出为 4mA；当 $H=H_{max}$ 时，$\Delta P=5000+2000=7000$Pa，变送器输出应为 20mA。变送器的特性曲线如图 4-19 中 b 所示，

③ 负迁移　如图 4-18(c) 所示，当容器中液体上方空间的气体是可凝性的，如水蒸气，为了保持负压室所受的液柱高度恒定，或者被测介质有腐蚀性，为了引压管和变送器的防腐，常常在差压变送器正、负室与取压点之间分别装有隔离罐，并充以隔离液。设隔离液的密度为 ρ_2，这时差变正、负压室所受到的压力分别为：

$$P^+=P_0+H\rho_1 g+h_1\rho_2 g \qquad P^-=P_0+h_2\rho_2 g$$

故，

$$\Delta P=P^+-P^-=H\rho_1 g+h_1\rho_2 g-h_2\rho_2 g=H\rho_1 g-B \qquad (4\text{-}13)$$

同样，当差压变送器的安装位置不再改变，被测液体以及隔离液的密度确定后，$B=(h_2-h_1)\rho_2 g$ 也是一个常数。h_2 为差压变送器负压口与容器上取压口之间的垂直距离，h_1 为差压变送器正压口与容器下取压口之间的垂直距离，且 $h_2>h_1$。

对于 DDZ-Ⅲ 型差压变送器，零点迁移只要调节变送器上的迁移机构，使其在 $\Delta P=-B$ 时，对应 $H=0$ 的输出电流 $I=4$mA。当液位 H 在 $0\sim H_{max}$ 变化时，差压的变化量为 $H_{max}\rho_1 g$，该值即为差变的量程。这样当 $H=H_{max}$ 时，$\Delta P=H_{max}\rho_1 g-B$，变送器的输出电流 $I=20$mA，从而实现了差变的零点负迁移。

仍设变送器的量程为 5000Pa，而 $B=7000$Pa，则当 $H=0$，$\Delta P=-7000$Pa，调整变送器的迁移机构，使变送器输出为 4mA；$H=H_{max}$，$\Delta P=5000-7000=-2000$Pa，变送器输出应为 20mA，变送器的特性曲线如图 4-19 中曲线 c 所示。由于调整的压差 ΔP 是作用于负压室小于零的附加静压，故称为负迁移。迁移方法与正迁移相似。

上述正、负两种迁移情况相同，说明尽管由于变送器安装位置等原因需要进行零点迁移，但变送器的量程不变，只与液位的变化范围有关。总之，正、负迁移的实质是通过调整迁移机构改变差压变送器的零点，使被测液位为 0 时，变送器的输出为起始值 4mA。零点迁移仅改变变送器测量范围的上、下限，其量程大小不会发生改变。

需要注意的是并非所有的差压变送器都带有迁移功能，实际测量中，由于变送器的安装高度不同，会存在正迁移或负迁移问题。在选用差压式液位计时，应在差压变送器的规格中注明是否带有正、负迁移装置及其迁移量的大小。

【例 4-1】　用差压变送器检测液位。已知 $\rho_1=1200$kg/m³，$\rho_2=950$kg/m³，$h_1=1.0$m，$h_2=5.0$m，液位变化的范围为 $0\sim3.0$m。如果当地重力加速度 $g=9.8$m/s²，求差压变送器的量程和迁移量。

解：当液位在 $0\sim3.0$m 变化时，差压的变化量为

$$H_{max}\rho_1 g=3.0\times1200\times9.8=35280(\text{Pa})$$

根据差压变送器的量程系列，可选差变的量程为 40kPa。

由式(4-13) 可知，当 $H=0$ 时，有

$$\Delta P=-(h_2-h_1)\rho_2 g=-(5.0-1.0)\times950\times9.8=37240(\text{Pa})$$

因此，差压变送器需要进行负迁移，迁移量为 37.24kPa。迁移后该差压变送器的测量范围为 $-37.24\sim2.76$kPa。若选用 DDZ-Ⅲ 型仪表，则当变送器输出 $I=4$mA 时，表示 $H=0$；当 $I=20$mA 时，$H=40\times3.0/35.28=3.4$m，即实际可测液位范围为 $0\sim3.4$m。

如果要求 $H=3.0$m 时，差压变送器输出满刻度（20mA），则可在负迁移后再进行量程

调节，使得当 $\Delta P = -37.24 + 35.28 = -1.96\text{kPa}$ 时，差压变送器的输出达到 20mA。

（2）差压变送器的类型和安装位置

为方便选用和安装，通常把监测液位的差压变送器设计成法兰式，法兰口用弹性膜将毛细管里的隔离液（通常为硅油）密封。其结构形式一般分为单法兰式和双法兰式两大类，不同结构形式的法兰可使用于不同的场合：①单法兰，用于检测介质黏度大、易结晶、沉淀或聚合引起阻塞的场合；②双法兰，被测介质腐蚀性较强，且负压室又无法选用适用的隔离液时，可采用特氟龙双法兰式差压变送器。对于强腐蚀性的被测介质，可用氟塑料薄膜粘贴在金属膜表面上防腐。

由于与差压变送器正、负压室相连接的毛细管内充灌的硅油被良好密封，没有气泡，不可压缩，因此差压变送器主体安装位置的高低对液位测量值没有影响。这是因为正、负压室毛细管内的硅油柱对变送器的正负压室所产生的压力相互抵消，所以变送器的位置可以是任意的。

带有正负迁移功能的差压变送器适宜于气相易冷凝的液体液位的测量，如图 4-20 所示。图中 ρ 为气相冷凝液的密度，h_1 为冷凝液的高度。当气相不断冷凝时，冷凝液会自动从气相口溢出，回流到被测容器而保持高度 h_1 不变。当液位在零位时，变送器负端已经受到 $h_1 \rho g$ 的压力，这个压力必须用负迁移进行抵消。

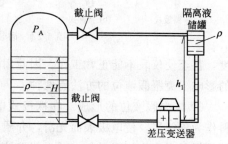

图 4-20　含可凝性气体的液位监测

4.2.3　电容式物位计

电容式物位计主要由敏感元件（构成电容器的电极）和电容检测电路组成。由于电容的变化量较小，因此准确检测电容量是物位检测的关键。目前常用的检测方法主要有交流电桥法、充放电法和谐振法等。各种智能可远传型电容式液位计如图 4-21 所示，插装型电容式液位传感器的外形如图 4-22 所示。

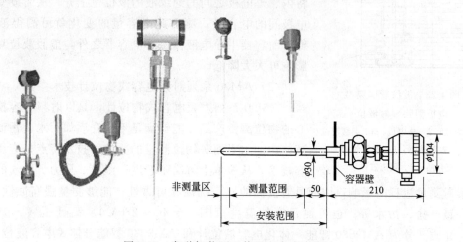

图 4-21　各种智能可远传型电容式液位计

（1）克服黏滞液体的假液位现象

应用电容式物位计测量黏滞性导电介质时，介质作为电容器的一个电极，它黏附在内电极上时会使液位增加一定的高度，产生"虚假液位"现象，这种现象就会影响测量的准确

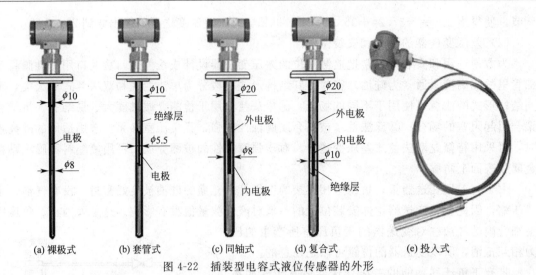

(a) 裸极式　　(b) 套管式　　(c) 同轴式　　(d) 复合式　　(e) 投入式

图 4-22　插装型电容式液位传感器的外形

度，甚至使仪表不能正常工作。因此用电容法测量高黏性介质液位时应考虑虚假液位对测量的影响。克服假液位的方法有两种。

① 减少假液位的形成　在裸极式电容器的电极表面涂装上与被测介质亲和力较小的材料作为绝缘层，使电极表面光滑，介质不易黏附上。通常使用聚四氟乙烯或聚四氟乙烯加六氟丙烯材料作为绝缘材料，减少假液位的形成。

② 采用隔离型电极　采用隔离型电极测量黏滞性导电介质液位的原理如图 4-23 所示。

波纹管隔离型电极由同心的内电极 1 和外电极 2 组成，在外电极 2 的下端装有隔离波纹管 6，在波纹管和内电极之间充以绝缘液体。当被测容器中黏滞性导电介质 4 的液位升高时，作用于波纹管的压力增大，波纹管受压后体积变小，将内、外电极之间的绝缘液的液位也上升，从而改变内、外电极间的电容量，测出此电容量的变化就可测得液位的高低。而容器中导电液体位于电容器之外，虚假液位对测量的影响可大大降低。

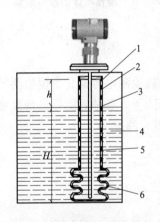

图 4-23　波纹管隔离型
电极消除虚假液位

1—内电极；2—外电极；3—虚假液位；
4—被测液体；5—波纹管内
充介质；6—隔离波纹管

（2）AM90 系列射频电容式物位计技术参数

AM90 系列射频电容式物位计，是以射频电容技术为核心的物位测量产品，能够满足不同介质如污水、污油、黏稠液体、油水界面等物位测量的要求。技术特点是应用射频电容技术，从根本上解决了温度、湿度、压力、物质的导电性等因素对测量过程的影响，因而具有极高的抗干扰性和可靠性；能够测量强腐蚀性的液体，如酸、碱、盐、污水等；也可测量宽的温度范围（－40～220℃）、高低压（－0.1～4.0 MPa）介质。分为 AM9080 智能一体化电容液位计和 AM9070 智能分体式电容液位计两种。后者的探测电极与变送器二者间的连接屏蔽电缆长度可达 1km，可安装在环境极为恶劣的现场，特别适用于高温、振动、腐蚀、危险及需要远方设定等场合。主要技术指标如下。

① 工作电源：24V，DC，±10%；功耗：≤3W；电气接口：M20×1.5。

② 防护等级：IP65；防爆等级：dⅡBT4。

③ 输出信号：4～20mA（三线制）；HART 协议（二限制）；测量范围：0～1000pF；精度：0.5％FS。

④ 测量过程温度：－40～220℃；压力：－0.1～4.0MPa；测量介质的相对介电常数 ε＞1.6；环境温度：－30～70℃；湿度：0～95％RH。

⑤ 仪表外壳：铝合金隔爆型，可用于潮湿、腐蚀等恶劣环境。

⑥ 应用范围：该液位计已成功应用于各种场合，如涤纶、氨纶、酸、碱等化工原料的液位，环保污水液位检测，锅炉压力容器内的液位检测，润滑油、食用油、石油成品以及涂料油漆等的液位检测。

4.2.4 超声波液位计

（1）超声波液位计的构成

气介反射式超声波液位计的换能器（探头）安装在液面上方的气体中，是一种非接触式测量方法，比较适合于腐蚀性、高黏度及含有颗粒杂质介质的液位测量。换能器可以是单探头结构（发射和接收由同一探头完成），也可以是双探头结构。单探头超声波物位计如图 4-24 所示。

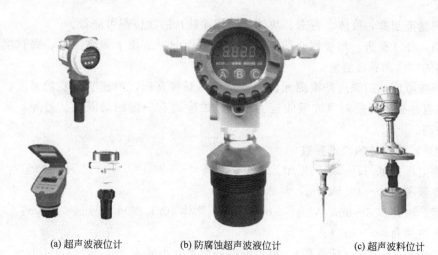

(a) 超声波液位计　　　　(b) 防腐蚀超声波液位计　　　　(c) 超声波料位计

图 4-24　单探头超声波物位计实物图

双探头结构超声波液位计的测量原理如图 4-25 所示。在测量时，时钟电路定时触发输出电路，向发射探头输出超声电脉冲，同时触发计时电路开始计时。当发射探头发出的声波经液面反射回来时，被接收探头收到并变成电信号，经整形放大后，再次触发计时电路停止计时。计时电路测得的是超声波从发射到回波返回接收探头的时间，经运算可得到探头到液面之间的距离 h（即空气层的高度）。已知探头安装的高度为 L（从液位的零基准面到探头的高度），由 $H=L-h$ 便可求出液位高度 H，然后在显示仪表上进行显示。

由于气体介质的密度受温度和压力影响较大，而声速又是密度的函数。气体介质的温度和压力发生变化时，就影响到气介式超声波液位计的测量准确度，因此需要采取相应的补偿措施，以消除声速变化对测量值的影响。

（2）超声波物位计的主要特点

① 超声波物位计在结构上无可动部件，探头的压电晶片虽振动，但振幅很小，结构简单，寿命长。

② 仪表不受被测物料湿度、黏度的影响，并与介质的介电系数、电导率、热导率等

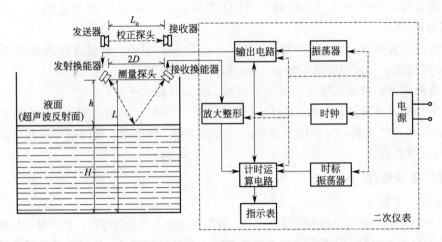

图 4-25　气介式双探头超声波液位计原理及数值校正

无关。

③ 可测量范围宽，液体、粉末、块体（固体颗粒）的物位都可测量。

④ 检测元件（探头）与被测介质不直接接触，因此，适用于强腐蚀性、高黏度、有毒和低温物料的物位和界面测量。

⑤ 超声波液位计的缺点是检测元件不能承受高温和高压，声速受介质的温度、压力的影响较大，有些被测介质对声波吸收能力很强，故应用有一定的局限性。另外，其电路复杂，造价较高。

（3）超声波物位计的技术参数

① 工作电压：DC 12～30V 或 AC 220V；功耗＜1.5W。

② 工作频率：20～43.0kHz。

③ 量程：液体 0.3～8m、12m、20m、40m，固体 10m、20m；盲区＜0.3m。

④ 发射波束角：5°（3db）。

⑤ 测量误差：0.2%（满量程），自动温度补偿，最小显示分辨率为 1mm/1cm。

⑥ 显示：4 位八段 LCD 液晶或 6 位 LED 数码管。

⑦ 信号输出：4～20mA。

模拟信号：0～20mA，4～20mA；负载＞300Ω，0～5V，1～5V。

数字信号：RS485（支持 Modbus），两组 NPN 开关输出。

⑧ 防护等级：IP65；温度：−10～60℃；相对湿度：0～95%。

⑨ 外形尺寸：ϕ79mm×210mm× G1-1/2″管螺纹。

⑩ 外壳材质：铸铝；传感器为 ABS 工程塑料。

⑪ 安装方式：G1-1/2″管螺纹或 ϕ47mm 圆孔。

4.2.5　雷达物位计

（1）雷达式物位计的安装及信号转换

雷达式物位计是利用微波原理制成的物位测量仪表，主要由一次仪表（装在设备顶部，包括电子部件、波导连接器、安装法兰及喇叭形天线）、变送器和二次仪表（为盘装型，包括 A/D 转换、计算单元、显示单元、电源、显示部分）组成，一次仪表与二次仪表之间用一根多芯屏蔽专用电缆连接，其作用是向一次仪表供电，并将 A/D 转换信号送至二次仪表。

其中电子部件由振荡器、调制器、混频电路、差频放大器、A/D 转换器及接线端子盒等组成。其实物如图 4-26 所示。

(a) 智能雷达液位计　　　　(b) 雷达波料位计　　　　(c) 导波雷达液位计

图 4-26　雷达物位计实物图

变送器安装在容器顶部，由电子部件、波导连接器、安装法兰及喇叭形天线组成。电子部件包括振荡器、调频器、混频电路、差频放大器、A/D 转换器等。

雷达液位计的安装及信号转换如图 4-27 所示。

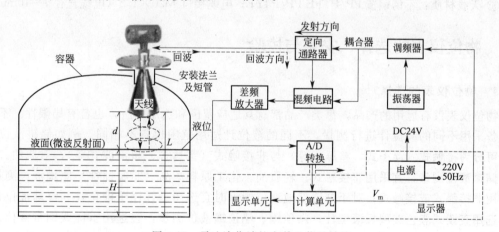

图 4-27　雷达液位计的安装及信号转换

虚线框内的显示器为盘装型，由计算单元、显示单元及电源部分组成。变送器与显示器之间用一根多芯屏蔽专用电缆连接，其作用是向变送器提供 DC 24V 电源，并将 A/D 转换后的电流信号送至显示器。由振荡器产生 10 GHz 的高频振荡信号，经调制器线性调制的电压，以等幅振荡的形式，通过耦合器及定向通路器，由喇叭形天线向被测液面发射，经液面反射回来又被天线接收，回波通过定向通路器送入混频电路，混频电路接受到发射波、回波信号后产生差频信号。差频信号通过差频放大器放大，经 A/D 转换后送到计算装置进行频谱分析，并通过频差和时差计算出液位高度，并由显示单元显示出来。

（2）雷达液位计的特点

雷达式液位计采用非接触式测量方法，决定了其具有以下特点。

① 雷达液位计不与被测介质接触，且受气相介质性质、温度、压力的影响很小，采用频率调制信号，其抗干扰能力很强，最大测量误差为±2mm，分辨率为1mm，精度高。

② 雷达液位计具有故障报警及自诊断功能，维护方便，操作简单。

③ 非接触式测量，方向性好，传输损耗小，适用于固体和液体介质，用于各种复杂工况液位测量，使用范围广，安全可靠。

④ 由于变送器无任何可移动部件和接触介质的零件，雷达液位计可直接安装在罐顶部人孔、采光孔处，不用开孔施工，方便技术改造，突出表现在测黏稠液体或温度和压力变化大的场合。

（3）雷达液位计的主要技术参数

① 测量范围：0～35m。

② 工作电源：DC 24V（±10%）；波纹电压：$1V_{pp}$；最大耗电量：22.5mA。

③ 工作压力：−1.0～4.0MPa。

④ 工作温度：−40～230℃；环境温度 −40～80℃。

⑤ 精度：顶部盲区（500mm）<0.2%；盲区位波束角发射处向下（500mm）<0.2%。

⑥ 采样回波频率：55 次/s。

⑦ 连接方式：法兰 DN80/100/150/200/250；螺纹 G1-1/2″，G1-1/2″NPT。

⑧ 料仓开口：ϕ110mm/160mm/220mm/270mm，ϕ60mm/90mm/110mm/160mm，ϕ50mm。

⑨ 信号输出方式：两线 4～20mA/Hart，或三线 4～20mA；输出信号 4～20mA/Hart协议。

⑩ 天线材质：不锈钢覆 PP/PTFE PP/PTFE；电缆接口 M20×1.5（电缆直径 7～10mm）。

4.3 物位仪表的选择、安装与校验

4.3.1 物位仪表的选择

物位仪表没有通用的产品，每类产品都有其适应范围和选用场所，也各有局限性。不同的设备采用不同的液位计进行测量，不同的液位计适用范围也各不相同。例如储罐液位仪表，可分为接触式（浮子式、差压式等）与非接触式（雷达式、超声波式等）；对原油、重质油储罐液位测量，宜采用非接触式；轻质油、化工原料产品（非腐蚀性）储罐液位测量，宜采用非接触式或接触式；对于储罐就地液位指示时宜选用磁性浮子液位计、浮球液位计，也可选用直读式彩色玻璃板液位计；拱顶罐、浮顶罐液位测量，宜选用重锤式钢带液位计、恒力盘簧式钢带液位计或光导式液位计；大型拱顶罐、球形罐的原油、成品油、沥青、乙烯、丙烯、液化石油气、液化天然气，及其他介质液位的测量，可选用雷达式液位计；常压罐、压力罐、拱顶罐、浮顶罐的液体质（重）量、密度、体积、液位等测量，可选用静压式储罐液位计，但高黏度液位测量不宜采用。而静压式液位计可用于深度为5～100m的水池、水井、水库的液位连续测量。同时，测量方法也在发展中，新的物位测量仪表层出不穷。一定要认真把握住选型要点，选准、选好。在实际生产中，涉及物位测量的场合很多，其中测量条件的好坏对仪表的测量准确度有很大影响。

在各种物位检测方法中，有的方法仅适用于液位检测，有的方法既可用于液位检测，也可用于料位检测。在液位检测中，静压式和浮力式仪表是最常用的，如就地液位指示可根据被测介质的温度、压力选用玻璃板液位计或磁性浮子液位计。它们具有结构简单、工作可靠、精度较高等优点，但不适用于高黏度介质或易燃、易爆等危险性较大的介质的液位检测。液位和界面的测量宜选用差压式、浮筒式或浮子式液位仪表。如果仍不能满足要求，则可根据具体情况选用电容式、电阻式（电接触式）、声波式、静压式、雷达式、辐射式等物位仪表。电容式液位计的检测原理和敏感元件比较简单，但是其电容量及其随物位的变化量较小，对电子线路要求较高，且易受介质介电常数变化的影响。超声波物位计使用范围广，如果不同相的界面两边的声阻抗不同，则液位、粉末、块状的物位均可测量，敏感元件不与被测介质直接接触；但探头本身不能承受过高的温度，并且有些介质对声波吸收能力很强。各种仪表的特性见表 4-1。

表 4-1　各种物位仪表的特性

仪表名称		测量范围/m	主要应用场合	说　明
直读式	玻璃管	<2	主要用于直接指示密闭及开口容器内的液位	就地指示
	玻璃板	<6.5		
浮力式	浮球式	<10	用于开口或承压容器内液位的连续测量	可直接指示液位，也可输出 4～20mA 直流信号
	浮筒式	<6	用于液位和相界面的连续测量，在高温高压条件下工业生产过程的液位、界位测量和限位、越位报警、联锁	
	磁翻板	0.2～15	适用于各种储罐的液位指示报警，特别用于危险介质的液位测量	有显眼醒目的现场指示，远传装置输出 4～20mA 直流标准信号及报警器多功能一体可与 DDZ-Ⅲ 型组合仪表及计算机配套使用
	磁浮子	1.5～60	用于常压或承压容器内液位、界位的测量，特别适用于大型储槽、球罐、腐蚀性介质的测量	
静压式	压力式	0～0.4, 0.4～200	可测量较黏稠、有气雾、结露等的液体液位	压力式液位计主要用于开口容器内液位的测量，差压主要用于密闭容器的测量
	压差式	20	可用于各种液体液位的测量	
电磁式	电容式	10	用于各种储槽、容器液位、粉料物位的连续测量及控制、报警	不适合测量高黏度液体
	电导式	<20	适用于一切导电液体的液位测量	
其他形式	超声波	液体 10～34 固体 5～60 盲区 0.3～1	被测介质可以是腐蚀性液体或粉状的固体物料的非接触式测量	测量结果受温度影响
	辐射式	0～2	适宜各种料仓、容器内高温、高压、强腐蚀、剧毒的固体、液态介质的料位、液位的非接触式连续测量	放射线对人体有害
	微波式	0～35	适于罐体和反应器内具有高温、高压、波动、惰性、气体覆盖层及尘雾或蒸汽的液体、浆状、糊状或块状固体的测量，在各种恶劣条件和易燃、危险场合下也能稳定工作	安装于容器的外壁
	雷达式	2～20	应用于工业生产过程中各种敞口或承压容器内的液位的测量和控制	测量结果不受温度和压力的影响
	激光式		不透明的液体、粉末的非接触式测量	测量不受高温、真空和压力、蒸汽的影响

　　物位仪表选型应从实用和经济两方面考虑。根据被测介质的物理性能（温度、压力、黏度、颗粒、粉尘）、化学性能（易燃、易爆、易腐蚀）和具体的工作条件（敞口、密闭、振动）及应用要求、测量参数（计量、控制、检测，及液位、料位、界位）等选择。

　　（1）按应用要求选择

　　① 按测量项目选择

　　a. 测量液位的仪表有：玻璃管（板）式、浮力式（浮子、浮筒、浮球）、静压式（压力、差压）、电磁式（电容、电阻、电感、磁致伸缩、磁性）、超声波式、核辐射式、激光式、矩阵涡流式等。

　　b. 测量料位的仪表有：重锤探测式、音叉式、超声波式、激光式、核辐射式等。

　　c. 测量界面的仪表有：浮力式、差压式、超声波式等。

　　② 按准确度、工作条件、测量范围选择

　　a. 按准确度要求选择　对物位计量的准确度要求较高时，多采用高准确度物位仪表，如雷达液位计、矩阵涡流液位计、磁致伸缩液位计等。

　　b. 按工作条件选择　条件恶劣推荐采用核辐射式；条件较差时可选用电容式、矩阵涡流式、射频导纳式；一般条件下则可选用普通型物位计

　　c. 按测量范围选择　2m 以下，高温（450℃ 以下）黏性介质，一般及界面可选外浮筒式或差压式；2m 以上，一般介质可选用差压式、雷达式、矩阵涡流式、磁性液位计；特殊介质则需选用法兰差压式、核辐射式。

　　（2）根据仪表类型选择

　　① 玻璃板液位计　可用于就地液位指示，对于温度低于 80℃、压力小于 0.4MPa、不易燃、无爆炸危险和无毒的洁净介质，需加护罩，但测量深色、黏稠并与管壁有沾染作用的介质时不宜使用。双色玻璃板液位计的结构简单，维护方便，示值连续，维护工作量较少。但测量精度较低，是汽包液位就地液位指示的首选。当测量黏度高于 600mPa·s 的介质时，不宜采用。

　　② 磁性浮子液位计　适用于就地液位界面指示，它主要应用于工作压力不宜大于 10 MPa、介质温度不大于 250℃、介质密度在 400～2000kg/m³、介质密度差大于 150kg/m³ 的场合。浮子（球）式液位计用于液位变化范围大或含有颗粒杂质的液体以及负压系统，如各类储槽液位的连续测量和容积计量；两种液体的密度变化不大，且比密度差大于 0.2 的界面测量等。但是对于脏污液体，以及在环境温度下易结晶、结冻的液体，不宜采用浮子（球）式液位计。

　　③ 浮筒式液位计　其结构简单，现场维护量小，适用于密度、操作压力范围比较宽、液面波动较小、密度稳定、洁净介质的液面和界面测量，如一般介质的液位界面测量以及真空、负压或易气化的液体的液位测量。但其测量范围有限，一般为 300～2000mm，对高温、高黏介质，密度变化较大不宜采用。对于密度变化较大、易于汽化的介质的场合，不宜选用浮筒式液位计。

　　④ 差压式液位计　是通用型的液位（界面）测量仪表，测量范围较大，适用于密度稳定、洁净介质的液面和界面测量，对有腐蚀、黏稠介质可采用法兰式（带毛细管）差压变送器来测量。用于液位（界面）测量或者腐蚀性液体、黏稠性液体、熔融性液体、沉淀性液体等，亦可采取灌隔离液、吹气或冲液等措施。但是现场维护量大，测液位的差压变送器应带有迁移机构，不适用于正常工况下液体密度发生明显变化的介质的液位测量。

　　⑤ 电容式液位计或射频式液位计　用于腐蚀性液体、沉淀性流体以及其他工艺介质的液位连续测量和位式测量。但对于是易黏附电极的导电液体则不宜。这两种液位计易受电磁干扰的影响，使用时应采取抗电磁干扰措施。

　　⑥ 超声波式液位计　用于普通液位计难于测量的腐蚀性、高黏性、易燃性、易挥发性及有毒性液体的液位、液-液分界面、固-液分界面的连续测量和位式测量，以及能充分反射声波且传播声波的介质测量，但不宜用于液位波动大的场合和易挥发、含气泡、含悬浮物的

液体和含固体颗粒物的液体以及真空场合，对于内部存在影响声波传播的障碍物的工艺设备则不适宜；如果被测液体温度、成分变化较显著时，应对声波传播速度的变化进行补偿，以提高测量精度。

⑦ 辐射式液位计　用于高温、高压、高黏度、易结晶、易结焦、强腐蚀、易爆炸、有毒性或低温等液位的非接触式连续测量或位式测量。但测量仪表应有衰变补偿，以避免由于辐射源衰变而引起的测量误差，提高运行的稳定性。

⑧ 雷达液位计　可用于真空设备的测量，适用于恶劣的操作条件，几乎不受介质蒸汽和粉尘的影响。在有杂散反射波的情况下，可采用杂波分析处理系统来识别和处理杂散、虚假反射波，以获得正确的测量信息。测量范围较大，测量精度高。但对安装要求较高，要求避开容器内支架、入口物料等对测量有影响的假信号。

（3）对仪表量程及测量介质、环境的考虑

料位测量仪表应根据被测物料的工作条件、粒度、安息角、导电性、腐蚀性、料仓的结构形式，以及测量要求进行选择。仪表的量程应根据测量对象实际需要显示的范围或实际变化的范围确定。除计量用的物位表外，应使正常物位处于仪表量程的 50% 左右。

用于爆炸危险场所的电子式物位仪表，应根据仪表安装场所的爆炸危险类别及被测介质，选合适的防爆结构形式。用于腐蚀性气体或有害粉尘等场所的电子式物位仪表，应根据使用现场环境，选择合适的防护形式。颗粒状和粉粒状物料（如煤、聚合物粒、肥料、沙子等）或块状固体物料的料位连续测量和位式测量，宜选用电容式料位计（开关）或射频式料位计（开关），但应注意检测器的安装使用，应采取抗电磁干扰的措施。粉粒、微粉粒状物料位的连续测量和位式测量可选用超声波式料位计（开关），但有粉尘弥漫的料仓、料斗以及表面有很大波状的料位测量，反射式超声波料位计（开关）不适用。对于高温、低温、高压、黏附性大、易结晶、易结焦、腐蚀性强、毒性大、易燃、易爆以及块状、颗粒状、粉粒状物料的料位连续测量和位式测量，如果无其他料位计可供选用时，则选用辐射式料位计（开关）。料位高度大、变化范围宽的大型料仓、散装仓库以及附着性不大的粉粒状物料储罐的料位测量，可选用重锤式料位计（开关）；无振动或振动小的料仓、料斗内的粒状物粒的料位报警，宜选用音叉式料位开关。

（4）物位变送器的有关问题

物位测量过程与压力、流量测量有所不同，这类仪表在量程、精度以及型号方面没有系列化，往往是根据容器、储罐或设备的大小和形式具体调整。另外，如果测量点与监控地点相距较远，在信号传输方面也要考虑到信号的衰减问题。

① 物位计的量程　就物位计本身的量程而言，它们一般都是很宽的。但一旦安装在某个特定的设备或容器上后，其量程就受到限制，且被确定。为了使变送器能够适应不同的量程范围，一般对不同的工作能源（气动、电动Ⅱ型或电动Ⅲ型）分别设计成的信号的相对大小形式，即对于气动型仪表，其起点信号 20kPa（代表测量值为 0 物位），最大信号 100kPa（代表测量值为满量程的最大物位），对于电动Ⅱ型仪表，其起点信号 0mA（直流，代表测量值为 0 物位），最大信号 10mA（直流，代表测量值为满量程的最大物位）；或电动Ⅲ型仪表，其起点信号 4mA（直流，代表测量值为 0 物位），最大信号 4～20mA（直流，代表测量值为满量程的最大物位）。对于任意时刻的测量值，其信号大小也是相对于其量程范围内的一个相对值。因此，在现场一次仪表上所显示的测量值不是具体的物位值，而是一个相对百分值。这样一来，同一个变送器，可以适应不同大小（高低）的设备或容器。在中控室的显

示仪表上则可以显示成实际的高度值。

② 避免信号的衰减　尽管测量值的信号很小，且在选择传输信号线缆时会尽量选择阻抗很低的导线，但只要有电流流过，信号的衰减是无法消除的。为了保证监测值的准确，在设计监测系统时（不仅对于物位，对于压力、流量以及温度参数也一样），尽可能采用平衡电桥原理，在中控室的显示和控制环节设计一个平衡电桥，跟踪产生一个等值而反向的电势与检测值信号相抗衡，从而保持在信号传输导线上没有电流流过，达到避免信号衰减的目的。中控室的显示和控制环节则是以抗衡电势的大小进行显示和控制。

4.3.2　物位仪表的安装

（1）差压式液位计的安装　在压力监测一章中曾介绍过压力表的安装。利用静压原理测量液位的实质就是压力或差压的测量，因此，压力式或差压式液位计的安装规则基本上与压力表或差压计的要求相同。

① 差压引压导管的安装　取压口至差压计之间必须由引压导管连接，才能把被测压力正确地传递到差压计的正、负测量室。引压导管的安装也要引起高度重视。

a. 引压导管应按最短距离敷设，它的总长度应不大于 50m。导压管内径的选择与导压管长度有关，管线的弯曲处应该是均匀的圆角，拐弯曲率的半径不小于管外径的 10 倍。

b. 引压导管的管路应保持垂直或与水平之间成不小于 1：10 的倾斜度，并加装气体、凝液、微粒的收集器和沉淀器等，并定期进行排除。

c. 引压导管应既不受外界热源的影响，又应注意保温、防冻，全部引压管路应保证密封，而无渗漏现象。

d. 对有腐蚀作用的介质，为了防腐应加装充有中性隔离液的隔离罐；测量气液相界位时，则应加装冷凝罐。

e. 引压管路中应装有必要的切断、冲洗、排污等所需的阀门，安装前必须将管线清理干净。

② 差压计的安装　差压计的安装主要是安装地点周围条件（例如温度、湿度、腐蚀性气体、振动环境等）的选择。如果现场安装的周围条件与差压计使用时规定中的要求有明显差别时，应采取相应的预防措施，否则应改换安装地点。

（2）雷达液位计的安装

① 定位　雷达液位计的天线不可安装在进出料口的上方和储罐顶的中心位置，应安装在与罐内壁有一定距离的位置，即安装天线的垂直方向与罐内壁的距离大于罐直径的 1/6，且天线距离罐壁应大于 30cm。露天安装时要设置不锈钢保护盖，以防直接的日晒或雨淋。

② 安装

a. 信号波束内应避免安装任何装置，如限位开关、温度传感器等。

b. 喇叭天线必须伸出安装短管，否则应使用天线延长管；离罐壁为罐直径的 1/6 处，最小距离为 200mm。若天线需要倾斜或垂直于罐壁安装，可使用 45° 或 90° 的延伸管。如果不能保持仪表与罐壁的距离，罐壁上黏附的介质会造成虚假回波，在调试仪表的时候应进行虚假回波的存储。

c. 测量范围取决于天线尺寸、介质反射率、安装位置及干扰反射，因此，雷达物位计不能安装在加料口的上方，也不能安装在储罐水平面的中心位置。如果安装在罐中央，会产生多重虚假回波，干扰回波会导致信号丢失。还应注意，天线探头下有一定范围的盲区，一般为 0.3～0.5m。

（3）超声波液位计的安装

安装超声波液位计时必须注意，超声波的行进方向应垂直于被测物表面，避免用于测量泡沫性质物体，避免与测量物体表面小于盲区距离（每台产品会有一个标准，随产品得知），一般在确定超声波液位计的量程时，必须留出 50cm 的裕量，也即变送器探头必须高出最高液位 50cm 左右，这样才能保证对液位的准确监测及保证超声波液位计的安全。在实际使用中，因为安装时考虑不周，液位计被水淹没，致使液位计完全损坏的情况时有发生。还应考虑使超声波束避开阻挡物质，不与罐口和容器壁相遇，检测大块固体物时应调整探头方位，以减少测量误差。使用超声波液位计的适宜环境温度为 $-10 \sim 60℃$。

4.3.3　物位仪表的使用与检定

在化工生产过程中，被测物位很少有静止不动的情况，因此会影响测量的准确性。对于不同介质，各种影响物位测量的因素各有不同，这些影响因素表现在如下方面。

（1）物位测量的特点

① 液位测量的特点

a. 稳定的液面是一个规则的表面，但是当物料有流进流出时，会有波浪使液面波动。在生产过程中还可能出现沸腾或起泡沫的现象，使液面变得模糊。

b. 大型容器中常会有各处液体的温度、密度和黏度等物理量不均匀的现象。

c. 容器中液体呈高温、高压或高黏度，或含有大量杂质、悬浮物等。

② 料位测量的特点

a. 料面不规则，存在自然堆积的角度。

b. 物料排出后存在滞留区。

c. 物料间的空隙不稳定，会影响对容器中实际储料量的计算。

③ 界位测量的特点　　界位测量的特点则是在界面处可能存在浑浊段。

鉴于存在以上问题，在使用物位计时应予以考虑，并采用相应的措施。

（2）使用差压液位计的注意事项

① 当差压计与取压点和取压点与液位零点不在同一水平位置时，应对其因位置高度差而引起的固定压力进行修正，即进行零点迁移。

② 使用法兰式差压变送器测量黏稠、腐蚀性或易结晶的介质液位时，变送器与设备通过法兰相连，法兰式测量头中的敏感元件通过硅油传递压力，毛细管的直径较小（一般内径为 $0.7 \sim 1.8mm$），毛细管外部应套装可挠的金属蛇皮保护管，由此可以省去引压导管，避免导压管的腐蚀和阻塞问题。一般单根毛细管长度在 $5 \sim 11m$ 之间，安装也比较方便。

（3）雷达液位计的使用

雷达液位计可监测固体和液体介质，适用于各种复杂测量，如小介电常数介质、腐蚀性工况、粉煤灰等介质，以及挥发腐蚀性液体介质。同时在具有一定温度、压力条件下的物位测量。

① 由于雷达液位计发射的微波呈直线传播，在液面处产生反射和折射时，微波的反射信号强度会被衰减，当相对介电常数小到一定值时，会使微波有效信号衰减过大，导致雷达式液位计无法正常工作。为避免上述情况的发生，被测介质的相对介电常数必须大于产品所要求的最小值，否则需要用导波管。

② 雷达液位计发射的微波传播速度取决于传播媒介的相对介电常数和磁导率，所以微波的传播速度不受温度变化的影响。但对高温介质进行测量时，需要对雷达液位计的传感器

和天线部分采取冷却措施，以便保证传感器在允许的温度范围内正常工作；或使雷达天线的喇叭口与最高液面间留有一定的安全距离，以免高温介质对天线的影响。同时，雷达液位计可以在真空或受压状态下正常工作，但是当容器内压力高到一定程度时，压力对雷达测量将带来误差。

③ 使用导波管和导波天线，主要是为了消除有可能因容器的形状而导致多重回波所产生的干扰影响，或是在测量相对介电常数较小的介质液面时，用来提高反射回波能量，以确保监测的准确度。当测量浮顶罐和球罐的液位时，一般要使用导波管，当介质的相对介电常数小于制造厂要求的最小值时，也需要采用导波管。

④ 易挥发性气体和惰性气体对雷达液面计的测量均没有影响。但液体介质的相对介电常数、液体的湍流状态、气泡大小等特性对微波信号的衰减作用应引起足够的重视。当介质的相对介电常数小到一定值时，雷达波的有效反射信号衰减过大，可能导致液位计无法正常工作。

(4) 物位计的检定

下面以 DDZ-Ⅱ型系列电动单元组合仪表中 DBT 型浮筒液位仪表的检定为例加以说明。

① 检定条件

a. 标准器及设备　检定装置的误差限应小于等于被检仪表误差限的 1/3；稳定度小于 1/5～1/10；分辨率小于 1/10～1/20。

b. 检定环境与工作条件　周围空气温度为 15～35℃，周围空气相对湿度不应超过 85%；供电电源的波动量不得超过 ±2.5V；输出负载电阻为 15kΩ；输入信号应平稳均匀变化；接通电源后应稳定 15min 后方能检定；每项检定过程中不允许调零，各项检定之间可调零，检定前零误差不得超过允许基本误差的 1/2。

② 外观检查　用目测观察浮筒液位变送器的外壳及零部件的表面覆盖层不得有严重的剥落及伤痕等缺陷；面板及铭牌均应清晰光洁；紧固件不得有松动及影响仪表准确度的损伤等现象；可动部分应灵活可靠。

③ 绝缘电阻检定　用 500V 兆欧表测试，当环境温度为 10～35℃，相对湿度不超过 55% 时，浮筒液位仪表的绝缘电阻应符合下列规定：输出端子对机壳不小于 20MΩ；电源端子对机壳不小于 50MΩ；电源端子对输出端子不小于 50MΩ。

④ 基本误差测定　将测量范围不少于 4 等份（或接近于 4 等份）划分作为输入信号的检测点，加入对应输入值（允许用挂砝码的方法），依次读取正行程各点的输出值，当达到最大输入值时，保持 1min，然后逐步减至最小值，并依次读取反行程各点的输出值。

取测量误差中的最大误差值为传送器的基本误差，其值应符合国家标准中有关仪表检定的相关规定。

⑤ 浮筒液位变送器的校验　校验浮筒液位计的方法有干校法和水校法两种。一般在现场采用水校方法，如果被测液体不是水可以经过换算用水代校。

a. 干校法　此种方法校验方便、准确，不需要繁杂的操作，通常在实验室或检修时采用此法。具体方法是用砝码来代替浮筒在液体中的重量，将浮筒取下后，挂上与各校验点对应质量的砝码进行校验，该砝码所产生的重力应等于浮筒的重力（包括挂链或挂杆的重力）与液面在校验点时浮筒所受的浮力之差。

b. 水校法　如果浮筒液位计用来测水液位，则可直接用水进行校验，此校验法又称为湿校法。如果被测介质不是水，也可通过换算用水代校。这种校验方法主要用于已安装在现场、不易拆开的外浮筒液位计的校验。校验时关闭浮筒室的上、下引压阀，将外浮筒与工艺设备之间隔断。打开浮筒室底部排污阀，排出浮筒室内被测介质。从排污阀处连接一段玻璃管或透明塑料管，从透明管内向测量筒中灌水，并由此确定灌水高度，这样就可以进行校验了。

思考与练习题

1. 试论述变浮力法测量液位的基本原理。

2. 利用差压液位计测量液位时，为何要进行零点迁移？如何实现迁移？

3. 浮筒式液位计的校验方法有哪几种？各用在什么场合？

4. 简述电容式液位计的工作原理及应用场合。

5. 采用电容法测量导电介质液体的液位时，其电容器是如何构成的？测量非导电介质液位时呢？

6. 雷达式液位计根据其测量时间的方式不同可分为哪两种？各自有什么特点？

7. 超声波液位计的工作原理是什么？有何特点？

8. 在应用超声波测量液位时，采用什么措施来消除密度对测量的影响？

9. 试简述辐射式物位计的工作原理和特点。

10. 用吹气法测量稀硫酸储罐的液位，已知稀硫酸密度 $\rho = 1250 kg/m^3$。当压力表的指示为 $P = 60 kPa$ 时，问储罐中液位高度是多少？

11. 用差压变送器测量某敞口容器液位（图 4-28）。已知被测介质密度 $\rho = 980 kg/m^3$，液位高度范围为 $h = 0 \sim 2m$，静液柱高度 $H_0 = 1m$。

(1) 差压变送器的零点出现正迁移还是负迁移？迁移量是多少？

(2) 确定变送器量程及零点迁移后的仪表的测量范围。

12. 如图 4-29 所示，容器中的液位变化范围为 $0 \sim H$，要求用电动Ⅲ型差压变送器测量其液位的变化。已知：$P_0 = 0.5 MPa$、$H = 1000mm$、$h_1 = 100mm$、$h_2 = 300mm$、$h_3 = 1500mm$，$\rho_1 = 1200 kg/m^3$，$\rho_2 = 500 kg/m^3$。

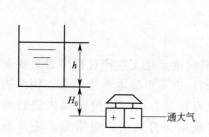
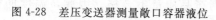
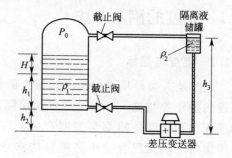

图 4-28 差压变送器测量敞口容器液位　　　图 4-29 电动Ⅲ型差压变送器测量容器的液位变化

求：(1) 差压变送器的量程 ΔP；(2) 差压变送器的迁移量；(3) 画出输入输出曲线；(4) 写明变送器的调整范围。

13. 采用差压变送器测量某一液位，液位变化范围 $0 \sim 6250mm\ H_2O$。如果差压变送器的输出信号是 $4 \sim 20mA$，那么当差压变送器输入的差压值为 50% 时，对应的液位是多少？变送器的输出电流是多大？

第5章 化工过程温度的监测

一般地说，表示物体或系统冷热程度的物理量称为温度。温度测量是建立在热平衡定律基础上的，即利用一个标准物体（温度计）与被测对象进行热交换，待两者建立热平衡后，根据标准物体的某些随温度而变化的物理性质来确定被测物体的温度。

为了对物体或系统的冷热程度进行标定，必须确定温标，这种温标就是使物体或系统冷热程度数值化的标尺，它规定了温度值读数的起点（零点）和比较冷热程度高低的基本单位。目前国际上使用较多的温标有摄氏温标、华氏温标、热力学温标和国际实用温标。

温度测量仪表的种类很多，主要分为接触式和非接触式两大类。接触式测量是指温度计的检出元件与被测对象良好地接触，通过传导、对流等换热过程达到热平衡，温度计的示值代表被测对象的温度；非接触式测量是指测温计的感应部分与被测对象互不接触，通过辐射换热达到热平衡，或者测量辐射能量的损耗量来计算被测对象的温度。

化工生产过程都是在一定温度范围内（一般为 $-200 \sim 1800 ℃$）进行的。为保证产品的质量、收率和生产安全，温度参数需要控制在合适的允许的变化范围内。化工生产中温度的监测大多数都采用接触式测量仪表，如双金属温度计、热电偶、热电阻等，它具有简单、可靠、廉价、测量准确度高的特点，能够测量到体系的平衡温度。对于温度参数的控制是将测温仪表的输出信号传送给调节仪表或集散控制系统（DCS）实现温度的自动控制，其中，一体化的温度变送器、智能温度变送器应用比较普遍。

5.1 温度的测量方法

5.1.1 温度与温标

温度是人类最早进行检测和研究的物理量，同时也是化工生产过程中最重要而又最普遍的操作参数之一。温度单位是国际单位制（SI）中7个基本单位之一，物体的许多物理现象和化学性质都与温度有关，许多生产过程都是在一定温度范围内进行的。例如精馏塔是利用混合物中各组分的沸点不同来实现组分分离的，对塔釜、塔顶温度必须按工艺要求分别控制在一定数值范围内，否则产品质量不合格。因此，温度的检测是人们经常遇到的问题。

（1）温度的概念

前已述及，温度是表征物体或系统冷热程度的物理量。从微观来说，温度反映了系统内分子做无规则热运动平均动能的大小。因为系统内的分子处于不断运动的状态，在热力学温标里，热力学零度就是分子处于静止状态下的温度。物质分子的平均动能越大，其温度越高；分子的平均动能越小，其温度也就越低；也就是说，一个系统所具有的平均动能的多少，决定了它的温度高低。

温度定义本身并没有提供判断温度高低的数值标准。虽然人们有时可以通过自身的感觉用烫、热、温、凉、冷、冰冷等词语来形容冷热的程度，但是只凭主观感觉程度来判断温度的方法既不科学，也无法定量，而且容易出现差错。例如，常有人未加思索地认为处于同一环境的铁块和棉布的温度不一样，实际上，铁块和棉布的温度是完全相同的，仅仅是由于铁比棉布传热快，所以造成了这种错觉。因此，物体的温度通常是用专门的仪器进行测量的。

温度不能直接加以测量，只能借助于冷热不同的物体之间的热交换，以及物体的某些物理性质随冷热程度不同而变化的特性来进行间接测量。任意两个冷热程度不同的物体相接触，必然要发生热交换现象，热量将由温度高的物体传递给温度低的物体，直到两物体的冷热程度完全一致，即系统达到热平衡状态为止。利用这一原理，可以选择某一物体与被测物体相接触进行热交换，当系统达到热平衡状态时，可以通过测量物体的某一变化物理量（例如液体的体积、导体的电阻等），得出被测物体的温度数值；也可以利用热辐射原理或光学原理等来进行非接触测量。

（2）温标

用来度量物体温度高低的标尺称为温度标尺，简称"温标"，是一种用数值来表示温度的方法。它规定了温度的读数起点（零点）和测量温度的基本单位。各种温度的刻度数值都是按照某种温标来确定的。温标的种类很多，目前国际上用得较多的温标有摄氏温标、华氏温标、热力学温标和国际实用温标。

① 摄氏温标　摄氏温标是 18 世纪瑞典天文学家安德斯·摄尔修斯（Anders Celsius，1701—1744）于 1742 年提出来的。他根据液体（水银）受热后其体积会发生膨胀的性质规定，在标准大气压下纯水的冰点为 0℃，沸点为 100℃，把 0～100℃之间平均分成 100 等份，每一等份的间隔为 1℃。

② 华氏温标　华氏温标是德国物理学家丹尼尔·家百列·华伦海特（Daniel Gabriel Fahrenheit，1686—1736）在 1714 年提出，也是根据液体（水银）受热后体积膨胀的性质建立起来的。华氏温标规定，在标准大气压下，纯水的冰融点为 32℉，水沸点为 212℉，中间平均分成 180 等份，每一等份为 1℉。

③ 热力学温标　为了结束温标上的混乱局面，爱尔兰第一代开尔文男爵威廉姆·汤姆逊（William Thomson）这位热力学第二定律的创始人创立了一种不依赖任何测温质（当然也不依赖任何测温质的任何物理性质）的绝对真实的温标，也称开氏温标或热力学温标，它是根据卡诺循环定义的，以卡诺循环的热量作为测定温度的工具（即热量起着测温质的作用）；并规定分子运动停止时的温度为绝对零度，温标单位的大小以 1mol 纯水处于三相点时的热量定义为热力学温度的 1/273.16，因此它又称为绝对温标。1927 年，第七届国际计量大会将热力学温标作为最基本的温标。符号是 K，但不加"°"

④ 国际实用温标　国际实用温标是一个协议性温标，它与热力学温标相接近，而且复现精度高，使用方便。它的单位也叫摄氏度，其大小与热力学温标的开尔文相等，以与273.15K（冰点）的差值来表示温度 D 的相对高低。

自 1927 年建立国际实用温标起，温标的复现不断发展，约每 20 年就对温标做一次较大的修改或更新。根据第 18 届国际计量大会（CGPM）的决议，自 1990 年 1 月 1 日起在全世界范围内实行"1990 年国际温标（ITS-1990）"，以此代替多年使用的"1968 年国际实用温标（IPTS-1968）"和"1976 年 0.5～30K 暂行温标（EPT-1976）"。我国于 1994 年 1 月 1 日起全面实施 1990 年国际温标。

⑤ 温度的单位换算及标准传递　采用不同温标所确定的同一温度的数值大小是不同的，华氏度的间隔比摄氏度小。它们之间的换算关系见表 5-1。

表 5-1 四种常用温标的比较

温 标 名 称	冰的融点	水的沸点	单位换算关系
华氏温标	32℉	212℉	$T(℉)=1.8t(℃)+32$
摄氏温标	0℃	100℃	$t(℃)=(T(℉)-32)/1.8$
热力学温标	(凯氏温标)规定分子停止运动时为绝对零度,不实用		
国际实用温标	273.16K	373.16K	$T(K)=t(℃)+273.16$

利用上述两种温标测得的温度数值,与所采用的选择物体的物理性质(如水银的纯度)及玻璃管材料等因素有关,因此不能严格保证世界各国所采用的基本测温单位完全一致。

根据国际温标的规定,各国都要相应地建立起自己国家的温度标准。为保证这个标准的准确可靠,还要进行国际对比。通过这些方法建立起的温度标准,就可以作为本国温度测量的最高依据——国家标准。我国的国家标准保存在中国计量科学研究院,而各地区、省、市计量局保存次级标准,以保证全国各地区间标准的统一。

5.1.2 热膨胀原理测温

应用热膨胀原理监测温度实际上是利用液体、气体或固体热胀冷缩的性质,即测温元件在受热后尺寸或体积发生变化,继而根据其尺寸或体积的变化量测得温度的变化量。它又可分为依据测温元件本身受热膨胀后的体积或尺寸变化和对测量密闭容器中液体或气体受热后压力变化来测量两类。通常把前者称为膨胀式测温方法,由此制成的温度计称为膨胀式温度计;后者称为压力式测温方法,由此种方法制成的温度计称为压力式温度计。

(1)应用液体膨胀原理测量温度

液体膨胀式温度计应用比较普遍,在炼油厂、化工厂常用的水银玻璃温度计、有机液玻璃温度计和电接点水银温度计。水银温度计和有机液温度计一般用于取数据的场合。在工艺过程操作压力较高,有易燃、易爆的危险性时,一般选用温度计套管而不选用带金属保护管的温度计。电接点水银温度计适用于温度位式控制及报警,特别是恒温控制,不适宜要求防爆的场所,接点容量小,使用寿命短。

玻璃管液体温度计是利用液体受热后体积随温度升高而膨胀的原理测量温度的,是日常生活、工农业和各种科技研究领域应用最广泛的一种温度计,其结构简单、使用方便、准确度高、价格低廉。

玻璃管液体温度计主要由玻璃温包、毛细管、工作液体和刻度标尺等组成。玻璃温包和毛细管连通,内充工作液体。当玻璃温包插入被测液体中时,由于被测介质温度的变化,使温包中的液体膨胀或收缩,因而沿毛细管上升或下降,由刻度标尺显示出温度的数值。

工作液的体积膨胀系数越大,温度计的灵敏度越高。玻璃液体温度计一般采用水银或酒精作为工作液,其中水银与其他液体相比有许多优点,如不黏附玻璃、不易氧化、测量温度高、容易提纯、线性好。

(2)应用固体膨胀原理测量温度

基于固体受热体积膨胀的性质制成的温度计称为固体膨胀式温度计。工业中使用最多的是双金属温度计。双金属温度计的感温元件是用两片线膨胀系数不同的金属片 A 和 B 叠焊在一起制成的,如图 5-1 所示。

双金属片受热后由于膨胀系数大的主动层 B 形变大,而膨胀系数小的被动层 A 形变小,主动层 B 向外产生的延伸力大于被动层 A 的向外产生的延伸力,造成双金属片向被动层 A 一侧弯曲,温度越高,弯曲的程度就越强。因此,根据双金属片的弯曲程度就可测得温度。

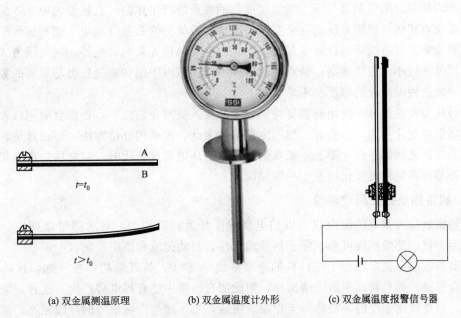

| (a) 双金属测温原理 | (b) 双金属温度计外形 | (c) 双金属温度报警信号器 |

图 5-1　双金属片测温及报警信号器

双金属温度计是由绕制成环形弯曲状的双金属片组成，可以直接测量各种生产过程中的－80～500℃范围内液体蒸气和气体介质温度。

（3）应用工作介质压力随温度变化的原理测量温度

在封闭系统中装有某种液体、气体或低沸点液体的饱和蒸气，当温度发生变化时，封闭系统中介质的体积就要发生变化，从而引起封闭系统中的压力发生变化，因此，可以根据封闭系统的压力来测量温度。根据所充灌的流体类型和容积比例的不同，又分为液体、气体和饱和蒸气三种压力温度计。

压力式温度计主要由温包（感温元件）、毛细管、弹簧管压力表等构成，如图 5-2 所示。温包放在被测温度场中，由毛细管把温包和弹簧管压力表连接起来，起传递压力的作用。毛细管是由铜或不锈钢冷拉而成的无缝圆管。由弹簧管压力表感知压力变化并指示温度的高低。

液体压力式温度计的感温液体常用水银，测温范围－30～500℃，上限可达650℃。若测量150℃以下和400℃以下的温度可分别用甲醇和二甲苯作感温液体。这种温度计的测量下限不能低于感温液体的凝固点，但上限却可以高于常压下的沸点，这是由于随温度升高，感温液体压力上升，使感温液体沸点升高的缘故。

应用气体压力测量温度的温度计常在封闭的系统中充以氮气，一般测量范围为－50～550℃，测温下限可达－120℃。由于气体膨胀系数比固体大得多，封闭系统的容积不变，在系统的压力发生变化时，其压力的变化与温度的变化成正比。

应用饱和蒸气压力测量温度是基于低沸点液体（氯甲烷、

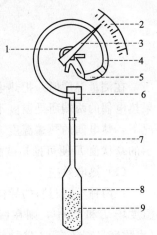

图 5-2　压力式温度计的结构
1—转动机构；2—刻度盘；
3—指针；4—弹簧管；
5—连杆；6—接头；7—毛细管；
8—温包；9—感温工作物质

氯乙烷和丙酮等）的饱和蒸气压力随温度变化的性质进行工作的。金属温包中 2/3 的容积用来盛放低沸点液体，密闭系统的其余空间充满这种液体的饱和蒸气。由于饱和蒸气压力只与气液分界面的温度有关，所以环境温度的变化对温度测量无影响，此外，蒸气压力式温度计温包的尺寸比较小，灵敏度高；缺点是测量范围小。但由于饱和蒸气压力与温度的关系是非线性的，故这种温度计的刻度是不均匀的。

各种压力式温度计在使用时都要将温包全部浸入被测介质之中，否则会引起较大测量误差。环境温度变化过大，也会对示值产生影响。为此，常采用补偿方法，即在弹簧管的自由端与仪表指针之间的连杆 5 附上一条双金属片，当环境温度变化时，双金属片产生相应的形变可以补偿因环境温度变化而发生的附加误差。

5.1.3 应用热电效应原理测温

以热电效应为基础的测温仪表以热电偶温度计为典型代表，它的测量范围广、结构简单、使用方便、测量准确可靠，便于信号的远传、自动记录和集中控制。

所谓热电偶，是取两根不同材料的金属导线 A 和 B，将其两端焊在一起，这样就组成一个闭合回路。如果将其中的一端加热，则此闭合回路中就有热电势产生，这种现象称为热电现象。感受被测温度的一端称为工作端或热端，另一端与传输信号的导线相连，称为冷端或自由端。热电偶回路及测温时的连接关系，如图 5-3 所示。

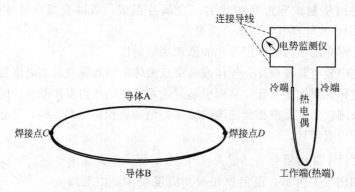

图 5-3 热电偶回路及测温时的连接关系

在测量温度时，把热电偶的热端插入被测的物料或体系中，冷端露于被测体系之外，如果热电偶的两端所处温度不同，则测温回路中会产生热电势 E。在冷端温度 t_0 保持不变的情况下，热电偶的热端温度 T 与电势监测仪测得的毫伏值成单值对应的关系，由显示仪表显示的毫伏值 E 便可推知被测温度的数值。

（1）热电效应

将两种不同材料的导体 A 和 B 连接在一起组成一个闭合回路，把两个端点置于不同的温度场 T 和 T_0 中，则在回路中就会产生一个电动势，人们把这种物理现象称为热电效应（也称塞贝克效应）。这种热电势由接触电势和温差电势两部分构成。

① 接触电势 不同材料的导体，其内部自由电子的密度不同。设有两种不同材料的导体 A 和 B，A 导体的电子密度 N_A，B 导体的电子密度 N_B，$N_A > N_B$。当两种导体相接触时，自由电子就会在其接触面上形成扩散运动，即从导体 A 扩散到导体 B 的自由电子数比从导体 B 扩散到导体 A 的电子数多。由于导体 A 失去电子带正电，B 导体得到电子带负电，在导体 A、B 的接触面上形成从 A 到 B 方向的静电场。这个电场的存在又反过来阻碍电子

的扩散运动，直至达到动态平衡，此时接点处形成电势差 $e_{AB}(T)$ 或 $e_{AB}(T_0)$。这种接触电势的大小不仅与导体（材料）的电子密度差异有关，还与该接点处的温度高低有关。当相接触的两种材料确定后，其接触电势的大小就只取决于接点处温度的高低，接点处温度越高，接触电势越大。

② 温差电势　当一根导体的两端处于不同的温度时，该导体内也会产生温差电势。假设导体两端温度分别为 T 和 T_0。由于温度的不同，高温端的电子具有的能量高于低温端的电子，高温端的电子就要产生向低温端的运动（迁移），从数量来讲，高温端向低温端运动的电子数比低温端向高温端运动的电子数多，于是在高、低温两端之间形成静电场。这个电场又阻碍电子从高温端向低温端运动，最后达到动态平衡。这样就在导体的两端形成温差电势 $e_A(T, T_0)$，如图 5-4(b) 所示。温差电势的大小不仅与导体材料自身的性质

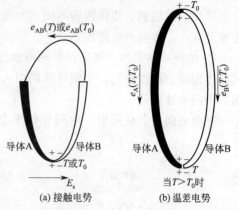

(a) 接触电势　　(b) 温差电势

图 5-4　接触电势和温差电势

（汤姆逊系数）有关，而且还与两端温度的差值有关。当材料一定时，两端温度差越大，温差电势越大，而且这种温差电势的大小与导体中段的温度分布无关。

③ 热电偶回路的总电势　对于由导体 A 和导体 B 组成的热电偶回路，两个导体的电子密度分别为 N_A 和 N_B，且 $N_A > N_B$，当两个接点温度分别为 T 和 T_0，且 $T > T_0$ 时，则热端

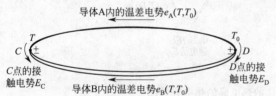

图 5-5　热电偶回路的总电势

接触点 C 和 D 处的温度：$T > T_0$

的接触电势 E_C 大于冷端的接触电势 E_D（A 侧为正极，B 侧为负极），如图 5-5 所示。

回路中总的热电势为：

$$E_{AB}(T,T_0) = E_C - e_B(T,T_0) - E_D + e_A(T,T_0) \qquad (5\text{-}1)$$

在热电偶回路中，两个接触电势方向相反，两个温差电势的方向也相反。由于温差电势比接触电势小得多，在数值上它们之间会部分抵消；处于温度高处的接触电势大于低温处的接触电势，故回路中总的热电势方向以热端处接触电势 E_C 为参考方向。

综合上述对影响接触电势和温差电势大小的因素分析，热电偶回路总的热电势与所用的热电极材料（即它们各自的电子密度 N_A、N_B）及两接点温度 T、T_0 有关。在热电偶电极材料确定以后，热电偶回路总的热电势 $E_{AB}(T, T_0)$ 仅取决于两端点温度的函数之差，即：

$$E_{AB}(T,T_0) = f(T) - f(T_0) \qquad (5\text{-}2)$$

进一步地，假如冷端温度 T_0 能够保持恒定不变，则总电势 $E_{AB}(T, T_0)$ 就成为热端温度 T 的单值函数，并且与热电偶的长短、材料的粗细无关。即：

$$E_{AB}(T,T_0) = f(T) + C \qquad (5\text{-}3)$$

这样一来，只要能够测出热电偶热电势的大小，就可以判断测温点温度的高低，这就是利用热电效应监测温度的原理。

（2）热电偶回路的基本定律

① 均质导体定律　由一种均质材料（导体或半导体）两端焊接组成闭合回路，无论导

体截面是怎样的，以及各段材料上的温度如何分布，都不会产生接触电势；即使在局部材料上存在温差电势，在回路上也将相互抵消，回路中的总热电势为0。

这一定律可以用式(5-1)在数学上得到证明：由于导体的材料相同，故 E_C、E_D 为0。又 $e_A(T, T_0) - e_A(T, T_0)$ 为0，所以回路中总的热电势 $E_{AB}(T, T_0) = 0$。

可见，热电偶必须由两种不同的均质导体或半导体构成。若热电极材料不均匀，由于温度梯度存在，将会产生附加热电势。

② 中间导体定律　如果在某热电偶回路中接入一段中间导体F（第三导体F），只要中间导体两端的温度相同，中间导体的引入对热电偶回路中总的热电势没有影响，这就是热电偶的中间导体定律。

在热电偶测温应用中，中间导体F的接入不外乎有如图5-6所示的（a）和（b）两种方式。

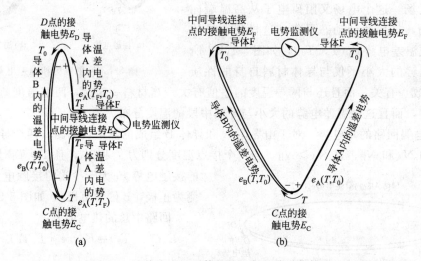

图 5-6　连接有中间导体的热电偶的热电势情况

如果中间导体F内的电子密度也居于导体A和导体B之间，即 $N_A > N_F > N_B$，中间导体的两端与热偶极接点处的温度相同，则上述两种情形下的热电偶回路的总电势为：

$$E_{ABF}(T, T_0) = E_C + e_B(T, T_0) - E_D - e_A(T_F, T_0) + E_F - E_F - e_A(T, T_F) \tag{5-4}$$

或者
$$E_{ABF}(T, T_0) = E_C + e_B(T, T_0) - E'_F - E_F - e_A(T, T_0) \tag{5-5}$$

在式(5-4)中，$E_F - E_F = 0$，$e_A(T, T_F) + e_A(T_F, T_0) = e_A(T, T_0)$；而在式(5-5)中，$E'_F + E_F = E_D(T_0)$。由此，式(5-4)和式(5-5)都与式(5-1)相同，即 $E_{AB} = E_{ABF}$。

在热电偶的实际测温应用中，常依据中间导体定律，采用热端焊接、冷端开路的形式，即冷端经连接导线与显示仪表连接构成测温系统，如图5-6(a)所示；采用图5-6(b)的连接方案将热电偶与另一补偿热电偶对接，以补偿热电偶与测温热电偶热电极材料相同，设法使补偿热电偶热端恒定为 t_0，就相当于把测温热电偶的冷端温度固定为 t_0。若 $t_0 = 0°C$，则测温仪表的示值可不必进行修正。

③ 中间温度定律　所谓中间温度定律，是指热电偶回路中的总热电势与其各个偶极各自的中间温度分布无关，即如果热电偶两接点的温度分别为 T、T_0，中间温度为 T_n 时所产生的热电势与其中间温度 T_n 无关，如图5-7所示。

$$E_{AB}(T, T_0) = E_C - e_B^1(T, T_n) - e_B^2(T_n, T_0) - E_D + e_A^2(T_n, T_0) + e_A^1(T, T_n) \tag{5-6}$$

式中：$e_B^1(T,T_n)+e_B^2(T_n,T_0)=e_B(T,T_0)$，$e_A^1(T,T_n)+e_A^2(T_n,T_0)=e_A(T,T_0)$

④ 两端等温度定律　如果某个热电偶的两个端接点的温度相同，即使组成热电偶的材料不同，其回路中的总热电势也为0。这就是热电偶的两端等温度定律。

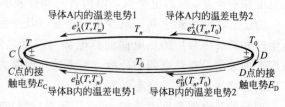

图 5-7　中间温度定律示意图

因为在热电偶回路中，如果两个端点温度相同，根据中间温度定律，则两端点间不存在温差电势；虽然组成热电偶的材料不同，接触点存在接触电势，但由于两个端点温度相同，则这两个接触电势大小相等，方向相反，彼此相互抵消。因此，回路中总的热电势为0。

⑤ 等值替代定律　如果使热电偶 AB 在某一温度范围内所产生的热电势等于热电偶 CD 在同一温度范围内所产生的热电势，即：

$$E_{AB}(t,t_0)=E_{CD}(t,t_0)$$

则这两支热电偶在该温度范围内可以相互代用。

（3）热电偶材料及分度表

① 对热电偶材料的要求　任何不同的导体或半导体构成回路均可产生热电效应，但并非所有导体或半导体都可用作热电极来组成热电偶，作为热电极的材料应满足如下基本要求。

a. 在测温范围内，材料的热电特性不能随时间而变化，即热电特性稳定。

b. 在测温条件下，电极材料要有足够的物理、化学稳定性，不易被氧化和腐蚀。

c. 在测量范围内，单位温度变化引起的热电势变化要足够大，使测温系统具有较高的灵敏度。

d. 热电偶材料的热电势与温度的关系要具有单调性，最好呈线性或近似线性关系，以保障仪表具有均匀刻度。

e. 材料热电势值的复现性好，便于批量生产和使用、维修时互换。

f. 材料的微观结构组织要均匀（即为匀质），机械性能好，易于加工成丝。

g. 材料的电阻温度系数要小，电阻率要低。

能够完全满足上述要求的材料是极少的。因此，在设计、生产和应用热电偶测温计时，应根据具体情况选用不同的热电极材料。广泛使用的制作热电极的材料有 40～50 种，国际电工委员会（IEC）对其中公认的、性能较好的热电极材料制定了统一标准。我国大部分热电偶是按（IEC）标准进行生产的。

② 常用的热电偶材料及其分度号　工业生产和科研中常用的热电偶材料有铂铑$_{10}$-铂热电偶（分度号记为 S）、铂铑$_{13}$-铂热电偶（分度号记为 R）、铂铑$_{30}$-铂铑$_6$热电偶（分度号记为 B）、镍铬-镍硅热电偶（分度号记为 K）、镍铬-铜镍合金（康铜）热电偶（分度号记为 E）、铁-铜镍合金（康铜）热电偶（分度号记为 J）、铜-铜镍合金（康铜）热电偶（分度号记为 T）、镍铬硅-镍硅热电偶（分度号记为 N）等几种。其中 S、R、B 属于贵金属热电偶，N、K、E、J、T 属于廉价金属热电偶。热电偶名称中短横线前后各代表组成热电偶的两种偶极材料成分，下标数字表示该组分的质量分数，%。

③ 热电偶分度表　由于热电偶的热电势 E_{AB} 与两个端点间的温度差之间并非线性关系，当冷端温度不为0℃时，不能利用已知热电偶回路的实际热电势 $E_{AB}(T,T_0)$ 直接查表求取

热端温度值，而是利用已知热电偶回路的实际热电势 $E_{AB}(T, T_0)$，再加上该型热电偶的冷端温度相对于 0℃时的电势值，以两者的和查表求取、确定热端的被测温度值。

为了方便使用热电偶，减少不同企业（及使用者）监测温度时的差异，国际上已把在工业生产和科研中常用的热电偶的热电势与温度之间的对应关系通常制成表（称为分度表）。分度表的编制是在热电偶的冷端（参考端）温度为 0℃时进行的。不同类型的热电偶，编制不同的分度表，参见本章后的附录 1。

现行的热电偶分度表是按 1990 国际温标制定的，利用分度表可查出 $E(t,0)$，即冷端温度为 0℃时，热端温度为 t 时的热电势。

参照各种常用热电偶的分度表（参考函数），可以得出如下结论。

a. $t=0$℃时，所有型号的热电偶的热电势均为零；当 $t<0$℃时，热电势为负值。

b. 不同型号的热电偶在相同温度下，热电势一般有较大的差异；在所有标准化热电偶中，B 型热电偶的热电势最小，E 型热电偶最大。

c. 如果把温度和热电势作成曲线，可以看到温度与电势之间的关系一般为非线性。因此，当自由端温度 $t_0 \neq 0$℃时，就不能用测得的电势 $E(t,t_0)$ 直接查分度表读取参考温度 t'，然后再加 t_0，而应该根据式(5-7)先求出 $E(t,0)$，然后再查分度表得到温度 t。

$$E(t,0)=E(t,t_0)+E(t_0,0) \tag{5-7}$$

【例 5-1】 S 型热电偶在工作时自由端温度 $t_0=30$℃，现测得热电偶的电势为 7.5mV，求被测介质的实际温度。

解：热电偶测得的电势为 $E(t,30)$，即 $E(t,30)=7.5$mV，其中 t 为被测介质温度。

在 S 型热电偶分度表上查得其 $E(30,0)=0.173$mV，则

$$E(t,0)=E(t,30)+E(30,0)=7.5+0.173=7.673(\text{mV})$$

再从 S 型热电偶分度表中查出与其对应的实际温度为 830℃。

5.1.4 应用热电阻测温

虽然热电偶是比较成熟的温度监测仪器，但如果被测温度偏低时，采用 S 型热电偶，由于其输出的热电势值较小，容易受到干扰的影响。这样，对配套仪表的功率放大和抗干扰性能要求就很高，且仪表的维修工作量也很大。另外，热电偶在低温区，由于热电势小，冷端温度变化引起的相对误差明显增大，也不容易得到完全补偿。因此，对于 500℃以下的温度测量受到一定限制。于是，出现了另一类型的热电性能测温仪器。

应用热电阻测量温度就是利用导体或半导体的电阻值会随温度的变化而变化的性质来测量的，用仪表测量出热电阻的阻值变化，换算得到对应的温度值。工业上常用热电阻来测量 $-200 \sim 600$℃之间的温度，在特殊情况下可测量极低或高达 1000℃的温度。热电阻温度传感器的特点是准确度高，在中、低温（500℃以下）测量时，输出信号比热电偶大得多，灵敏度高。由于其输出也是电信号，便于实现信号的远传和多点切换监测。

热电阻测温系统是由热电阻温度传感器、连接导线和显示仪表等组成，俗称热电阻温度计。热电阻温度传感器由电阻体、引出线、绝缘瓷管、保护管、接线盒等组成。电阻体是测量温度的敏感元件，有导体和半导体两类。

（1）热电阻测温原理

利用热电阻来测量温度，是将温度的变化转换为导体或半导体的阻值 R 的变化，在显示仪表内采用平衡电桥的方式把电阻信号的变化转换为电压变化的信号。

一般来说，大多数金属材料的电阻值随着温度的升高越来越大，与温度的关系可用下式

表示：

$$R_t = R_0(1 + at + bt^2 + ct^3 + \cdots) \tag{5-8}$$

式中，R_0 为 $t=0℃$ 时的电阻值；a、b、c 等为金属材料的热特性常系数；t 为摄氏温标温度。

当温度变化不是很急剧，对温度测量的精度要求不是太高，特别是对于某些呈线性热特性的金属材料，可将式(5-8)中的高次项忽略，式(5-8)即可简化为：

$$R_t = R_0[1 + a(t - t_0)]$$

也即：

$$\Delta R_t = R_t - R_0 = aR_0 \times \Delta t \tag{5-9}$$

由此可见，如果温度发生变化，将会引起金属导体电阻值发生变化。这样，只要设法及时监测到导体电阻值的变化值 ΔR_t，就可以监测到导体所在环境（或介质）的温度变化值 Δt。

（2）热电阻变化值的信号传送

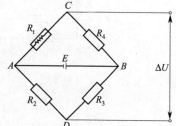

图 5-8　将热电阻变化值转化为
电压变化值的不平衡电桥

与第 2 章电气式压力计信号的传送原理相似，使用惠斯登电桥将热电阻值的变化转化成电压的变化值进行传送。其中的不平衡电桥工作原理如图 5-8 所示。

设计时，使热电阻 R_t 所处的温度为仪表的测量下限，即热电阻阻值 $R_t = R_{t,\min}$，这时惠斯登电桥处于平衡状态：$R_{t,\min} \times R_3 = R_2 \times R_4$

简单地，使：$R_{t,\min} = R_2$，$R_3 = R_4$，也有 $R_{t,\min} + R_4 = R_2 \times R_3$

此时桥路的不平衡电压（输出）$\Delta U = 0$，即：

$$\Delta U = \frac{R_{t,\min}}{R_{t,\min} + R_4} \times E - \frac{R_2}{R_2 + R_3} \times E = 0$$

当热电阻 R_t 所处位置的温度上升时，R_t 的阻值增加 ΔR_t，此时热电阻的阻值为 $R_t = R_{t,\min} + \Delta R_t$，这时原有的桥路平衡状态被打破，桥路的不平衡电压（输出）为：

$$\Delta U = \frac{R_t}{R_t + R_4} \times E - \frac{R_2}{R_2 + R_3} + E \tag{5-10}$$

将 $R_t = R_{t,\min} + \Delta R_t$ 代入式(5-10)中，并做相应的代数换算，可以得到：

$$\Delta U = \frac{R_4 \times \Delta R_t}{(R_{t,\min} + \Delta R_t + R_4)(R_{t,\min} + R_4)} \times E$$

又由于 $\Delta R_t \ll R_{t,\min} + R_4$，所以有：

$$\Delta U = \frac{R_4 \times \Delta R_t}{(R_{t,\min} + R_4)^2} \times E \tag{5-11}$$

由此可以看出，ΔU 与 ΔR_t 之间具有较好的线性关系，测得 ΔU 便可测得 ΔR_t 的变化，从而达到测量温度的目的。

注意，这里桥路的工作电压 E 由稳压电源保持稳定，否则将引起测量误差。同时当桥路上有电流流过时，连接导线和热电阻均会因为发热而产生附加的温度误差，在设计和使用中要求这种误差不超过 0.2%。通常当流过热电阻达到 6mA 电流时，因发热而产生的误差约为 0.1℃，因此一般选择流过热电阻的电流为 3mA。

（3）三线接线制

在热电阻测温的实际应用中，监测元件与显示、控制仪表是分设在现场和中控室里的。它们之间一般相距较远，需要使用连接导线将热电阻信号传输到中控室，连接导线的阻值

R_1 将随连接导线的长度和环境温度的变化而变化。如果按照一般用电器接入到电路中的两线制接法，这种引线方式简单、费用低，适用于引线不长，测温精度要求较低的场合。两线制把测温热电阻两端的连接导线作为惠斯登电桥的一个桥臂引入信号传输系统中，引线电阻以及引线电阻变化的影响就会全部集中在这个桥臂上，这样对温度测量值的影响（附加误差）就会很大。为了克服连接导线电阻随环境温度变化对测量的影响，工业上常采用三线制接法，将热电阻的连接导线分别连接到转换信号的惠斯登电桥相邻的桥臂上，如图 5-9 所示。

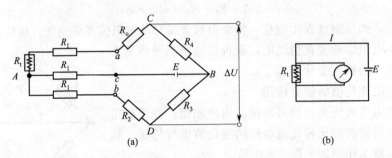

图 5-9 热电阻的三线制、四线制接线法

从热电阻接线盒处引出三根线，其中两根导线（电阻为 R_1）分别加在惠斯登电桥相邻的两个桥臂 AC 和 AD 上，另一根导线的电阻 R_1 加在工作电源的供电线路上。当热电阻所处的温度不变、连接导线电阻随环境温度变化了 ΔR_1 时，桥臂 AC 和 AD 上的电阻得到等量的变化，即都变化 ΔR_1，这样可以互相抵消一部分，从而减小因导线电阻变化对温度监测值的影响。由于两桥臂中的电流只有在惠斯登电桥平衡时才是相等的，也只有在这时才得到完全补偿，在其他情况下的补偿则是不完全的。当热电阻与电桥配套使用时，采用三线制连接方法后，工作电源的供电线路上也附加了同样大小的导线电阻 R_1，当环境温度在 $0\sim 50℃$ 内的通常自然条件下变化时，这种引线方式可以较好地消除引线电阻的影响，提高测量精度，温度测量的附加误差可控制在 0.5% 以内或更小，能够满足一般化学工业生产的监控要求。

在热电阻感温体的两端各连两根引线称为四线制。这种引线方式主要用于高精度温度检测。其中两根引线为热电阻提供恒流工作电源，在热电阻上产生的压降 $U=R_t I$。通过另两根引线引至电位差计进行测量。因此，它完全能消除引线电阻对测量的影响。

值得注意的是，无论是三线制或四线制，引线都必须从热电阻感温体的根部引出，不能从热电阻的接线端子上分出。

（4）热电阻材料及分度表

① 对热电阻材料的要求 电阻的热效应早已被人们所认识，即电阻体的阻值随温度的升高而增加或减小。从电阻随温度的变化原理来看，大部分的导体或半导体都有这种性质，但作为温度检测元件，这些材料应满足以下一些要求。

a. 要有尽可能大而稳定的电阻温度系数。电阻温度系数越大，热电阻灵敏度越高。一般材料的电阻温度系数并非常数，与 t 和 R 有关，并受杂质含量、电阻丝内应力的影响。热电阻材料通常使用纯金属，并经退火处理消除内应力影响。

b. 电阻率要大，以便在同样灵敏度下减小元件的尺寸。电阻率大，则同样阻值的电阻体体积可以小一些，从而使热容量小，测温响应快。

　　c. 电阻值随温度的变化要呈现单值函数关系，最好呈线性关系，以便刻度标尺分度和读数。

　　d. 在测温的量程范围内，其化学和物理性能稳定，且材料复现性好，价格尽可能便宜。

　　选择完全满足以上要求的热电阻材料是有困难的，目前广泛应用的金属热电阻材料为铂和铜。

　　② 常用热电阻　能用作温度检测元件的电阻体称为热电阻。根据上述要求，目前国际上最常见的热电阻有铂、铜及半导体热敏电阻等。

　　金属热电阻主要有铂电阻、铜电阻和镍电阻等，其中铂电阻和铜电阻最为常用，我国仪表行业制定了一整套标准的制作要求和分度表、计算公式。

　　金属热电阻阻值随温度的变化大小用电阻温度系数 α 来表示，其定义为：

$$\alpha = \frac{R_{100} - R_0}{100 R_0} \tag{5-12}$$

　　式中，R_0 和 R_{100} 分别为 0℃ 和 100℃ 时热电阻的电阻值。可见 R_{100}/R_0 越大，α 值也越大，说明温度升高使热电阻的电阻值增加越多。

　　金属材料的纯度对电阻温度系数影响很大，纯度越高，α 值越大。例如，作为基准测温计用的铂电阻，要求 $\alpha > 3.925 \times 10^{-3} \Omega/(\Omega \cdot ℃)$；一般工业上用的铂电阻则要求 $\alpha > 3.85 \times 10^{-3} \Omega/(\Omega \cdot ℃)$。另外，$\alpha$ 值还与制造工艺有关，因为在电阻丝的拉伸过程中，电阻丝的内应力会引起 α 的变化，所以电阻丝在做成热电阻之前，必须进行退火处理，以消除内应力。

　　③ 工业用热电阻的分度号　从材料科学以及物理学的角度，可以用某种定量、合理的方程来描述热电阻的电阻值与温度的关系，但是该方程比较复杂。

　　工业用铂电阻温度计的使用范围是 −200～850℃，在如此宽的温度范围内，很难用一个数学公式来准确描述其电阻与温度的关系，一般需要分成两个温度范围段分别表示，在 −200～0℃ 的温度范围内用：

$$R_t = R_0 [1 + At + Bt^2 + C(t-100)t^3]$$

　　在 0～850℃ 的温度范围内用：

$$R_t = R_0 (1 + At + Bt^2)$$

　　式中，R_t 和 R_0 分别为 t℃ 和 0℃ 时铂电阻的电阻值；A、B 和 C 为常数。在 "1990 年国际温标（ITS-1990）" 中，这些常数规定为：

$$A = 3.9083 \times 10^{-13}/℃$$
$$B = -5.775 \times 10^{-7}/℃^2$$
$$C = -4.183 \times 10^{-12}/℃^4$$

　　工业用铜电阻温度计也有相应的分度公式。由于它在 −50～150℃ 的使用范围内其电阻值与温度的关系几乎是线性的，因此在一般场合下可以近似地表示为：

$$R_t = R_0 (1 + \alpha t)$$

　　式中，α 为铜电阻的电阻温度系数，取 $\alpha = 4.28 \times 10^{-3}/℃$。

　　由于热电阻在温度 t 时的电阻值与 R_0 有关，所以对 R_0 的允许误差有严格的要求。另外，R_0 的大小也有相应的规定。R_0 越大，则电阻体体积增大，不仅需要较多的材料，而且使测量的时间常数增大，同时电流通过电阻丝产生的热量也增加，但引线电阻及其变化的影响变小；R_0 越小，情况与上述相反。因此，需要综合考虑选用合适的 R_0。目前，我国规定工业用铂电阻温度计有 $R_0 = 10\Omega$ 和 $R_0 = 100\Omega$ 两种，它们的分度号分别为 Pt10 和 Pt100；铜电

阻温度计也有 $R_0 = 50\Omega$ 和 $R_0 = 100\Omega$ 两种，其分度号分别为 Cu50 和 Cu100。

　　用表格形式给出在不同温度下各种分度号的热电阻的电阻值称为热电阻的分度表，参见附录 2，它们分别列出了 Pt10、Pt100、Cu50 和 Cu100 四个热电阻温度计的分度表。

5.1.5　应用热辐射测温

　　由传热学知识我们知道，热的传递有热传导、热对流和热辐射三种方式，其中热辐射是从一个热源体不经过任何媒介物，两物体不直接接触就把热能从一个物体传递给另一个物体，这种现象称为热辐射。产生热辐射的原因是由于物体受热后，有一部分热能转变成辐射能，它以电磁波的形式向四周辐射，将能量从高能位的物体传递到低能位物体上。热源物体辐射出的辐射能包括 X 线、紫外线、可见光、红外线、电磁波等各种波长的辐射能，而我们最感兴趣的是物质所能吸收的，而且在吸收时，它的能量又能重新转变为热能的那些波长的射线。最显著的是可见光（波长范围 $0.4 \sim 0.8\mu m$）和红外线（波长范围 $0.8 \sim 40\mu m$），这部分波长的能量称为热辐射能。衡量物体辐射能大小的参数称为辐射能力，即物体在单位时间内、单位面积上放出的辐射能称为辐射能力。

　　应用热辐射原理测量温度，实际上是利用某种物质吸收发热体辐射出的红外线，将其转换为本身的温度变化来测量发热体温度的。辐射测温原理是热辐射使物体受热，激励了原子中的带电粒子，使一部分热能以电磁波的形式向空间传播，它不需要任何物质作媒介（在真空条件下也能传播），将热能传递给对方，这种能量传播的方式称为热辐射（简称辐射），传播的能量称为辐射能。辐射能量的大小与波长、温度有关，它们遵循相应的辐射基本定律。

　　辐射式温度计在应用时，只需把温度计对准被测物体而不必与被测物体直接接触，故属于非接触式温度计。它可用于运动物体以及高温物体表面的温度检测。与接触式测温法相比，非接触式测温具有以下特点。

　　① 温度探测头不与被测对象相接触，不会破坏被测对象的温度场，故可进行遥测运动物体的温度。

　　② 由于温度探测头无需达到与被测对象同样的温度，故仪表的测温上限不受温度探测头材料熔点的限制；同时，这种检测过程温度探测头不必与被测对象达到热平衡，因此检测速度快，响应时间短，适于快速测温。

　　热辐射测温方法分亮度法、全辐射法和比色法三大类。

　　（1）亮度法

　　亮度法是指被测对象投射到检测元件上的是被限制在某一特定波长的光谱辐射能量，其能量的大小与被测对象温度之间的关系可由普朗克公式所描述，即比较被测物体与参考源在同一波长下的光谱亮度，并使二者的亮度相等，从而确定被测物体的温度。典型测温传感器是光学高温计。

　　光学系统是通过光学透镜、反射镜，以及其他光学元件获得物体辐射能中的特性光谱，并聚焦到检测元件上。检测元件将辐射能转换成电信号，经信号放大、吸收率的修正和标度变换后输出与被测温度相对应的信号。部分辐射温度计需要参考光源。

　　光学高温计主要由光学系统和电测系统两部分组成，其外形如图 5-10 所示。它的测温精度为 1.5 级，整体结构轻巧、紧凑、携带方便。其设计量程为 Ⅰ（700～1500℃）和 Ⅱ（1200～2000℃）两种。

　　测量时，在辐射热源（被测物体）的发光背景上可以看到弧形灯丝。假如灯丝亮度比辐射热源亮度低，灯丝就在这个背景上显现出暗的弧线，如图 5-10(a) 所示；反之，如灯丝的

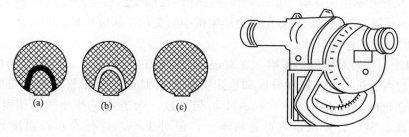

图 5-10　光学高温计的外形及其灯丝亮度的比较

亮度高，则灯丝就在暗的背景上显示出亮的弧线，如图 5-10（b）所示；假如两者的亮度一样，则灯丝就隐灭在热源的发光背景里，如图 5-10（c）所示。这时由电测系统中的毫伏表读出的指示值就是被测物体的亮度温度。

（2）全辐射法

全辐射法是指被测对象投射到检测元件上的是对应全波长范围的辐射能量，该能量的大小与被测对象温度之间的关系可由斯忒藩-玻耳兹曼所描述的一种辐射测温方法得到。典型测温传感器是辐射温度计（热电堆）。

（3）比色法

比色法是指被测对象的两个不同波长的光谱辐射能量投射到一个检测元件上，或同时投射到两个检测元件上，根据它们的比值与被测对象温度之间的关系实现辐射测温的方法，比值与温度之间的关系由两个不同波长下普朗克公式之比表示。典型测温传感器是比色温度计。

5.2　温度监测仪表及变送器

5.2.1　玻璃管温度计

玻璃温度计是一种经过人工烧制、灌液等十几道工艺制作而成，价格低廉、测量准确、使用方便、无需电源的传统测温产品。以圆棒或三角棒玻璃作为原料，以水银或有机溶液（煤油、酒精等）作为感温液，制作出适合不同需求的各种产品。以有机液体为感温液的温度计可以测量 $-100\sim200℃$ 以内的温度，水银温度计的测温范围为 $-30\sim600℃$。从使用方法上可以分为全浸式温度计和局浸式温度计两种，全浸式温度计在测量液体时需要将玻璃温度计全部放入被测物中。按用途可分为工业（及实验室）测量用和仪表校验时的标准温度计两类。为了避免使用时被碰碎，工业用温度计在玻璃管外通常套有金属保护套管，仅露出标尺部分供操作人员读数；另外，保护套管上还附有螺纹以便连接安装到设备上；它们的外形有直式、90°、135°等形式，以适应不同的安装和观测位置。标准玻璃管温度计准确度高，测量绝对误差可达 $0.05\sim0.1℃$，可用来检定其他类型的温度计。

（1）玻璃管温度计测温的误差来源

玻璃温度计测量温度值的不确定性主要来源于以下六点。

① 人员读数的影响　在读取温度计示值时，如果眼睛的视线与温度计刻度线不是处于同一水平面且垂直，读得的数值就会偏高或偏低。对于水银温度计，可通过正、反两方面并取其平均值，以消除或减小读数偏差。

② 标尺位移对示值的影响 如果制作温度计的玻璃受热后会产生热膨胀，这将导致内标式温度计的标尺与毛细管的相对位置会产生微小的变化，从而影响温度示值。一般而言由热膨胀产生的误差可忽略不计。

③ 毛细管不均匀对示值的影响 在对玻璃温度计进行标尺定点、刻度和检定时，是在几个规定的点上进行的。这种分度和检定方法的基础是把毛细管视为均匀的，而实际情况并非完全如此。由于毛细管孔径并不均匀一致，会造成某些小间隔刻度内有误差。对于精度不高的温度计，该误差可忽略不计，但对于一二等标准水银温度计必须进行修正。

④ 露出液柱对示值的影响 理论上，全浸式温度计与局浸式温度计的使用条件应与制造和刻度时的条件一致。但有时全浸式要做局浸式使用，露出液柱的影响会造成温度计示值偏低。局浸式也会由于露出液柱在分度时与使用时的环境温度不同，对示值产生影响。上述两种情况对测温造成的影响，必须通过对露出液柱温度修正来消除。

⑤ 时间滞后对测量的影响 温度计的时间滞后误差以时间常数表示。时间常数就是温度示值上升或下降到稳定值和初始值之差的 63.2% 所需的持续时间。时间常数与温度计的种类、长短、感温泡的形状及玻璃的厚薄有关，同时也与被测介质周围的情况、液体或气体的种类以及是否均匀有关。由于温度计有时间滞后误差，所以在使用或检定温度计时，必须将温度计与被测介质真正达到热平衡时方可读数。

⑥ 零位变化对示值的影响 当玻璃感温泡所感受的温度逐渐升高时，会使得感温泡的体积增大，玻璃分子也随之重新排列，这时如果将温度计从高温介质中取出，突然的降温会使玻璃分子的重新排列跟不上温度的变化，从而使温度感温泡的体积不能恢复原状，这就是玻璃的热滞后。由于热滞后使感温泡的体积比使用前稍大了一些，所以会造成此时的零位比使用前有所降低。尽管这个零位的降低是暂时的，以后随着玻璃分子结构的慢慢恢复，感温泡的体积也会逐渐恢复，但需要相当长的时间。这就是温度计特别是标准温度计产生零位变化的原因。零位的变化会直接对温度的测量不确定度产生影响。

（2）安装、使用玻璃温度计应注意的问题

① 读数时视线应正交于液柱，避免视觉误差。

② 注意温度计的插入深度，标准温度计和许多精密温度计背面一般都标有"全浸"字样，要做到液柱浸泡到顶；工业用温度计一般要求将金属液柱全部插入被测介质中或插入到所标示的固定位置，否则将会引起测量误差。局浸式温度计因大部分液柱露在被测介质外，受环境温度的影响，所以准确度低于全浸式温度计。

③ 由于玻璃的热滞后影响，使玻璃温包体积变化，引起温度计零点偏移，出现示值误差，因此要定期对温度计进行校验。

5.2.2 双金属温度计

工业上广泛应用的双金属温度计其感温元件为直螺旋形双金属片，一端固定，另一端连在刻度盘指针的心轴上。为了使双金属片的弯曲变形显著，提高仪表的灵敏度，尽量增加双金属片的长度，在制造时把双金属片做成螺旋形状。当温度发生变化时，双金属片产生位移，带动指针指示出相应温度。在规定的温度范围内，双金属片的偏转角与温度呈线性关系。

双金属温度计结构简单、耐振动、耐冲击、使用方便、维护容易、价格低廉，适于振动较大场合的温度测量。目前国产双金属温度计的型号为 WSS，使用温度范围为 −80 ～

100℃，精度为 1.0 级、1.5 级和 2.0 级。双金属片温度计常被用作温度继电控制器、限值温度信号器或仪表的温度补偿器，其原理如图 5-1 所示。当温度上升时，双金属片产生弯曲，直至与静触点（通过张紧螺钉调节间距即温度控制值）接触，使电路接通，报警信号灯亮。若用继电器代替信号灯，就可以实现继电器的位式温度控制。

5.2.3　压力式温度计

压力式温度计的感温检测部分均采用弹簧管式压力表，所以又称为压力表式温度计，按所用的感温物质又分为充气式、充液式和充低沸点液体式三种。

压力式温度计在使用、安装中要注意下面几个问题。

① 气体或液体压力式温度计易受周围环境温度的影响，无法得到完全补偿，如果对测量准确度要求较高时，使用时环境温度不能超出规定值。

② 当温包安装位置不同时，液体压力式温度计的感温液体的液柱高度产生的静压力不同，会产生系统误差，应进行零点调整或进行修正。

③ 蒸气压力式温度计测量温度不能超过其测量上限，否则温包内所有液体全部气化，这时的蒸气压力已不是饱和蒸气压了，甚至还会由于蒸气的剧烈膨胀而损坏仪表。

④ 压力式温度计的毛细管容易断裂和渗漏，安装时要注意保护。转弯处毛细管不可拉成直角，不应与蒸气管等高温热源靠近。

⑤ 压力式温度计的温包与玻璃液体温度计的感温泡作用相似，所以须将温包全部浸入被测介质之中。

5.2.4　热电偶温度计

热电偶温度计是在工业生产中应用较为广泛的测温装置，它的结构简单，使用方便，精确度高，量程范围宽，抗振，适用于中高温范围的温度监测，远远大于酒精、水银温度计，既能用于炼钢炉、炼焦炉等高温检测，也可测量液态氢、液态氮等低温物体。

（1）热电偶的结构形式

用作测温计的热电偶，其结构形式有普通型、铠装型、薄膜型和快速微型热电偶四种，以前两种使用最为普遍。

① 普通型热电偶　普通型热电偶按其安装时的连接形式可分为固定螺纹连接、固定法兰连接、活动法兰连接、无固定装置等多种形式。虽然它们的结构和外形不尽相同，但其基本组成部分通常都是由热电极、绝缘材保护套管和接线盒等主要部分组成。

热电极的直径由材料的价格、机械强度、电导率以及热电偶的测温范围确定。贵金属的热电极大多采用直径为 0.3～0.65mm 的细丝，普通金属的热电极直径一般为 0.5～3.2mm。

绝缘套管用于保证热电偶两电极之间以及电极与保护套管之间的电气绝缘，通常采用带孔的耐高温陶瓷管，热电极从陶瓷管的孔内穿孔。

保护套管套在热电极和绝缘套管外面，其作用是保护热电极（绝缘材料）不受化学腐蚀和机械损伤。同时便于仪表人员安装和维护。保护套管的材料应具有耐高温、耐腐蚀、气密性好、机械强度高、热导率高等性能，目前有金属、非金属和金属陶瓷三类，其中不锈钢为最常用的一种，可用于温度在 900℃ 以下的场合。可以根据不同的使用环境选择不同材质的保护套管。

接线盒用于连接热电偶端和引出线，引出线一般是与该热电偶配套的补偿导线。接线盒兼有密封和保护接线端不受腐蚀的作用。

工业热电偶测温仪的外形与保护头如图 5-11 所示。

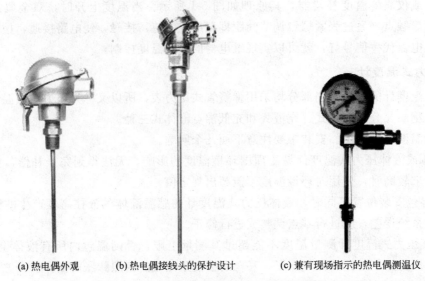

(a) 热电偶外观　　　(b) 热电偶接线头的保护设计　　　(c) 兼有现场指示的热电偶测温仪

图 5-11　工业热电偶测温仪的外形与保护头

② 铠装热电偶　铠装热电偶是由热电偶丝、绝缘材料和金属套管三者经拉伸加工而成的坚实组合体。它可以做得很细、很长，在使用中可以随测量需要任意弯曲。套管材料一般为铜、不锈钢或镍基高温合金等。热电极与套管之间填满了绝缘材料的粉末，常用的绝缘材料有氧化镁、氧化铝等。铠装热电偶的主要特点是测量端热容量小，动态响应快；机械强度高；挠性好，可安装在结构复杂的装置上，因此已被广泛用在许多工业部门中。

铠装热电偶有如下主要特点。

a. 外径尺寸可以做得很小，最小可到 0.2mm，因此时间常数小，响应速度快。

b. 由于套管内部是填实的，所以能适应强烈振动和冲击。

c. 由于套管薄，并进行过退火处理，比较柔软，具有很好的可挠性，可任意弯曲，便于安装。

d. 插入深度很长，若测量端损坏，将损坏部分裁去，重新焊接后可再行使用。

e. 可以作为感温元件放入普通热电偶保护管内使用。

普通铠装热电偶的外径为 1～6mm，长度可以是 1～20m。一般双支热电偶的外径在 3mm 以上，外径再细，可以做到 0.2mm，长度可以超过 20m。当然外径越细，其热电偶丝的直径就越细，绝缘材料的厚度也越薄，这样使用温度和寿命就都要受到影响。

金属套管材料常使用铜、不锈钢 (1Cr18Ni9Ti) 和镍基高温合金 (GH30) 等。绝缘材料常使用电熔氧化镁、氧化铝粉末，对热电极无特殊要求。套管中热电极有单支（双芯）、双支（四芯），彼此间互不接触。我国已生产出 S 型、R 型、B 型、K 型、E 型、J 型铠装热电偶，并做到了标准化、系列化。

③ 薄膜热电偶　薄膜热电偶是由两种金属薄膜连接而成的一种特殊结构的热电偶。它的测量端既小又薄，厚度约为几个微米左右，便于贴敷，可用于微小面积上的温度测量；热容量很小，动态响应速度快，可测量微小面积上快速变化的表面温度。它采用真空蒸镀的方法将两种电极材料蒸镀到绝缘基板上，上面再蒸镀一层二氯化硅薄膜作为绝缘和保护层。

薄膜热电偶在应用时，用胶黏剂贴紧在被测物表面，热损失很小，测量精度高。由于使用温度受胶黏剂和衬垫材料限制，目前只能用于－20～300℃范围。

④ 快速微型热电偶　快速微型热电偶是一种一次性使用的、专门用来测量钢水和其他熔融金属温度的热电偶。当热电偶插入熔融金属中后，保护钢帽迅速熔化，此时 U 形管和被保护的热电偶工作端暴露于熔融金属中，4～6s 就可测出温度。在测出温度后，热电偶和石英保护管以及其他部件都被烧毁，因此也称为消耗式热电偶。

（2）标准化热电偶的热电特性

标准化热电偶的主要特性见表 5-2。

表 5-2　标准化热电偶的主要特性

热电偶名称	分度号 $E(100,0)$/mV	测温范围/℃		特 点 及 应 用 场 合
		长期使用	短期使用	
铂铑₁₀-铂	S 0.646	0～1300	1600	热电特性稳定,抗氧化性强,测温范围广,测量精度高,热电势小,线性差且价格高。可作为基准热电偶,用于精密测量
铂铑₁₃-铂	R 0.647	0～1300	1600	与 S 型热电偶的性能几乎相同,只是热电势同比大 15%左右
铂铑₃₀-铂铑₆	B 0.0033	0～1600	1800	测量上限高,稳定性好,在冷端低于 100℃不用考虑温度补偿,使用寿命高于 S 型和 R 型;热电势小,线性较差,价格高
镍铬-镍硅	K 4.096	0～1200	1300	热电势大,线性好,性能稳定,价格较便宜,抗氧化性强,广泛应用于中高温测量
镍铬硅-镍硅	N 2.774	－200～1200	1300	在相同条件下,特别在 1100～1300℃高温条件下,高温稳定性及使用寿命比 K 型成倍提高,其价格远低于 S 型热电偶,而性能相近,在－200～1300℃范围内有全面代替廉价金属热电偶和部分 S 型热电偶的趋势
铜-铜镍(康铜)	T 4.279	－200～350	400	准确度较高,价格便宜,广泛用于低温测量
镍铬-铜镍(康铜)	E 6.319	－200～760	850	热电势较大,中低温稳定性好,耐磨蚀,价格便宜,广泛应用于中低温测量
铁-铜镍(康铜)	J 5.269	－40～600	750	价格便宜,耐 H_2 和 CO_2 气体腐蚀,在含碳或铁的条件下使用也很稳定,适用于化工生产过程的温度测量

常用热电偶的热电特性曲线见图 5-12。

非标准化热电偶在生产工艺上还不够成熟，在应用范围和数量上均不如标准化热电偶。它没有统一的分度表，也没有与其配套的显示仪表。但这些热电偶具有某些特殊性能，能满足一些特殊条件下温度测量的需要，如超高温、超低温、高真空或核辐射环境等，因此在应用方面仍有重要意义。非标准化热电偶有铂铑系、铱铑系、钨铼系及金铁热电偶、双铂钼等热电偶。

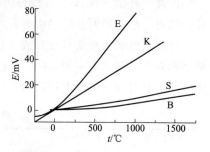

图 5-12　常用热电偶的热电特性曲线

（3）热电偶自由端温度的处理

由热电偶的工作原理可知，热电偶热电势的大小不仅与测量端的温度有关，而且与冷端的温度有关，是测量端温度和冷端温度的函数差。为了保证输出电势是被测温度的单值函数，就必须使冷端温度保持不变。然而在实际应用中，由于热电偶的冷端距热端通常很近，冷端（接线盒处）又暴露于环境中，受到周围环境温度波动的影响，冷端温度很难保持恒定，保持在 0℃就更难。

我国对热电偶的分度表是以 $t_0=0℃$ 为基准进行分度的，而在实际使用过程中，自由端温度 t_0 往往不能维持在 0℃，那么工作端温度为 t 时热电偶实际输出的电势值 $E(t, t_0)$ 与在分度表中所对应的热电势 $E(t, 0)$ 之间的误差为：

$$E_{AB}(t,0)-E_{AB}(t,t_0)=E_{AB}(t)-E_{AB}(0)-E_{AB}(t)+E_{AB}(t_0)$$
$$=E_{AB}(t_0)-E_{AB}(0)=E(t_0,0) \tag{5-13}$$

由此可见，差值 $E(t_0, 0)$ 是自由端温度 t_0 的函数，因此需要对热电偶的自由端温度进行处理。通常采用如下一些温度补偿办法。

① 补偿导线法　由于热电极材料较贵，因而热电偶一般做得较短，应用时常常需要把热电偶产生的电势信号传送到距离数十米远的控制室里的显示仪表或控制仪表。如果用一般导线把信号从热电偶末端引至控制室，根据热电偶均质导体定律，该热电偶回路的热电势为 $E(t, t_0')$，如图 5-13 所示。

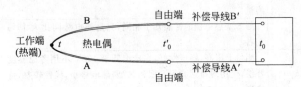

图 5-13　带补偿导线的热电偶测温连线图

热电偶末端（即自由端）仍在被测介质（设备）附近，而且 t_0' 易随现场环境变化。如果把热电偶延长并引到控制室，这样热电偶回路的热电势为 $E(t, t_0)$，自由端温度 t_0 由于远离现场就比较稳定，用这种加长热电偶的办法对于廉价金属热电偶尚能承受，但对于贵金属热电偶来说成本就太高了。因此，希望用一对廉价的金属导线（"补偿导线"）把热电偶末端接至控制室，同时使得该对导线和热电偶组成的回路产生的热电势为 $E(t, t_0)$。这样可以不用原热电偶电极而使热电偶的自由端延长，显然这对补偿导线的热电特性在 $t \sim t_0$ 范围内要与热电偶相同或基本相同。

在图 5-13 中，A′ 和 B′ 为补偿导线，它们所产生的热电势为 $E_{A'B'}(t_0', t_0)$，图 5-13 的回路总电势为 $E_{AB}(t_0, t_0')+E_{A'B'}(t_0', t_0)$。根据补偿导线的性质，有：

$$E_{AB}(t_0,t_0')=E_{A'B'}(t_0',t_0)$$

则由热电偶的等值替代定律，可得回路总电势为：

$$E=E_{AB}(t_0,t_0')+E_{A'B'}(t_0',t_0)=E_{AB}(t,t_0)$$

因此，补偿导线 A′B′ 可视为热电偶电极 AB 的延长，使热电偶的自由端从 t_0' 处移到 t_0 处，这时，热电偶回路的热电势只与 t 和 t_0 有关，t_0' 的变化不再影响总电势。

常用热电偶的补偿导线如表 5-3 所示。表中补偿导线型号的第一个字母与配用热电偶的型号相对应；第二个字母 "C" 表示补偿型补偿导线；字母 "X" 表示延伸型补偿导线（补偿导线的材料与热电偶电极的材料相同）。

表 5-3　常用热电偶补偿导线

补偿导线型号	配用热电偶型号	补偿导线的材料		绝缘胶层颜色	
		正极	负极	正极	负极
SC	S	铜	铜镍	红	绿
KC	K	铜	康铜	红	蓝
EX	E	镍铬	铜镍	红	棕
KX	K	镍铬	镍硅	红	黑
TX	T	铜	铜镍	红	白

　　延伸型补偿导线适用于廉价的热电偶，即把热电偶的电极做得很长；补偿型补偿导线所选金属材料与配套的热电偶材料不同，但要求在 100℃ 以下时，它们的热电特性要相近。

　　在使用补偿导线时必须注意以下问题。

　　a. 不同型号的热电偶必须配用不同的补偿导线。热电偶的长度由补偿结点的温度决定。热电偶长度与补偿导线长度要最佳配合，例如，热电偶长 50cm，补偿导线 5m 为宜。热电偶与补偿导线结点（这点称为补偿结点）的温度不能超过补偿导线的使用温度。若测温结点温度高于补偿结点温度时，热电偶就需要延长，使补偿结点远离测温区，从而保证了补偿导线在规定的温度范围内使用。反之，测温结点温度低，热电偶可缩短。

　　b. 补偿导线只能在规定的温度范围内（一般为 0～100℃）与所配套补偿的热电偶热电势相等或相近。

　　c. 热电偶和补偿导线的两个连接点要保持相同温度。热电偶与计量仪器之间增加一个温度结点（补偿结点），误差要尽可能小。为此，结点之间要紧靠，做到不产生温差。

　　d. 补偿导线有正、负极之分，需分别与热电偶的正、负极相连。

　　e. 补偿导线的作用只是延伸热电偶的自由端，当自由端温度 $t_0 \neq 0℃$ 时，还需进行其他补偿与修正。

　　【例 5-2】　分度号为 K 的热电偶现误用 KX 补偿导线，但极性接反，如图 5-14 所示，问回路电势如何变化？

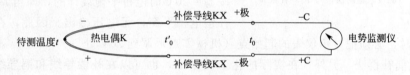

图 5-14　热电偶测温线路连接图

　　解：若极性连接正确，回路总电势为

$$E = E_K(t, t_0') + E_K(t_0', t_0)$$

现补偿导线的极性接反，回路总电势为：

$$E' = E_K(t, t_0') - E_K(t_0', t_0)$$

回路总电势误差为：

$$\Delta E = E' - E = E_K(t, t_0') + E_K(t_0', t_0) - E_K(t, t_0') - E_K(t_0', t_0)$$
$$= -2E_K(t_0', t_0)$$

若 $t_0' > t_0$；则 $\Delta E < 0$，回路电势偏低。

若 $t_0' < t_0$；则 $\Delta E > 0$，回路电势偏高。

若 $t_0' = t_0$；则 $\Delta E = 0$，回路电势不变。

　　② 计算修正法　当用补偿导线把热电偶的自由端延长到 t_0 处（通常是环境温度），只要知道该温度值，并测出热电偶回路的电势值，通过查表计算的方法，就可以求得被测实际温度。

　　假设被测温度为 t，热电偶自由端温度为 t_0，所测得的电势值为 $E(t, t_0)$。利用分度表先查出 $E(t_0, 0)$ 的数值，然后根据式（5-7）可计算出对应被测温度为 t 的分度电势 $E(t, 0)$，最后以该值再查分度表（有时候要进行内插法计算），便可以得到被测温度 t。计算过程见 **【例 5-1】**。

③ 自由端恒温法（冰浴法） 计算修正法需要保证自由端温度恒定。在工业应用时，一般把补偿导线的末端（即热电偶的自由端）引至电动恒温器中，使其维持在某一恒定的温度。通常一个恒温器可供多支热电偶同时使用。在实验室及精密测量中，通常把自由端放在盛有绝缘油的试管中，然后再将其放入装满冰水混合物的容器中，以使自由端温度保持为0℃，这种方法称为冰浴法。

④ 补偿电桥法 补偿电桥法是利用不平衡电桥产生的电势来补偿热电偶因自由端温度变化而引起的热电势的变化值，如图 5-15 所示。电桥由 R_1、R_2、R_3（均为锰铜电阻）和 R_{Cu}（铜电阻）组成，串联在热电偶回路中，热电偶自由端与电桥中 R_{Cu} 处于相同温度。通常使 R_1、R_2、R_3 和 R_{Cu} 在 20℃时 $R_1 = R_2 = R_3 = R_{Cu}$，电桥为平衡状态（桥端电势 $U_{ab} = 0$），冷端补偿器的接入对仪表读数无影响。

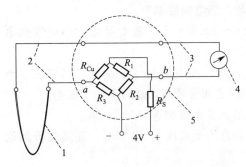

图 5-15 具有冷端补偿电桥的热电偶测温
1—热电偶；2—补偿导线；3—铜导线；
4—热电势（温度）监测仪；5—冷端补偿器

当 t_0 变化时，R_{Cu} 也随之改变，于是电桥两端 a、b 就会输出一个不平衡电压 U_{ab}。如选择适当的 R_S，可使电桥的输出电压 $U_{ab} = E(t_0, 0)$，从而使回路中的总电势仍为 $E(t, 0)$，起到对自由端温度进行自动补偿的效果。补偿电桥一般是按 $t_0 = 20℃$ 时电桥平衡设计的，即当 $t_0 = 20℃$ 时，补偿电桥平衡，无电压输出。因此，在使用这种电桥补偿器时，必须把显示仪表的起始点（机械零点）调到 20℃处。

⑤ 热电偶补偿法 另外，在实际的化工测量中，也可以在补偿导线和铜导线之间串联一个补偿热电偶，利用这个补偿热电偶随环境温度变化而产生的热电势变化值去抵消测温热电偶的变化值，这样就可以实现对测温热电偶冷端温度的自动补偿。

⑥ 软件处理法 对于计算机系统，不必全靠硬件进行热电偶的冷端补偿。例如冷端温度恒定，但不为零的情况下，只要在采样后加一个与冷端温度对应的常数即可。对于冷端温度经常波动的情况，可利用热敏电阻或其他传感器把 r_0 输入计算机，按照运算公式设计一些程序，便能自动修正。后一种情况必须考虑输入的通道中除了热电势之外还应该有冷端温度信号。如果多个热电偶的冷端温度不相同，还要分别采样。若占用的通道数太多，宜利用补偿导线将所有的冷端接到同一温度处，只用一个温度传感器和一个修正 t_0 的输入通道就可以了，冷端集中对于提高多点巡检的速度也很有利。

（4）热电偶的测温线路

① 基本的测量电路 这种电路适合于测量某点温度，是最简单的测温电路，如图 5-16 (a) 所示。图中 A、B 为热电偶的热电极，C、D 为补偿导线，由补偿导线把热电偶的冷端温度 t_0' 延伸到仪表的接线端子处，其温度为 t_0，作为热电偶的新冷端温度。

② 两点间温差测温电路 用两个相同型号的热电偶，配以相同的补偿导线 C、D，可以实现对两点之间温度差进行测量，如图 5-16 (b) 所示。这种连接方法是两支热电偶反向串联，仪表测量出的是 t_1 和 t_2 两点之间的温度差。

③ 多点温度测量电路 当需要测量多个位置点的温度时，可使用多支同型号的热电偶与一台显示仪表配合，通过专用的切换开关实现对多个温度点温度进行测量，测温电路如图 5-17 (a) 所示。各点的测温范围不要超过显示仪表的量程。这种形式多用于自动巡回检测，

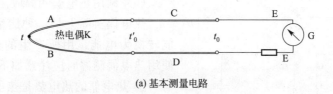

(a) 基本测量电路

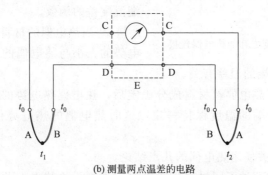

(b) 测量两点温差的电路

图 5-16　基本测量电路和测量温差的电路

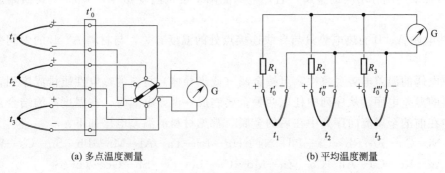

(a) 多点温度测量　　　　　　(b) 平均温度测量

图 5-17　热电偶的多点测量和平均温度测量的电路连接

巡回检测的温度点可多达几十个，可以轮流显示或按要求显示某点的温度，而显示仪表和补偿热电偶只用一个就够了，这样就可以大大地节省显示仪表和补偿导线。

④ 平均温度的测量电路　用热电偶测量某一系统（或设备）的平均温度时，一般采用热电偶并联的方法，如图 5-17(b) 所示。仪表输入端的毫伏值为三支热电偶输出热电势的平均值，即 $e = \dfrac{e_1 + e_2 + e_3}{3}$。如果三支热电偶均处于其特性曲线的线性部分时，则 e 代表了各点温度的算术平均值。为此，每个热电偶需串联较大电阻。该电路的特点是，仪表的分度仍然保持与单独配用一个热电偶时一样。其缺点是，当其一热电偶烧断时，不能很快地被觉察到。

⑤ 测量多点温度之和的电路　用热电偶测量几个被测量的点温度之和，其方法一般采用热电偶的串联，如图 5-18 所示，输入到仪表两端的热电动势之和，即 $e = e_1 + e_2 + e_3$，可直接从仪表读出三个温度之和。

这种电路的优点是，热电偶烧坏时可立即知道，还可获得较大的热电动势。应用此种电路时每一热电偶引出的补偿导线还必须回接到仪表中的冷端处。

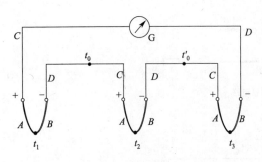

图 5-18　测量多点温度之和的热电偶连接

（5）利用热电偶测温应注意的几个问题

热电偶实际上是一种能量转换器，它将热能转换为电能，用所产生的热电势测量温度，使用热电偶测温时应注意如下几个问题。

① 热电偶的热电势是热电偶工作端的两端温度函数的差，而不是热电偶冷端与工作端两端温度差的函数。

② 当热电偶的材料均匀时，它所产生的热电势的大小与热电偶的长度和直径无关，只与热电偶材料的成分和两端的温差有关。

③ 当热电偶的两个热电偶丝材料成分确定后，热电偶热电势的大小，只与热电偶的温度差有关；若热电偶冷端的温度保持一定，这时热电偶的热电势仅是工作端温度的单值函数。

至此，可以得到有关使用热电偶的几点结论。

① 热电偶必须采用两种不同材料作为电极，否则无论热电偶两端温度如何，热电偶回路总热电势为零。

② 尽管采用两种不同的金属，若热电偶的两个接点温度相等，即 $t = t_0$，回路总电势也为 0。

③ 热电偶 A、B 的热电势只与导线连接点处的温度有关，与材料 A、B 的中间各处温度无关。

在热电偶的温差电势现象中，可按金属（或半导体）材料的热电性质排成序列，称为热电偶材料的温差电序。从序列中任取两种金属制成一温差电偶时，在温度高的结合点，电流从序列中在前的金属流向序列中在后的金属。常见材料的温差电序如下：

Bi—Ni—Co—K—Rb—Ca—Pd—Na—Hg—Pr—Ta—Al—Mn—Pb—Sn—Cs—W—Ti—In—Ir—Ag—Re—Cu—Au—Cd—Zn—Mo—Ce—Li—Fe—Sb—Ge—Te—Se

采用双金属温度计、压力式温度计、热电偶或热电阻一体化温度变送器传输测温信号，既可以满足现场显示的需求，亦能实现远距离传输，可以直接测量各种生产过程中的 $-80 \sim 500℃$ 范围内（双金属温度计、压力式温度计的测温范围窄些，只能在 $-80 \sim 100℃$ 内）液体、蒸气和气体介质以及固体表面测温。

5.2.5　热电阻温度计

工业用铂电阻，它的适用温度范围为 $-200 \sim 850℃$；铜电阻价格低廉并且线性好，但温度过高易氧化，故只适用于 $-50 \sim 150℃$ 的较低温度环境中，目前已逐渐被铂热电阻所取代。

（1）热电阻的结构形式

前已述及，工业用热电阻主要有铂电阻和铜电阻。

铂的物理、化学性能非常稳定，铂金属易于提纯，是目前制造热电阻的最好材料。"ITS-90"中规定，在 $13.8 \sim 1234.93K$ 之间，铂电阻作为标准电阻温度计来复现温标，其长时间稳定的复现性可达 $10^{-4}K$，广泛应用于温度基准、标准的传递。由于铂是贵重金属，因此，在一些测量准确度要求不高且温度较低的场合，普遍采用铜电阻进行温度测量。铜电阻测量范围一般为 $-50 \sim 150℃$。在此温度范围内线性好，灵敏度比铂电阻高，容易提纯和加工，价格便宜，复现性能好。但是铜易于氧化，一般只用于 $150℃$ 以下的低温测量。与铂相比，铜的电阻率低，所以铜电阻的体积较大。

热电阻体的结构，根据用途的不同，有很多种不同形式。

① 普通热电阻　工业用普通热电阻测温仪的结构如图 5-19(a) 所示，它主要由感温体、保护套管和接线盒等部分组成。感温体是由细铂丝或铜丝绕在支架上构成。由于铂的电阻率较大，而且机械强度较大，通常铂丝的直径在 0.05mm 以下，因此电阻丝不是太长，往往只绕一层，而且是裸丝，每匝间留有空隙以防短路。铜的机械强度相对较低，电阻丝得直径需做得较大，一般为 0.1mm，由于铜电阻的电阻率很小，要保证 R_0 需要很长的铜丝，就不得不将铜丝绕成多层，因而必须用漆包铜线或丝包铜线。为了使电阻感温体没有电感，无论哪种热电阻都必须采用无感绕法，即先将电阻丝对折起来，像图 5-19(b) 那样双绕，使两个端头都处于支架的同一端。

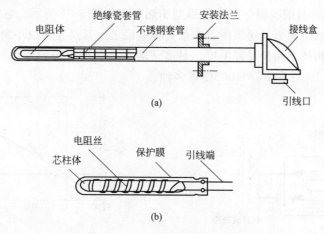

(a)

(b)

图 5-19　普通热电阻测温仪的结构

常见的是玻璃管架铂丝电阻体，它是把 $\phi0.03\sim0.04$mm 的细铂丝双绕在 $\phi4\sim5$mm 的玻璃棒上，在最外层套以薄玻璃管烧结在一起，以便起保护作用。引线也烧结在玻璃棒上，根据不同需要可能有 2 根或 4 根引出线。

还有一种是陶瓷管架的电阻体，工艺特点与玻璃管架相似，只是为了减小热惯性而采用了陶瓷管，外护层采用涂釉烧结而成。上述两种结构的共同特点是体积小、热惯性小、电阻丝密封良好。但其缺点是电阻丝热应力较大，对稳定性、复现性影响大，易破碎，尤其是引线易折断，要特别注意。

另外一种常见的结构是云母管架热电阻。铂丝绕在双面带有锯齿形的云母片上，这样可以避免细的铂丝滑动短路。在绕有铂丝的云母片两面再覆盖一层绝缘保护云母片。为了改善传热条件，增加强度，一般在云母片两边再压上具有弹性的金属夹片，这样一方面起到固定作用，另一方面也改善了其动态特性。

② 铠装热电阻　铠装热电阻是借助铠装热电偶的理念发展起来的热电阻新品种。它的特点与铠装热电偶一样，外径尺寸可以做得很小（最小直径可达 1.0mm）。因此反应速度快，有良好的力学性能、耐振性和抗冲击性。引线和保护管做成一体，具有较好的挠性，便于安装使用。电阻体封装在金属管内，不易受有害介质的侵蚀。

铠装热电阻一般是先把电阻体焊封在保护管内，电阻体外套可以很好地绝缘。目前国产系列化的铠装热电阻外径为 3～8mm，其基本特性与相应的电阻温度计相同。铠装型测温仪的外形如图 5-20 所示。

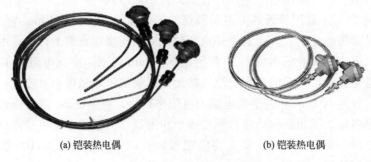

(a) 铠装热电偶　　　　　　　　　　　　(b) 铠装热电偶

图 5-20　铠装型测温仪的外形

③ 薄膜热电阻　目前我国生产的薄膜型铂热电阻如图 5-21 所示。它是利用真空镀膜法或用糊浆印刷烧结法使铂金属薄膜附着在耐高温基底上，其尺寸可以小到几平方毫米，可将其粘贴在被测高温物体上测量局部温度，具有热容量小、反应快的特点。0℃时薄膜型铂热电阻的阻值有 $R_0 = 100\Omega$ 和 $R_0 = 1000\Omega$ 等多种。

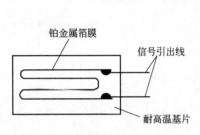

图 5-21　薄膜型铂热电阻的结构

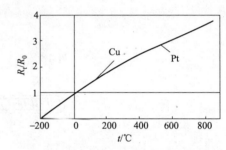

图 5-22　铂和铜热电阻的热电特性曲线

（2）铂和铜热电阻的热电特性

图 5-22 给出了电阻比 R_t/R_0 与温度 t 的特性曲线。从中可以看出，铜热电阻的特性比较接近直线；而铂电阻的特性呈现出一定的非线性，温度越高，电阻的变化率越小。

（3）热电阻的测温线路

连接电阻体引出端和接线盒之间的线称为内引线，它位于绝缘管内。铜电阻内引线材料也是铜，而铂电阻的内引线为镍丝或银丝，其接触电势较小，能够免除产生附加电势。同时内引线的线径应比电阻丝的线径大很多，一般在 1mm 左右，以减少引线电阻的影响。

（4）利用热电阻测温应注意的几个问题

① 热电阻测温仪表的测温范围是 -200～600℃，其显示仪表必须与热电阻配套。

② 由于热电阻的体积较大，热容量大，其动态误差比热电偶大，制约了热电阻在快速测温中的应用。

③ 信号传输连接线较长时，其电阻的变化与热电阻阻值变化发生叠加，会引起较大的测量误差，应采用三线制接法予以消除。热电阻本身通电发热也会引起误差，故要限制其中电流的大小。

④ 热电阻的安装与热电偶的安装要求基本相同，应参照执行，不再赘述。

5.2.6　一体化温度传感器

一体化温度传感器一般分为热电阻和热电偶、双金属温度计等三种，广泛应用于工业生产过程的温度测量。根据它们的用途和安装位置不同，具有多种结构形式，但其通常都由热电元件（热电偶或热电阻）、绝缘套管、保护管、接线盒、线性电路、反接保护、限流保护、R/V/I 转换单元等组成。一体温度变送器的外形与构成如图 5-23 所示。

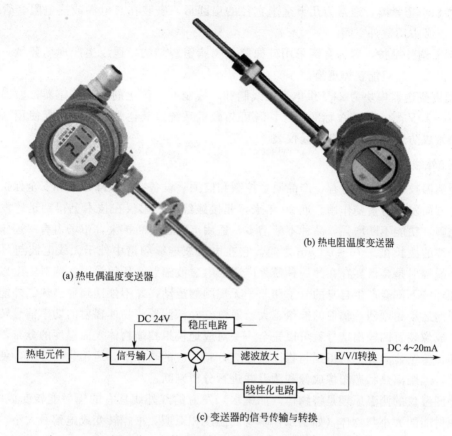

(b) 热电阻温度变送器

(a) 热电偶温度变送器

(c) 变送器的信号传输与转换

图 5-23　一体化温度变送器的外形与构成框图

为使用方便，常将绝缘材料制成圆形或椭圆形管状绝缘套管，其结构形式通常为单孔、双孔、四孔以及其他规格。同时为了延长热电元件的使用寿命，使之免受化学和机械损伤，通常将热电元件（含绝缘套管）装入保护管内，起到保护、固定和支撑热电极的作用。作为保护管的材料应有较好的气密性，不使外部介质渗透到保护管内；有足够的机械强度，抗弯抗压；物理、化学性能稳定，不会发生腐蚀；高温环境使用，耐高温和抗振性能好。

热电偶温度变送器一般由基准源、冷端补偿、放大单元、线性化处理、V/I 转换、断偶处理、反接保护、限流保护等电路单元组成。它是将热电偶产生的热电势经冷端补偿放大后，再由线性电路消除热电势与温度的非线性误差，最后放大转换为 4～20mA 电流输出信号。为防止热电偶测量中由于电偶断丝而使控温失效造成事故，变送器中还设有断电保护电路。当热电偶断丝或接触不良时，变送器会输出最大值（28mA）以使仪表切断电源。测温热电阻信号经转换放大后，再由线性电路对温度与电阻的非线性关系进行补偿，经 V/I 转换电路后输出一个与被测温度呈线性关系的 4～20mA 的电流信号。

一体化温度变送器的安装时，要特别注意感温元件与大地间应保持良好的绝缘，否则将直接影响测量结果的准确性，严重时甚至会影响到仪表的正常运行。一体化温度变送器的主要特点如下。

① 节省了热电偶补偿导线或延长线的投资，只需两根普通导线连接。

② 由于其连接导线中为较强的电流信号，比传递微弱的热电动势具有明显的抗干扰能力，线性好，显示仪表简单，固体模块抗震防潮，有反接保护和限流保护，工作可靠。

③ 体积小巧紧凑，通常为几十毫米直径的扁圆形，安装在热电偶或热电阻套管接线端子盒中，不必占用额外空间。

④ 不需调整维护，因为全部采用硅橡胶或树脂密封结构，适应生产现场环境，耐环境性较好，但损坏后只能整体更换。

⑤ 温度变送器模块为 24V 供电、二线制和三线制的一体化的温度传感器；输出统一为 0～5V、0～10V、4～20mA 标准信号，既可与微机系统或其他常规仪表匹配使用，也可按用户要求做成防爆型或防火型测量仪表。

5.2.7　红外线温度计

红外测温技术在生产过程、产品质量控制和监测、设备在线故障诊断和安全保护以及节约能源等方面发挥着重要作用。近 20 年来，非接触红外测温仪在技术上得到迅速发展，性能不断完善，功能不断增强，品种不断增多，适用范围也不断扩大，市场占有率逐年增长。

红外线的波长在 $0.76～100\mu m$ 之间，它在电磁波连续频谱中处于无线电波与可见光之间。红外线辐射是自然界存在的一种最为广泛的电磁波辐射，任何温度在绝对零度以上的物体在常规环境下都会产生自身的分子和原子无规则的运动，并不停地辐射出热红外能量，分子和原子的运动越剧烈，辐射的能量越大。通过红外探测器将物体辐射的功率信号转换成电信号后，成像装置的输出信号就可以完全一一对应地模拟扫描物体表面温度的分布，经电子系统处理，传至显示屏上，得到与物体表面热分布相应的热像图。运用这一方法，便能实现对目标进行远距离热状态图像成像和测温并进行分析判断。

红外测温仪的测温原理是将物体（如钢水）发射的红外线具有的辐射能转变成电信号，红外线辐射能的大小与物体（如钢水）本身的温度相对应，根据转变成电信号大小，可以确定物体（如钢水）的温度（图 5-24）。

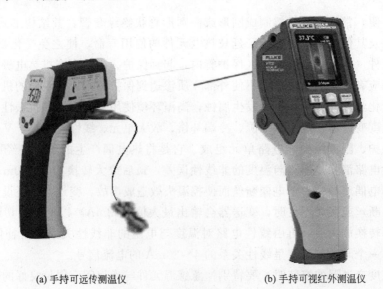

(a) 手持可远传测温仪　　　　　　　　　(b) 手持可视红外测温仪

图 5-24　红外线温度仪

比起接触式测温方法，红外测温有着响应时间快、非接触、使用安全及使用寿命长等优点。非接触红外测温仪包括便携式、在线式和扫描式三大系列，并备有各种选件和计算机软件，每一系列中又有各种型号及规格。在不同规格的各种型号测温仪中，正确选择红外测温仪型号对用户来说是十分重要的。

红外温度记录法是工业上用来进行无损探测、检测设备性能和掌握其运行状态的一项新技术。与传统的测温方式（如热电偶、不同熔点的蜡片等放置在被测物表面或体内）相比，热像仪可在一定距离内实时、定量、在线检测发热点的温度，通过扫描，还可以绘出设备在运行中的温度梯度热像图，而且灵敏度高，不受电磁场干扰，便于现场使用。它可以在 $-20 \sim 2000℃$ 的宽量程内以 $0.05℃$ 的高分辨率检测电气设备的热致故障，揭示出如导线接头或线夹发热，以及电气设备中的局部过热点等。

5.3　温度仪表的选择、安装与校验

在化工生产过程中，对温度的检测最常用的是接触式温度仪表。温度仪表正常使用温度应为其量程的 $50\% \sim 70\%$，最高测量值不应超过量程的 90%。多个测量元件共用一台显示表时，正常使用温度应为量程的 $20\% \sim 90\%$，个别点可低到量程的 10%。

对于化工装置上不常用的玻璃管、双金属、压力式和红外线测温计的选择、安装事项，在 5.2 节的相应内容中已做过介绍，本节将重点讨论热电偶和热阻测温计的选择、安装和校验。

5.3.1　常用测温仪表的测量范围及特点

常用测温仪表的测量范围及特点见表 5-4。

表 5-4　常用测温仪表的测量范围及特点

测温方式	温度计或传感器类型			测量范围/℃	精度	特　点
接触式	热膨胀式	水银		$-50 \sim 650$	$0.1 \sim 1$	简单方便，易损坏(水银污染)，感温部大
		双金属		$0 \sim 300$	$0.1 \sim 1$	结构紧凑、牢固可靠
		压力	气体	$-20 \sim 350$	1	耐振、坚固、价格低、感温部大
			液体	$-30 \sim 600$		
	热电偶	铂铑-铂		$0 \sim 1600$	$0.2 \sim 0.5$	种类多、适应性强、结构简单、经济方便、应用广泛，须注意环境温度影响
		其他		$200 \sim 1100$	$0.4 \sim 1.0$	
	热电阻	铂		$-260 \sim 600$	$0.1 \sim 0.3$	精度及灵敏度较好，感温部大，须注意环境温度影响
		铜		$0 \sim 180$		
		热敏		$-50 \sim 350$	$0.3 \sim 0.5$	体积小，响应快，灵敏度高，线性差，须注意环境温度影响
非接触式	辐射温度计			$800 \sim 3500$	1	不干扰被测温度场，辐射率影响小，应用简便
	光高温计			$700 \sim 3000$	1	
	热探测器			$200 \sim 2000$	1	不干扰被测温度场，响应快，测温范围大，适于测温度分布，易受外界干扰，标定困难
	热敏电阻探测器			$-50 \sim 3200$	1	
	光子探测器			$0 \sim 3500$	1	
其他	示温涂料	碘化银、二碘化汞、氯化铁、液晶等		$-35 \sim 2000$	低于 1.0	测温范围大，经济方便，特别适于大面积连续运转零件上的测温，精度低，人为误差大

5.3.2　各种测温仪表的选择

（1）工艺角度

为满足化工工艺过程对温度测量的要求，在选型时应考虑温度测量范围、测量精度、稳

定性、仪表的反应时间及灵敏度等要求、操作条件（就地指示、记录、远传和自动控制）、测量对象条件（管道、反应器、炉管、炉膛等）、工艺介质、场所条件（防腐性、振动、防爆、连续使用的期限等）、测温元件的体积大小、互换性、安装维护是否方便、可靠性高等内容。

运动物体、振动物体、高压容器的测温要求机械强度高，有化学污染的气氛要求有保护管，有电气干扰的情况下要求绝缘比较高。S型、B型、K型热电偶适合于强的氧化和弱的还原气氛中使用，J型和T型热电偶适合于弱氧化和还原气氛；如果使用气密性很好的保护套管，对气氛的考虑就可以不太严格。

线径大的热电偶耐久性好，但响应较慢一些，对于热容量大的热电偶，响应就慢，测量梯度大的温度时，在温度控制的情况下，控温就差。要求响应时间快又要求有一定的耐久性，选择铠装热电偶比较合适。

(2) 测量精度和测量范围

温度仪表测量范围必须使正常温度读数在刻度的 30%～70% 之间，最高温度不得超过刻度的 90%。

使用温度在 1300～1800℃，要求精度又比较高时，一般选用 B 型热电偶；要求精度不高，气氛又允许用钨铼热电偶，高于 1800℃ 一般选用钨铼热电偶；使用温度在 1000～1300℃，要求精度又比较高可用 S 型热电偶和 N 型热电偶；在 1000℃ 以下一般用 K 型热电偶和 N 型热电偶，低于 400℃ 一般用 E 型热电偶；250℃ 下以及负温测量一般用 T 型电偶，在低温时 T 型热电偶稳定而且精度高。

(3) 测温元件的插入深度

对于管道，插入管中心附近或超过中心线 5～10mm。对于容器等设备，一般热电偶插入 400mm，热电阻插入 500mm。侧线处的塔盘温度测量点应在降液盘下部液相，插入深度根据具体情况而定。加热炉炉膛的一般插入深度 ≤600mm，炉管烟道 ≤500mm，炉管弯头处 150mm，当插入深度 ≥1000mm 时应设支架。对于催化裂化反应沉降器、再生器、烧焦罐等，一般插入 900～1000mm。储油罐一般插入 500～1000mm 左右。

热电阻的插入深度，应考虑将全部电阻体浸没在被测介质中。双金属温度计浸入被测介质中的长度，必须大于感温元件的长度。

(4) 测温元件的保护套管材质及耐压等级

无腐蚀介质，使用温度 ≤450℃，选用 20 号碳钢保护套管；一般腐蚀性介质，例如 H_2S 等，选用耐腐蚀的不锈钢保护套管；高温轻腐蚀介质，使用温度 ≤1000℃，选用 Cr25Ni20 不锈钢；高温微压或常压介质，使用温度 ≤1600℃，选用刚玉保护管。

其保护套管的耐压等级应与工艺管线或设备的耐压等级一样，并符合制造厂家的规定。

(5) 热电元件形式的选择

一般指示用单式热电偶，同时用于调节和指示的热电偶采用双式或两个单式。防水式接线盒用于室外安装或室内潮湿，以及有腐蚀性气体的场合。热电阻形式的选择与热电偶的相同。防爆热电阻用于有爆炸危险的场合，一般采用 M33×2 固定螺纹的安装形式（包括单、双式）。在设备安装上则采用 DN25、PN、高于或等于设备压力等级的法兰连接。

5.3.3　测温仪表的安装

(1) 测温元件的安装

① 由于接触式温度计的感温元件是与被测介质进行热交换而测温的，因此，为确保测

量的准确性，根据设备或管道的工作压力大小、工作温度、介质腐蚀性等方面的要求，合理确定测温元件的结构和安装方式。感温元件的安装应保障感温元件与被测介质能进行充分的热交换，不应把感温元件插至被测介质的死角区域。在有流速的情况下，选择测温点必须具有代表性，例如测量管道中流体温度时，要求测温元件的感温点应处于管道中流速最大处，且应迎着被测介质流向插入，不得呈顺流，至少应与被测介质流向垂直。

水银温度计只能垂直或倾斜安装，同时需方便观察，不得水平安装（直角形水银温度计除外），应使测温点（如水银球）的中心置于管道中心线上，更不得倒装。

安装压力式温度计的温包时，除要求其中心与管道中心线重合外，还应将温包自上而下垂直安装，同时毛细管不应受拉力，不应有机械损伤。

热电偶和热电阻的安装应尽可能保持垂直，以防止保护套管在高温下产生变形。热电偶的插入深度的选取应当使热电偶能充分感受介质的实际温度。对于管道安装，通常使工作端处于管道中心线 1/3 管道直径区域内（热电偶保护管的末端应越过流束中心线约 5～10mm；热电阻保护管的末端应越过流束中心线，铂电阻约为 5～7mm，铜电阻约为 25～30mm），一般在设备上安装可取≤400mm，在管道上安装取 150～200mm。在安装中常采用直插、斜插（45°）等插入方式，如果管道较细，宜采用斜插。在斜插和管道肘管（弯头处）安装时，其端部应对着被测介质的流向（逆流），不要与被测介质形成顺流，其安装方式如图 5-25 所示。

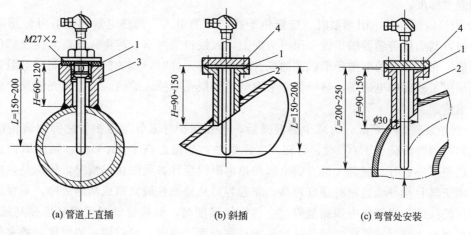

图 5-25　热电偶、热电阻的安装
1—密封垫片；2—45°连接头；3—直形连接头；4—法兰连接

对于在管道公称直径 DN＜80mm 的管道上安装热电偶时，可以采用扩大管，如图 5-26 所示。

用热电偶测量炉膛温度时，应避免热电偶与火焰直接接触，避免安装在炉门旁或与加热物体距离过近的地方，其接线盒不应碰触炉壁，避免热电偶自由端温度过高；在高温设备上测温时，为防止保护套管弯曲变形，应尽量垂直安装。若必须水平安装，则当插入深度大于 1m 或被测温度大于 700℃时，应

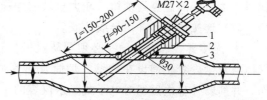

图 5-26　热电偶、热电阻在扩大管上的安装
1—密封垫片；2—45°连接头；
3—扩大管；

用耐火黏土或耐热合金制成的支架将热电偶支撑住。

② 在温度较高的介质检测中，应尽量减小被测介质与壁表面（设备的壁）之间的温度差，以避免热辐射所产生的测温误差。在安装测温元件的地方，如器壁暴露于空气中，应在其外表面包覆绝热层（如石棉等）以减小热量损失，使器壁温度接近介质温度。必要时，可在测温元件与器壁之间加装防辐射罩，以消除测温元件与器壁间的直接辐射作用。还要避免测温元件外露部分热损失所产生的测温误差。例如，用热电偶测量 500℃ 左右的介质温度时，当热电偶的插入深度不足（插入深度应为热电偶保护管直径的 8~20 倍，或其总长度的 2/3 以上）。当外露部分置于空气流通之处，由于热量的散失，所测出的温度值往往会比实际值低 3~4℃。

另外热电偶和热电阻应尽量安装在有保护层的管道内，以防止热量散失。当热电偶和热电阻传感器安装在正压、负压管道或设备中时，必须保证安装孔的密封，以防止外界冷空气进入，形成风流使读数偏低，如果有空隙可用绝热物质（如耐火泥或石棉绳）堵塞空隙。

③ 如被测温流体所在的工艺管道直径过小，安装测温元件处可接装扩大管。为增大插入深度，可将感温元件斜插安装。若能在管路轴线方向安装（即在弯管处安装），则可保证最大的插入深度。热电偶安装时应放置在尽可能靠近所要测的温度控制点。当测量固体温度时，热电偶应当紧贴该材料（与该材料紧密接触）。为了使导热误差减至最小，应减小接点附近的温度梯度。

④ 用热电偶、热电阻测温时，应避免干扰信号的引入。当热电偶和热电阻传感器安装在户外时，其温度传感器的接线盒面盖应向上，入线口应向下，避免异物落入接线部位影响测量精度。在具有强的电磁场干扰源的场合安装测温元件时，例如热处理车间用电阻炉加热升温，形成了较强的电磁场，热电偶应采取从绝缘层孔中插入炉内，与金属壳体及炉砖"悬空"的措施。

⑤ 在加装保护外套时，为减少测温滞后，可在保护外套管与保护管之间加装传热良好的填充物，当温度低于 150℃ 时，可充入变压器油；当温度高于 150℃ 时，则充填铜屑或石英砂，以使传热良好。应经常检查热电偶和热电阻温度计各处的接线情况，特别是热电偶温度计，由于其补偿导线的材料硬度较高，非常容易从接线柱脱离造成断路故障，不要过多碰动温度计的接线。当用热电偶测量管道中的气体温度时，如果管壁温度明显地较高或较低，则热电偶将对之辐射或吸收热量，从而影响被测温度。这时，可以用一辐射屏蔽罩来使其温度接近气体温度，即采用所谓的屏罩式热电偶。

⑥ 测温元件的安装应便于仪表工作人员的维修、校验和抄表等日常工作，尤其对于重要的测温点，若在高空时，须装有平台、梯子等附加物。当在设备底部需要安装很长的热电偶时，设备的测温点处须留有较大口径的缩径法兰，以便于拆装。

（2）连接导线和补偿导线的安装

① 连接导线和补偿导线必须预防机械损伤，应尽量避免高温、潮湿、腐蚀性及爆炸性气体与灰尘，禁止铺设在炉壁、烟筒及热管道上。为保护连接导线与补偿导线不受机械损伤，并削弱外界电磁场对电子式显示仪表的干扰，导线应加屏蔽。连接导线的电阻要符合仪表本身的要求，补偿导线的种类及正、负极不要接错。

② 补偿导线中间不准有接头，且最好与其他导线分开敷设。配管及穿管工作结束后，必须进行核对和绝缘试验。

（3）应确保安全、可靠

为避免测温元件的损坏，应保证其具有足够的机械强度。可根据被测介质的工作压力、温度及材质的特性，合理地选择测温元件保护套管的壁厚与材质。通常把被测介质的工作压力分为低压（$P \leqslant 1.6\text{MPa}$）、中压（$1.6\text{MPa} \leqslant P \leqslant 6.4\text{MPa}$）与高压（$P \geqslant 6.4\text{MPa}$），测量元件在不同的压力范围工作，有着不同的安装要求。此外，测量元件的机械强度还与其结构形式、安装方法、插入深度以及被测介质的流速等诸因素有关，亦必须予以考虑。

① 在介质具有较大流速的管道中，感温元件必须倾斜安装。为了避免感温元件受到过大的冲蚀，最好能把感温元件安装于管道的弯曲处。

② 如被测介质中有尘粒、粉末物或测量腐蚀性介质时，为保护感温元件不受磨损，应加装保护屏或外保护管，如煤粉输送管中、硫酸厂焙烧沸腾炉中，需要在热电偶外再加装高铬铸铁保护外套。

③ 在安装瓷质和氧化铝这一类保护管的热电偶时，其所选择的位置应适当，防止损坏保护管。在插入或取出热电偶时，应避免急冷急热，以免保护管破裂。

④ 在薄壁管道上安装感温元件时，需在连接头处加装加强板。当介质工作压力超过10MPa 时，必须加装保护外套。

在有色金属管道上安装时，凡与工艺管道接触（焊接）以及被测介质直接接触的部分，如连接头、保护外套等均须与工艺管道同材质，以符合生产的要求。在有衬里的管道上安装，与在有色金属管道上的安装相同，其保护外套则须与所处管道同材质和涂料。

5.3.4　测温仪表的校验

本节以工业上最常用的分度号为 K 的镍铬-镍硅热电偶检定为例进行叙述。

（1）校验用仪器设备

① 标准热电偶（分度号 S）和待校验热电偶（分度号 K）各一支。

② 管式实验电阻加热炉一台。

③ 手动电子电位差计一台。

④ 数显式温度调节仪一台，与之配套的热电偶一支。

⑤ 温度计（0～50℃，0.1℃分度）一支。

（2）校验原理

用数显式温度调节仪控制管式实验炉内的温度，在同一温度下用电位差计测量标准的热电偶和待校验的热电偶的热电势值 $E(t, t')$，按下式计算各自的热电势值 $E(t, 0)$，再在各自的分度号表内查出与之相对应的温度值，并对偏差的大小进行判断。

$$E(t,0) = E(t,t') + E(t',0)$$

式中，t' 为校验时的冷端温度。

（3）校验步骤

① 外观检查，新制（购）热电偶的电极直径应均匀、平直、无裂纹，使用中的热电偶不应有严重的腐蚀或明显缩径等缺陷；热电偶测量端的焊接要牢固，表面应光滑，无气孔，无夹灰，呈近似球状。Ⅱ级镍铬-镍硅热电偶也可铰接或焊接，其绞接应均匀成麻花状，铰接长度相当于电极直径的 4～5 倍。

② 将标准热电偶和待校验热电偶的热端插入实验炉内的恒温区，冷端引出置于温度基本稳定的地方，并用水银温度计测出冷端温度。

③ 用数显式温度调节仪及其配套的热电偶加热控制炉内温度在预定校验点附近（偏离

不超过±10℃），当炉内温度变化不超过 0.2℃时就可以读数（毫伏值）。读数顺序为：标准热电偶 1→被校热电偶 1→被校热电偶 2→标准热电偶 2。在对某一个温度校验点进行测量读数时，数显仪表的温度变化不应超过 1℃。

④ 由低到高顺次对四个设定校验温度点（400℃、500℃、600℃、700℃，或者 700℃、800℃、900℃、1000℃）进行上述校验测定。

思考与练习题

1. 什么是温标？什么是国际实用温标？请简要说明 ITS-90 的主要内容。

2. 为什么热电偶的参比端在实用中很重要？对参比端温度处理有哪些方法？

3. 试比较热电偶测温与热电阻测温有什么不同（可以从原理、系统组成和应用场合三方面来考虑）？

4. 用测温元件热电偶或热电阻构成测温仪表（系统）测量温度时，各自应注意哪些问题？

5. 已知分度号为 K 的热电偶热端温度 $t=800℃$，冷端温度为 $t_0=30℃$，求回路实际总电势。

6. 当一个热电阻温度计所处的温度为 20℃时，电阻是 100Ω。当温度是 25℃时，它的电阻是 101.5Ω。假设温度与电阻间的变换关系为线性关系，试计算当温度计分别处在 −100℃和 150℃时的电阻值。

7. 用热电阻测温为什么常采用三线制连接？热电阻测温桥路的二线制与三线制有什么不同？

8. 为什么要控制流过热电阻的电流不超过 6mA？校验热电阻时，直接用万用表或惠斯登电桥测量热电阻阻值是否可行？为什么？

9. 热辐射温度计的测温特点是什么？

10. 某一标尺为 0～500℃的温度计，出厂前经过校验，其刻度标尺各点的测量结果值如下。

标准表读数	100	200	300	400	500
被校表读数	103	198	303	406	495

① 求出仪表最大绝对误差值，最大引用误差值。

② 确定仪表的精度等级。

③ 经过一段时间使用后重新校验时，仪表最大绝对误差为 80℃，问该仪表是否还符合出厂时的精度等级？

11. 用铂热电阻 Pt100 测温，却错配了 Cu100 的温度显示仪表。问：当显示温度为 120℃时，实际温度为多少？

第6章 化工参数控制的基本知识

6.1 自动控制系统概述

自动控制系统（automatic control systems）是指在无人直接参与下可使生产过程或其他过程按期望规律或预定程序进行的控制系统。自动控制系统是实现自动化的主要手段，简称自控系统。

6.1.1 自动控制系统的组成

自动控制系统主要由控制器、被控对象、执行机构和变送器四个环节组成。

自动控制系统是在人工控制的基础上产生和发展起来的。下面以生产过程中最常见的液位控制为例来介绍控制系统的基本组成。图 6-1 是一个液体储槽。从前一个工序来的物料连续不断地流入槽中，而槽中的液体又送至下一工序进行加工或包装。当流入量 Q_1 或流出量 Q_2 波动时会引起槽内液位的波动，严重时会溢出或抽空。可以通过人的操作控制，使槽内的液位相对稳定。具体做法是：以储槽液位为操作指标，以改变出口阀门开度为控制手段，如图 6-1(a) 所示。当液位上升时，将出口阀门开大，液位上升越多，阀门开得越大；反之，当液位下降时，则关小出口阀门，液位下降越多，阀门关得越小。为了使液位上升和下降都有足够的余地，选择玻璃管液位计指示值中间的某一点为正常工作时的液位高度，通过改变出口阀门开度而使液位保持在这一高度上。

归纳起来，如图 6-1(b) 所示，操作人员所进行的工作有以下三方面。

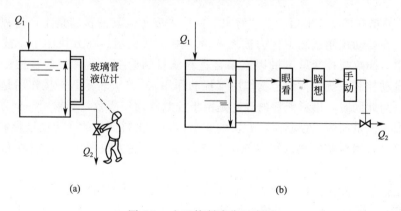

图 6-1 人工控制液位示意图

① 检测 用眼睛观察玻璃管液位计（测量元件）中液位的高低，并通过神经系统传递给大脑。

② 运算（思考）、命令 大脑根据眼睛看到的液位高度，加以思考并与要求的液位值进行比较，得出偏差的大小和正负，然后根据经验，经思考、决策后发出操纵命令。

③ 执行 根据大脑发出的命令，通过手去改变阀门开度，以改变出口流量 Q_2，从而使

液位保持在所需高度上。

　　眼、脑、手三个器官，分别担负了检测、运算和执行三个作用，来完成测量、求偏差、操纵阀门以纠正偏差的全过程。

　　由于人工控制受到人的生理上的限制，因此在控制速度和准确度上都满足不了现代化生产的需要。为了提高控制准确度和减轻劳动强度，可用一套自动化装置来代替上述人工操作，用检测元件与变送器取代眼睛，自动控制器取代大脑，自动控制阀取代手，这样就由人工控制变为自动控制了。液位储槽和自动化装置一起构成了一个自动控制系统，如图 6-2 所示。

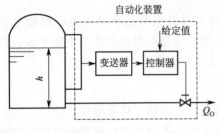

图 6-2　液位自动控制系统

　　在研究自动控制系统时，为了能更清楚地表示出一个自动控制系统中各个组成环节之间的相互影响和信号联系，一般都用方块图来表示控制系统的组成。例如，图 6-2 的液位自动控制系统可以用图 6-3 的方块图来表示。每个方块表示组成系统的一个部分，称为"环节"。两个方块之间用一条带有箭头的线条表示其信号的相互关系，箭头指向方块表示为这个环节的输入，箭头离开方块表示为这个环节的输出。线旁的字母表示相互间的作用信号。

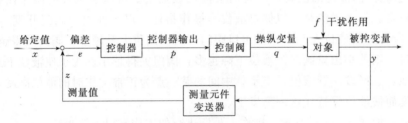

图 6-3　液位自动控制系统方块图

　　图 6-2 的储槽在图 6-3 中用一个"对象"方块来表示，其液位就是生产过程中所要保持恒定的变量，在自动控制系统中称为被控变量，用 y 来表示。在方块图中，被控变量 y 就是对象的输出。影响被控变量 y 的因素来自进料流量的改变，这种引起被控变量波动的外来因素，在自动控制系统中称为干扰作用（扰动作用），用 f 表示。干扰作用是作用于对象的输入信号。与此同时，出料流量的改变是由于控制阀动作所致，如果用一个方框表示控制阀，那么，出料流量即为"控制阀"方块的输出信号。出料流量的变化也是影响液位变化的因素，所以也是作用对象的输入信号。出料流量信号 q 在方块图中把控制阀和对象连接在一起。

　　储槽液位信号是测量元件及变送的输入信号，而变送器的输出信号 z 进入比较机构与给定值（设定值）x 进行比较，得出偏差信号 e（$e = x - z$），并送往控制器。比较机构实际上只是控制器的一个组成部分，不是一个独立的仪表。控制器根据偏差信号的大小，按一定的规律运算后，发出信号 p 送至控制阀，使控制阀的开度发生变化，从而改变出料流量以克服干扰对被控变量（液位）的影响。控制阀的开度变化起着控制作用。具体实现控制作用的变量称为操纵变量，如图 6-3 中流过控制阀的出料流量就是操纵变量。用来实现控制作用的物料一般称为操纵介质，如上述中的流过控制阀的流体。由此可见，过程控制系统由以下几部分组成。

（1）被控对象

被控对象是指被控制的生产设备或装置，常见的被控对象有锅炉、加热炉、分馏塔、反应釜、干燥炉、压缩机、旋转窑等生产设备，或储存物料的槽、罐以及传送物料的管段等。当生产工艺过程中需要控制的参数只有一个，如电阻加热炉只有炉温一个被控参数，则生产设备与被控对象是一致的；当需要控制的参数不止一个，其特性互不相同，这样的生产设备其被控对象就不止一个，应对其中的不同过程分别做不同的分析和处理。

（2）检测元件和变送器

反映生产过程的工艺参数大多不止一个，一般都需用不同的检测元件进行自动检测，才能了解生产过程进行的状态，以获得可靠的控制信息。需要进行自动控制的参数称为被控变量，上例中的水位就是被控变量，被控变量往往就是对象的输出变量。当系统只有一个被控变量，则只有一个控制回路，称为单回路控制系统，也称单变量控制系统。当系统不止一个被控变量，则不止一个控制回路，称为多回路控制系统，也称多变量控制系统。一个生产设备需要控制的回路数不一定和它的过程参数数目完全相同，因为有些参数并不需要进行自动控制，只需进行检测、显示就可以了。被控量由检测元件进行检测，当其输出不是电信号，或虽然是电信号，但不是 $4 \sim 20\text{mA}$ 信号时，必须采用电气转换器将其转换为统一的标准电信号。如果是气动仪表，都应转换为 $20 \sim 100\text{kPa}$ 的气动信号。检测元件或变送器的输出就是被控量的测量值。

（3）控制器

控制器也称调节器，它接收检测元件或变送器送来的信息——被控变量。当其符合生产工艺要求时，控制器的输出保持不变，否则控制器的输出会发生变化，对系统施加控制作用。使被控变量发生变化的任何作用称为扰动。扰动一经产生，控制器就发出控制命令，对系统施加控制作用，使被控变量回到设定值。按生产工艺要求给被控变量规定一个参考值，称为设定值 r，这就是经过控制系统的自动控制作用被控变量应保持的正常参数值。在过程控制系统中，被控变量的测量值 z 由系统的输出端反馈到系统的输入端，与设定值 r 比较后得到偏差值 $e = r - z$，就是控制器的输入信号。当 $r > z$ 时，称为正偏差；当 $r < z$ 时，称为负偏差。

（4）控制阀

由控制器发出的控制信号，通过电动或气动执行器产生的位移量 l 驱动控制阀门，以改变输入对象的操纵量 q，使被控量受到控制。控制阀是控制系统的终端部件，阀门的输出特性决定于阀门本身的结构，有的与输入信号呈线性关系，有的则呈对数或其他曲线关系。详细情况将在后面章节中进行介绍。

对于一个完整的过程控制系统，除自动控制回路外，应备有一套手动控制回路，以便在自动控制系统因故障而失效后或在某些紧急情况下，对系统进行手动遥控。另外，还应有一套必要的信号显示、通信、联络、联锁以及自动保护等设施，才能充分地保证生产过程的顺利进行和保障人身与设备的安全。

最后应当指出，控制器是根据被控变量测量值与设定值进行比较得出的偏差值对被控对象进行控制的。对象的输出信号即控制系统的输出，通过检测与变送器的作用，将输出信号反馈到系统的输入端，构成一个闭环控制回路，简称闭环。如果系统的输出信号只是被检测和显示，并不反馈到系统的输入端，则是一个没有闭合的开环控制系统，简称开环。开环系统只按对象的输入量变化进行控制，即使系统是稳定的，其控制品质也较低。

在闭环控制回路中，可能有两种形式的反馈：正反馈与负反馈。正反馈的作用会扩大不平衡量，是不稳定的。如采用正反馈控制室内温度，当温度超过设定值时，系统会增加热量，使室温升高；当温度低于设定值时，它又减少热量，使室温进一步降低。具有正反馈的控制回路，总是将被控量锁定在高端或低端的极值状态下，这种性质不符合控制目的。如采用负反馈，其作用与正反馈相反，总是力求恢复到平衡温度，即保持在规定的设定值范围内。具有负反馈（包括前馈）作用的回路，一般称为反馈控制系统。这种系统能密切监视和控制被控对象输出量的变化，抗干扰能力强，能有效地克服特性变化的影响，有一定的自适应能力，因而控制品质较高，是应用最广、研究最多的控制系统。

6.1.2 自动控制系统的分类

自动控制系统有以下几种分类方法。

① 按控制原理的不同，自动控制系统分为开环控制系统和闭环控制系统。

开环控制系统：在开环控制系统中，系统输出只受输入的控制，控制精度和抑制干扰的特性都比较差。开环控制系统中，基于按时序进行逻辑控制的称为顺序控制系统；由顺序控制装置、检测元件、执行机构和被控工业对象所组成。主要应用于机械、化工、物料装卸运输等过程的控制以及机械手和生产自动线。

闭环控制系统：闭环控制系统是建立在反馈原理基础之上的，利用输出量同期望值的偏差对系统进行控制，可获得比较好的控制性能。闭环控制系统又称反馈控制系统。

② 按给定信号分类，自动控制系统可分为恒值控制系统、随动控制系统和程序控制系统。

恒值控制系统：给定值不变，要求系统输出量以一定的精度接近给定希望值的系统。如生产过程中的温度、压力、流量、液位高度、电动机转速等自动控制系统属于恒值系统。

随动控制系统：给定值按未知时间函数变化，要求输出跟随给定值的变化。如跟随卫星的雷达天线系统。

程序控制系统：给定值按一定时间函数变化，如程控机床。

6.1.3 自动控制系统的过渡过程和品质指标

（1）控制系统的静态与动态

在自动化领域中，把被控变量不随时间变化的平衡状态称为系统的静态，而把被控变量随时间变化的不平衡状态称为系统的动态。当一个自动控制系统的输入（给定和干扰）和输出均恒定不变时，整个系统就处于一种相对稳定的平衡状态，系统的各个组成环节，如变送器、控制器、控制阀都不改变其原先的状态，它们的输出信号也都处于相对静止状态，这种状态就是上述的静态。值得注意的是这里所指的静态与习惯上所讲的静止是不同的。习惯上所说的静止都是指静止不动（当然指的仍然是相对静止）。而在自动化领域中的静态是指系统中各信号的变化率为零，即信号保持在某一常数不变化，而不是指物料不流动或能量不交换。因为自动控制系统在静态时，生产还在进行，物料和能量仍然有进有出，只是平稳进行没有改变就是了。

自动控制系统的目的就是希望将被控变量保持在一个不变的给定值上，这只有当进入被控对象的物料量（或能量）和流出对象的物料量（或能量）相等时才有可能。例如图 6-2 所示的液位控制系统，只有当流入储槽的流量和流出储槽的流量相等时，液位才能恒定，系统才处于静态。若是换热器温度控制系统，只有当进入换热器的热量和由换热器出去的热量相等时，温度才能恒定，此时系统就达到了平衡状态，亦即处于静态。

假若一个系统原先处于相对平衡状态，即静态，由于干扰的作用而破坏了这种平衡时，被控变量就会发生变化，从而使控制器、控制阀等自动化装置改变原来平衡时所处的状态，产生一定的控制作用来克服干扰的影响，并力图使系统恢复平衡。从干扰发生开始，经过控制，直到系统重新建立平衡，在这一段时间中，整个系统的各个环节和信号都处于变动状态之中，所以这种状态称为动态。

在自动化控制中，了解系统的静态是必要的，了解系统的动态更为重要。因为在生产过程中，干扰是客观存在的，是不可避免的。在一个自动控制系统投入运行时，时时刻刻都有干扰作用于控制系统，从而破坏了正常的工艺生产状态。因此，就需要通过自动化装置不断地施加控制作用去对抗或抵消干扰作用的影响，从而使被控变量保持在工艺生产所要求控制的技术指标上。所以，一个自动控制系统在正常工作时，总是处于一波未平，一波又起，波动不止，往复不息的动态过程中。显然，研究自动控制系统的重点是要研究系统的动态。

（2）控制系统的过渡过程

图 6-4 是简单控制系统的方块图。假定系统原先处于平衡状态，系统中的各信号不随时间而变化。在某一个时刻 t_0，有一干扰作用于对象，于是系统的输出 y 就要变化，系统进入动态过程。由于自动控制系统的负反馈作用，经过一段时间以后，系统应该重新恢复平衡。系统由一个平衡状态过渡到另一个平衡状态的过程，称为系统的过渡过程。系统在过渡过程中，被控变量是随时间变化的。显然，被控变量随时间的变化规律首先取决于作用于系统的干扰形式。在生产中，出现的干扰是没有固定形式的，且多半属于随机性质。在分析和设计控制系统时，为了安全和方便，常选择一些定型的干扰形式，其中常用的是阶跃干扰，如图 6-5 所示。由图可以看出，所谓阶跃干扰就是在某一瞬间 t_0，干扰（即输入量）突然阶跃式地加到系统上，并继续保持在这个幅度。采取阶跃干扰的形式来研究自动控制系统是因为考虑到这种形式的干扰比较突然，比较危险，它对被控变量的影响也最大。如果一个控制系统能够有效地克服这种类型的干扰，那么对于其他比较缓和的干扰也一定能很好地克服。同时，这种干扰的形式简单，容易实现，便于分析、实验和计算。

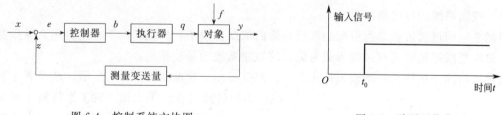

图 6-4　控制系统方块图　　　　　　　　　　图 6-5　阶跃干扰作用

一般来说，自动控制系统在阶跃干扰作用下的过渡过程有如图 6-6 所示的几种基本形式。

① 非周期衰减过程　即被控变量在给定值的某一侧做缓慢变化，没有来回波动，最后稳定在某一数值上，如图 6-6（a）所示。

② 衰减振荡过程　即被控变量上下波动，但幅度逐渐减小，最后稳定在某一数值上，如图 6-6（b）所示。

③ 等幅振荡过程　即被控变量在给定值附近来回波动，且波动幅度保持不变，如图 6-6（c）所示。

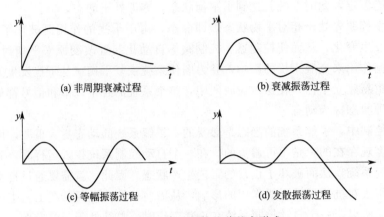

图 6-6 过渡过程的几种基本形式

④ 发散振荡过程 即被控变量来回波动，且波动幅度逐渐变大，即偏离给定值越来越远，如图 6-6(d) 所示。

以上过渡过程的四种形式可以归纳为三类。首先，如图 6-6(d) 是发散的，称为不稳定的过渡过程，其被控变量在控制过程中不但不能达到平衡状态，而且逐渐远离给定值，它将导致被控变量超越工艺允许范围，严重时会引起事故，这是生产上所不允许的，应竭力避免。其次，图 6-6(a) 和 (b) 都是衰减的，称为稳定过程。被控变量经过一段时间后，逐渐趋向原来的或新的平衡状态，这是所希望的。对于非周期的衰减过程，由于这种过渡过程变化较慢，被控变量在控制过程中长时间地偏离给定值，而不能很快恢复平衡状态，所以一般不采用，只是在生产上不允许被控变量有波动的情况下才采用。对于衰减振荡过程，由于能够较快地使系统达到稳定状态，所以在多数情况下，都希望自动控制系统在阶跃输入作用下，能够得到如图 6-6(b) 所示的过渡过程。第三，图 6-6(c) 介于不稳定与稳定之间，一般也认为是不稳定过程，生产上不能采用。只是对于某些控制质量要求不高的场合，如果被控变量允许在工艺许可的范围内振荡（主要是指在位式控制时），那么这种过渡过程的形式还是可以采用的。

（3）控制系统的品质指标

控制系统的过渡过程是衡量控制系统品质的依据。由于在多数情况下希望得到衰减振荡过程，故以衰减振荡的过渡过程形式为例讨论控制系统的品质指标。

假定自动控制系统在阶跃输入作用下，被控变量的变化曲线如图 6-7 所示。这是属于衰减振荡的过渡过程。图上横坐标 t 为时间，纵坐标 y 为被控变量离开给定值的变化量。假定在时间 $t=0$ 之前，系统稳定，且被控变量等于给定值，即 $y=0$；在 $t=0$ 瞬间，外加阶跃干扰作用，系统的被控变量开始按衰减振荡的规律变化，经过相当长时间后，y 逐渐稳定在 C 值上，即 $y(\infty)=C$。

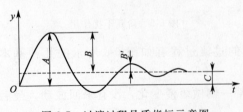

图 6-7 过渡过程品质指标示意图

对于如图 6-7 所示的过程，如何根据这个过渡过程来评价控制系统的质量呢？习惯上采用下列几个品质指标。

① 最大偏差或超调量 最大偏差是指在过渡过程中，被控变量偏离给定值的最大数值。

在衰减振荡过程中，最大偏差就是第一个波的峰值，在图 6-7 中以 A 表示。最大偏差表示系统瞬间偏离给定值的最大程度。若偏离越大，偏离的时间越长，即表明系统离开规定的工艺参数指标就越远，这对稳定正常生产是不利的。因此，最大偏差可以作为衡量系统质量的一个品质指标。一般来说，最大偏差当然是小一些为好，特别是对于一些有约束条件的系统，如化学反应器的化合物爆炸极限、催化剂烧结温度极限等，都会对最大偏差的允许值有所限制。同时，考虑到干扰会不断出现，当第一个干扰还未清除时，第二个干扰可能又出现了，偏差有可能是叠加的，这就更需要限制最大偏差的允许值。所以，在决定最大偏差允许值时，要根据工艺情况慎重选择。

有时也可以用超调量来表征被控变量偏离给定值的程度。在图 6-7 中超调量以 B 表示。从图中可以看出，超调量 B 是第一个峰值 A 与新稳定值 C 之差，即 $B=A-C$。如果系统的新稳定值等于给定值，那么最大偏差 A 也就与超调量 B 相等了。

② 衰减比　表示衰减程度的指标是衰减比，它是前后相邻两个峰值的比。在图 6-7 中衰减比是 $B:B'$，习惯上表示为 $n:1$。假如 n 只比 1 稍大一点，显然过渡过程的衰减程度很小，接近于等幅振荡过程。由于这种过程不易稳定，振荡过于频繁，不够安全，因此一般不采用。如果 n 很大，则又太接近于非振荡过程，过渡过程过于缓慢，通常这也是不希望的。一般 n 取 4～10 之间为宜。因为衰减比在 4:1～10:1 之间时，过渡过程开始阶段的变化速度比较快，被控变量在同时受到干扰作用和控制作用的影响后，能比较快地达到一个峰值，然后马上下降，又较快地达到一个低峰值，而且第二个峰值远远低于第一个峰值。当操作人员看到这种现象后，心里就比较踏实，因为被控变量再振荡数次后就会很快稳定下来，并且最终的稳态值必然在两峰值之间，决不会出现太高或太低的现象，更不会远离给定值以致造成事故。尤其在反应比较缓慢的情况下，衰减振荡过程的这一特点尤为重要。对于这种系统，如果过渡过程是或接近于非振荡的衰减过程，操作人员很可能在较长时间内，都只看到被控变量一直上升（或下降），似乎很自然地怀疑被控变量会继续上升（或下降）不止，由于这种焦急的心情，很可能会导致去拨动给定值指针或仪表上的其他旋钮。假若一旦出现这种情况，那么就等于对系统施加了人为的干扰，有可能使被控变量离开给定值更远，使系统处于难于控制的状态。所以，选择衰减振荡过程并规定衰减比在 4:1～10:1 之间，完全是操作人员多年操作经验的总结。

③ 余差　当过渡过程终了时，被控变量所达到的新的稳态值与给定值之间的偏差称为余差，或者说余差就是过渡过程终了时的残余偏差，在图 6-7 中以 C 表示。偏差的数值可正可负。在生产中，给定值是生产的技术指标，所以被控变量越接近给定值越好，亦即余差越小越好。但在实际生产中，也并不是要求任何系统的余差都很小，如一般储槽的液位调节要求就不高，这种系统往往允许液位有较大的变化范围，余差就可以大一些。又如化学反应器的温度控制，一般要求比较高，应当尽量消除余差。所以，对余差大小的要求，必须结合具体系统做具体分析，不能一概而论。有余差的控制过程称为有差调节，相应的系统称为有差系统。没有余差的控制过程称为无差调节，相应的系统称为无差系统。

④ 过渡时间　从干扰作用发生的时刻起，直到系统重新建立新的平衡时止，过渡过程所经历的时间称为过渡时间。严格地讲，对于具有一定衰减比的衰减振荡过渡过程来说，要完全达到新的平衡状态需要无限长的时间。实际上，由于仪表灵敏度的限制，当被控变量接近稳态值时，指示值就基本上不再改变了。因此，一般是在稳态值的上下规定一个小的范围，当被控变量进入这一范围并不再越出时，就认为被控变量已经达到新的稳态值，或者说

过渡过程已经结束。这个范围一般定为稳态值的±5%（也有的规定为±2%）。按照这个规定，过渡时间就是从干扰开始作用之时起，直至被控变量进入新稳态值的±5%（或±2%）的范围内且不再越出时为止所经历的时间。过渡时间短，表示过渡过程进行得比较迅速，这时即使干扰频繁出现，系统也能适应，系统控制质量就高；反之，过渡时间太长，第一个干扰引起的过渡过程尚未结束，第二个干扰就已经出现，这样几个干扰的影响叠加起来，就可能使系统满足不了生产的要求。

⑤ 振荡周期或频率　过渡过程同向两波峰（或波谷）之间的间隔时间称为振荡周期或工作周期，其倒数称为振荡频率。在衰减比相同的情况下，周期与过渡时间成正比，一般希望振荡周期短一些为好。还有一些次要的品质指标，其中振荡次数，是指在过渡过程内被控变量振荡的次数。所谓"理想过渡过程两个波"，就是指过渡过程振荡两次就能稳定下来，它在一般情况下，可认为是较为理想的过程。此时，衰减比约相当于4∶1，图6-7所示的就是接近于4∶1的过渡过程曲线。上升时间也是一个品质指标，它是指干扰开始作用起至第一个波峰时所需要的时间。显然，上升时间以短一些为宜。综上所述，过渡过程的品质指标主要有最大偏差、衰减比、余差、过渡时间等。这些指标在不同的系统中各有其重要性，且相互之间既有矛盾，又有联系。因此，应根据具体情况分清主次，区别轻重，对那些有决定性意义的主要品质指标应优先予以保证。另外，对一个系统提出的品质要求和评价一个控制系统的质量，都应该从实际需要出发，不应过分偏高偏严，否则就会造成人力物力的巨大浪费，甚至根本无法实现。

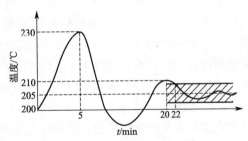

图 6-8　换热器温控系统过渡过程曲线图

【例 6-2】　某换热器的温度控制系统在单位阶跃干扰作用下的过渡过程曲线如图 6-8 所示。试分别求出最大偏差、余差、衰减比、振荡周期和过渡时间（给定值为 200℃）。

解：最大偏差 $A=230-200=30℃$，余差 $C=205-200=5℃$

由图上可以看出：第一个波峰值 $B=230-205=25℃$；第二个波峰值 $B'=210-205=5℃$，故衰减比应为 $B∶B'=25∶5=5∶1$。

振荡周期为同向两波峰之间的时间间隔，故周期 $T=20-5=15$（min）。

过渡时间与规定的被控变量限制范围大小有关，假定被控变量进入额定值的±2%，就可以认为过渡过程已经结束，那么限制范围为 $200×（±2\%）=±4℃$。这时，可在新稳态值（205℃）两侧以宽度为±4℃画一区域，图 6-8 中以画有阴影线的区域表示，只要被控变量进入这一区域且不再越出，过滤过程就可以认为已经结束。因此，从图 6-8 上可以看出，过渡时间为 22min。

6.1.4　工艺管道及控制流程图

在工艺流程确定以后，工艺人员和自控设计人员应共同研究确定控制方案。控制方案的确定包括流程中各测量点的选择、控制系统的确定及有关自动信号、联锁保护系统的设计等。在控制方案确定以后，根据工艺设计给出的流程图，按其流程顺序标注出相应的测量点、控制点、控制系统及自动信号与联锁保护系统等，便成了工艺管道及控制流程图（PID 图）。

图 6-9 是乙烯生产过程中脱乙烷塔的工艺管道及控制流程图。为了说明问题方便，对实际的工艺过程及控制方案都做了部分修改。从脱甲烷塔出来的釜液进入脱乙烷塔脱除乙烷。

从脱乙烷塔顶出来的碳二馏分经塔顶冷凝器冷凝后，部分作为回流，其余则去乙炔加氢反应器进行加氢反应。从脱乙烷塔底出来的釜液部分经再沸器后返回塔底，其余则去脱丙烷塔脱除丙烷。

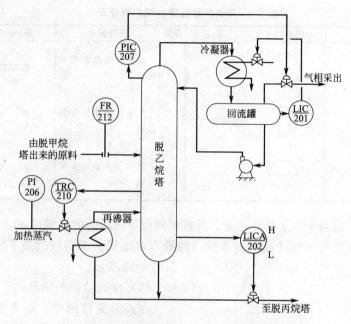

图 6-9 脱乙烷塔的工艺管道及控制流程图

在绘制 PID 图时，图中所采用的图例符号要按有关的技术规定进行标示，可参见标准 HG/T 20505—2000《过程测量与控制仪表的功能标志及图形符号》。下面结合图 6-9 对其中一些常用的统一规定做简要介绍。

（1）测量点

测量点（包括检出元件、取样点）是由工艺设备轮廓线或工艺管线引到仪表圆圈的连接线的起点，一般无特定的图形符号，如图 6-10 所示。图 6-9 中的塔顶取压点和加热蒸汽管线上的取压点都属于这种情形。必要时，检测元件也可以用象形或图形符号表示。例如流量检测采用孔板时，检测点也可用图 6-9 中脱乙烷塔的进料管线上的符号表示。

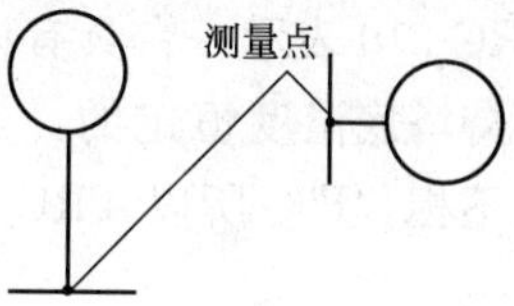

（2）信号连接线

通用的仪表信号均以细实线表示。连接线表示交叉及相接时，采用图 6-11 的形式。必要时也可用加箭头的方式表示信号的方向。在需要时，信号线也可按气信号、电信号、导压毛细管等采用不同的表示方式以示区别。

图 6-10 测量点的标示

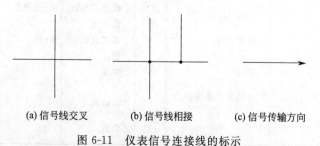

(a) 信号线交叉　　　(b) 信号线相接　　　(c) 信号传输方向

图 6-11 仪表信号连接线的标示

（3）仪表的图形符号

仪表的图形符号（包括检测、显示、控制）是一个细实线圆圈，直径约 10mm，对于不同的仪表安装位置的图形符号如表 6-1 所示。

表 6-1　仪表安装位置的图形符号表示

序号	安装位置	图形符号	备注	序号	安装位置	图形符号	备注
1	就地安装仪表	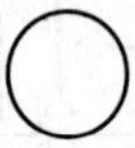 ○		3	就地仪表盘面安装仪表	 ⊖	
		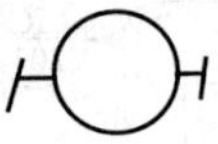 ⊢○⊣	嵌在管道中	4	集中仪表盘后安装仪表	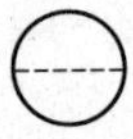 ⊖ (虚线)	
2	集中仪表盘面安装仪表	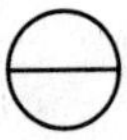 ⊖		5	就地仪表盘后安装仪表	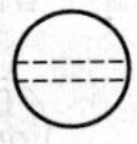 ⊖ (虚线)	

对于处理两个或两个以上被测变量，具有相同或不同功能的复式仪表时，可用两个相切圆或分别用细实线圆与细虚线圆相切表示（测量点在图纸上距离较远或不在同一图纸上），如图 6-12 所示。

(a) 集中安装的复式仪表　　　　(b) 现场安装的复式仪表

图 6-12　复式仪表的标示

（4）仪表功能的字母代号

在控制流程图中，用来表示仪表的小圆圈的上半圆内，一般写有两个（或两个以上）字母，第一个字母表示被测变量，后继字母表示仪表的功能。常见被测变量和仪表功能的字母代号见表 6-2。如图 6-9 所示，在塔顶的压力控制系统中，PIC-207 的第一位字母 P 表示被测变量为压力，第二位字母 I 表示具有指示功能，第三位 C 表示具有控制功能。因此，PIC 就表示一台具有指示功能的压力控制器。该控制系统是通过改变气相采出量来维持塔压稳定的。同样，回流罐液位控制系统中的 LIC-201 是一台具有指示功能的液位控制器，它是通过改变进入冷凝器冷剂量来维持回流罐中液位稳定的。在塔下部的温度控制系统中，TRC-210 表示一台具有记录功能的温度控制器，它是通过改变进入再沸器的中热蒸汽量来维持塔底温度恒定的。当一台仪表同时具有指示、记录功能时，只需标注字母代号"R"，可不标"I"，所以 TRC-210 可以同时具有指示、记录功能。

表 6-2　被测变量和仪表功能字母代号

字母	第一位字母 被测变量	第一位字母 修饰词	后继字母 功能	字母	第一位字母 被测变量	第一位字母 修饰词	后继字母 功能
A	分析		报警	P	压力或真空		
C	电导率			Q	数量或件数	积分、积累	积分、积累
D	密度	差		R	放射性		记录或打印
E	电压		检测元件	S	速度或频率	安全	开关、联锁
F	流量	比（分数）		T	温度		传送
I	电流		指标	V	黏度		阀、挡板、百叶窗
K	时间或时间程序		自动手动操作器	W	力		套管
				Y	供选用		继动器或计算器
L	物位			Z	位置		驱动、执行或未分类的终端执行机构
M	水分或湿度						

在塔底的液位控制系统中，LICA-202 代表一台具有指示、报警功能的液位控制器，它是通过改变塔底采出量来维持塔釜液位稳定的。仪表圆圈外标有 "H"、"L" 字母，表示该仪表同时具有高、低限报警，在塔釜液位过高或过低时，会发出声、光报警信号。

（5）仪表位号

在检测、控制系统中，构成一个回路的每个仪表（或元件）都应有自己的仪表位号。仪表位号是由字母代号组合和阿拉伯数字编号两部分组成。字母代号的意义前面已经解释过。阿拉伯数字编号写在圆圈的下半部，其第一位数字表示工段号，后续数字（二位或三位数字）表示仪表序号。图 6-9 中仪表的数字编号第一位都是 2，表示脱乙烷塔在乙烯生产中属于第二工段。通过控制流程图可以看出，其上每台仪表的测量点位置、被测变量、仪表功能、工段号、仪表序号、安装位置等。如图 6-9 中的 PI-206 表示测量点在加热蒸汽管线上的蒸气压力指示仪表，该仪表为就地安装，工段号为 2，仪表序号为 06。而 TRC-210 表示同一工段的一台温度记录控制控制仪，其温度的测量点在塔的下部，仪表安装在集中仪表盘面上。

6.2　描述对象的特性参数

6.2.1　化工过程对象的特性

化工过程参数控制的对象（简称被控对象或对象）是过程控制系统的主体，全部控制装置都是为它服务的，并按照过程控制对象的特性和要求进行设计及调试。系统的控制质量在很大程度上取决于对象的特性。因此，研究过程控制对象的动态特性是分析、设计、整定过程控制系统的基础。过程控制对象生产过程几乎都离不开物质或能量的流动（能量常以某种流体作为载体），可将对象视为一个隔离体，从外部流入对象内部的物质或能量称为流入量，从对象内部流出的物质或能量称为流出量。显然，只有当流入量与流出量保持平衡时，对象才会处于稳定平衡的工况。平衡关系一旦遇到破坏，就必然会反映在某一个量的变化上。例如，液位变化就反映物质平衡关系遭到破坏，温度变化则反映热量平衡遭到破坏。实际上，这种平衡关系的破坏是经常发生且难以避免的。过程控制系统常要求将温度、压力、液位等表征平衡关系的物理量保持在其设定值上，这就必须随时控制流入量或流出量。在一般情况下，实施这种控制的执行器就是调节阀，它不仅适用于流入量或流出量是物质流的情况，也适用于流入量或流出量是能量流的情况。过程控制对象的另一特点是，它们大多属慢变过程（即被控量的变化比较缓慢），时间尺度往往以若干分钟甚至小时计。在现代工业生产过程中，生产规模不同，工艺要求各异，产品品种多样，过程控制中被控对象形式是多种多样的，有些生产过程（热工过程）是在较大的设备中进行的，这些对象往往具有较大的蓄积容积，而流入、流出量的份额只能是有限值，这就使得被控制量的变化过程不可能很快。

从阶跃响应曲线看，大多数被控对象动态特性的特点是：被控量的变化通常是不振荡的、单调的、有惯性和滞后性。对象对于阶跃干扰的典型响应曲线有两类，如图 6-13 所示。当扰动发生后，被控量一开始并不立刻有显著的 y 变化，这表明对象对扰动的响应有迟延和惯性。而在最后阶段被控量可能达到新的平衡，如图 6-13(a) 所示，这样的对象称为有自平衡能力对象。被控量也可能不断变化无法进入新的平衡态，而其变化速度趋近某一定值，如图 6-13(b) 所示，则称为无自平衡能力对象。对象是否具有自平衡能力，是由对象的参数特点决定的。由于大多数过程控制对象阶跃响应具有上述特点，常可用其阶跃响应曲线上的几个特征参数值来表示对象动态特性。

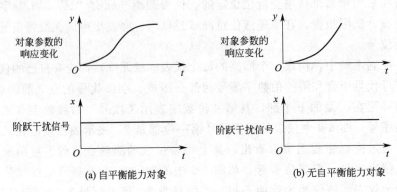

图 6-13　对象的阶跃响应曲线

6.2.2　描述对象特性的参数

当对象的输入量变化后，输出量究竟是如何变化的呢？这就是本节要研究的问题。显然，对象输出量的变化情况与输入量的形式有关。为了使问题比较简单起见，下面假定对象的输入量是具有一定幅值的阶跃信号。

对象的特性可以通过其数学模型来描述。在实际工作中，常用下面三个物理量来表示对象的特性。这些物理量，称为对象的特性参数。

（1）放大系数 K

对于如图 6-14 所示的简单水槽对象，当流入流量 Q_1，有一定的阶跃变化后，液位 h 也会有相应的变化，但最后会稳定在某一数值上。如果我们把流量 Q_1 的变化看为对象的输入，而液位 h 的变化看作对象的输出，那么在稳定状态时，对象一定的输入就对应着一定的输出，这种特性称为对象的静态特性。

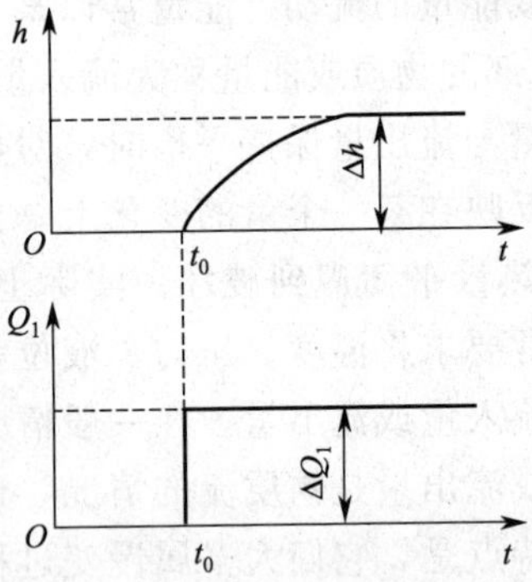

假定 Q_1 的变化量用 ΔQ_1 表示，h 的变化量用 Δh 表示。

在一定的 ΔQ_1 下，h 的变化情况如图 6-14 所示。在重新达到稳定状态后，一定的 ΔQ_1 对应着一定的 Δh 值。令 K 等于 Δh 与 ΔQ_1 之比，用数学关系式表示，即：

$$K = \Delta h / \Delta Q_1 \tag{6-1}$$

$$\Delta h = K \Delta Q_1 \tag{6-2}$$

图 6-14　水槽液位的变化曲线

式中，K 在数值上等于对象重新稳定后的输出变化量与输入变化量之比。它的意义也可以这样来理解：如果有一定的输入变化量 ΔQ_1，通过对象就被放大了 K 倍，变为输出变化量 Δh。一般称 K 为对象的放大系数。

对象的放大系数 K 越大，就表示对象的输入量有一定变化时，对输出量的影响越大。在工艺生产中，常常会发现有的阀门对生产影响很大，开度稍微变化就会引起对象输出量大幅度的变化，甚至造成事故；有的阀门则相反，开度的变化对生产的影响很小。这说明在一个设备上，各种量的变化对被控变量的影响是不一样的。换句话说，就是各种量与被控变量之间的放入系数有大有小。放大系数越大，被控变量对这个量的变化就越灵敏，这在选择自动控制方案时是需要考虑的。

现以合成氨厂的变换炉为例，来说明各个量的变化对被控变量的放大系数是不相同的。

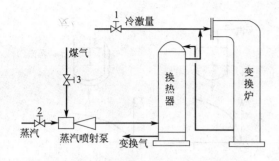

图 6-15　一氧化碳变换过程示意图

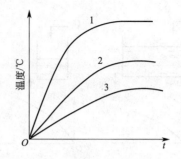

图 6-16　被控变量在不同输入
作用下的变化曲线

图 6-15 是一氧化碳变换过程示意图。变换炉的作用是将一氧化碳和水蒸气在催化剂存在的条件下发生作用，生成氧气和二氧化碳，同时放出热量。生产过程要求一氧化碳的转化率要高，蒸汽消耗量要少，催化剂寿命要长。生产上通常用变换炉一段反应温度作为被控变量，来间接地控制转换率和其他指标。

影响变换炉一段反应温度的因素是很复杂的。其中主要有冷激流量、蒸汽流量和半水煤气流量。改变阀门 1、2、3 的开度就可以分别改变冷激量、蒸汽量和半水煤气量的大小。生产上发现，改变冷激量对被控变量温度的影响最大、最灵敏；改变蒸汽量影响次之；改变半水煤气量对被控变量的影响最不显著。如果改变冷激量、蒸汽量和半水煤气量的百分数是相同的，那么变换炉一段反应温度的变化情况如图 6-16 所示。图中曲线 1、2、3 分别表示冷激量、蒸汽量、半水煤气量改变时的温度变化曲线。由该图可以看出，当冷激量、蒸汽量、半水煤气量改变的相对百分数相同时，达到稳定值以后，曲线 1 的温度变化最大；曲线 2 次之；曲线 3 的温度变化最小。这说明冷激量对温度的相对放大系数最大，蒸汽量对温度的相对放大系数次之，半水煤气量对温度的相对放大系数最小。

当然，究竟通过控制什么参数来改变被控变量为最好的控制方案，除了要考虑放大系数的大小之外，还要考虑许多其他因素，详细分析将在后续章节进行。

（2）时间常数 T

从大量的生产实践中发现，有的对象受到干扰后，被控变量变化很快，可以迅速地达到新的稳定值；有的对象在受到干扰后，惯性很大，被控变量要经过很长时间才能达到新的稳态值。从图 6-17 中可以看到，水平横截面积很大的水槽与截面积很小的水槽相比，当进口流量改变同样一个数值时，截面积小的水槽液位变化很快，并迅速趋向新的稳态值。而截面积大的水槽惯性大，液位变化慢，须经过很长时间才能稳定。同样道理，夹套蒸汽加热的反应器与直接蒸汽加热的反应器相比，当蒸汽流量变化时，直接蒸汽加热的反应器内反应物的温度变化就比夹套加热的反应器来得快，如图 6-17(b) 所示。

如何定量地表示对象的这种特性呢？在自动化领域中，往往用时间常数 T 来表示。时间常数越大，表示对象受到干扰作用后，被控变量变化得越慢，到达新的稳定值所需的时间越长。为了进一步理解放大系数 K 与时间常数 T 的物理意义，下面结合图 6-18 所示的水槽例子，来进一步加以说明。

已知此简单水槽的输入量 Q_1 与输出量 h 之间的数学关系可由下式表示：

$$T\frac{\mathrm{d}h}{\mathrm{d}t}+h=KQ_1 \tag{6-3}$$

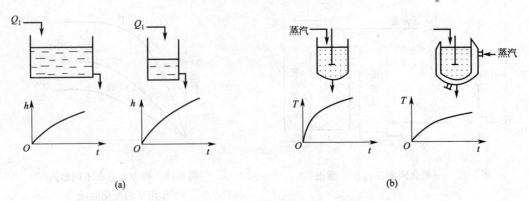

图 6-17 不同时间常数对象的反应曲线

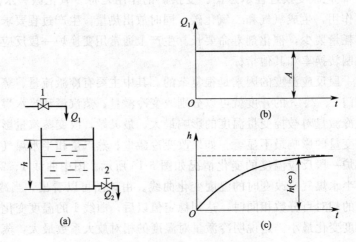

图 6-18 水槽对象及其响应曲线

假定 Q_1 为阶跃作用，$t<0$ 时 $Q_1=0$，$t \geq 0$ 时 $Q_1=A$，如图 6-18(b) 所示。为了求得在 Q_1 作用下 h 的变化规律，可以对上述微分方程式求解，得：

$$h(t)=KA(1-\mathrm{e}^{-\frac{t}{T}}) \qquad (6\text{-}4)$$

式(6-4) 就是对象在受到阶跃作用 $Q_1=A$ 后，被控变量 h 随时间变化的规律，称为被控变量过渡过程的函数表达式。根据式(6-4) 可以画出 h-t 曲线，称为阶跃反应曲线或飞升曲线，如图 6-18(c) 所示。

从图 6-18 的反应曲线可以看出，对象受到阶跃作用后，被控变量就发生变化，当被控变量不再变化而达到了新的稳态值 $h(\infty)$，这时由式(6-4) 可得：

$$h(\infty)=KA \quad \text{或} \quad K=\frac{h(\infty)}{A} \qquad (6\text{-}5)$$

这就是说，K 是对象受到阶跃输入作用后，被控变量新的稳定值与所加的输入量之比，即被控对象的放大系数。它表示对象受到输入作用后，重新达到平衡状态时的快慢，是不随时间而变的，所以是对象的静态性能。

对于简单水槽对象，放大系数只与出水阀的阻力有关，当阀门的开度一定时，放大系数就是一个常数。

下面再来讨论时间常数 T 的物理意义。将 $t=T$ 代入式(6-4)，就可以求得：

$$h(T)=KA(1-\mathrm{e}^{-1})=0.632KA \tag{6-6}$$

将式（6-5）代入式（6-6）得：

$$h(T)=0.632h(\infty) \tag{6-7}$$

　　这就是说，当对象受到阶跃输入后，被控变量达到新的稳态值的 63.2% 所需的时间就是时间常数 T。实际工作中，常用这种方法求取时间常数。显然，时间常数越大，被控变量的变化也越慢，达到新的稳定值所需的时间也越大。在图 6-19 中，四条曲线分别表示对象的时间常数为 T_1、T_2、T_3、T_4 时，在相同的阶跃输入作用下被控变量的反应曲线。假定它们的稳态输出值均是相同的（图中为 100）。显然，由圈可以看出，$T_1<T_2<T_3<T_4$。时间常数大的对象（例 T_4 所表示的对象），对输入的反应比较慢，一般也可以认为它的惯性要大一些。

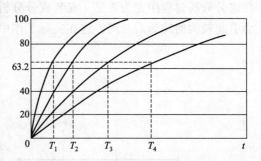

图 6-19　不同时间常数下的反应曲线

　　（3）滞后时间

　　前面介绍的简单水槽对象在受到输入作用后，被控变量立即以较快的速度开始变化，如图 6-14 所示。这是一阶对象在阶跃输入作用下的反应曲线。这种对象用时间常数 T 和放大系数 K 两个参数就可以完全描述了它们的特性。但是有的对象，在受到输入作用后，被控变量却不能立即而迅速地变化，这种现象称为滞后现象。根据滞后性质的不同，可分为两类，即传递滞后和容量滞后。

　　① 传递滞后　传递滞后又称纯滞后，一般用 τ_0 表示。τ_0 的产生一般是由于介质的输送需要一段时间而引起的。例如图 6-20(a) 所示的溶解槽，料斗中的固体用皮带输送机送至加料口。在料斗加大送料量后，固体溶质需等输送机将其送到加料口并落入槽中后，才会影响溶液的浓度。当以料斗的加料量作为对象的输入，溶液浓度作为输出时，其反应曲线如图 6-20(b) 所示。

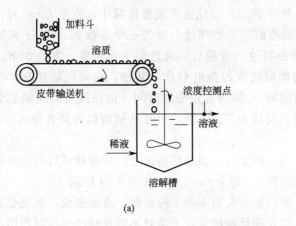

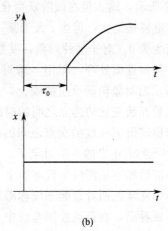

(a)　　　　　　　　　　　　　　　　　(b)

图 6-20　溶解槽及其反应曲线

　　图中所示的 τ_0 为皮带输送机将固体溶质由加料斗辅送到溶解槽所需要的时间，称为纯滞后时间。显然，纯滞后时间与皮带辅送机的传送速度 v 和传送距离 L 有如下关系：

$$\tau_0=\frac{L}{v} \tag{6-8}$$

另外，从测量方面来说，由于测量点选择不当、测量元件安装不合适等原因也会造成传递滞后。图 6-21 是一个蒸汽直接加热器。如果以进入的蒸汽量 q 为输入量，实际测得的溶液温度为输出量。并且测温点不是在槽内，而是在出口管道上，测温点离槽体的距离为 L。那么，当加热蒸汽量增大时，槽内温度升高，然而槽内溶液流到管道测温点处还要经过一段时间 τ_0。所以，相对于蒸汽流量变化的时刻，实际测得的溶液温度 T 要经过时间 τ_0 后才开始变化。这段时间 τ_0 亦为纯滞后时间。由于测量元件或测量点选择不当引起纯滞后的现象在成分分析过程中尤为常见。安装成分分析仪器时，取样管线太长，取样点离设备太远，都会引起较大的纯滞后时间，这在实际工作中是要尽量避免的。

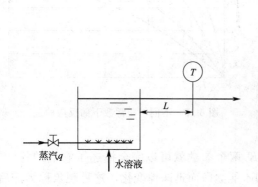

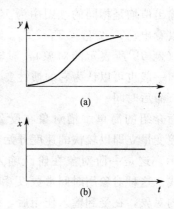

图 6-21　蒸汽直接加热容器中的物料　　图 6-22　具有容量滞后系统的响应曲线

② 容量滞后　有些对象在受到阶跃输入作用 x 后，被控变量 y 开始变化很慢，后来才逐渐加快，最后又变慢直至逐渐接近稳定值，这种现象称为容量滞后或过渡滞后，其响应曲线如图 6-22 所示。

容量滞后，一般是由于物料或能量的传递需要克服一定阻力造成的。其阶跃响应曲线如图 6-22 所示，输入量在做阶跃变化的瞬间，输出量变化的速度等于 0，以后随着 t 的增加，变化速度慢慢增大，但当 t 大于某一个 t_1 值后，变化速度又慢慢减小，直至 $t \to \infty$ 时，变化速度减少为 0。对于这种对象，要想用前面所讲的描述对象的三个参数 K、T、τ 来描述的话，必须做近似处理，即用一阶对象的特性（有滞后）来近似上述对象，方法如下。在图 6-23 所示的对象阶跃反应曲线上，过响应曲线的拐点 O 作一切线，与时间轴相交，交点与被控变量开始变化的起点之间的时间间隔 τ_h 即为容量滞后时间。由切线与时间轴的交点到切线与稳定值 KA 线的交点之间的时间间隔为 T。这样，对象就被近似为是有滞后时间 $\tau = \tau_h$，时间常数为 T 的一阶对象了。

纯滞后和容量滞后尽管本质上不同，但实际上很难严格区分，在容量滞后与纯滞后同时存在时，常常把两者合起来统称滞后时间 τ，即 $\tau = \tau_0 + \tau_h$，如图 6-24 所示。

不难看出，在自动控制系统中，滞后的存在是不利于控制的。也就是说，系统受到干扰作用后，由于存在滞后，被控变量不能立即反映出来，于是就不能及时产生控制作用，整个系统的控制质量就会受到严重的影响。当然，如果对象的控制通道存在滞后，那么所产生的控制作用不能及时克服干扰作用对被控变量的影响，也会影响控制质量。所以，在设计和安装控制系统时，都应当尽量把滞后时间降到最小。从工艺角度来说，应通过工艺改进，尽量减少或缩短那些不必要的管线及阻力，以利于减少滞后时间。

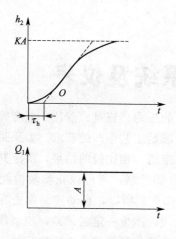

图 6-23　串联水槽的响应曲线

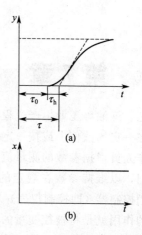

图 6-24　两种滞后时间的示意图

思考与练习题

1. 什么是自动控制系统的方块图，它与控制流程图有什么区别？

2. 反映对象特性的参数有哪些？各有什么物理意义？它们对自动控制系统有什么影响？

3. 什么是自动控制系统的过渡过程？它有哪几种基本形式？

4. 对象的纯滞后和容量滞后各是什么原因造成的？对控制过程有什么影响？

5. 为什么生产上经常要求控制系统的过渡过程具有衰减振荡形式？

6. 如图 6-25 所示，A、B 两种物料进入反应器进行反应，通过改变进入夹套的冷却水流量来控制反应器内的温度不变。试画出该温度控制系统的方块图，并指出该系统中的被控对象、被控变量、操纵变量及可能影响被控变量的干扰是什么？

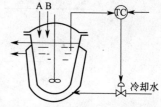

图 6-25　反应器温度控制系统

7. 图 6-26 为某列管式蒸汽加热器控制流程图。试分别说明图中 PI-307、TRC-303、FRC-305 所代表的意义。

8. 某化学反应器工艺规定操作温度为（900±10）℃。考虑安全因素，控制过程中温度偏离给定值最大不得超过 80℃。现设计的温度定值控制系统，在最大阶跃干扰作用下的过渡过程曲线如图 6-27 所示。试求该系统的过渡过程品质指标：最大偏差、超调量、衰减比和振荡周期，并回答该控制系统能否满足题中所给的工艺要求？

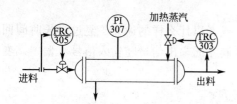

图 6-26　某列管式蒸汽加热器控制流程

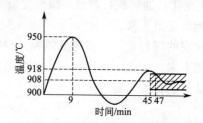

图 6-27　某过渡过程曲线

第 7 章　自动控制系统及仪表

在化工、炼油等工业生产过程中，对于生产装置中的压力、流量、液位、温度等参数常要求维持在一定的数值上或按一定的规律进行变化，以满足工艺生产的要求。如果采用人工控制，操作人员根据参数的测量值和规定的参数值（给定值）相比较的结果，决定开大或关小某个阀门，以维持参数在规定的数值上。如果采用自动控制，则可以在参数检测的基础上，再应用控制器（即控制仪表）和执行器来代替人工操作。所以，自动控制仪表在自动控制系统中的作用就是将被控变量的测量值与给定值相比较，产生一定的偏差，控制仪表根据该偏差按一定的规律进行数学运算，并将运算结果以一定的信号形式传送给执行器，使执行器按一定的规律动作，以实现对被控变量的自动控制。

7.1　常用控制规律

在讨论控制器的结构与工作原理之前，首先要对控制器的控制规律及其对系统过渡过程的影响进行研究。控制器的形式多种多样，有气动或电动的，有模拟或智能的，但从控制规律的角度来看，基本控制规律只有有限的几种，它们都是人们在长期生产实践中的经验总结。

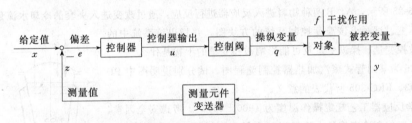

图 7-1　简单控制系统

在图 7-1 简单控制系统中，被控变量由于受扰动 f 的影响，常常偏离给定值，即被控变量产生了偏差：$e=x-z\neq0$，控制器接受了偏差信号 e 后，按一定的控制规律使其输出信号 u 发生变化，通过执行器改变操纵变量 q，以抵消干扰对被控变量 y 的影响，从而使被控变量回到给定值上来。

现在的问题是，被控变量能否回到给定值上，或者以什么样的途径、经过多长时间回到给定值上来。因此，所谓控制器的控制规律就是控制器的输出信号随输入信号（偏差）变化的规律，也称为控制规律，即：

$$p=f(z-x)=f(e) \tag{7-1}$$

基本控制规律有位式控制（双位控制）、比例作用（P）、积分作用（I）、微分作用（D）。工业上常用的控制规律为双位控制、纯比例控制（P）、比例积分控制（PI）、比例微分控制（PD）、比例积分微分控制（PID）。

一个控制系统主要包括两类基本环节：控制器和广义对象（即将被控对象、测量变送环节和执行器看成一个整体）。广义对象在控制系统中属于固定因素，当系统设计好以后，广义对象特性也就确定了；在整个控制系统中，控制作用主要是通过控制器来实现的，而控制器实现控制的本质在于选择合适的控制规律。必须根据生产要求来选用适当的控制规律。如选用不当，会导致控制过程恶化，甚至造成事故。

7.1.1　位式控制

位式控制中的双位控制是自动控制系统中最简单，也是非常实用的一种控制规律。理想的双位控制特性如图 7-2(a) 所示。控制器输出只有两个固定的数值，即只有两个极限位置，其基本的控制规律可描述为：

$$
\begin{cases}
p_{\max} & \text{当 } e > 0 \text{ 或}(e \leqslant 0)\text{打开} \\
p_{\min} & \text{当 } e \leqslant 0 \text{ 或}(e > 0)\text{关闭}
\end{cases}
\tag{7-2}
$$

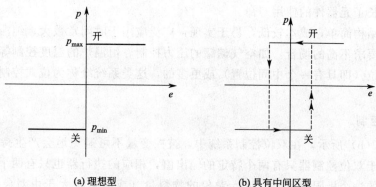

(a) 理想型　　　　　　　　　　　(b) 具有中间区型

图 7-2　双位控制的操作特性

这种理想的双位控制是不能直接应用于实际的生产现场控制，因为当液位在给定值附近频繁波动，使控制机构的动作非常频繁，会使系统中的运动部件（如电磁阀、继电器等）因频繁动作而损坏。因此，实际应用的双位控制器应有一个中间区。当偏差在中间区内，控制机构不动作。只有当被控变量的测量值与给定值之间的偏差大于某个数值时，控制器的输出才发生变化，从 $p_{\min}$ 变化到 $p_{\max}$（或从 $p_{\max}$ 变化到 $p_{\min}$），具有中间区型的控制特性如图7-2(b) 所示。

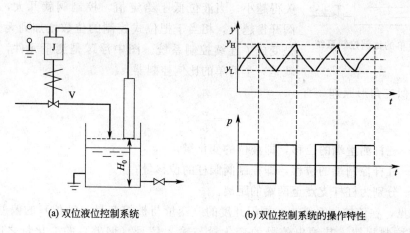

(a) 双位液位控制系统　　　　　　(b) 双位控制系统的操作特性

图 7-3　采用双位控制的液位控制系统及其操作特性

图 7-3(a) 是一个采用双位控制的液位控制系统，它利用电极式液位计来控制储槽的液位。槽内装有一根电极作为液位的测量装置，电极的一端与继电器 J 的线圈相接，另一端调

整在液位给定值的位置，导电的流体经电磁阀 V 进入储槽，由下部出料管流出。储槽外壳接地，当液位低于给定值 H_0 时，流体未接触电极，继电器断路，此时电磁阀 V 全开，流体流入储槽使液位上升。当液位上升至稍大于给定值时，流体与电极接触，继电器通电，使电磁阀 V 全关，流体不再流入储槽，但槽内流体仍继续往外流出，故液位将会下降。当液位下降至稍低于给定值时，流体与电极脱离，电磁阀 V 又开启，如此反复循环，使液位维持在给定值上下很小的一个范围内波动。

工业上实际的双位控制过程如图 7-3(b) 所示，被控变量在下限值 y_L 与上限值 y_H 之间变化，是一个等幅振荡的过程。如果工艺生产允许被控变量在一个较宽的范围内波动，控制器的中间区可设置得宽一些，这样控制器输出发生变化的次数减少，可动部件的动作次数也相应减少，延长了元器件的使用寿命。

双位控制结构简单，成本较低，易于实现，广泛应用于时间常数大、纯滞后小、负荷变化不大、控制要求不高的场合，如空气储罐的压力控制、恒温炉的温度控制等。除了双位控制外，还有三位（即具有一个中间位置）或更多的，这类系统统称为位式控制，它们的工作原理基本相同。

7.1.2　比例控制

正如图 7-3(b) 所示，在双位控制系统中，被控变量不可避免地会产生持续的等幅振荡过程，这是由于双位控制器只有两个特定的输出值，相应的执行器也只有两个极限位置，势必在处于其中的一个极限位置时，流入对象的物料量（或能量）大于由对象流出的物料量（或能量），使被控变量上升；而当处于另一个极限位置时，情况正好相反，被控变量下降。如此反复，被控变量就产生等幅振荡。

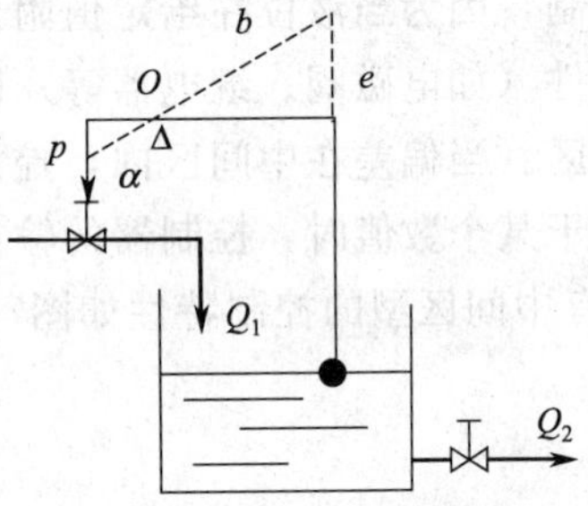

为了避免这种情况，使控制阀的开度（即控制器的输出值）与被控变量的偏差成比例，根据偏差的大小，控制阀可以处于不同的位置，这样就可以获得与对象负荷相适应的操纵变量，从而使被控变量趋于稳定，达到平衡状态。如图 7-4 所示，当液位高于给定值时，控制阀就关小，液位越高，阀关得越小；当液位低于给定值，控制阀就开大，液位越低，阀开得越大，相当于把位式控制的位数增加到无穷多位，于是变成了连续控制系统。图中浮球是测量元件，杠杆 a-O-b 就是一个简单的比例控制器。

图 7-4　简单的比例控制系统

根据相似三角形原理，有

$$p = \frac{a}{b} \times e \tag{7-3}$$

式中　e——杠杆测量端的位移，即液位的变化量；

　　　p——杠杆控制端的位移，即控制阀阀杆的位移量；

　　　a，b——分别为杠杆支点至两端的距离。

由此可见，在该控制系统中，阀门开度的改变量与被控变量（液位）的偏差值成比例，这就是比例控制规律。其输出信号的变化量与输入信号（偏差）的变化量之间成比例关系，即：

$$p = K_p e \tag{7-4}$$

其中 K_p 是一个可调的放大倍数。对照式(7-3)可知，图 7-4 中比例控制器的 $K_p = a/b$，改变杠杆支点的位置，便可以改变 K_p 的大小。比例控制中，K_p 是一个重要的参数，它决定了比例控制作用的强弱。K_p 越大，比例控制作用越强。

在实际应用中，一般不直接采用放大倍数 K_p 来表示比例控制作用的强弱，而采用比例度 δ 的概念。比例度 δ 的意义是：使控制器的输出变化满刻度时（也即控制阀从全关到全开，或从全开到全关），相应的仪表测量值变化占仪表测量范围的百分数。即输入信号的相对变化量占输出信号的相对变化量的百分数。

$$\delta = \frac{\dfrac{e}{x_{max} - x_{min}}}{\dfrac{e}{p_{max} - p_{min}}} \times 100\% \tag{7-5}$$

式中　　e——输入的变化量；

$\qquad p$——相应的输出变化量；

$x_{max} - x_{min}$——输入的最大变化量，即仪表的量程；

$p_{max} - p_{min}$——输出的最大变化量，即控制器的工作范围。

对于一个实际的比例作用控制器，其指示值的刻度范围 $x_{max} - x_{min}$ 及输出值的范围 $p_{max} - p_{min}$ 是一定的，由式(7-5)可见，比例度 δ 与放大倍数 K_p 成反比关系。也就是说，控制器的比例度 δ 越小，其放大倍数 K_p 越大，比例控制的作用也越强；反之，比例度 δ 越大，比例控制的作用越弱。比例控制的优点是反应快，控制及时。有偏差信号输入时，输出立即与它成比例地变化，偏差越大，输出的控制作用越强。

比例控制的另一个特点是存在余差。以图 7-4 所示的系统为例，原来系统处于平衡状态，进水量与出水量相等，此时控制阀有一个固定的开度，比如说对应于杠杆为水平位置。当出水量有一个阶跃增大量时，液位开始下降，在控制器的作用下，控制阀开大，进水量增大。当进水量增加到与出水量相等时，才能重新建立平衡，此时液位也不再变化。但要使进水量增加，控制阀必须开大，阀杆必须上移，浮球必须下移，对应的液位将稳定在一个比原来稳定值（即给定值）要低的位置，其差值就是余差。比例度 δ 对控制过程的影响如图 7-5 所示。比例度 δ 越大，过渡过程的曲线越平稳，但余差也越大。当比例度 δ 逐渐减小时，余差也逐渐减小，但系统从不振荡开始振荡，比例度 δ 越小，振荡越剧烈。当比例度 δ 减小到某个数值时系统出现等幅振荡（如曲线 2），这时的比例度称为临界比例度 δ_k。当比例度 δ 小于临界比例度时，系统将出现发散振荡（如曲线 1），这在生产过程中是十分危险的。工业生产中，通常要求过渡过程比较平稳而余差又不太大（如曲线 4）。

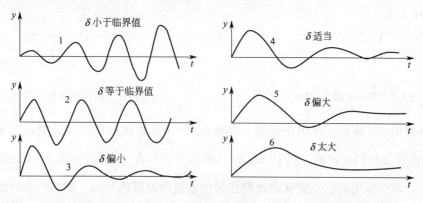

图 7-5　比例度对过渡过程的影响

纯比例控制的适用场合是：干扰幅度较小、纯滞后较小、负荷变化不大、控制要求不太高的场合。一般来说，若对象滞后较小、时间常数较大，以及放大倍数较小时，比例度可以选得小些，这样可以提高系统的灵敏度，使响应快一些，从而过渡过程曲线的形状较好。反之，比例度就要选大些以保证稳定。

7.1.3 积分控制

存在余差是比例控制的缺点，当对控制准确度有更高要求时，就需要在比例控制的基础上，再加上能消除余差的积分控制。

积分作用是指控制器的输出与输入（偏差）对时间的积分成比例的特性，即：

$$p = \frac{1}{T_I} \int e \mathrm{d}t \tag{7-6}$$

式中，T_I 为积分时间，T_I 越大积分作用越小。积分控制器的特性曲线如图 7-6 所示，当输入偏差为常数 A 时，其输出信号为一条随时间增长（或减小）的直线。因此在积分控制中，只要有偏差存在，控制器输出会不断变化，直到偏差为 0 时，输出才停止变化而稳定在某一个值上，所以采用积分控制可以消除余差。积分控制器的输出是偏差随时间的积分，其控制作用是随着时间积累而逐渐增加的。当偏差刚产生时，控制器的输出很小，控制作用很弱，不能及时克服干扰作用，所以一般不单独采用积分作用，而与比例作用配合使用。这样既能控制及时，又能消除余差。比例积分控制规律可用下式表示为：

$$p = K_P \left(e + \frac{1}{T_I} \int e \mathrm{d}t \right) \tag{7-7}$$

若偏差为 A 的干扰，代入可得：

$$p = K_P \left(A + \frac{A}{T_I} t \right)$$

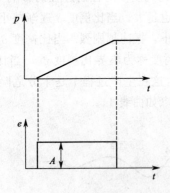

图 7-6 积分控制器的特性

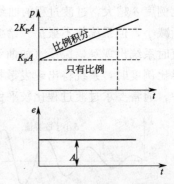

图 7-7 比例积分控制器特征

其特性如图 7-7 所示，输出中垂直上升部分 $K_P A$ 是由比例作用造成的，而缓慢上升部分 $\frac{K_P}{T_I} A t$ 是由积分作用造成的。当 $t = T_I$ 时，输出为 $2K_P A$。因此，积分时间的定义为：在阶跃输入下，积分作用的输出变化到比例作用的输出所经历的时间。图 7-7 表示比例积分控制器采用比例积分控制作用时，积分时间对过渡过程的影响具有两重性。在同样的比例度下，缩短积分时间 T_I，将使积分控制作用加强，容易消除余差，这是有利的一面。但缩短积分时间，加强积分控制作用后，会使系统振荡加剧，有不易稳定的倾向。积分时间越短，振荡倾向越强烈，甚至会形成不稳定的发散振荡，这是不利的一面。

由图 7-8 可以看出，积分时间过大或过小都不合适。T_I 过大，积分作用不明显，余差消除很慢，见曲线 3；T_I 过小，过渡过程振荡太剧烈，稳定程度降低，见曲线 1。因此，积分作用的特点是：能够消除余差，但会降低系统稳定性。所以，在引入积分作用以后，应适当降低比例作用（增大比例度或降低比例增益）。

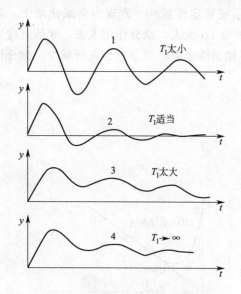

图 7-8　积分时间对过渡过程的影响

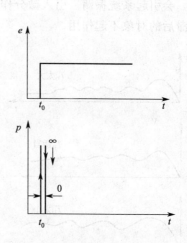

图 7-9　理想微分控制器特性

7.1.4　微分控制

比例控制规律和积分控制规律，都是根据已经形成的被控变量与给定值的偏差而进行动作的。但对于惯性较大的对象，为了使控制作用及时，常常希望能根据被控变量变化的快慢来控制。在人工控制中，有时偏差可能还小，但看到参数变化很快，估计到很快就会有更大偏差时，会先改变阀门开度以克服干扰影响，这是根据偏差的速度而引入的超前控制作用，只要偏差的变化一发生，就立即动作，这样控制的效果将会更好。微分作用就是模拟这一实践活动而采用的控制规律。微分控制主要用来克服被控对象的容量滞后（时间常数 T_D），但不能克服纯滞后。微分作用是指控制器的输出与输入变化率成比例关系，其特性可表达为

$$p = T_D \frac{de}{dt} \tag{7-8}$$

式中，T_D 为微分时间；de/dt 为偏差信号的变化速度。此式为理想微分控制器特性，当 $t = t_0$ 时，输入一个阶跃信号，则在 $t = t_0$ 时控制器输出为无穷大，其余时间输出为 0（图 7-9）。

这种控制器在系统中，即使偏差很小，只要出现变化趋势，马上就进行控制，故有超前控制之称，这是它的优点。但它的输出不能反映偏差的大小，假如偏差固定，即使数值再大，微分作用也没有输出，因而控制结果不能消除偏差，所以微分控制器不能单独使用。它

常与比例或比例积分控制器组成比例微分控制或比例积分微分控制。

比例微分（PD）控制由比例和微分两种控制作用组合而成，即：

$$p = K_P\left(e + T_D\,\frac{\mathrm{d}e}{\mathrm{d}t}\right) \tag{7-9}$$

式中，比例作用项为 $K_P e$；微分作用项为 $K_P T_D\,\dfrac{\mathrm{d}e}{\mathrm{d}t}$。

对于有容量滞后的对象，采用 PD 控制能明显改善过渡过程的品质，如图 7-10 所示。PD 控制有超前作用，T_D 增加，微分作用加强，系统稳定性提高。表现为衰减比增大，过渡过程最大偏差 e_{max} 减小，过渡时间 t_P 缩短。但如果 T_D 太大，微分作用太强，导致反应速度过快，会引起系统振荡。引入微分作用以后，不能消除余差，但余差会有所减少。微分作用对纯滞后的对象不起作用。

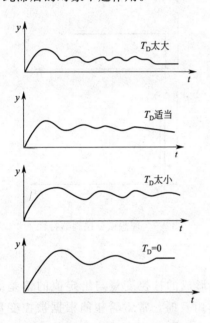

图 7-10　微分时间对过渡过程的影响

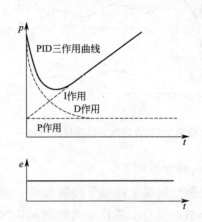

图 7-11　比例、积分、微分三作用控制器的特性

7.1.5　组合控制

在工业生产中，常将比例、积分、微分三种作用规律结合起来，可以得到较为满意的控制质量。其中包括比例积分控制、比例微分控制和比例积分微分控制三种组合形式，其特性如图 7-11 所示。习惯上将三种控制规律组合在一起的控制器称为 PID 控制器，其控制规律为：

$$p = K_P\left(e + \frac{1}{T_I}\int e\,\mathrm{d}t + T_D\,\frac{\mathrm{d}e}{\mathrm{d}t}\right) \tag{7-10}$$

这种三组合控制既能快速进行控制，又能消除余差，具有较好的控制性能。

7.2　控制器

7.2.1　控制器构成原理

控制器是将被控变量测量值与给定值进行比较，然后对得到的偏差按照设定的程序进行比例、积分、微分等运算，将运算结果以一定的信号形式送往执行器，从而实现对被控变量的自动控制。

控制器虽然有多种形式，但基本上都是由三大部分组成，如图 7-12 所示。

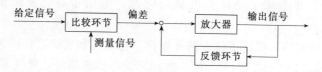

图 7-12　控制器的基本组成

① 比较环节　比较环节的作用是将给定信号与测量信号进行比较，产生一个与它们的偏差成比例的偏差信号。

② 放大器　放大器是一个稳态增益很大的比例环节。电动控制器中采用高增益的运算放大器。

③ 反馈环节　反馈环节的作用是通过正、负反馈来实现比例、积分、微分等控制规律的。在电动控制器中，输出的电信号通过由电阻和电容构成的无源网络反馈到输入端。

7.2.2　气动控制器

气动控制器结构简单，价格低廉，性能可靠，适用于所有防爆防火场所而无需采取任何措施。控制单元之间采用统一的气动标准信号进行联系（如 20～100kPa）。其缺点是：气动信号的传递速度慢，传输距离短，管线安装与检修不便，不宜实现远距离大范围的集中显示与控制；与计算机联用比较困难。目前随着电动仪表的安全防爆技术日益完善，气动仪表的应用范围已越来越小。气动单元组合仪表的主要技术特征如下。

① 气源信号——140kPa。

② 工作信号——20～100kPa。

③ 准确度等级——1.0 级。

④ 传送时间——内径 4mm，长 60m 的气动管线，不大于 4s。

⑤ 可在防爆与防火的场所使用。

我国产生的气动单元组合仪表主要有 QDZ-Ⅱ与 QDZ-Ⅲ型。

7.2.3　电动控制器

电动控制器的发展，大致可分为以下三个阶段。

第一阶段为电子管型的电动控制器（DDZ-Ⅰ系列），采用 0～10mA DC 统一标准信号。以磁放大器和电子管为主要放大元件，仪表体积大、质量重、耗电量大，不能满足多回路集中控制的要求。

第二阶段为晶体管型的电动控制器（DDZ-Ⅱ系列），仍采用 0～10mA DC 统一标准信号。以晶体管为主要放大元件、仪表的体积缩小、质量减轻、功能也进一步完善，同时还考虑了与气动控制器、工业计算机的配合问题。DDZ-Ⅱ型动单元组合仪表曾在我国得到广泛的应用，有力地促进了我国工业生产的自动化，其主要特点如下。

① 采用晶体管等分立元件构成，线路较复杂。

② 信号制采用 0～10mA 直流电流信号作为现场传输信号；0～2V 直流电压信号作为控制室内传输信号。

③ 采用 220V 交流电压作为供电电源。

④ 现场变送器的供电电源和输出信号分别各用两根导线，因此称为四线制。

第三阶段为 DDZ-Ⅲ 型电动控制器，采用国际电工委员会（IEC）推荐的 4～20mA DC 统一标准信号，以线性集成电路取代了晶体管电路，采用了安全火花型防爆措施和直流电源集中供电，并考虑了与计算机联用问题，适用于易燃易爆的场所。其主要特点如下。

① 采用线性集成电路，提高了仪表的可靠性、稳定性和准确度，扩大了登记表的功能。

② 采用 4～20mA DC（或 1～5V DC）的国际统一标准信号，电气零点与机械零点不重合，易于识别断电、断线等故障。

③ 因为最小信号电流不为零，只要变送器最小工作电流小于 4mA，就可实现现场变送器与控制室之间仅用两根导线，既作为电源线，又作为信号线（即两线制）。既节省了电缆线和安装费用，还有利于安全防爆。

④ 采用 24V DC 电源集中供电，整套仪表可实现安全火花型防爆系统。

DDZ-Ⅲ 型电动控制器主要由指示单元和控制单元两部分组成。指示单元包括测量信号指示电路和给定信号指示电路；控制单元包括输入电路、PD 电路、PI 电路、输出电路，以及软手动操作电路和硬手动操作电路，如图 7-13 所示。

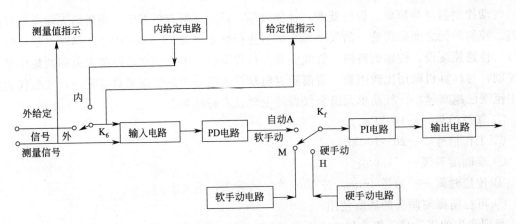

图 7-13　DDZ-Ⅲ 型电动控制器的结构原理图

在图 7-13 中，控制器接收变送器传输来的测量信号（4～20mA 或 1～5V DC），在输入电路中与给定信号进行比较，得出偏差信号。然后在 PD 电路与 PI 电路中进行 PID 运算，最后由输出电路转换为 4～20mA 直流电流输出。控制器的给定值可由"内给定"或"外给定"两种方式取得，用切换开关 K_6 进行选择。当控制器工作于"内给定"方式时，给定电压由控制器内部的高精度稳压电源取得。当控制器需要由计算机或另外的控制器供给给定信号时，开关 K_6 切换到"外给定"位置上，由外来的 4～20mA 电流流过 250Ω 精密电阻产生 1～5V 的给定电压。

7.2.4　智能控制器

（1）智能控制器的特点

微处理器自 20 世纪 70 年代出现以来，由于它可靠、价廉、性能好，很快在自动控制领域中得到广泛的应用。所谓智能控制器，就是应用微处理器的过程检测控制器，或者说具有记忆、判断和处理功能的仪表。应用微处理器的过程检测控制器主要有两类：一类是集中和分散型控制系统，包括直接数字控制系统（DDC）、监督控制系统（SPC）、集散控制系统（DCS）与现场总线控制系统（FCS）等，这部分内容将在后面详细论述；另一类是可编程控制器，包括单回路（或多回路）控制器、可编程控制器和可编程逻辑控制器（PLC）等。智能控制器的主要特点如下。

① 保留了模拟仪表所有的优点，如组成系统灵活、操作维护简单，只要会使用模拟仪表的操作人员，即使不具备计算机知识，也能方便地使用智能控制器。

② 模拟和数字技术混用，控制器与现场的联系信号采用模拟信号，控制器内部的控制运算则采用数字信号，能实现模拟仪表难以实现的各种高级、复杂的控制规律，如自适应、最佳、大滞后等控制规律。

③ 可靠性高，通用性强。由于采用了大规模集成电路，且采用了自诊断程序，系统软件固化于 EPROM，同时还考虑 RAM 中可变参数的掉电保护，使整个系统的可靠性大大提高。另外，由模拟仪表所构成的不同功能的系统是靠硬件单元的组合；而智能控制器是靠软件的编程来实现各种不同的控制规律。对于不同的系统，可以采用同一硬件单元，只要改变程序就能实现不同系统的要求，实现一机多能，增强了仪表的通用性。一般智能仪表都配有 RS232C、RS485 等标准的通信接口，可以很方便地与 PC 机和其他仪表进行通信，实现集中综合管理。即既可以进行单回路控制，也可以完成几十甚至上百个回路的集中管理，特别适用于我国中小企业的技术改造。

（2）智能控制器的构成

智能控制器的构成方案，虽然各有其特点，但其原理基本相同。如图 7-14 所示，智能控制器由以下几部分构成。

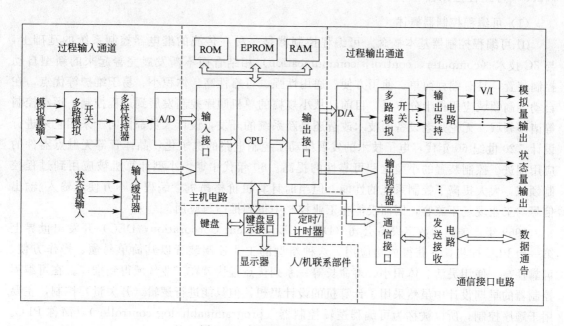

图 7-14　智能控制器构成原理图

① CPU　中央处理器，是智能控制器的核心。它接受操作人员的指令，完成数据传送、输入输出、运算处理、判断等多种功能。它通过地址总线、数据总线、控制总线与其他部分连在一起，构成一个系统。

② 存储器　分为软件存储区和数据存储区。软件存储区又分为系统软件存储区和用户软件存储区。系统软件存储区用来放置由制造厂编写好的、用于管理用户程序、通信、人机接口等程序或文件，用户是无法改变的，一般采用 ROM（只读存储器）；用户存储区用来放置用户编制的程序，一般采用 EPROM（可擦写只读存储器）；数据存储区用来存放通信数据、显示数据和控制运算的中间数据等，一般采用 RAM（随机存储器）。

③ 过程输入输出通道　模拟量输入是将现场测量仪表所检测到的热电阻、热电偶信号，以及变送器输出的标准电流或电压信号等模拟量信号，连接到控制器的模拟量输入端子，经多路开关、A/D（模拟量/数字量）转换器，转变成数字量信号，送至 CPU 进行控制运算。

传感器获取被测参量的信息并转换成电信号，经滤波去除干扰后送入多路模拟开关；由单片机逐路选通模拟开关将各输入通道的信号逐一送入程控增益放大器，放大后的信号经 A/D 转换器转换成相应的脉冲信号后送入单片机中；单片机根据仪器所设定的初值进行相应的数据运算和处理（如非线性校正等）；运算的结果被转换为相应的数据进行显示和打印；同时单片机把运算结果与存储于片内 Flash ROM（闪速存储器）或 E2P ROM（电可擦除存储器）的设定参数进行运算比较后，根据运算结果和控制要求，输出相应的控制信号（如报警装置触发、继电器触点等）。此外，智能仪器还可以与 PC 机组成分布式测控系统，由单片机作为下位机采集各种测量信号与数据，通过串行通信将信息传输给上位 PC 机，由 PC机进行全局管理。

7.2.5　可编程控制器

（1）可编程控制器概述

① 可编程控制器基本概念　可编程控制器是一种在传统的继电器控制系统的基础上，与 3C 技术（computer，control，communication）相结合而不断发展完善起来的新型自动控制装置，具有编程简单、使用方便、通用性强、可靠性高、体积小、易于维护等优点，在自动控制领域应用得十分广泛。目前已从小规模的单机顺序控制发展到过程控制、运动控制等诸多领域。无论是老设备的技术改造还是新系统的开发，设计人员都倾向于采用它来进行设计。20 世纪 60 年代，电子技术的发展推动了控制电路的电子化，晶体管等无触点器件的应用促进了控制装置的小型化和可靠性的提高。60 年代中期，小型计算机被应用到过程控制领域，大大提高了控制系统的性能。但当时计算机价格昂贵，编程很不方便，输入/输出信号与工业现场不兼容，因而没能在工业控制中得到推广与应用。

1969 年，美国的数字设备公司（Digital Equipment Corporation，DEC）开发出世界上第一台 PLC 样机，并获得成功应用。这种新型的工业控制装置以其简单易懂、操作方便、可靠性高、使用灵活、体积小、寿命长等一系列优点很快就在工业领域得到推广。在可编程控制器的早期设计中虽然采用了计算机的设计思想，但只能进行逻辑（开关量）控制，主要用于顺序控制，所以被称为可编程逻辑控制器（programmable log controller），简称 PLC。随着微电子技术和计算机技术的迅速发展，微处理器被广泛应用于 PLC 的设计中，使 PLC的功能增强，速度加快，体积减小，成本下降，可靠性提高，更多地具有了计算机的功能。除了常规的逻辑控制功能外，PLC 还具有模拟量处理、数据运算和网络通信等功能，因而与机器人及计算机辅助设计/制造（CAD/CAM）一起并称为现代控制的三大支柱。

　　此外，可编程控制器在设计中还借鉴了计算机的高级语言，给实际应用带来了方便。为了使其生产和发展标准化，美国电气制造商协会（National Electrical Manufacturers Association，NEMA）经过调查，将其正式命名为"Programmable Controller"，简称 PC，由于 PC 容易与个人计算机（personal computer）的缩写相混淆，因而人们仍沿用 PLC 作为可编程控制器的简称。国际电工委员会（International Electrotechnical Commission，IEC）颁布的 PLC 的定义为：可编程控制器是一种数字运算操作的电子系统，专为在工业环境下的应用而设计。它采用可编程的存储器，用来在其内部存储执行逻辑运算、顺序控制、定时、计数和算术运算等操作的指令，并通过数字的、模拟的输入和输出来控制各种类型的机械或生产过程。可编程控制器及其有关设备，都应按易于与工业控制系统形成一个整体，易于扩充其功能的原则设计。

　　总之，可编程控制器是专为工业环境应用而设计制造的计算机。它具有丰富的输入/输出接口，并且具有较强的驱动能力。但可编程控制器并不针对某一具体工业应用。在实际应用时，其硬件应根据具体需要进行选配，软件则根据实际的控制要求或生产工艺流程进行设计。

　　② 可编程控制器的发展　　PLC 的发展与计算机技术、微电子技术、自动控制技术、数字通信技术、网络技术等密切相关。这些高新技术的发展推动了 PLC 的发展，而 PLC 的发展又对这些高新技术提出了更高的要求，促进了它们的发展。虽然 PLC 的应用时间不长，但是随着微处理器的出现，大规模和超大规模集成电路技术的迅速发展和数字通信技术的不断进步，PLC 也取得了迅速的发展。

　　早期的 PLC 作为继电器控制系统的替代物，其主要功能只是执行原先由继电器完成的顺序控制和定时/计数控制等任务。PLC 在硬件上以准计算机的形式出现，装置中的器件主要采用分立元件和中小规模集成电路，存储器采用磁芯存储器。PLC 在软件上形成了特有的编程语言——梯形图（ladder diagram），并一直沿用至今。

　　第二代 PLC 采用微处理器作为 PLC 的中央处理单元（central processing unit，CPU），使 PLC 的功能大大增强。在软件方面，除了原有功能外，还增加了算术运算、数据传送和处理、通信、自诊断等功能。在硬件方面，除了原有的开关量 I/O（input/output，输入/输出）以外，还增加了模拟量 I/O、远程 I/O 和各种特殊功能模块，如高速计数模块、PID 模块、定位控制模块和通信模块等。同时，扩大了存储器容量和各类继电器的数量，并提供一定数量的数据寄存器，进一步增强了 PLC 的功能。

　　第三代 PLC 采用的微处理器的性能普遍提高。为了进一步提高 PLC 的处理速度，各制造厂家还开发了专用芯片，PLC 的软件和硬件功能发生了巨大变化，体积更小，成本更低，I/O 模块更丰富，处理速度更快，指令功能更强。即使是小型 PLC，其功能也大大增强，在有些方面甚至超过了早期大型 PLC 的功能。随着相关技术特别是超大规模集成电路技术的迅速发展及其在 PLC 中的广泛应用，PLC 中采用更高性能的微处理器作为 CPU，功能进一步增强，逐步缩小了与工业控制计算机之间的差距。同时，I/O 模块更丰富，网络功能进一步增强，以满足工业控制的实际需要。编程语言除了梯形图外，还可采用指令表、顺序功能图（sequential function charter，SFC）及高级语言（如 BASIC 和 C 语言）等。另外，还普遍采用表面安装技术，不仅降低成本，减小体积，而且进一步提高了系统性能。

　　现代 PLC 的发展有两个主要趋势：其一是向体积更小、速度更快、功能更强和价格更低的微小型方面发展；其二是向大型网络化、高可靠性、良好的兼容性和多功能方面发展，趋向于当前工业控制计算机（工控机）的性能。

③ 可编程控制器的分类　PLC 分类方法有多种，按规模（即 I/O 点数）可分为大、中、小型，按结构可分为整体式和组合式。在实际应用中通常都按 I/O 点数来分类。I/O 点数表明 PLC 可以从外部接收多少输入量和向外部输出多少个输出量，即 PLC 的 I/O 端子数。一般来说，点数多的 PLC 功能较强。

I/O 点总数在 256 点以下的 PLC 称为小型 PLC。小型 PLC 体积小，结构紧凑，整个硬件融为一体，是实现机电一体化的理想控制器，也是一种在实际控制中应用得最为广泛的机型。小型 PLC 一般有逻辑运算、定时、计数、移位等功能，适用于开关量的控制，可用来实现条件控制、定时/计数控制、顺序控制等。新一代的小型 PLC 都具有算术运算、浮点数运算、函数运算和模拟量处理的功能，可满足更为广泛的需要。

I/O 点数在 256～1024 点之间的 PLC 为中型 PLC。中型 PLC 在逻辑运算功能的基础上增加了模拟量处理、算术运算、数据传送、数据通信等功能，可完成既有开关量又有模拟量的复杂控制。中型 PLC 的编程器有便携式和带有 CRT/LCD 的智能图形编程器供用户选择。后者为用户提供了更直观的编程工具，梯形图能直接显示在屏幕上。用户可以在屏幕上直观地了解用户程序运行中的各种状态信息，方便了用户程序的编写和调试，提供了良好的监控环境。

I/O 点数在 1024 点以上的 PLC 为大型 PLC。大型 PLC 功能更加完善，具有数据处理、模拟控制、联网通信、监视、存储、打印等功能，可以进行中断控制、智能控制、远程控制。大型 PLC 的通信联网功能强，可以构成 3 级通信网络，并作为分布式控制系统中的上位机，能实现大规模的过程控制，构成分布式控制系统或整个工厂的集散控制系统，实现工厂管理的自动化。大型 PLC 的用户程序存储器容量更大，扫描速度更快，可靠性更高，指令更丰富，如功能指令包括浮点运算、三角函数等运算指令，PID 可处理多达 32 个回路的控制。而且大型 PLC 自诊断功能极强，不仅能指示故障的原因，还能将故障发生的时间存储起来，以便于用户事后查询。此外，还能采用高级语言（如 BASIC 语言等）编写用户程序，能扩展成冗余系统，进一步提高了系统的可靠性。

PLC 的生产厂家很多，各厂家生产的 PLC 在 I/O 点数、容量、功能等方面各有差异，但都自成系列，指令及外设向上兼容。因此，在选择 PLC 时若选择同一系列的产品，则可以使系统构成容易，使用方便。比较有代表性的 PLC 有西门子 Siemens 公司的 S7 系列、三菱（Mitsubishi）公司的 FX 系列、欧姆龙（Omron）公司的 C 系列、松下（Matsushita）公司的 FP 系列等。

④ 可编程控制器的主要功能　PLC 是在微处理器的基础上发展起来的一种新型控制器，是一种基于计算机技术，专为在工业环境下应用而设计的电子控制装置。PLC 把微型计算机技术和继电器控制技术融合在一起，兼具可靠性高、功能强、编程简单易学、安装简单、维修方便、接口模块丰富、系统设计与调试周期短等特点。从功能来看，PLC 的应用范围大致包括以下几个方面。

a. 逻辑（开关）控制　这是 PLC 最基本的功能，也是最为广泛的应用。PLC 具有与、或、非、异或和触发器等逻辑运算功能。采用 PLC 可以很方便地实现对各种开关量的控制，用来取代继电器控制系统，实现逻辑控制和顺序控制。PLC 既可用于单机或多机控制，又可用于自动化生产线的控制。PLC 可根据操作按钮、各种开关及现场其他输入信号或检测信号控制执行机构完成相应的功能。

b. 定时控制　PLC 具有定时控制功能，可为用户提供几十个甚至上千个定时器。时间设定值既可以由用户在编程时设定，也可以由操作人员在工业现场通过人-机对话装置实时设定，实现具体的定时控制。

c. 计数控制　PLC 具有计数控制功能，可为用户提供几十个甚至上千个计数器。计数设定值的设定方式同定时器一样。计数器分为普通计数器、可逆计数器、高速计数器等类型，以完成不同用途的计数控制。一般计数器的计数频率较低。如需对频率较高的信号进行计数，则需要选用高速计数器模块，其最高计数频率可达 50kHz。也可选用具有内部高速计数器的 PLC，目前的 PLC 一般可以提供计数频率达 10kHz 的内部高速计数器。计数器的实际计数值也可以通过人-机对话装置实时读出或修改。

d. 步进控制　PLC 具有步进（顺序）控制功能。在新一代的 PLC 中，可以采用 IEC 规定的用于顺序控制的标准化语言——顺序功能图编写用户程序，使 PLC 在实现按照事件或输入状态的顺序控制相应输出的时候更加简便。

e. 模拟量处理与 PID 控制　PLC 具有 A/D（analog/digital，模拟/数字）和 D/A 转换模块，转换的位数和精度可以根据用户要求选择，因此能进行模拟量处理与 PID 控制。PLC 可以接模拟量输入和输出模拟量信号，模拟量一般为 4～20mA 的电流、1～5V 或 0～10V 的电压。为了既能完成对模拟量的 PID 控制，又不加重 PLC 的 CPU 负担，一般选用专用的 PID 控制模块实现 PID 控制。此外，还具有温度测量接口，可以直接连接各种热电阻和热电偶。

f. 数据处理　PLC 具有数据处理能力，可进行算术运算、逻辑运算、数据比较、数据传送、数制转换、数据移位、数据显示和打印、数据通信等功能，如加、减、乘、除、乘方、开方、与、或、异或、求反等操作。新一代的 PLC 还能进行三角函数运算和浮点运算。

g. 通信和联网功能　现在的 PLC 具有 RS-232、RS-422、RS-485 或现场总线等通信接口，可进行远程 I/O 控制，可实现多台 PLC 联网和通信。外部设备与一台或多台 PLC 之间可实现程序和数据的传输。通信口按标准的硬件接口和相应的通信协议完成通信任务的处理。例如西门子 S7-200 系列 PLC 配置有 Profibus 现场总线接口，其通信速率可以达到 12 Mbps（Mega bits per second，兆位每秒）。在系统构成时，可由一台计算机与多台 PLC 构成"集中管理、分散控制"的分布式控制网络，以便完成较大规模的复杂控制。

（2）可编程控制器的硬件结构

PLC 从组成形式上一般分为整体式和模块式两种，但在逻辑结构上基本上相同。整体式 PLC 由 CPU、I/O 板、显示面板、内存和电源等组成，一般按 PLC 性能又分为若干型号，并按 I/O 点数分为若干规格。模块式 PLC 由 CPU 模块、I/O 模块、内存模块、电源模块、底板或机架等组成。无论哪种结构类型的 PLC，都属于总线式的开放结构，其 I/O 能力可根据用户需要进行扩展与组合。PLC 的组成如图 7-15 所示。

① 中央处理器（CPU）　与通用计算机中的 CPU 一样，CPU 也是整个 PLC 系统的核心部件，主要由运算器、控制器、寄存器及实现它们之间联系的地址总线、数据总线和控制总线构成。此外，还有外围芯片、总线接口及有关电路。CPU 在很大程度上决定了 PLC 的整体性能，如整个系统的控制规模、工作速度和内存容量等。CPU 中的控制器控制 PLC 工作，由它读取指令，解释并执行指令。工作的时序（节奏）则由振荡信号控制。CPU 中的运算器用于完成算术或逻辑运算，在控制器的指挥下工作。CPU 中的寄存器参与运算，并存储运算的中间结果。它也是在控制器的指挥下工作。作为 PLC 的核心，CPU 的功能主要

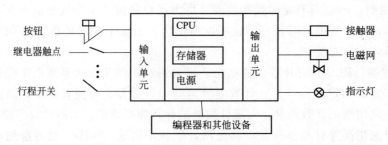

图 7-15 可编程控制器（PLC）的组成

包括以下几个方面。

a. CPU 接收从编程器或计算机输入的程序和数据，并送入用户程序存储器中存储。

b. 监视电源、PLC 内部各个单元电路的工作状态。

c. 诊断编程过程中的语法错误，对用户程序进行编译。

d. 在 PLC 进入运行状态后，从用户程序存储器中逐条读取指令，并分析、执行该指令。

e. 采集由现场输入装置送来的数据，并存入指定的寄存器中。

f. 按程序进行处理，根据运算结果，更新有关标志位的状态和输出状态或数据寄存器的内容。

g. 根据输出状态或数据寄存器的有关内容，将结果送到输出接口。

h. 响应中断和各种外围设备（如编程器、打印机等）的任务处理请求。

当 PLC 处于运行状态时，首先以扫描的方式接收现场各输入装置的状态和数据，并分别存入相应的输入缓冲区。然后，从用户程序存储器中逐条读取用户程序，经过命令解释后，按指令的规定执行逻辑或数据运算，将运算结果送入相应的输出缓冲区或数据寄存器内。最后当所有的用户程序执行完毕之后，将 I/O 缓冲区的各输出状态或输出寄存器内的数据传送到相应的输出装置。如此循环运行，直到 PLC 处于编程状态，用户程序停止运行。CPU 模块的外部表现就是具有工作状态的显示、各种接口及设定或控制开关。CPU 模块一般都有相应的状态指示灯，如电源指示、运行指示、输入/输出指示和故障指示等。箱体式 PLC 的面板上也有这些显示。总线接口用于连接 I/O 模块或特殊功能模块；内存接口用于安装存储器；外设接口用于连接编程器等外部设备；通信接口则用于通信。此外，CPU 模块上还有许多设定开关，用以对 PLC 进行设定，如设定工作方式和内存区等。为了进一步提高 PLC 的可靠性，近年来对大型 PLC 还采用双 CPU 构成冗余系统，或采用 3CPU 的表决式系统。这样，即使某个 CPU 出现故障，整个系统仍能正常运行。

② 存储器 存储器（内存）主要用于存储程序及数据，是 PLC 不可缺少的组成单元。PLC 中的存储器一般包括系统程序存储器和用户程序存储器两部分。系统程序存储器用于存储整个系统的监控程序，一般采用只读存储器（read only memory，ROM），具有掉电不丢失信息的特性；用户程序存储器用于存储用户根据工艺要求或控制功能设计的控制程序，早期一般采用随机读写存储器（random access memory，RAM），需要后备电池在掉电后保存程序。目前则倾向于采用电可擦除的只读存储器（electrical erasable programmable read only memory，EEPROM 或 E2PROM）或闪存（flash memory），免去了后备电池的麻烦。有些 PLC 的存储器容量固定，不能扩展，多数 PLC 则可以扩展存储器。

PLC 常用的存储器类型有以下几种。

a. RAM　是一种读/写存储器（随机存储器），存取速度最快，但掉电后信息就丢失，需要锂电池作为后备电源。

b. EPROM（erasable programmable read only memory）　是一种可擦除的只读存储器。在断电情况下，存储器内的所有内容保持不变。在紫外线连续照射下（约 20min）可擦除存储器原来的内容，然后可以重新写入。由于 EPROM 擦写不方便，目前已逐渐被 EEPROM 所取代。

c. EEPROM　是一种电可擦除的只读存储器，擦除时间很短，不需要专用的擦除设备。使用编程器可以很方便地对其中所存储的内容进行修改。根据 PLC 的工作原理，其存储空间一般包括系统程序存储区、系统 RAM 存储区（包括 IYO 缓冲区和系统软元件等）和用户程序存储区三个部分。

③ 输入/输出模块　输入模块和输出模块通常称为 I/O 模块或 I/O 单元。PLC 提供了各种工作电平、连接形式和驱动能力的 I/O 模块，有各种功能的 I/O 模块供用户选用，如电平转换、电气隔离、串/并行变换、开关量输入/输出、模数（A/D）和数模（D/A）转换以及其他功能模块等。PLC 的对外功能主要是通过各种 I/O 接口模块与外界联系来实现的。输入模块和输出模块是 PLC 与现场 I/O 装置或设备之间的连接部件，起着 PLC 与外部设备之间传递信息的作用。通常 I/O 模块上还有 I/O 接线端子排和状态显示，以便于连接和监视。I/O 模块既可通过底板总线与主控模块放在一起，构成一个系统，又可通过插座用电线引出远程放置，实现远程控制及联网。开关量模块按电压水平分为 220V AC、110V AC、24V DC 等规格；按隔离方式分为继电器输出、晶闸管输出和晶体管输出等类型。模拟量模块按信号类型分为电流型（4~20mA、0~20mA）、电压型（0~10V、0~5V、−10~10V）等规格；按准确度分有 12 位、14 位、16 位等规格。

④ 智能模块　除了上述通用的 I/O 模块外，PLC 还提供了各种各样的特殊 I/O 模块，如热电阻、热电偶、高速计数器、位置控制、以太网、现场总线、远程 I/O 控制、温度控制、中断控制、声音输出、打印机等专用型或智能型的 I/O 模块，用以满足各种特殊功能的控制要求。I/O 模块的类型、品种与规格越多，系统的灵活性越高。模块的 I/O 容量越大，系统的适应性就越强。

⑤ 编程　设备常见的编程设备有简易手持编程器、智能图形编程器和基于 PC 的专用编程软件。编程设备用于输入和编辑用户程序，对系统做一些设定，监控 PLC 及 PLC 所控制的系统的工作状况。编程设备在 PLC 的应用系统设计与调试、监控运行和检查维护中是不可缺少的部件，但不直接参与现场的控制。

⑥ 电源　PLC 中不同的电路单元需要不同的工作电源，如 CPU 和 I/O 电路要采用不同的工作电源。因此，电源在整个 PLC 系统中起着十分重要的作用。如果没有一个良好的、可靠的电源，系统是无法正常工作的。PLC 一般都配有开关式稳压电源，用于给 PLC 的内部电路和各模块的集成电路提供工作电源。有些机型还向外提供 24V 的直流电源，用于给外部输入信号或传感器供电。有些 PLC 中的电源与 CPU 模块合二为一，有些是分开的。输入类型上有 220V 或 110V 的交流输入，也有 24V 的直流输入。对于交流输入的 PLC，电源电压为 100~240V AC。一般交流电压波动在 −15%~10% 的范围内，可以不采取其他措施而将 PLC 直接连接到交流电网上去。对于直流输入的 PLC，电源的额定电压一般为 24V DC。当电源在额定电压的 −15%~10% 范围内波动时，PLC 都可以正常工作。

（3）可编程控制器的工作原理

　　PLC 在本质上是一台微型计算机，其工作原理与普通计算机类似，具有计算机的许多特点。但其工作方式却与计算机有较大的不同，具有一定的特殊性。早期的 PLC 主要用于替代传统的继电器-接触器构成的控制装置，但是这两者的运行方式不同。继电器控制装置采用硬逻辑并行运行的方式，如果一个继电器的线圈通电或断电，该继电器的所有触点（常开/常闭触点）不论在控制线路的哪个位置，都会立即同时动作。而 PLC 采用了一种不同于一般计算机的运行方式，即循环扫描。PLC 在工作时逐条顺序地扫描用户程序。如果一个线圈接通或断开，该线圈的所有触点不会立即动作，必须等扫描到该触点时才会动作。为了消除二者之间由于运行方式不同而造成的这种差异，必须考虑到继电器控制装置中各类触点的动作时间一般在 100 ms 以上，而 PLC 扫描用户程序的时间一般均小于 100ms。

　　计算机一般采用等待输入、响应处理的工作方式，没有输入时就一直等待输入，如有键盘操作或鼠标等 I/O 信号的触发，则由计算机的操作系统进行处理，转入相应的程序。一旦该程序执行结束，又进入等待输入的状态。而 PLC 对 I/O 操作、数据处理等则采用循环扫描的工作方式。

　　① 可编程控制器的工作过程　在 PLC 中，用户程序按先后顺序存放，在没有中断或跳转指令时，PLC 从第一条指令开始顺序执行，直到程序结束后又返回到第一条指令，如此周而复始地不断循环执行程序。PLC 在工作时采用循环扫描的工作方式。顺序扫描工作方式简单直观，程序设计简化，并为 PLC 的可靠运行提供保证。有些情况下也插入中断方式，允许中断正在扫描运行的程序，以处理紧急任务。

　　PLC 扫描工作的第一步是采样阶段，通过输入接口把所有输入端的信号状态读入缓冲区，即刷新输入信号的原有状态。第二步扫描用户程序，根据本周期输入信号的状态和上周期输出信号的状态，对用户程序逐条进行运算处理，将结果送到输出缓冲区。第三阶段进行输出刷新，将输出缓冲区各输出点的状态通过输出接口电路全部送到 PLC 的输出端子。PLC 周期性地循环执行上述三个步骤，这种工作方式称为循环扫描的工作方式。每一次循环的时间称为一个扫描周期。一个扫描周期中除了执行指令外，还有 I/O 刷新、故障诊断和通信等操作，如图 7-16 所示。扫描周期是 PLC 的重要参数之一，它反映 PLC 对输入信号的灵敏度或滞后程度。通常工业控制要求 PLC 的扫描周期在 6～30ms 以下。

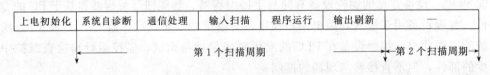

图 7-16　PLC 的工作流程图

　　在进入扫描之前，PLC 首先执行自检操作，以检查系统硬件是否存在问题。自检过程的主要任务是消除各继电器和寄存器状态的随机性，进行复位和初始化处理，检查 I/O 模块的连接是否正常，再对内存单元进行测试。如正常则可认为 PLC 自身完好，否则出错指示灯 ERROR 亮报警，停止所有任务的执行。最后复位系统的监视定时器，允许 PLC 进入循环扫描周期。在每次扫描期间，PLC 都进行系统诊断，以及时发现故障。在正常的扫描周期中，PLC 内部要进行一系列操作，一般包括故障诊断及处理操作、连接工业现场的数据输入和输出操作、执行用户程序和响应外部设备的任务请求（如打印、显示和通信等）。PLC 的面板上一般都有设定其工作方式的开关。当 PLC 的方式开关置于 RUN（运行）时，执行所有阶段；当方式开关置于 STOP（停止）时，不执行后三个阶段。此时，可进行通信处理，如对 PLC 进行离线编程或联机操作。

a. 故障诊断及处理操作　这是在每一次扫描程序前对 PLC 系统做一次自检。若发现异常，除了出错指示灯（ERROR）亮之外，还判断故障的性质。如属于一般性故障，则只报警不停机，等待处理。对于严重故障，PLC 就切断一切外部联系，停止用户程序的执行。

b. 数据输入和输出操作　数据输入和输出操作即为 I/O 状态刷新。输入扫描就是对PLC 的输入进行一次读取，将输入端各变量的状态重新读入 PLC 中，存入输入缓冲器。输出刷新就是将新的运算结果从输出缓冲区送到 PLC 的输出端。

PLC 的存储器中有一个专门存放 I/O 数据的区域。通常把 PLC 内部的各种存储器称为"软继电器"。所谓"软继电器"实际上是存储器中的一位触发器，其 0、1 对应继电器线圈的断与通。在传统的继电器控制系统中，输出是由物理器件加导线连接而成的电路来实现的。而在 PLC 中，却是用微处理器和存储器来代替继电器控制线路，是通过用户程序来控制这种"继电器"的断与通，所以将这种继电器称为"软继电器"。

输入操作实际是采样输入信号，刷新输入缓冲区的内容，输出操作则是送出处理结果，按输出缓冲区的内容刷新输出信号。PLC 在每次扫描中都将保存在输入和输出缓冲区的内容进行一次更新。

从输入和输出操作的过程中可以看出，在刷新期间，如果输入信号发生变化，则在本次扫描期间，PLC 的输出端会相应地发生变化，也就是说输出对输入立刻产生了响应。如在一次 I/O 刷新之后输入变量才发生变化，则在本次扫描期间输入缓冲器的状态保持不变，PLC 相应的输出也保持不变，而要到下一次扫描期间输出才对输入产生响应。即只有在采样（刷新）时刻，输入缓冲区中的内容才与输入信号（不考虑电路固有惯性和滞后影响）一致，其他时间范围内输入信号的变化不会影响输入缓冲区的内容。PLC 根据用户程序要求及当前的输入状态进行处理，结果存放在输出缓冲区中。在程序执行结束（或下次扫描用户程序前）PLC 才将输出缓冲区的内容通过锁存器输出到端子上，刷新后的输出状态一直保持到下次的输出刷新。这种循环扫描的工作方式存在一种信号滞后的现象，但 PLC 的扫描速度很高，一般不会影响系统的响应速度。

c. 执行用户程序　用户程序的执行一般包括程序的具体执行与监视两部分操作。

执行：用户程序是存放在用户程序存储器中的。PLC 在循环扫描时，每一个扫描周期都按顺序从用户程序的第一条指令开始，逐条（跳转指令除外）解释和执行，直到执行到END 指令才结束对用户程序的本次扫描。

用户程序处理的依据是输入/输出状态表。其中输入状态在采样时刷新，输出状态则根据用户程序而逐个更新。每一次计算都以当前的 I/O 状态表中的内容为依据，结果送到相应的输出缓冲器中，上面的结果作为下面计算的依据，中间结果不能作为输出的依据。对于整个控制系统来说，只有执行完用户程序后的 I/O 状态才是该系统的确定状态，作为输出锁存的依据。

监视：PLC 中一般设置有监视定时器（watchdog timer，WDT），即"看门狗"，用来监视程序执行是否正常。每次执行程序前复位 WDT 并开始计时。正常时，扫描执行一遍用户程序所需时间不会超过某一定值。当程序执行过程中因某种干扰使扫描失控或进入死循环，则 WDT 会发出超时复位信号，使程序重新开始执行。此时，如是偶然因素造成超时，系统便转入正常运行，如由于不可恢复的确定性故障，则系统会在故障诊断及处理操作中发现这种故障，并发出故障报警信号，切断一切外界联系，停止用户程序的执行，等待技术人员处理。

　　d. 响应外设的服务请求　外设命令是可选操作，它给操作人员提供了交互机会，也可与其他系统进行通信，不会影响系统的正常工作，而且会更有利于系统的控制和管理。PLC每次执行完用户程序后，如有外设命令，就进入外设命令服务的操作，操作完成后就结束本次扫描周期，开始下一个扫描周期。

　　e. 几点说明

　　第一，PLC 以循环扫描的方式工作，在输入/输出的逻辑关系上存在滞后现象。扫描周期越长，滞后现象就越严重。但 PLC 的扫描周期一般只有几十毫秒或更少，两次采样之间的时间很短，对于一般输入量来说可以忽略。可以认为输入信号一旦变化，就能立即传送到对应的输入缓冲器。同样，对于变化较慢的控制过程来说，由于滞后的时间不超过一个扫描周期，可以认为输出信号是及时的。在实际应用中，这种滞后现象可起到滤波的作用。

　　第二，除了执行用户程序所占用的时间外，扫描周期还包括系统管理操作所占用的时间。前者与程序的长短及所用的指令有关，而后者基本不变。如考虑到 I/O 硬件电路的延时，PLC 的响应滞后就更大一些。输入/输出响应的滞后不仅与扫描方式和硬件电路的延时有关，还与程序设计的指令安排有关，在程序设计中一定要注意。PLC 最基本的工作方式是循环扫描的方式，即使在具有快速处理的高性能 PLC 中，系统也是以循环扫描的工作方式执行，理解和掌握这一点对于学习 PLC 十分重要。

　　② 可编程控制器的输入/输出过程　当 PLC 投入运行后，在系统监控程序的控制下，其工作过程一般主要包括三个阶段，即输入采样、用户程序执行和输出刷新阶段。完成上述三个阶段称作一个扫描周期。在整个运行期间，PLC 的 CPU 以一定的扫描速度重复执行上述三个阶段。

　　a. 输入采样过程　在输入采样阶段，PLC 以扫描方式依次地读入所有输入的状态和数据，并将它们存入 I/O 缓冲区中相应的单元内。输入采样结束后，系统转入用户程序执行和输出刷新阶段。在这两个阶段中，即使外部的输入状态和数据发生变化，输入缓冲区中的相应单元的状态和数据也不会改变。因此，如果输入是脉冲信号，则该脉冲信号的宽度必须大于一个扫描周期，才能保证在任何情况下，输入信号均被有效采集。

　　b. 用户程序执行　在用户程序执行阶段，PLC 总是按由上而下的顺序依次地扫描用户程序。在扫描每一条指令时，又总是按先左后右、先上后下的顺序进行逻辑运算，然后根据逻辑运算的结果，刷新该继电器在系统 RAM 存储区中对应位的状态；或者刷新该继电器在 I/O 缓冲区中对应位的状态；或者确定是否要执行该指令所规定的特殊功能操作。因此，在用户程序执行过程中，只有输入继电器在 I/O 缓冲区内的状态和数据不会发生变化，而输出继电器和其他软件在 I/O 缓冲区或系统 RAM 存储区内的状态和数据都有可能发生变化。并且，排在上面的指令，其程序执行结果会对排在下面的凡是用到这些线圈或数据的指令起作用。

　　c. 输出刷新过程　在用户程序扫描结束后，PLC 就进入输出刷新阶段。在此期间，CPU 按照输出缓冲区中对应的状态和数据刷新所有的输出锁存电路，再经输出电路驱动相应的外设。这时，才是 PLC 的真正输出，如图 7-17 所示。

　　(4) PLC 的编程语言

　　国际电工委员会制订了五种适合可编程序控制器标准编程语言：梯形图（ladder diagram，LD），适合于逻辑控制的程序设计；指令表（instruction list，IL），适合于简单文本

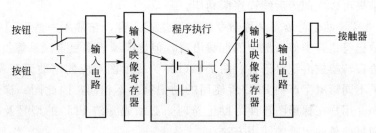

图 7-17　PLC 的输入和输出过程

的程序设计；顺序功能图（sequential function chart，SFC），适合于时序混合型的多进程复杂控制；功能块图（function block diagram，FBD），适合于典型固定复杂算法控制，如 PID 控制等；结构化文本（structured text，ST），适合于自编专用的复杂程序，如特殊的模型算法。原来使用的手持编程器多采用助记符语言，现在多采用梯形图语言，也有采用功能表图语言。

① 梯形图语言　梯形图是使用的最多的一种编程语言，在形式上类似于继电器的控制电路，二者的基本构思是一致的，只是使用符号和表达方式有所区别，因此是非常形象、易学的一种编程语言。梯形图从上至下按行编写，每一行则按从左至右的顺序编写。CPU 将按自左到右、从上而下的顺序执行程序。梯形图的左侧竖直线称为母线（源母线）。梯形图的左侧安排输入触点（如果有若干个触点相并联的支路应安排在最左端）和中间继电器触点（运算中间结果），最右边必须是输出元素。例如某一过程控制系统，工艺要求开关 1 闭合 40s 后，指示灯亮，按下开关 2 后灯熄灭。图 7-18(a) 为实现这一功能的一种梯形图程序（OMRON PLC），它是由若干个梯级组成的，每一个输出元素构成一个梯级，而每个梯级可由多条支路组成。

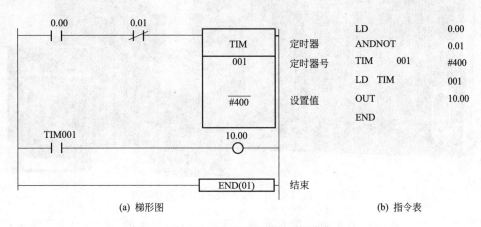

(a) 梯形图　　　　　　　　　　　　　　　　　　(b) 指令表

图 7-18　PLC 编程梯形图语言

梯形图中的输入触点只有两种：常开触点（─┤├─）和常闭触点（─┤╱├─），这些触点可以是 PLC 外接开关的内部影像触点，也可以是 PLC 内部继电器触点，或内部定时、计数器的状态。每一个触点都有自己特殊的编号，以示区别。同一编号的触点可以有常开和常闭两种状态，使用次数不限。梯形图中的触点可以任意地串联、并联。梯形图中的输出线圈对应 PLC 内存的相应位，输出线圈不仅包括中间继电器线圈、辅助继电器线圈以及计数器、定时器，还包括输出继电器线圈，其逻辑动作只有线圈接通后，对应的触点才可能发生动作。

用户程序运算结果可以立即为后续程序所利用。

② 助记符语言　助记符语言又称命令语句表达式语言，它常用一些助记符来表示 PLC 的某种操作。助记符语言类似微机中的汇编语言，但比汇编语言更直观易懂。用户可以很容易地将梯形图语言转换成助记符语言。图 7-18（b）为梯形图对应的用助记符表示的指令表。这里要说明的是不同厂家生产的 PLC 所使用的助记符各不相同，因此同一梯形图写成的助记符语句不相同。用户在梯形图转换为助记符时，必须先弄清 PLC 的型号及内部各器件编号、使用范围和每一条助记符的使用方法。

由于 PLC 的编程语言与 PLC 的型号有关，下面以德国西门子公司生产的 S7-200 系列可编程控制器为例来进一步说明 PLC 的应用。

（5）西门子 S7-200 系列可编程控制器

德国西门子公司是世界上最大的电气和电子公司之一，该公司核心产品西门子 S7 已经成功地被应用于几乎所有的自动化领域。

S7-200 系列 PLC 是西门子公司生产的一种小型整体式结构可编程控制器，出现于 20 世纪 90 年代，本机自带 RS-485 通信接口、内置电源和 I/O 接口。它结构小巧，运行速度快，可靠性高，具有极其丰富的指令系统和扩展模块，实时特性和通信能力强大，便于操作、易于掌握，性价比非常高，在各种行业中的应用越来越广，成为中小规模控制系统的理想控制设备。其外形结构如图 7-19 所示。

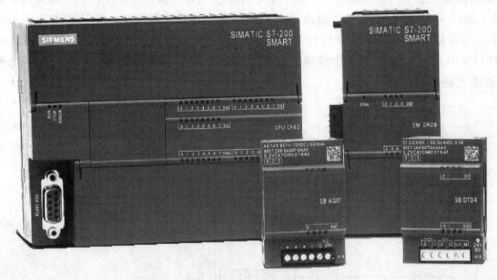

图 7-19　西门子 S7-200 系列 PLC 外形结构图

西门子 S7-200 系列 PLC 的硬件配置灵活，既可用一个单独的 S7-200 CPU 构成一个简单数字量控制系统，也可通过扩展电缆进行数字量 I/O 模块、模拟量模块或智能接口模块的扩展，构成较复杂的中等规模控制系统。图 7-20 为一个完整的 PLC 系统构成。

① CPU 单元　即 PLC 主机，也可称为基本单元。它内部包括中央处理器、存储单元、输入输出接口、内置 5V 和 24V 直流电源、RS-485 通信接口等，是 PLC 的核心部分。其功能足以使它完成基本控制功能，所以 CPU 单元单独就是一个完整的控制系统。

② 编程设备　是对 CPU 单元进行编程、调试的设备。可用 PC/PPI 编程电缆与 CPU 单元进行连接。常用设备为手持编程器和装有西门子 S7 系列 PLC 编程软件的微机。

③ 数字量扩展单元 I/O 接口单元　用于对数字 I/O 的扩展。在工程应用中，CPU 单元自带的 I/O 接口往往不能满足控制系统要求，用户需要根据实际需要选用不同 I/O 模块进行扩展，以增加 I/O 接口的数量。不同的 CPU 单元可连接的最大 I/O 模块数不同，而且可使用的 I/O 点数也是由多种因素共同决定的。

④ 模拟量扩展单元、模拟量与数字量转换单元　控制领域中模拟量的使用十分广泛，模拟量扩展单元可十分方便地与 CPU 单元连接，实现 A/D 转换和 D/A 转换。

⑤ 智能扩展模块　多为特殊功能模块，模块内含有 CPU，能够进行独立运算和功能设置，如定位模块、Modem 模块、PROFIBUS-DP 模块等。

⑥ TD200 文本显示器　西门子提供的简单易用的人机界面。它可使用 5 种文字（英文、德文、法文、意大利文、西班牙文）中的任一种进行显示，为操作人员提供了一个方便简洁的操作员界面；通过编程设置能够显示最多 80 条信息，每条信息最多有 4 种状态；具有 8 个可由用户自定义的功能键，每一个都由 CPU 单元分配了一个存储空间，能够在执行程序的过程中修正参数，或直接设置输入或输出量对程序进行调试。新一代 TD200C（S7-200 的文本显示界面）提供了非常灵活的键盘布置和面板设计，可选择多达 20 种不同形状、颜色和字体的按键，背景图像也可任意变化。

⑦ 通信处理模块　多 PLC 通信模块。CP243-2 通信处理器是 ASi 接口主站连接部件，专门为 S7-200CPU22X 型 PLC 设计，使 ASi 接口上能运行最多 31 个数字从站，可显著增加系统中可利用的数字和模拟量 I/O，便于 S7-200 适应不同的控制系统。

⑧ 可选扩展卡　可根据用户需求配置用户存储卡、时钟卡、电池卡，通过可选卡插槽进行连接。用户存储卡可与 PLC 主机双向联系，传输程序、数据或组态结果，对这些重要内容进行备份，存储时间可延长到 200 天。时钟卡可提供误差为 2min/月 的时钟信号。电池卡是质量小于 0.6g、容量为 30mA·h、输出电压为 3V 的锂电池，平均可使用 10 年。

S7-200 可编程控制器使用 STEP7-Micro/WIN32 编程软件进行编程。STEP7/ Micro/WIN32 编程软件是基于 Windows 的应用软件，功能强大，主要用于开发程序，也可用于适时监控用户程序的执行状态。详细的软件介绍及使用方法可以参考有关书籍。

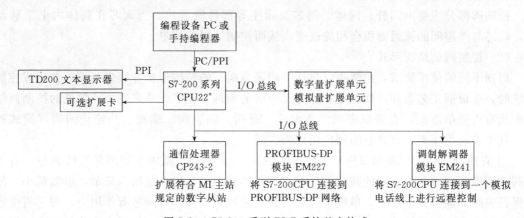

图 7-20　S7-200 系列 PLC 系统基本构成

7.3　执行器

执行器是控制系统中的一个重要组成部分，它接收控制器输出的控制信号，根据控制信号的大小调节被控介质的流量，从而将被控变量维持在所要求的数值上或一定的范围内。执行器安装在生产现场，代替了人的操作。同时，执行器直接与介质接触，通常在高温、高压、高黏度、强腐蚀、易结晶、易燃易爆、剧毒等场合下工作，如果选用不当，将直接影响过程控制系统的控制质量。

执行器按其能源形式可分为气动、电动、液动三大类。气动执行器是以压缩空气为能源的；电动执行器是以电为能源的；液动执行器是以高压液体为能源的。气动执行器的结构简单，维修方便，价格便宜，并具有防火防爆特点，因此广泛应用于石油、化工、冶金、轻工等工业部门，尤其适用于易燃易爆的生产过程。电动执行器动作迅速，其信号便于远程传递，并便于与计算机配合使用，但适用于防火防爆等生产场合的电动执行器一般价格都很昂贵。液动执行器的推力最大，但目前使用不多。

7.3.1　气动执行器

气动执行器是指以压缩空气为动力的执行器，其输入的气压信号为 $20 \sim 100 kPa$。气动执行器一般由气动执行机构和控制阀两部分组成。执行机构是执行器的推动装置，它按控制信号压力的大小产生相应的推力，推动控制机构动作，所以它是将信号压力的大小转换为阀杆位移的装置。控制机构是执行器的控制部分，它直接与被控介质接触，控制流体的流量。所以它是将阀杆的位移转换为流过阀的流量的装置。目前使用的气动执行机构主要有薄膜式和活塞式两大类。其中，气动薄膜执行机构使用弹性膜片，用弹性膜片将输入气压转变为推力，由于结构简单，价格便宜，使用最为广泛。气动活塞式执行机构以气缸内的活塞输出推力，由于气缸允许压力较高，可获得较大的推力，并容易制成长行程的执行机构。

（1）气动执行器的结构

如图 7-21 所示，典型的气动执行器可以分为上、下两部分。上半部分是产生推力的薄膜式执行机构；下半部分是控制阀。其中，薄膜式执行机构主要由弹性薄膜、压缩弹簧和推杆等组成。当 $20 \sim 100 kPa$ 的标准气压信号 P 进入薄膜气室时，在膜片上产生向下的推力，克服弹簧反力，使推杆产生位移，直到弹簧的反作用力与薄膜上的推力平衡为止。因此，这种执行机构的特性属于比例式，即平衡时推杆的位移与输入气压大小成比例。

控制阀部分主要由阀杆、阀体、阀芯及阀座等部件所组成。当阀芯在阀体内上下移动时，阀芯与阀座间的流通面积会相应改变，从而控制通过的流量。

（2）控制阀的结构形式

根据不同的使用要求，控制阀（包括手动调节阀）的结构形式有很多种类，在组成控制系统时，应根据工艺条件，如温度、压力及介质的物理、化学性质来选择。常见的控制阀结构形式有直通单座阀、直通双座阀、角阀、三通阀、隔膜阀、蝶阀、凸轮挠曲阀，笼式阀等。其中直通单座阀、直通双座阀应用较为广泛。

① 直通阀（包括单座和双座）　直通阀如图 7-22 所示，流体在阀内呈直线流过，有单座阀和双座阀之分。单座阀的阀体内只有一对阀芯阀座，其特点是结构简单，泄漏量小，易于保证关闭，甚至完全切断。单座控制阀的缺点是被调节流体对阀芯有作用力，阀芯将受到一定的向上或向下的推动力，在阀前后压差高或阀尺寸大时，这一作用力可能相当大，严重时会使控制阀不能正常工作。因此，这种阀一般应用在小口径、低压差的场合。

双座阀的阀体内有两对阀芯阀座，流体同时从上下两个阀座通过，由于流体对上下阀芯的作用力方向相反而大致抵消，因而双座阀的不平衡力小，适宜于作自动调节之用。双座阀的缺点是上下两组阀芯不易保证同时关闭，因而关闭时泄漏量比单座阀大。此外，其价格也

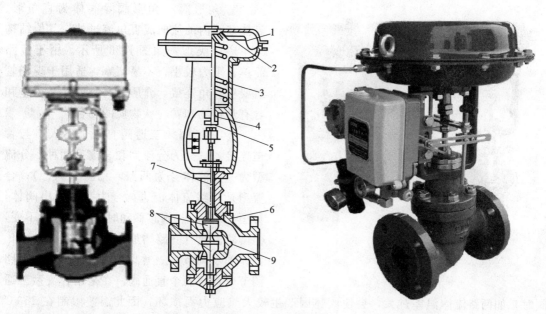

图 7-21 气动执行器

1—膜片；2—圆盘；3—平衡弹簧；4—调节螺母；5—阀杆；6—阀体；7—填料函；8—阀芯；9—阀座

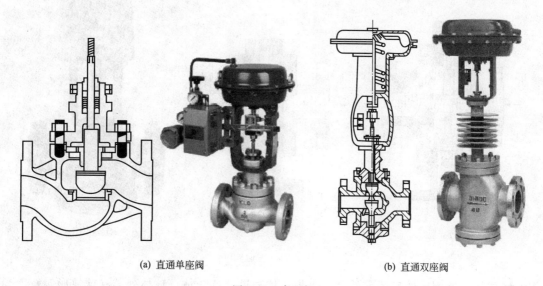

(a) 直通单座阀　　　　　　　　　　　　(b) 直通双座阀

图 7-22 直通阀

比单座阀贵。

在化工生产中，习惯上把直通阀称为截止阀，它们是使用最为广泛的一种截断流体的阀门。它是利用阀杆的升降带动与之相连的阀芯，改变阀芯与阀座之间的距离来控制阀门的启闭，流体流量的大小。

截止阀安装时要注意流体的流向，应该使管路中的流体由下向上流过阀座口（很多阀体上有"→"标示），即通常所说的"低进高出"，其目的是使流体迎着阀芯的"圆锥面"流进，降低流通阻力，开启省力并调控稳定，且当阀处于关闭状态时阀杆、填料函部分不与流体介质相接触，保证阀杆和填料函不致损害和泄漏。

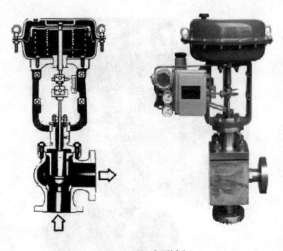

图 7-23 角形阀

② 角形阀　角形阀除阀体为直角形、流体在阀内的流向成直角流过外，其他结构与单座阀类似，如图 7-23 所示。由于流路简单，阻力较小，不易堵塞，适用于现场管道要求直角连接，介质为高黏度、高压差和含有悬浮物和颗粒状物质的场合。

③ 三通阀　三通阀有三个出入口与管道连接。它分为分流型和合流型两种。分流型为一路流体分为两路，见图 7-24（a）；合流型是两路流体流进，合为一路流出阀体，见图 7-24（b）。阀芯移动时，流体总量不变，但两路流量（一路增加，另一路减少）的比例得到了调节，三通阀常用于换热器的旁路调节以代替两个直通阀。在采用合流型三通阀时，如两路流体温差过大，会使阀体因产生较大热应力而损坏，因此温差限制在 150℃以下。

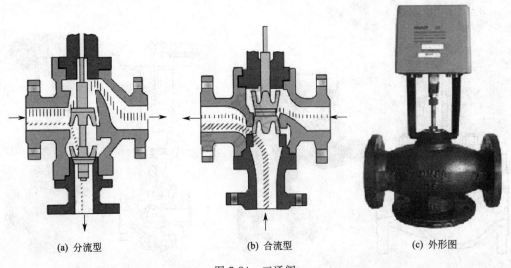

(a) 分流型　　　　(b) 合流型　　　　(c) 外形图

图 7-24 三通阀

④ 球阀　球阀内的启闭零件是一个带流体通道孔的球体（球体外装有球缺形四氟乙烯膜作密封），在球体上开一个键槽以便于阀杆连接，球体绕阀杆中心线旋转，调整球体内的通道与法兰口的相对方位，从而实现对流体流量的调控，如图 7-25 所示。

球阀在外形上的最大特征是有一个用来调整通道方向的手柄，而不是使用手轮来调整；为了使操作者明确阀内通道的即时方位，在其阀杆的端面上锯刻一条与通道相平行的痕迹来标明。球体内的流体通道有圆柱形和"V"字形两种形式。

相对来说，球阀的结构简单，工作可靠；流体流经球阀没有流向的限制，阻力小，密封性好；适宜于黏稠的、有颗粒杂质或者低腐蚀性流体的流量控制。

⑤ 闸阀　闸阀又称为闸板阀或闸门阀，阀体内设置一块平行于阀体法兰面的闸板，通过改变闸板与阀座之间的相对位置来改变流体通道的大小，即通过闸板的升降来实现阀门的启闭。

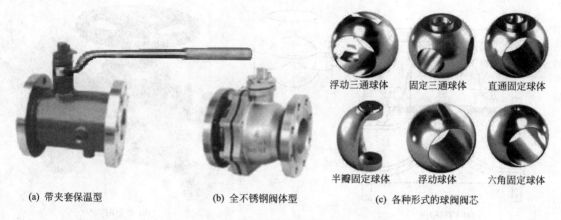

(a) 带夹套保温型   (b) 全不锈钢阀体型   (c) 各种形式的球阀阀芯

图 7-25 球阀

　　闸阀具有流体阻力小，介质流向不发生变化、开启动作缓慢而无水锤现象，易于调节流量的特点，广泛用于大口径、大流量的气体和水液流量的调节。

　　根据操作阀门时，阀杆移动的可见情况，闸阀分为明杆式和暗杆式两种，如图 7-26 所示。明杆式闸阀的阀杆暴露于阀体外部，开启阀门时阀杆旋出手轮，因而可以根据阀杆的外伸长度判断阀门的开度大小，阀杆与流体介质接触长度较小，螺纹部分基本上不受介质腐蚀性的影响。暗杆式闸阀阀杆上的外螺纹与阀板上的内螺纹相啮合，启闭阀门时阀杆只跟随手轮做旋转，不做上下升降，闸板受到阀杆螺旋力的作用而升降；其缺点也是显而易见的，不能根据阀杆位置判断阀门的开度大小，阀杆（包括阀板）上的螺纹长期与介质接触，易受腐蚀破坏。

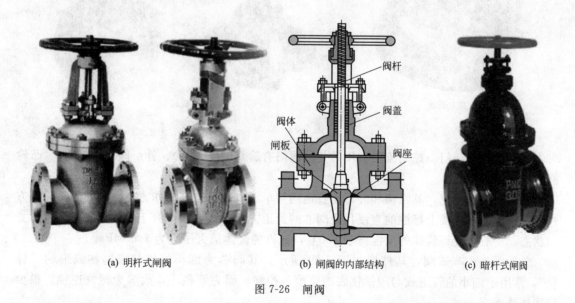

(a) 明杆式闸阀   (b) 闸阀的内部结构   (c) 暗杆式闸阀

图 7-26 闸阀

　　⑥ 隔膜阀 隔膜阀采用了具有耐腐蚀衬里的阀体和隔膜，如图 7-27 所示。阀杆带动隔膜运动以达到调节流量的目的。它的流通阻力小，无泄漏量。适用于强腐蚀性介质的调节，也能用于高黏度及悬浮颗粒状介质的调节。但由于受隔膜材料的限制，一般只能在压力低于1MPa，温度低于150℃的场合下使用。

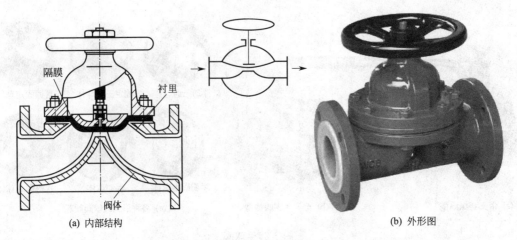

图 7-27 隔膜阀

⑦ 蝶阀 蝶阀又称翻板阀，如图 7-28 所示。它是利用一块可以绕其轴旋转的圆盘来调节管道流体通道有效面积，即转动角度的大小反映阀门开度的大小。具有结构简单、开闭较迅速、阻力损失小、流通能力大、维修方便等优点。适用于低压差、大流量气体以及带有悬浮物流体和高黏度溶液、油品的场合，但泄漏量较大。

图 7-28 蝶阀

⑧其他控制阀门 控制流量常用的其他阀门有旋塞阀（考克）、针形阀（节流阀）、凸轮挠曲阀、笼式阀等。

旋塞阀俗称考克，其结构和外形比直通阀简单，启闭迅速，操作方便。阀杆外端为正方柱形，在端面对角线上标注的直线代表阀芯的通道方向，该直线垂直于阀体方向时表示为关闭状态。一般其允许流体的温度低于 150℃，允许的流体最大压力为 1.6 MPa。

针形阀也称节流阀，其外形如图 7-29 所示。其阀芯为细小的锥状或抛物线形的"针状"，常用于细小的管道或与测量仪表的连接、控制。因为管径小，故多为螺纹连接，很少使用法兰连接。

凸轮挠曲阀又称偏心旋转阀，它是在一个直通控制阀体内装有一个球面阀芯，球面阀芯的中心线与转轴中心偏离，转轴带动阀芯偏心旋转而进入阀座。由于阀芯回转中心不与旋转轴同心，减少了阀座的磨损。其具有结构简单、重量轻、体积小、密封性好、可调范围大、允许压差大、使用温度范围广等特点。适用于黏度大，含有固体及易黏结介质的场合。

图 7-29　旋塞阀和针型阀

　　笼式阀又名套筒阀，阀内有一个圆柱形套筒，也称笼子。套筒壁上开有一个或几个不同形状的孔（窗口），利用套筒的导向，阀芯可在套筒中上下移动，由于这种移动改变了笼子的节流孔面积，就形成各种特性并实现流量调节。笼式阀可适用于直通单、双座阀所应用的全部场合，通用性很强，并特别适用于降低噪声及压差较大的场合。此外，还有适用于高压介质场合的高压（32MPa）阀和超高压（250MPa）阀，以及适用于低温介质场合的低温阀等。

　　⑨ 具有特定功能的阀门　在化工生产过程中，除了使用到上述起调节流量作用的控制阀之外，还会用到某些具有特定功能的阀门，如止回阀、安全阀、疏水阀、减压阀、膨胀阀等。它们虽然不能用来调节流体的流量，但会以某种方式阻止或特许流体流过（图 7-30）。

(a) 升降式止回阀　　　(b) 旋启式止回阀　　　(c) 减压阀　　　(d) 膨胀阀

(e) 安全阀　　　　　　　　　(f) 疏水阀

图 7-30　常用非调节类阀的外观

　　止回阀是利用阀前后流体的压力差而自动启闭，控制流体单向流动的阀门，又称为止逆阀或单向阀。按其内部结构和工作原理的不同，可分为升降式（跳心式）和旋启式（摇极式）两种。使用时需要特别注意阀门的安装方向，介质流向应与阀体上标示的箭头方向一致，否则，如果介质易于结晶，安装反向后极易导致阀片不能复位而失去止回功能。

安全阀是当介质压力超过设定值后自动开启阀门而卸压的装置，保障设备免受超压破坏，体系压力恢复正常后又能自动关闭。其工作原理是利用杠杆或压力弹簧受压发生位移或形变，推动阀芯移动实现阀门开启。根据内压平衡的方式可分为杠杆重锤式和弹簧式两类。使用时必须注意，在安全阀前方安装的截止阀必须处于开启状态才能保障安全阀在系统超压时发挥卸压功效，在安全阀的使用期间内务必定期校验或更换。

疏水阀则是蒸汽管路、加热器等设备系统中能够自动、间歇排出冷凝水，又能防止蒸汽泄出的一种阀门。常用的有钟形浮子式、热动力式和脉冲式几种。投用前先通过管道旁路阀排除冷凝水，当有蒸汽时关闭旁路，启用疏水阀正道，否则疏水阀内将会闭水，起不到疏水作用。

（3）执行器的气开式与气关式

从工作形式上来说，气动执行器有气开式和气关式两种形式。"气开式"是指这种气动执行机构当信号气压 P 增加时，阀门开度增大，趋向全开；"气关式"是指这种气动执行机构当信号气压 P 增加时，阀门开度增大，趋向关闭。由于执行器有正、反作用之分，控制阀也有正、反作用的不同，因此，阀门的气开、气关组合关系就有 4 种，如图 7-31 所示。由于控制阀的各个部分是用螺钉连接的，其阀体可和阀芯一起上下倒装，很容易将"气开式"和"气关式"调节阀进行改装。

实际生产系统中，对控制阀的气开、气关的选择主要从生产安全角度考虑。当工厂突发断电或其他事故引起控制信号中断时，控制阀的开闭状态应保障所控制的设备及其操作人员免受损坏和伤害，如阀门在此时打开的危险性小，则宜选气关式执行器；反之，则选用气开式执行器。例如，加热炉的燃料气或燃料油应采用气开式执行器，即当控制信号中断时，应切断进炉燃料，以免炉温过高造成事故。

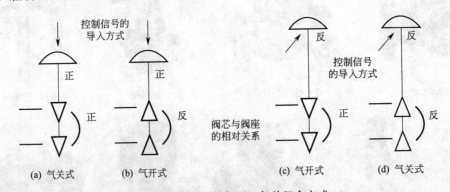

图 7-31   执行器的气开、气关组合方式

（4）控制阀的流量特性

控制阀一个最重要的特性是它的流量特性，即控制阀阀芯位移与流量之间的关系。控制阀的特性对整个自动控制系统的控制品质有着很大的影响。实际中不少控制系统工作不正常，往往是由于控制阀的特性选择不合适，或阀芯在使用中受腐蚀磨损，使特性变坏而引起的。通过控制阀的流量大小不仅与阀的开度有关，还和阀前后的压差高低有关。工作在管路中的控制阀，当阀开度改变时，随着流量的变化，阀前后的压差也发生变化。为分析方便，在研究阀的特性时，先把阀前后压差固定为恒值进行研究，然后再考虑阀在管路中的实际情

况进行分析。

① 理想流量特性 在控制阀前后压差固定的情况下得出的流量特性称为理想流量特性。这种流量特性完全取决于阀芯的形状，不同的阀芯曲面可得到不同的流量特性，它是一个控制阀固有的特性。在目前常用的控制阀中，有四种典型的理想流量特性。第一种是直线特性，其流量与阀芯位移成直线关系；第二种是等百分比流量特性，其阀芯移动所引起的流量变化与该点原有流量成正比，即引起的流量变化的百分比是相等的。这种阀的阀芯位移与流量间实际成对数关系，所以也称为对数特性；第三种典型的特性是抛物线流量特性，这种阀的相对流量变化与阀芯的相对位移成抛物线关系，在直角坐标上为一条抛物线，它介于直线及对数之间；第四种典型的特性是快开特性，这种阀在开度较小时，流量变化比较大，随着开度增大，流量很快达到最大值，所以称为快开特性。

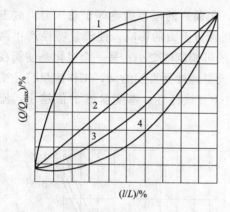

图 7-32 控制阀的理想流量特性
1—快开；2—直线；3—抛物线；4—等百分比曲线

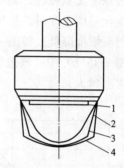

图 7-33 阀芯结构的四种形状
1—快开型；2—直线型；3—抛物线型；4—对数线型

上述四种典型的理想（固有）流量特性如图 7-32 所示，在作图时为便于比较，都用相对值，其阀芯位移和流量都用自己最大值的百分数表示。其中横坐标 l/L 表示控制阀的相对位移，纵坐标 Q/Q_{max} 表示控制阀的相对流量。由于阀常有泄漏，实际特性可能不经过坐标原点。从流量特性来看，线性阀的放大系数在任何一点上都是相同的；对数阀（等百分比）的放大系数随阀的开度增加而增加；快开阀与对数阀相反，在小开度时具有最高的放大系数。阀芯的几何形状如图 7-33 所示。四种阀芯中以对数阀芯的加工最为复杂。

② 工作流量特性 控制阀在实际使用时，其前后压差是变化的。这时的流量特性，称为工作流量特性。在实际的工艺装置上，控制阀由于和其他阀门、设备、管道等串联或并联，使阀两端的压差随流量变化而变化，其结果使控制阀的工作流量特性不同于理想流量特性。

a. 串联管道的工作流量特性 如图 7-34（a）所示的串联管路，如果外加压力 P_0 恒定，那么当阀开度加大时，随着流量 Q 的增加，设备及管道上的压降 ΔP_g 将随流量 Q 的平方增加，如图 7-34（b）所示。

随着阀门的开大，阀前后的压差将逐渐减小。因此，在同样的阀芯位移下，流量变化与阀前后保持恒压差的理想情况相比要小一些。如果是理想特性直线型的阀，那么由于串联元件阻力的影响，实际的工作流量特性将变成图 7-35（a）中表示的曲线。该图纵坐标是相对流量 Q/Q_{max}，Q_{max} 表示串联管道阻力为 0 时，阀全开时达到的最大流量。图上的参变量 $S=$

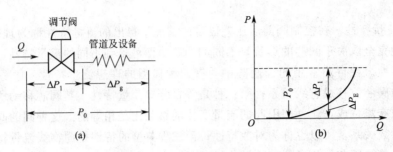

图 7-34　控制阀和管道阻力串联的情况

$\Delta P_{T/min}/P_0$。表示存在管道阻力的情况下，阀全开时阀前后最小压差 $\Delta P_{T/min}$ 占总压力 P_0 的百分数。

　　从图 7-35 可看到，当 $S=1$ 时，管道压降为 0，阀前后的压差始终等于总压力，故工作流量特性即为理想流量特性；在 $S<1$ 时，由于串联管道阻力的影响，使流量特性产生两个变化：一个变化是阀全开时的流量减小，也就是阀的可调范围变小；另一个变化是使阀在大开度时的控制灵敏度降低。如图 7-35(a) 中，理想流量特性是直线的阀，工作流量特性变成快开特性；图 7-35(b) 中，理想特性为对数的趋向于直线特性。参变量 S 的值越小，流量特性变形的程度越大。

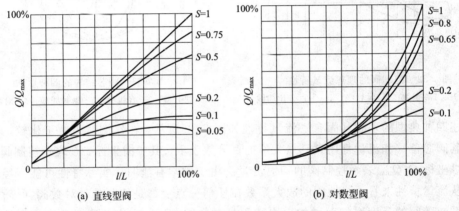

图 7-35　串联管道中控制阀的工作特性

　　b. 并联管道的工作流量特性　控制阀一般都装有旁路，以便手动操作和维护。当生产量提高或控制阀选小了时，只好将旁路阀打开一些，此时控制阀的理想流量特性就改变成为工作特性。图 7-36 表示并联管道时的情况。这时管路的总流量 Q 是控制阀流量 Q_1 与旁路流量 Q_2 之和，即 $Q=Q_1+Q_2$。若以 x 代表并联管道时控制阀全开时的流量 Q_{1max} 与总管最大流量 Q_{max} 之比，可以得到在压差 Δp 为一定时，而 x 为不同数值时的工作流量特性，如图 7-37 所示。由图可见，当 $x=1$，即旁路阀关闭、$Q_2=0$ 时，控制阀的工作流量特性与它的理想流量特性相同。随着 x 值的减小，即旁路阀逐渐打开，虽然阀本身的流量特性变化不大，但可调范围大大降低了。控制阀全关，流量 Q_{min} 比控制阀本身的 Q_{1min} 大得多。同时，在实际使用中总存在着串联管道阻力的影响，控制阀上的压差还会随流量的增加而降低，使可调范围下降得更多些，控制阀在工作过程中所能控制的流量变化范围更小，甚至几乎不起控制作用。所以，采用打开旁路阀的控制方案是不好的，一般认为旁路流量最多只能是总流量的百分之十几，即 x 值最小不低于 0.8。

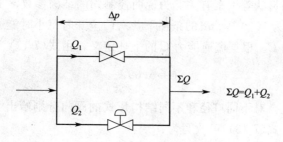

图 7-36 控制阀的并联情况

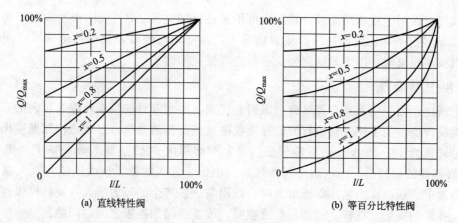

(a) 直线特性阀   (b) 等百分比特性阀

图 7-37 并联管道中控制阀的工作特性

（5）控制阀的口径

在控制系统中，为保证工艺操作的正常进行，必须根据工艺要求，准确计算阀门的流通能力，合理选择控制阀的尺寸。如果控制阀的口径选得太大，将使阀门经常工作在小开度位置，造成控制质量不好。如果口径选得太小，阀门完全打开也不能满足最大流量的需要，就难以保证生产的正常进行。

根据流体力学，对不可压缩的流体，在通过控制阀时产生的压力损失 ΔP 与流体速度 V 之间有：

$$\Delta P = \xi \rho \frac{V^2}{2} \tag{7-11}$$

式中，V 为流体的平均流速；ρ 为流体密度；ξ 为调节阀的阻力系数，与阀门的结构形式及开度有关。

因流体的平均流速 V 等于流体的体积流量 Q 除以控制阀连接管的截面积 A，即 $V = Q/A$，代入式(7-11)并整理，得：

$$Q = \frac{A}{\sqrt{\xi}} \times \sqrt{\frac{2\Delta P}{\rho}} \tag{7-12}$$

若面积 A 的单位取 cm^2，压差 ΔP 的单位取 kPa，密度 ρ 的单位取 kg/m^3，流量 Q 的单位取 m^3/h，则：

$$Q = 3600 \times \frac{1}{\sqrt{\xi}} \times \frac{A}{10^4} \times \sqrt{2 \times 10^3 \times \frac{\Delta P}{\rho}} = 16.1 \times \frac{A}{\sqrt{\xi}} \times \sqrt{\frac{\Delta P}{\rho}} \tag{7-13}$$

由式(7-13) 可知，通过控制阀的流体流量除与阀两端的压差及流体种类有关外，还与阀门口径及阀芯阀座的形状等因素有关。为说明控制阀的结构参数，工程上将阀门前后压差为 100 kPa，流体密度为 1000 kg/m³ 的条件下，阀门全开时每小时能通过的流体体积（m³）称为该阀门的流通能力 C。根据流通能力 C 的上述定义，由式(7-13) 可知：

$$C = 5.09 \frac{A}{\sqrt{\xi}}$$

在控制阀的手册上，对不同口径和不同结构形式的阀门分别给出了流通能力 C 的数值，可供用户选用。这样，式(7-13) 可改写为：

$$Q = C \sqrt{\frac{10\Delta P}{\rho}} \tag{7-14}$$

此式可直接用于液体的流量计算，也可用来在已知差压 ΔP、液体密度 ρ 及需要的最大流量 Q_{max} 的情况下，确定控制阀的流通能力 C，选择阀门的口径及结构形式。当流体是气体、蒸汽或两相流时，以下的计算公式必须进行相应的修正。

7.3.2 电-气转换器

如上所述，由于气动执行器具有一系列的优点，绝大部分使用电动控制仪表的系统也都使用气动执行器。为了使气动执行器能够接收电动控制器的命令，必须把控制器输出的标准电流信号转换为 20～100kPa 的标准气压信号，即使用电-气转换器。图 7-38 是一种力平衡式电-气转换器的原理图，由电动控制器送来的电流 I 通入线圈，该线圈能在永久磁铁的气隙中自由地上下运动，当输入电流增大时，线圈与磁铁产生的吸力增大，使杠杆做逆时针方向转动，并带动安装在杠杆上的挡板靠近喷嘴，改变喷嘴和挡板之间的间隙。

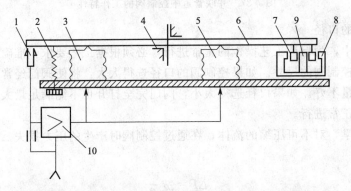

图 7-38 电-气转换器的原理图
1—喷嘴挡板；2—调零弹簧；3—负反馈波纹管；4—十字弹簧；5—正反馈波纹管；
6—杠杆；7—测量线圈；8—磁钢；9—铁芯；10—放大器

在图 7-38 中，调零弹簧可用来调整输出零点。该转换器的量程调节，粗调可左右移动波纹管的安装位置，细调可调节永久磁场的磁分路螺钉。重锤用来平衡杠杆的质量，使其在各种安装装置都能准确工作。为减小支点的静摩擦，和压力变送器中的做法一样，支点都采用十字簧片弹性支承。一般这种转换器的准确度为 0.5 级，气源压力为（140±14）kPa，输出气压信号为 20～100kPa，可用来直接推动气动执行机构，或作较远距离的传送。

7.3.3 阀门定位器

在气动控制阀中，阀杆的位移是由薄膜上的气压推力与弹簧反作用力平衡来确定的。实际上，为了防止阀杆引出处的泄漏，填料总要压得很紧。尽管填料选用密封性好而摩擦因数小的聚四氟乙烯等优质材料，填料对阀杆的摩擦力仍然是不小的。特别是在压力较高的阀上，由于填料压得很紧，摩擦力可能相当大。此外，被控制流体对阀芯的作用力，在阀的尺寸大或阀前后压差高、流体黏性大及含有固体悬浮物时也可能相当大，所有这些附加力都会影响执行机构与输入信号之间的定位关系，使执行机构产生回环特性，严重时造成控制系统振荡。因此，在执行机构工作条件差及要求控制质量高的场合，都会在控制阀上加装阀门定位器，其框图如图 7-39 所示。借助于阀杆位移负反馈，使控制阀能按输入信号精确地确定其开度。

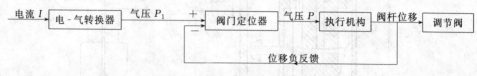

图 7-39　带定位器的气动执行器

图 7-40 是气动阀门定位器与执行机构配合使用的原理图。定位器是一个气压-位移反馈系统，由调节器来的气压信号 P_1 作用于波纹管，使托板以反馈凸轮为支点转动，于是托板带着挡板靠近喷嘴，使其背压室，即气动放大器中气室 A 内压力上升。这种气动放大器的放大气路是由两个变节流孔串联构成的，其中一个是圆锥-圆柱形的，称为锥阀，另一个是圆球-圆柱形，称为球阀。球阀用来控制气源的进气量，只要使圆球有很小的位移，便可引起进气量很大的变化。锥阀是用来控制排入大气的气量的，这两个阀由阀杆互相联系成为一个统一体。当挡板移近喷嘴，使其背压室 A 中压力上升时，就推动膜片使锥阀关小，球阀开大。这样，气源的压缩空气就较易从 D 室进入 C 室，而较难排入大气，使 C 室的压力 P 急剧上升。C 室的压力 P 也就是阀门定位器的输出气压，此压力送往执行机构，通过薄膜产生推力，使推杆移动。此推杆的位移量通过反馈杆带动凸轮转动而反馈回来。凸轮的设计一般是使推杆行程正比地转变为托板下端的左右位移，这样就构成了位移负反馈。当执行机构推杆向下移动时，托板的下端向右移动，使挡板离开喷嘴，从而使气动放大器输出压力减小，最后达到平衡位置。在平衡时，由于气动放大器的放大倍数很高，喷嘴与挡板之间的距离几乎不变。根据位移平衡原理，可推知执行机构行程必与输入信号气压只成比例关系。因此，使用这样的阀门定位器后，可保证阀芯按控制信号精确定位。

这里采用的气动放大器是一种典型的功率放大器，其气压放大倍数约为 10～20 倍。它的输出气量很大，有很强的负载能力，故可直接推动执行机构。阀门定位器除了克服阀杆上的摩擦力，消除流体作用力对阀位的影响，提高执行器的静态工作准确度外，由于它具有深度位移负反馈，使用了气动功率放大器，增强了供气能力，因而也能提高控制阀的动态性能，大大加快执行机构的动作速度。此外，在需要的时候，还可改变定位器中反馈凸轮的形状，来修改调节阀的流量特性，以适应调节系统的要求。

经过上面的讨论，不难想到，可以把上述的电-气转换器与气动阀门定位器结合成一体，组成电-气阀门定位器。这种装置的结构原理如图 7-41 所示，其基本思想是直接将正比于输入电流信号的电磁力矩与正比于阀杆行程的反馈力矩进行比较，并建立力矩平衡关系，实现输入电流对阀杆位移的直接转换。具体的转换过程是这样的：输入电流，通入绕于杠杆外的磁力线圈，其产生的磁场与永久磁铁相作用，使杠杆绕支点 O 转动，改变喷嘴挡板机构的间隙，使其背压改变，此压力变化经气动功率放大器放大后，推动薄膜执行机构使阀杆移动。在阀杆移动时，通过连杆及反馈凸轮，带动反馈弹簧，使弹簧的弹力与阀杆位移作比例变化，在反馈力矩等于电磁力矩时，杠杆平衡。这时，阀杆的位置必定精确地由输入电流 I 确定。由于这种装置的结构比分别使用电-气转换器和气动阀门定位器简单得多，所以价格便宜，应用十分广泛。

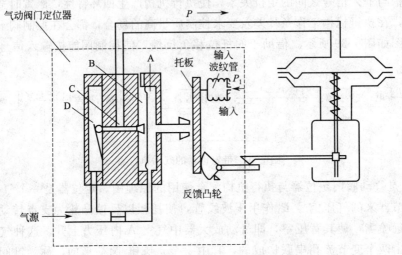

图 7-40　气动阀门定位器与执行机构的配合

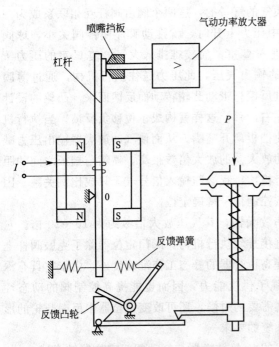

图 7-41　电-气阀门定位器的原理图

7.3.4　电动执行器

　　电动执行器也由执行机构和控制阀两部分组成。电动执行器的输入标准电信号为 DC $0\sim10$mA（DDZ-Ⅱ型）或 DC $4\sim20$mA（DDZ-Ⅲ型）。其中控制阀部分常和气动执行器通用，不同的只是电动执行器使用电动执行机构，即使用电动机等电的动力来启闭控制阀，电动执行器根据不同的使用要求有各种结构。最简单的电动执行器称为电磁阀，它利用电磁铁的吸合和释放，对小口径阀门进行通断两种状态的控制。由于结构简单、价格低廉，常和两位式简易调节器组成简单的自动调节系统，在生产中有一定的应用。除电磁阀外，其他连续动作的电动执行器都使用电动机作动力元件，将调节器来的信号转变为阀的开度。

　　电动执行机构根据配用的控制阀不同，输出方式有直行程、角行程和多转式三种类型，可和直线移动的控制阀、旋转的蝶阀、多转的感应调压器等配合工作。在结构上，电动执行机构除可与控制阀组装成整体式的执行器外，常单独分装以适应各方面的需要，使用比较灵活。

　　电动执行机构一般采用随动系统的方案组成，如图 7-42 所示。从调节器来的信号通过

图 7-42　电动执行器的框图

伺服放大器驱动电动机，经减速器带动控制阀，同时经位置发信器将阀杆行程反馈给伺服放大器，组成位置随动系统。依靠位置负反馈，保证输入信号准确地转换为阀杆的行程。

为了简便，电动执行器中常使用两位式放大器和交流鼠笼式电动机组成交流继电器式随动系统。执行器中的电动机常处于频繁的启动、制动过程中，在调节器输出过载或其他原因使阀卡住时，电动机还可能长期处于堵转状态。为保证电动机在这种情况下不致因过热而烧毁，电动执行器都使用专门的异步电动机，以增大转子电阻的办法，减小启动电流，增加启动力矩，使电动机在长期堵转时温升也不超出允许范围。这样做虽使电动机效率降低，但大大提高了执行器的工作可靠性。

电动执行机构中的减速器常在整个机构中占很大体积，是造成电动执行器结构复杂的主要原因。由于伺服电动机大多是高转速小力矩的，必须经过近千倍的减速，才能推动调节机构。目前电动执行机构中常用的减速器有行星齿轮减速器和蜗轮蜗杆减速器两种，其中行星齿轮减速器由于体积小、传动效率高、承载能力大，单级速比可达 100 倍以上，获得广泛的应用。近年来，人们为简化减速机构，努力研制各种低速电动机，希望直接获得低速度、大推力、小惯性的动力。但这些执行器的性能目前还不太理想。

思考与练习题

1. 什么是控制器的控制规律？控制器有哪些基本控制规律？
2. 位式控制规律的特点是什么？
3. 什么是比例控制的余差？比例度的大小对控制过程有什么影响？
4. 为什么积分控制能消除余差？积分时间的大小对控制过程有什么影响？
5. 微分控制的特点是什么？微分时间的大小对控制过程有什么影响？
6. 为什么积分、微分控制规律一般不单独使用？
7. 试写出比例积分微分（PID）三作用控制规律的数学表达式。
8. 智能控制器的主要特点是什么？
9. 可编程控制器的主要特点是什么？
10. PLC 主要由哪几个部分组成？简述各部分的主要作用。
11. PLC 目前常用的编程语言有哪些？
12. 什么是控制器的无扰动切换？
13. DDZ-Ⅲ型控制器由哪几部分组成？各部分有何作用？
14. 执行器在过程控制系统中起何作用？其性能对控制系统的运行有什么影响？
15. 控制阀有哪些结构形式？分别适用于什么场合？执行机构是指执行器中的哪一部分？
16. 什么是气动执行器的气开式与气关式？其选择原则是什么？
17. 什么是控制阀的理想流量特性和工作流量特性？为什么流量特性的选择对控制系统的工作至关重要？
18. 为什么等百分比特性又称对数特性？与线性特性比较起来它有什么优点？
19. 试述电-气阀门定位器的基本原理与工作过程。

第8章 基本控制系统

简单控制系统是结构最简单、使用最广泛的一种自动控制系统。它虽然结构简单，却能解决化工生产过程中的大量控制问题，工业过程中 70% 以上的控制系统是简单控制系统。简单系统是复杂控制系统的基础，掌握了简单控制系统的分析和设计方法，将会给复杂控制系统的分析和研究提供极大的方便。

虽然工业应用控制系统中绝大多数使用的是简单控制系统，但是随着科学技术的发展，现代过程工业装置规模越来越大，复杂程度越来越高，对控制效果的质量要求也越来越严格，相应的系统安全问题、管理与控制一体化等问题也越来越突出。要满足这些要求，解决这些问题，显然仅仅依靠简单控制系统是不行的，需要引入更为复杂、更为先进的控制系统。因此，本章也将介绍几种在化工生产过程中应用非常普遍的复杂控制系统，如串级、比值、均匀、前馈等控制系统。

本书把简单控制系统和常见的复杂控制系统，都看作是基本控制系统。

8.1 简单控制系统及其控制方案

8.1.1 简单控制系统的结构与组成

简单控制系统通常是指由一个测量元件及变送器、一个控制器、一个控制阀和一个对象构成的单闭环控制系统，又称单回路控制系统。简单控制系统由四个基本环节组成，即被控对象（简称对象）或被控过程（简称过程）、测量变送装置、控制器和控制阀。下面结合一个具体的例子，说明其构成。假设有一个储水槽，其流入量和流出量分别为 Q_1 和 Q_2，控制要求是维持该水槽的液位 H 不变。为了控制液位，就要选择相应的测量/变送器、控制器和控制阀，并按图 8-1 所示的信息传送原理构成单回路反馈控制系统。

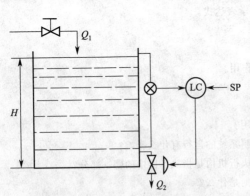

图 8-1　储水槽液位简单控制系统

该系统中绘出了测量变送器，而在实际自控设计规范这一环节常被省去不画。首先，在干扰发生之前，假定系统处于平衡状态，即流入量等于流出量，液位等于给定值。一旦此时有干扰发生，平衡状态将被破坏，液位开始变化，于是控制系统开始动作。第一种情况，在平衡状态下，流入量突然变大，即 $Q_1 > Q_2$，液位 H 便开始上升。随着 H 的上升，控制器将根据接收到的检测器传送来的与给定值偏差的大小、正负以及变化速度的快慢产生控制作用——控制阀（流出阀）的开度变大，流出量 Q_2 将逐渐增大，液位 H 将减缓上升，并继而下降，逐渐趋于给定值。当再度达到 $Q_1 = Q_2$ 时，系统将达到一个新的平衡状态。这时，控制阀将处于一个新的开度上。同理，如果在该平衡状态下，流入量突然减小，那么将出现 $Q_1 < Q_2$，液位 H 将下降，控制器输出的控制作用将使流出阀关小。这

样，液位又会逐渐回复（或者趋于）给定值而达到新的平衡。

第二种情况，在原有的平衡状态下，Q_2 先是突然增大（或减小），H 将下降（或升高）。这时，控制器的输出将使控制阀关小（或开大），于是 Q_2 将随之逐渐减小（或增大），H 又会慢慢回到（或者趋于）给定值。可见，无论液位在何种干扰作用下出现上升或下降的情况，系统都可通过测量/变送器、控制器和控制阀等自动化技术工具，最终把液位控制在给定值的有效位置上。图 8-2 是根据图 8-1 画出的概念性方块图。由图可知，一个单回路反馈控制系统是由一个被控对象、一个测量变送装置、一个控制器、一个控制阀组成。这是简单控制系统的第一个特点。

图 8-2　单回路控制系统方块图

由简单控制系统方块图可以看出，在该系统中存在着一条从系统的输出端引向输入的反馈路线，也即系统中的控制是根据被控变量的测量值与给定值的偏差进行控制的。这是简单控制系统的又一特点。

简单控制系统结构比较简单，所需自动化技术工具少，投资比较低，操作维护也比较方便，而且一般情况下都能满足控制质量的要求。因此，这种控制系统在生产过程控制中得到了广泛的应用。为了设计好一个单回路控制系统，并使该系统在运行时达到规定的质量指标要求，必须了解具体的生产工艺，掌握生产过程的规律性，以便确定合理的控制方案。其中包括正确地选择被控变量和操纵变量；正确地选择控制阀的开关形式及其流量特性；正确地选择控制器的类型及其正反作用，以及正确地选择测量变送装置等。为此，必须对系统中的被控对象、测量变送装置、控制器和控制阀等的特性对控制质量的影响情况，分别进行深入的分析和研究。

8.1.2　简单控制系统的设计

（1）被控变量的选择

在生产过程中，借助自动控制保持恒定值（或按一定规律变化）的变量称为被控变量。被控变量的选择是控制系统设计的核心问题，选择得正确与否，直接影响到生产的稳定操作、产品产量和质量的提高以及生产安全与劳动条件的改善等。如果被控变量选择不当，无论采用怎样精密的自动化装置，组成何种控制系统，都难以达到预期的控制效果，满足不了生产控制的要求。影响某个生产过程正常操作的因素很多，但并非所有影响因素都要加以控制，为此，工艺设计人员必须深入生产实际，进行调查研究，只有在熟悉生产工艺要求的基础上才能正确地选定被控变量。

在化工生产中，通常首选产品质量指标作为被控变量。当选择质量指标作为直接被控变量不能有效及时控制或实施较困难时，可以选择一种间接的指标作为被控变量。但是必须注意，所选用的间接指标必须与直接指标有单值对应关系，并且还需具有一定的灵敏度，即随着产品质量的变化，间接指标必须有足够大的变化。

以苯、甲苯二元系统的精馏为例。在气、液两相并存时，塔顶易挥发组分的浓度 X_D、温度 T_D 和压力 P 三者之间的函数关系为：

$$X_D = f(T_D, P) \tag{8-1}$$

这里，X_D是直接反映塔顶产品纯度的质量指标，可以优先选择作为被控变量。如果使用成分测控仪表可以有效而及时地对其实现控制，就可以选择塔顶易挥发组分的浓度X_D作为被控变量来设计成分控制系统。如果因为成分分析仪表的测量滞后太大，直接控制成分指标的效果太差或很难解决，就应该考虑选择某一个间接指标参数：塔顶温度T_D或系统压力P作为被控变量，组成相应的控制系统。在考虑选择T_D或P其中之一作为被控变量时是有条件的。由式(8-1)可看出，它是一个二元函数关系，即X_D与P都有关。只有当T_D或P一定时，式(8-1)才可简化成一元函数（单值对应）关系。

当P一定时，苯、甲苯的X_D-T_D关系如图8-3(a)所示；当T_D一定时，苯、甲苯的X_D-P关系如图8-3(b)所示。

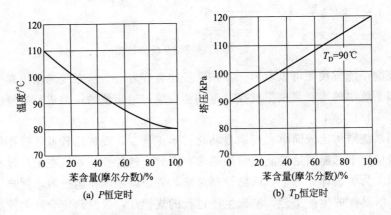

(a) P恒定时　　　　　　　　(b) T_D恒定时

图 8-3　苯与甲苯的 X_D-T_D-P 关系

从图8-3(a)可看出，当塔顶压力恒定时，浓度X_D与温度T_D之间是单值对应关系。塔顶温度越高，对应塔顶易挥发组分的浓度（即苯的百分含量）越低。反之，温度越低，则对应的塔顶易挥发组分的浓度越高。由图8-3(b)可以看出，当塔顶温度T_D恒定时，塔顶组分X_D与塔压P也存在单值对应关系。压力越高，塔顶易挥发组分的浓度越大。反之，压力越低，塔顶易挥发组分的浓度则越低。这就是说，在温度T_D与压力P两者之间，只要固定其中一个，另一个就可以代替组成X_D作为间接指标。因此，塔顶温度T_D或塔顶压力P都可以选择作为被控变量。

从工艺合理性方面考虑，一般都选温度T_D作为被控变量。因为在精馏操作中，往往希望塔压保持一定，因为只有塔压保持在规定的压力之下，才能保证分离纯度以及塔的效率和经济性。如果塔压波动，塔内原来的气液平衡关系就会遭到破坏，随之对挥发度就会发生变化，塔将处于不良的工况。同时，随着塔压的变化，塔的进料和出料相应地也会受到影响，原先的物料平衡会遭到破坏。另外，只有当塔压固定时，精馏塔各层塔板上的压力才近于恒定，各层塔板上的温度与组分之间才有单值对应关系。由此可见，固定塔压，选择温度作为被控变量是可行的，也是合理的。

通过上述分析，可以总结出如下几条选择被控变量的原则。

① 尽量采用直接指标作为被控变量。

② 当不能选择直接指标作为被控变量时，应当选择一个与直接指标有单值对应关系的间接指标作为被控变量。

③ 所选的间接指标参数应当具有足够大的灵敏度。

④ 选择被控变量时需考虑到工艺的合理性和国内外仪表技术的现状。

(2) 操纵变量的选择

操纵变量是用来克服干扰对被控变量的影响、实现控制作用的参数。当被控变量选定后，接着就是要选择什么操纵变量去克服干扰对被控变量的影响。最常见的操纵变量是介质的流量。此外，转速、电压也可以作为操纵变量。

被控变量是被控对象的一个输出，影响被控变量的外部因素则是被控对象的输入，显然影响被控变量的输入不止一个。在影响被控变量的诸多输入中选择其中一个可控性良好的输入量作为操纵变量，而其他未被选中的所有输入量，则称为系统的干扰。干扰通道与控制通道的关系如图 8-4 所示。

干扰作用与控制作用同时影响被控变量，不过在控制系统中控制作用对被控变量的影响正好与干扰作用对被控变量的影响方向相反。当干扰作用使被控变量偏离给定值发生变化时，控制作用就可以抑制干扰的影响，把已经变化的被控变量拉回到给定值来。因此，在一个控制系统中，干扰作用与控制作用是相互对立而存在的，有干扰就有控制，没有干扰也就无需控制。如何才能使控制作用有效地克服干扰对被控变量的影响呢？关键在于选择一个可控性良好的操纵变量。

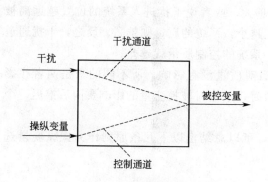

图 8-4　干扰通道与控制通道的关系

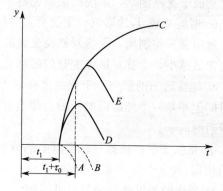

图 8-5　纯滞后影响示意图

① 控制通道特性对控制质量的影响　这里从控制通道的放大系数 K_0、时间常数 T、滞后时间 τ 三个方面进行分析。

a. 放大倍数 K_0 的影响　从静态方面分析，控制系统的余差与干扰通道放大倍数成正比，与控制系统的开环放大倍数成反比。因此，控制通道放大倍数 K_0 越大，系统的余差越小。

从动态角度看，K_0 越大，则表示操纵变量对被控变量的影响越大，表示通过它的调节来克服干扰影响更为有效。此外，在相同衰减比情况下，K_0 与 K_c 的乘积为一常数，当 K_0 越大时 K_c 则越小，K_c 小则 δ 大，δ 大比较容易调整。如果反过来，δ 小则不易调整。因为当 δ 小于 3％时，控制器相当于一位式控制器，已失去作为连续控制器的作用。因此，从控制的有效性及控制器参数易调整性来考虑，则希望控制通道放大倍数 K_0 大好。

b. 时间常数 T 的影响　控制通道时间常数越大，经过的容量数越多，系统的工作频率将越低，控制越不及时，过渡过程时间也越长，系统的质量越低。随着控制通道时间常数的减小，系统工作频率会提高，控制就较为及时，过渡过程也会缩短，控制质量将获得提高。

然而，也不是控制通道时间常数越小越好。因为时间常数太小，系统工作太过频繁，系统将变得过于灵敏，反而会使系统的稳定性下降，系统质量会变差。大多数流量控制系统的流量记录曲线波动得比较厉害，多是由于流量系统时间常数比较小的原因所致。

c. 纯滞后 τ_0 的影响　控制通道纯滞后对控制质量的影响可用图 8-5 的曲线加以说明。图中曲线 C 是没有控制作用时系统在干扰作用下的反应曲线（这时没有校正作用）；A 和 B 分别表示无纯滞后和有纯滞后时操纵变量的校正作用。当控制通道没有纯滞后时，控制作用从 t_1 时刻起就开始对干扰起抑制作用，控制曲线为 D。当控制通道有纯滞后 τ_0 时，控制作用从 $t_1 + \tau_0$ 时刻才开始对干扰起抑制作用，而在此时间以前，系统由于得不到及时的控制，因而被控变量只能任由干扰作用影响而不断地上升（或下降），其控制曲线为 E。显然，与控制通道没有纯滞后的情况相比，此时的动态偏差将增大，系统的质量将变差。控制通道纯滞后的存在不仅使系统控制不及时，使动态偏差增大，而且还会使系统的稳定性降低。这是因为纯滞后的存在，使得控制器不能及时获得控制作用效果的反馈信息，会使控制器出现失控。因此，控制通道纯滞后的存在是系统的大敌，对控制质量起着很坏的影响，会严重地降低控制质量。

② 干扰通道特性对控制质量的影响

a. 放大倍数 K_f 的影响　干扰通道放大倍数越大，则表示干扰对被控变量的影响越大，系统克服干扰越困难，系统的余差也越大，即控制质量越差。

b. 时间常数 T_f 的影响　干扰通道时间常数越大，或者说干扰进入系统的位置越远离被控变量而靠近控制阀，干扰对被控变量的影响就越小，系统的质量则越高。反之，干扰通道时间常数越小，干扰对被控变量的影响就越大，系统的控制质量就越差。

c. 纯滞后 τ_f 的影响　干扰通道有、无纯滞后对质量没有影响，所不同的只是两者在影响时间上相差一个纯滞后时间 τ_f。即当有纯滞后时，干扰对被控变量的影响要向后推迟一个纯滞后时间 τ_f。

③ 操纵变量的选择　综合以上的分析结果，可以总结出以下几条原则作为操纵变量选择的依据。

a. 所选的操纵变量必须是可控的。

b. 所选的操纵变量应是通道放大倍数比较大者，最好大于干扰通道的放大倍数。

c. 所选的操纵变量应使干扰通道时间常数越大越好，而控制通道时间常数应适当小一些为好，但不宜过小。

d. 所选的操纵变量其通道纯滞后时间应越小越好。

e. 所选的操纵变量应尽量使干扰点远离被控变量而靠近控制阀。

f. 在选择操纵变量时还需考虑到工艺的合理性。

(3) 检测仪表对系统的影响

测量、变送装置是控制系统中获取信息的装置，也是系统进行控制的依据。所以，要求它能正确地、及时地反映被控变量的状况。假如测量不准确，使操作人员把不正常工况误认为是正常的，或把正常工况认为不正常，形成混乱，甚至会处理错误造成事故。所以测量不准确或不及时，影响之大不容忽视。

① 测量元件的时间常数　测量元件，特别是测温元件，由于存在热阻和热容，它本身具有一定的时间常数，因而会造成测量滞后。测量元件时间常数对测量的影响，如图 8-6 所示，若被控变量 y 作阶跃变化时，测量值 z 慢慢靠近 y，如图 8-6(a) 所示，显然，前一段

两者差距很大；若 y 作递增变化，而 z 则一直跟不上去，总存在着偏差，如图 8-6(b) 所示；若 y 作周期性变化，z 的振荡幅值将比 y 减小，而且落后一个相位，如图 8-6(c) 所示。

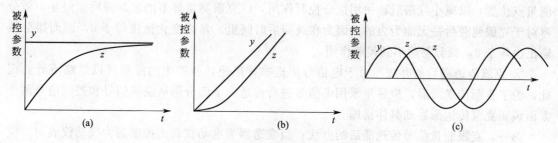

图 8-6　测量元件时间常数的影响

测量元件的时间常数越大，以上现象越加显著。假如将一个时间常数大的测量元件用于控制系统，当被控变量变化的时候，由于测量值不等于被控变量的真实值，所以控制器接收到的是一个失真信号，不能发挥正确的校正作用，控制质量无法达到要求。因此，控制系统中的测量元件时间常数不能太大，最好选用惰性小的快速测量元件，例如用快速热电偶代替工业用普通热电偶或温包。必要时也可以在测量元件之后引入微分作用，利用它的超前作用来补偿测量元件引起的动态误差。当测量元件的时间常数 T_m 小于对象时间常数的 1/10 时，对系统的控制质量影响不大。这时，就没有必要盲目追求小时间常数的测量元件。有时，测量元件安装是否正确，维护是否得当，也会影响测量与控制。特别是流量测量元件和温度测量元件，例如工业的孔板、热电偶和热电阻元件等。如安装不正确，往往会影响测量准确度，不能正确地反映被控变量的变化情况。同时，在使用过程中要经常注意维护、检查，特别是在使用条件比较恶劣的情况（如介质腐蚀性强、易结晶、易结焦等）下，更应该经常检查，必要时进行清理、维修或更换。

② 测量元件的纯滞后　参数变化的信号传递到检测点需要花费一定的时间，因而就产生了纯滞后。纯滞后时间 τ 等于物料或能量传输的速度除以传输的距离。传输距离越长或传输的速度越慢，纯滞后时间则越长。测量环节纯滞后对控制质量的影响与控制通道纯滞后对控制质量的影响相同，一般都把控制阀、对象和测变装置三者合在一起视为一广义对象，这样测变装置的纯滞后就可以合并到对象的控制通道中一并进行考虑。纯滞后是控制系统设计中最感头痛的事，要克服它的影响很不容易。温度参数和物性参数的测量很容易引入纯滞后，而且一般都比较大，必须引起注意。流量参数的测量纯滞后一般都比较小。

③ 信号传送滞后的影响　信号传送滞后包括测量信号传送滞后和控制信号传送滞后两部分。在大型石油、化工企业中，生产现场与控制室之间往往相隔一段很长的距离。现场变送器的输出信号要通过信号传输管线送往控制室内的控制器，而控制器的输出信号又需通过信号传输管线送往现场的控制阀。测量与控制信号的这种往返传送都需要通过控制室与现场之间这一段距离空间，于是产生了信号传送滞后。对于电信号来说，传送滞后可以忽略不计。然而对于气信号来说，由于气动信号管线具有一定的容量，因此传送滞后就不能不加以考虑。一般来说，测量信号传送滞后比较小，它的大小取决于气动信号管线的内径和长度，它对控制质量的影响与测量滞后影响完全相同。对于控制信号传送滞后，由于它的末端有一个控制阀膜头空间，与信号管线相比它的容积就很大。因此，控制信号传送可以认为是控制阀特性的一部分，它对控制质量的影响与对象控制通道滞后的影响基本相同。控制信号管线越长，控制阀膜头空间越大，控制器的控制信号传送就越慢，控制越不及时，控制质量就越差。

④ 克服测量、传送滞后的办法

a. 克服测量滞后的办法　选择惰性小的快速测量元件，以减小时间常数；选择合适的测量点位置，以减小纯滞后；使用微分控制作用，以克服测量环节的容量滞后。但是，微分器对于克服纯滞后是无能为力的。因为在纯滞后时间里，参数变化速度等于 0，因而微分器输出也等于 0，微分器起不到超前作用。

b. 克服传送滞后的办法　由于电信号传送非常迅速，所产生的滞后可以忽略不计。因此，为了克服传送滞后，应尽量采用电信号进行传送。下面分别从测量信号和控制信号两个方面说明克服传送滞后的具体措施。

第一，克服测量信号传送滞后的办法：当变送器为电动仪表而控制器为气动仪表时，应将电气转换器尽量安置在仪表屏附近，以缩短气信号传送管线长度；当变送器为气动仪表而控制器为电动仪表时，应在现场安装气电转换器，将气信号转换成电信号后进行传送；当变送器、控制器均为气动仪表时，可在信号传送管线上加装气动继动器，以提高信号传送功率，减少滞后。

第二，克服控制信号传送滞后的办法：当控制器为电动仪表时，电气转换器应安装于现场控制阀附近，或在控制阀上安装电气阀门定位器；当控制器为气动仪表时，应在气动信号传送管线上装设气动继动器，或者在控制阀上安装气动阀门定位器，以提高输出功率，减少滞后。

（4）控制器控制规律的选择

① 控制参数对系统动态误差的影响

a. 比例放大倍数的影响　比例控制器的输出 u 与输入 e 偏差成比例关系，即 $u = K_P e + u_0$。当 K_P 趋向于 0 时，控制器的输出不受偏差影响，相当于控制系统开路，此时如果有干扰作用在被控对象上，被控参数变化将是一条飞升曲线；当 K_P 很大时，只要有一个很小的偏差出现，就会使控制器输出发生很大的输出（正偏差使控制器输出达到最大；负偏差使控制器输出达到最小），在这个控制作用之下，被控参数将在上偏差限与下偏差限之间振荡。由此可知，比例放大倍数 K_P 由小到大变化，系统将由稳定向振荡发展，系统的稳定性在变差。不同的比例放大倍数 K_P 所对应的过渡过程曲线见图 8-7。

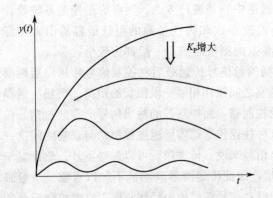

图 8-7　K_P 对过渡过程的影响

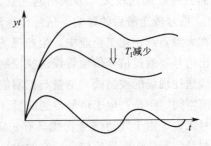

图 8-8　K_c 不变时 T_I 对过渡过程的影响

从图 8-7 可以看出，K_P 增大，控制准确度提高（余差减小），但是系统的稳定性下降。这一点从频率特性来解释不难理解，当 K_P 增大时，会使系统开环频率特性整体向上移动，使其越发靠近幅值比为 1 的临界线，使得系统的稳定裕度下降。

　　b. 积分时间 T_I　工程实践中一般没有纯积分作用控制器，都是与比例作用组合成比例-积分控制器。比例-积分控制器的输入输出关系为：

$$u = K_P\left(e + \frac{1}{T_I}\int edt\right) + u_0 \qquad (8\text{-}2)$$

　　从式(8-2)可看出，比例-积分控制器输出由两部分组成，即在比例输出之上叠加上积分输出。积分部分输出是对偏差的积分，即将偏差按时间进行累积，偏差存在输出就增大，直至偏差消除为止。当 T_I 趋向于无穷大时，积分作用消除，控制器变为纯比例控制器；当 T_I 很小时，积分作用强烈消除余差的能力强。比例-积分控制器对变化很慢（甚至不变）的偏差有很强的调整能力，但是其滞后角度也较大。由此可得出结论，积分时间常数 T_I 越小，消除余差的能力越强，系统越趋向于不稳定。T_I 变化对过渡过程的影响见图 8-8。

　　在工程实践中，为消除余差增加积分作用之后，常常适当增大比例度以维持一定的衰减比。

　　c. 微分时间 T_D　工程实践中一般没有纯微分作用控制器，一般都是与比例作用组合成比例-微分控制器。比例-微分控制器的输入输出关系为：

$$u = K_c\left(e + T_D\frac{de}{dt}\right) + u_0 \qquad (8\text{-}3)$$

　　从式(8-3)可看出，比例-微分控制器输出由两部分组成，即在比例输出之上叠加上微分输出。微分部分输出与偏差的变化速度成正比，即偏差变化大则输出增大。当 T_D 等于 0 时，微分作用消除，控制器变为纯比例控制器。

　　基于微分作用对惯性较大的被控对象具有"超前"调整作用的特点，所以一般用在有较大滞后被控对象的场合。

　　若微分时间常数调整得当，可使过渡过程缩短，增加系统稳定性，减少动态偏差。如果微分作用过大，系统变得非常敏感，控制系统的控制质量将变差，甚至变成不稳定。根据控制原理可知，调整 T_D 的结果，应当使系统的闭环零点靠近系统的第二大极点，这样就可抵消第二大极点对系统过渡过程的影响。

　　② 控制规律的选择　工业用控制器常见的有开关控制器、比例控制器、比例-积分控制器、比例-微分控制器、比例-积分-微分控制器。过程工业中常见的被控参数有温度、压力、液位和流量。而这些参数有些是重要的生产参数，有些是不太重要的参数，控制要求也是各种各样，因此控制器控制规律的选择要根据具体情况而定。

　　选择控制规律的一些基本原则如下。

　　a. 对于不太重要的参数，例如中间储罐的液位、热量回收预热系统等，控制一般要求不太严格，可考虑采用比例控制，甚至采用开关控制。

　　b. 对于惯性较大的不太重要的参数，又不希望动态偏差较大，可考虑采用比例-微分控制器，但是对于系统噪声较大的参数，例如流量，则不能选用比例-微分控制器。

　　c. 对于比较重要的、控制精度要求比较高的参数，可采用比例-积分控制器。

　　d. 对于比较重要的、控制精度要求比较高，希望动态偏差较小，被控对象的时间滞后比较大的参数，应当采用比例-积分-微分控制器。

　　③ 控制器正、反作用的确定　如前所述，自动控制系统是具有被控变量负反馈的闭环系统。也就是说，如果被控变量值偏高，则控制作用应使之降低；相反，如果被控变量值偏

低，则控制作用应使之升高。控制作用对被控变量的影响应与干扰作用对被控变量的影响相反，才能使被控变量值回到给定值。这里，就有一个作用方向的问题。控制器的正反作用是关系到控制系统能否正常运行与安全操作的重要问题。

在控制系统中，不仅是控制器，而且被控对象、测量元件及变送器和执行器都有各自的作用方向。它们如果组合不当，使总的作用方向构成正反馈，则控制系统不但不能起控制作用，反而破坏了生产过程的稳定。所以，在系统投运前必须注意检查各环节的作用方向，其目的是通过改变控制器的正、反作用，以保证整个控制系统是一个具有负反馈的闭环系统。

所谓作用方向，就是指输入变化后，输出的变化方向。当某个环节的输入增加时，其输出也增加，则称该环节为"正作用"方向；反之，当环节的输入增加时，输出减少的称"反作用"方向。

对于测量元件及变送器，其作用方向一般都是"正"的，因为当被控变量增加时，其输出量一般也是增加的，所以在考虑整个控制系统的作用方向时，可不考虑测量元件及变送器的作用方向（因为它总是"正"的），只需要考虑控制器、执行器和被控对象三个环节的作用方向，使它们组合后能起到负反馈的作用。

对于执行器，它的作用方向取决于是气开阀还是气关阀（注意不要与执行机构和控制阀的"正作用"及"反作用"混淆）。当控制器输出信号（即执行器的输入信号）增加时，气开阀的开度增加，因而流过阀的流体流量也增加，故气开阀是"正"方向。反之，由于当气关阀接收的信号增加时，流过阀的流体流量反而减少，所以是"反"方向。执行器的气开或气关形式主要应从工艺安全角度来确定。

对于被控对象的作用方向，则随具体对象的不同而各不相同。当操纵变量增加时，被控变量也增加的对象属于"正作用"的。反之，被控变量随操纵变量的增加而降低的对象属于"反作用"的。

由于控制器的输出取决于被控变量的测量值与给定值之差，所以被控变量的测量值与给定值变化时，对输出的作用方向是相反的。对于控制器的作用方向是这样规定的：当给定值不变，被控变量测量值增加时，控制器的输出也增加，称为"正作用"方向，或者当测量值不变，给定值减小时，控制器的输出增加的称为"正作用"方向。反之，如果测量值增加（或给定值减小）时，控制器的输出减小称为"反作用"方向。在一个安装好的控制系统中，对象的作用方向可以由工艺机理确定，执行器的作用方向可以由工艺安全条件选定，而控制器的作用方向要根据对象及执行器的作用方向来确定，以使整个控制系统构成负反馈的闭环系统。下面举个例子加以说明。

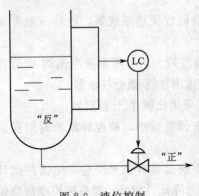

图 8-9 液位控制

图 8-9 是一个简单的液位控制系统。执行器采用气开阀，在一旦停止供气时，阀门自动关闭，以免物料全部流走，故执行器是"正"方向。当控制阀开度增加时，液位是下降的，所以对象的作用方向是"反"的。这时控制器的作用方向必须为"正"，才能使当液位升高时，LC 输出增加，从而打开出口阀，使液位降下来。控制器的正、反作用可以通过改变控制器上的正、反作用开关自行选择，一台正作用的控制器，只要将其测量值与给定值的输入线互换一下，就成了反作用的控制器。

8.2　控制器参数的工程整定

　　一个自动控制系统的过渡过程或者控制质量，与被
控对象、干扰形式与大小、控制方案的确定及控制器参数整定有着密切的关系。在控制方
案、广义对象的特性、控制规律都已确定的情况下，控制质量主要就取决于控制器参数的整
定。所谓控制器参数的整定，就是按照已定的控制方案，求取使控制质量最好的控制器参数
值。具体来说，就是确定最合适的控制器比例度 δ、积分时间 T_I 和微分时间 T_D。当然，这
里所谓最好的控制质量不是绝对的，是根据工艺生产的要求而提出的所期望的控制质量。例
如，对于单回路的简单控制系统，一般希望过渡过程呈 4：1（或 10：1）的衰减振荡过程。
工程整定法是在已经投运的实际控制系统中，通过试验或探索，来确定控制器的最佳参数。
这种方法是工艺技术人员在现场经常遇到的。下面介绍几种常用工程整定法。

8.2.1　经验凑试法

　　经验凑试法是根据经验先将控制器的参数放在某一数值上，直接在闭环控制系统中通过
改变设定值施加干扰试验信号，在记录仪观察被控量的过渡过程曲线形状，运用 δ、T_I、
T_D 对过渡过程的影响为依据，按规定的顺序对比例度 δ、积分时间 T_I 和微分时间 T_D 逐一进
行整定，直至获得满意的控制质量。

　　常用过程控制系统控制器的参数经验范围如表 8-1 所示。

表 8-1　控制器整定参数经验范围

控制系统	$\delta/\%$	$T_I/\min$	$T_D/\min$
液位	20～80	—	—
压力	30～70	0.4～3	—
流量	40～100	0.1～1	—
温度	20～60	3～10	0.3～1

　　控制器参数凑试的顺序有两种方法，一种方法认为比例作用是基本的控制作用，首先应
把比例度凑试好，待过渡过程基本稳定后，加积分作用以消除余差，最后加入微分作用，以
进一步提高控制质量。其具体步骤如下。

　　① 对于 P 控制器，将比例度放在较大经验数值上，逐步减小 δ，观察被控量的过渡过程
曲线，直到曲线满意为止。

　　② 对于 PI 控制器，先置 $T_I = \infty$，按纯比例作用整定比例度 δ，使之达到 4：1 衰减过
程曲线。然后，将 δ 放大 10%～20%，将积分时间由大至小逐步加入，直至获得 4：1 衰减
过程。

　　③ 对于 PID 控制器，将 $T_D = 0$，先按 PI 作用凑试程序整定好 δ、T_I 参数，然后将 δ 减
低到比原值小 10%～20% 的位置，T_I 也适当减小后，再把 T_D 由小至大地逐步加入，观察过
渡过程曲线，直到获得满意的过渡过程为止。

　　另一种整定顺序的出发点是：δ 和 T_I 在一定范围内相匹配，可以得到相同递减比的过渡
过程。这样，δ 的减小可用增大 T_I 来补偿，反之亦然。因此，可根据表 8-1 的经验数据，预
先确定一个 T_I 数值，然后由大至小调整 δ，以获得满意的过渡过程为止。如需加微分作用，
可取 TD=1/4～1/3，置好 T_I、T_D 之后，再调整 δ 至满意。

　　在用经验法整定控制器参数的过程中需要注意，要区分几种相似的振荡曲线产生的不同

原因，从而改变相应的参数δ，T_I过小和T_D过大都会产生周期的激烈振荡，但是T_I过小时，引起的振荡周期较长，δ过小引起的振荡周期较短，T_D过大引起的振荡周期最短；δ过大而其他参数适当时，被控量将较大地偏离设定值，则曲线在时间轴一方振荡，且慢慢地回到设定值。几种不规则曲线产生的原因也不同，图8-10(a) 所示曲线往往是由于控制阀内的干摩擦过大，阀杆卡住所引起的，图8-10(b) 所示曲线是由于记录笔卡住所引起的，图8-10(c) 所示曲线往往是仪表灵敏度过高造成的。

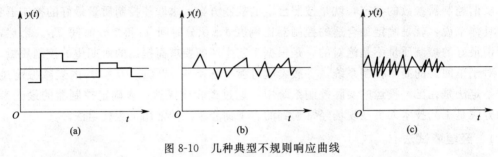

图 8-10　几种典型不规则响应曲线

8.2.2　临界比例度法

临界比例度法又称稳定边界条件法，是目前应用较广的一种控制器参数整定方法。它是先让控制器在纯比例作用下，通过现场试验找到等幅振荡的过渡过程，记下此时的比例度δ和等幅振荡周期T_K，再通过简单的计算，求出衰减振荡时控制器的参数。其具体步骤如下。

① 将 $T_I = \infty$、$T_D = 0$，根据广义对象特性选择一个较大的δ值，并在工况稳定的前提下将控制系统投入自动状态。

② 做设定值扰动试验，逐步减小比例度δ，直至出现等幅振荡为止，如图8-11所示。记下此时控制器的比例度δ_k和振荡曲线的周期T_k。

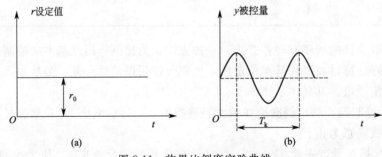

图 8-11　临界比例度实验曲线

③ 按表8-2的经验公式计算出衰减振荡时控制器的参数值，并设置在控制器上，再做设值扰动试验，观察过渡过程曲线。若记录曲线不满足控制质量要求，再对计算值做适当的调整。

表 8-2　临界比例度法参数计算表（$\Psi \geqslant 0.75$）

控制系统	δ	T_I	T_D
P	$2\delta_k$	—	—
PI	$2.2\delta_k$	$0.85T_k$	—
PID	$1.7\delta_k$	$0.5T_k$	$0.13T_k$

在使用临界比例度法整定控制器参数时，应注意以下几个问题。

① 当控制通道的时间常数很长时，由于控制系统的临界比例度 δ_k 很小，常使控制阀处于时而全开、时而全关的状态，即处于位式控制状态，对生产不利，因而不宜用此法进行控制器的参数整定。

② 当生产工艺过程不允许被控量做较长时间的等幅振荡时也不能用此法。例如，锅炉给水控制系统和燃烧控制系统。临界比例度法虽然是一种工程整定方法，但它并不是操作经验的简单总结，而是有理论依据的，这就是根据控制系统的边界稳定条件。

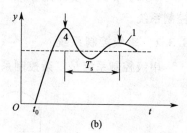

图 8-12 4∶1 衰减过程曲线

8.2.3 衰减曲线法

衰减曲线法是针对经验凑试法和临界比例度法的不足，并在此基础上经过反复实验而得出的一种参数整定方法。如果要求过渡过程达到 4∶1 递减比，其整定步骤如下。

① 将 $T_I = \infty$、$T_D = 0$，在纯比例作用下系统投入运行。按经验法整定比例度，直至出现 4∶1 衰减过程为止。此时的比例度记为 δ_s，衰减振荡周期为 T_s，如图 8-12 所示。

② 根据已测得的 δ_s、T_s，按表 8-3 所列经验关系计算出控制器的整定参数值。

表 8-3　4∶1 过程控制器整定参数表

控制系统	δ	T_I	T_D
P	δ_s	—	—
PI	$1.2\delta_s$	$0.5T_s$	—
PID	$0.8\delta_s$	$0.3T_s$	$0.1T_s$

③ 根据上述计算结果设置控制器的参数值，做设定值扰运试验，观察过渡过程曲线，如果记录曲线不够理想，再适当调整参数值，直至符合要求为止。

应用衰减曲线法整定控制器参数时，应注意下列事项。

a. 对于响应较快的容量对象（如管道压力、流量等控制系统），要在记录曲线上严格读出 4∶1 和求 T_s 比较困难，此时可用记录指针的摆动情况来判断。指针来回摆动两次就达稳定状态，则可视为 4∶1 过程，指针摆动一次的时间，即为 T_s。

b. 以获得 4∶1 递减比为最佳过程，这符合大多数控制系统。但在有的过程中，例如，对于热电厂的燃烧控制系统，4∶1 递减比振荡太厉害，则可采用 10∶1 的递减过程。在这种情况下，由于衰减太快，要测取操作周期比较困难，但可测取从施加干扰试验信号开始至达到第一个波峰的飞升时间 t_r。10∶1 衰减曲线法整定控制器参数的步骤和要求与 4∶1 衰减曲线法完全相同，仅采用的经验计算公式不同，如表 8-4 所示。表中的 δ_s' 是指控制过程出现 10∶1 递减比时的比例度，t_r 是指达到第一个波峰值的飞升时间。

表 8-4　10∶1 过程控制器参数表

控制系统	δ	T_I	T_D
P	δ_s'	—	—
PI	$1.2\delta_s'$	$2t_r$	—
PID	$0.8\delta_s'$	$1.2t_r$	$0.4t_r$

衰减曲线法与临界比例度法一样，虽然是一种工程整定方法，但它并不是操作经验的简单总结，而是有理论依据的。表 8-3 和表 8-4 中的公式是根据自动控制原理，按一定的递减率要求整定控制系统的分析计算，再对大量实践经验加以总结而得出的。

8.3　复杂控制系统

本部分介绍一类应用非常广泛的基本型复杂控制系统，主要有串级、前馈、比值、均匀控制系统。

8.3.1　串级控制系统

串级控制系统是复杂控制系统中应用最广泛的一种，当要求被控变量的误差范围很小，简单控制系统不能满足要求时，可考虑采用串级控制系统。

（1）组成原理

图 8-13 是一个精馏塔提馏段温度控制系统。主要产品由塔釜采出，提馏段温度是该控制系统的被控变量，再沸器蒸汽流量为该系统的操纵变量，这是一个简单控制系统。如果对温度的误差范围要求不高，而加热蒸汽压力波动不大，这个控制方案是可行的。如果温度误差范围要求很小，则简单控制系统难以胜任。

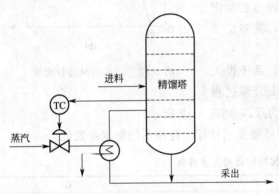

图 8-13　精馏塔提馏段温度控制系统

如果控制系统中主要干扰来自加热蒸汽压力的波动，这种波动大且频繁，而塔釜容量比较大，控制不及时，控制效果会很差，塔底产品质量将得不到保证。如果能把这个扰动抑制住，则被控变量的波动将会减小很多。但是，若在原来系统的基础上再加设一个蒸汽流量简单控制系统，如图 8-14 所示，不仅系统投资会大幅增加，而且由于两个控制系统相互关联，将使两个控制系统都无法正常工作，控制效果会更差。实践中，考虑两个系统合二为一，用温度控制器的输出作为流量控制器的给定，用流量控制器的输出去控制阀门。这样，就构成一种新的复杂控制系统，称为串级控制系统，如图 8-15 所示。该串级控制系统的方块图如图 8-16 所示。将图 8-16 画成一般串级控制系统方块图，如图 8-17 所示。从串级系统方块图可以看出，系统有两个回路：主回路和副回路，即主环和副环。习惯上称外环为主环，内环为副环。处于副环内的控制器、对象和变送器分别称为副控制器、副对象和副变送器。副对象的输出称为副被控变量，简称副变量。处于主环内的控制器、对象和变送器分别称为主控制器、主对象和主变送器。主对象的输出称为主被控变量，简称主变量。由图 8-17 可以看出，主控制器的输出即副控制器的给定，而副控制器的输出直接控制阀门。

一般来说，主控制器的给定值是由工艺规定的，它是一个定值。因此，主回路是一个定值控制系统，而副控制器的给定值是由主控制器的输出提供的，它随主控制器输出变化而变化。因此，副回路是一个随动控制系统。

（2）控制过程

当系统中出现干扰时，温度控制器和流量控制器将进行控制，于是就开始了串级系统的控制过程。为了充分说明串级控制系统的功能，分以下三种情况加以讨论。

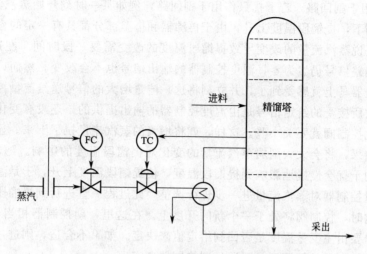

图 8-14　蒸汽流量和提馏段温度控制系统图

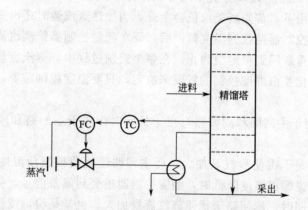

图 8-15　蒸汽流量和提馏段温度串级控制系统

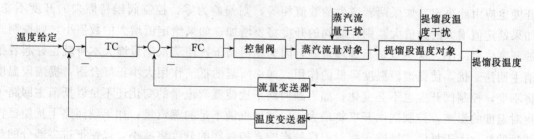

图 8-16　蒸汽流量和提馏段温度串级控制系统方块图

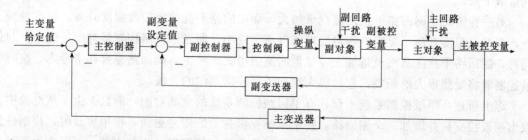

图 8-17　串级控制系统方块图

① 干扰作用于副回路　若干扰只作用于副回路，例如某一时刻开始蒸汽流量突然加大。在这一干扰作用下，提馏段温度上升，由于再沸器和塔釜部分都具有一定的容量，对干扰的响应滞后，就是说蒸汽流量的改变导致提馏段温度的改变需要一段时间。在这一段时间里，温度控制器的偏差信号仍然为零，温度控制器的输出信号也不会改变。然而，几乎是同一时间里，流量变送器马上就感受到了，并立刻将这一流量增大的信号送给流量控制器。对流量控制器来说，它所接受的给定信号是由温度控制器的输出提供的，还没有变化，但是测量信号增大了，因此控制阀就要关小些。这样，就将增大的蒸汽流量拉了下来。显然，由于流量控制器控制的结果，将会大大削弱蒸汽流量的变化对提馏段温度的影响。随着时间的增长，蒸汽流量增大的干扰会慢慢地影响到提馏段温度，使提馏段温度上升，于是温度控制器进行控制，促使流量控制器对蒸汽流量进一步进行调整。此过程一直进行到提馏段温度重新回到给定值为止。这时，控制阀将处于一个新的开度上。在这里，副控制器相当于起粗调作用，调整适当与否，要由主变量温度是否回到给定值来决定。如果不合适，则进一步由主控制器进行细调，而主控制器的细调还是要通过副控制器来实现。

② 干扰作用于主回路　如果干扰作用于主回路，例如，从某一时刻开始，进料量突然增加。在这一干扰作用下，首先塔釜液位会上升，当加热蒸汽暂时还没变的情况下，提馏段温度将会下降。温度控制器接收到温度偏差后，要求流量控制器使蒸汽流量加大，提馏段温度将慢慢回升，直到重新回到给定值为止。在整个控制过程中，蒸汽流量给定是处于不断变化之中的，而这种变化要由温度控制的需要来决定，只要温度控制需要，蒸汽流量就得随时进行改变。

③ 干扰同时作用于主回路和副回路　当干扰同时作用于主回路和副回路时，必须分两种情况来讨论。

一种情况是副回路干扰使蒸汽量加大，而主回路干扰使提馏段温度降低。在这种情况下，当主回路干扰使提馏段温度降低时，温度控制器感受到偏差信号，要求流量控制器使蒸汽流量加大，而在此同时，副回路干扰使蒸汽流量加大。也就是说，流量控制器的测量值和给定值都在同时增大，其偏差信号的大小和符号就要由这两者增大的数值来决定，控制阀的开度也应由此决定。如果两者增大的数值相等，则偏差为零，控制阀维持原来的开度不变；如果给定值增大的数值大，则控制阀的开度将要增加；如果给定值增大的数值小，则控制阀的开度将要减小。这一点是不难理解的，因为副回路干扰使蒸汽流量增大本身就正好起着抵消主回路干扰，使提馏段温度降低的作用。如果所起的抵消作用大小正好合适，提馏段温度将不变，控制阀开度也不必变化；如果副回路干扰使蒸汽流量的变化还不足以抵消主回路干扰对温度的影响，控制阀的开度将增大，以增加抵消不足的蒸汽量；如果副回路干扰使蒸汽流量的变化大于抵消主回路干扰对温度的影响，控制阀的开度将减小，以便把过多部分的蒸汽量减下来。

另一种情况是副回路干扰使蒸汽量加大，而主回路干扰使提馏段温度升高。在这种情况下，提馏段温度升高，温度控制器要求蒸汽流量减小，即送给流量控制器的给定变小。与此同时，副回路干扰使蒸汽流量加大，流量测量值增大。将主、副回路综合起来考虑，这时流量控制器将受到很大的偏差，它将要大幅度减小控制阀门的开度。

综上所述，串级控制系统不仅具有单回路控制系统的全部功能，而且，由于从对象中提取出副被控变量并增加一个副回路，整个系统克服扰动的能力更强，作用更及时，控制性能明显提高。又因为串级控制系统利用一般常规仪表就能够实现，比较方便，所以在生产过程中应用非常普遍。

（3）系统特点

串级控制系统由于其独特的系统结构，而具有如下的特点。

① 分级控制思想　串级控制系统将一个控制通道较长的对象分为两级，即主对象和副对象，分别构成主回路和副回路，把多且大的干扰在第一级副回路中就基本克服掉。剩余的影响及其他方面干扰的综合影响再由第二级主回路加以克服。

② 系统组成结构　与简单控制系统有明显的不同，串级控制系统有两个对象，即主对象和副对象；有两个控制器，主控制器和副控制器，主、副控制器串联使用，主控制器的输出作为副控制器的给定；有两个测量变送器，即主、副测量变送器；一个执行器，组成如图 8-21 所示的双闭合回路的串级控制系统。

③ 系统工作方式　由于副回路的给定是主控制器的输出，在系统控制过程中是随时变化的，因此副回路是随动控制系统。主回路工作于定值控制方式，如果把副回路看成是一个整体方块，即当成一个环节来考虑，主回路就相当于一个简单的控制系统。由于主回路工作于定值方式，也可以认为串级控制系统是定值控制系统。

④ 控制效果　和简单控制系统相比，串级控制系统中，由于引进了副回路，系统对于扰动反应更及时，克服扰动的速度更快，能有效地克服系统滞后，改善控制准确度，提高控制质量。

（4）控制系统设计

在串级控制系统设计过程中，需要考虑以下几个问题。

① 主、副被控变量的选择　主变量的选择与简单控制系统相同。副变量的选择是串级控制系统设计的关键问题，在选择副变量的时候要考虑以下几个因素。

a. 主要扰动作用在副对象上，使副回路的作用得到充分发挥，主要扰动对被控变量的影响尽量小。例如在提馏段温度-蒸汽流量串级控制系统中，蒸汽流量的变化为系统中的主要干扰，选择蒸汽流量作为副变量，能很好地克服干扰对主变量的影响。

b. 在可能情况下，应使副回路包含更多一些干扰。在有些情况下，系统的干扰较多而难于分出主要干扰时，应考虑使副回路能尽量多包含一些干扰，这样可以充分发挥副回路的快速抗干扰功能，以提高串级系统的质量。但是，在考虑使副回路包含更多干扰时，也应考虑到副回路的灵敏度。因为，随着副回路包含的干扰增多，副回路将随之扩大，副变量离主变量也就越近。一方面副回路的灵敏度要降低，副回路所起的超前作用就不明显；另一方面，副变量离主变量比较近，干扰一旦影响到副变量，很快也就会影响到主变量，副回路的作用也就不大了。此外，副回路弄得太大，主、副对象的时间常数比较接近，容易引起"共振"，"共振"的产生，轻则会使系统控制质量下降，严重时可能会导致系统发散而无法工作。因此，在考虑副回路包含干扰时，应进行综合分析，使副回路大小合适。

c. 当对象具有非线性环节时，应使非线性环节处于副回路之中，非线性影响由副回路克服，而不影响到主回路。

d. 当对象具有较大纯滞后时，应使所设计的副回路尽量少包括或不包括纯滞后。这样做的原因就是尽量将纯滞后放到主对象中去，以提高副回路的快速抗干扰功能，及时对干扰采取控制措施，提高主变量的控制质量。

e. 所设计的副回路需考虑到方案的经济性和工艺的合理性。

② 控制器控制规律的选择　串级控制系统中主、副控制器的控制规律是根据控制的要

求来选择的。在串级系统中，主变量是生产工艺的主要操作指标，它直接关系到产品的质量或生产的安全，工艺上对它的要求比较严格。一般来说，主变量不允许有余差。而对副变量的要求都不很严格，允许它有波动和余差。从串级控制的结构上看，主回路是一个定值控制系统，主控制器起着定值控制的作用。为了主变量没有余差，主控制器必须具有积分作用，因此主控制器通常选用比例积分控制规律，而对于对象控制通道容量滞后比较大的系统，例如温度对象和成分对象等，需要选用比例积分微分三作用控制规律。副回路是一个随动系统，副变量的控制可以有余差，为了能快速跟踪，副控制器最好不带积分作用，微分作用一般也不需要。当副对象时间常数和时滞都很小时，副回路在需要时也可以单独使用，需要引入积分作用，这时副控制器采用比例积分控制规律，比例度取较大数值并带积分作用；而当副对象容量滞后很大时，可适当加一些微分作用。一般情况下，副控制器采用纯比例控制就可以了。

③ 控制器作用方向的选择　控制器作用方向选择的依据是使系统为负反馈系统。副控制器正、反作用的选择要根据副回路的具体情况决定，而与主回路无关。副控制器作用方向的选择与简单控制系统的情况一样，使副回路构成一个负反馈控制系统即可。主控制器处于主回路中，无论副控制器的作用方向选择好与否，主控制器的作用方向都可以单独选择。可以通过分析当阀门开度变化时，主、副变量的变化是否同方向来选择，当时，主、副变量的变化方向一致时，主控制器选"反"作用，否则选"正"作用。

【例 8-1】试确定图 8-15 所示精馏塔提馏段温度-加热蒸汽流量串级控制系统主、副控制器的正、反作用。已知控制阀为气关阀。

解：在副回路中，已知控制阀为气关阀，符号方向为"负"；副对象为蒸汽管路，副对象输入输出均为蒸汽流量，阀门开度增加，蒸汽流量增加，副对象符号方向为"正"；副变送器符号方向为"正"；要使副回路为负反馈回路，回路中各环节符号乘积应为"负"，则副控制器应选"正"作用。

在主回路中，当阀开度增大时，副变量加热蒸汽流量增加，主变量精馏塔提馏段温度上升，它们的变化方向一致，则主控制器应选"反"作用。

【例 8-2】图 8-18 为加热炉出口温度-燃料油压力串级控制系统，试确定该系统主、副控制器的正、反作用。

解：在副回路中，根据安全要求控制阀应选气开阀，符号方向为"正"；副对象输入为燃料油流量，输出为燃料油压力，当燃料油流量增加时，其压力也会增加，所以其符号方向为"正"；副变送器符号方向为"正"；要使副回路为负反馈回路，回路中各环节符号乘积应为"负"，则副控制器应选"反"作用。

在主回路中，当阀开度增大时，副变量燃料油压力增加，主变量加热炉出口温度上升，它们的变化方向一致，则主控制器应选"反"作用。

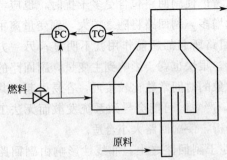

图 8-18　加热炉出口温度与燃料
油压力串级控制系统

（5）串级控制系统的工程整定方法

串级控制系统的整定方法比较多，有逐步逼近法、两步法和一步法等。整定的顺序都是先整定副回路，后整定主回路。

① 两步法　所谓两步法就是整定分两步进行，先整定副回路，再整定主回路。其具体步骤如下。

a. 在主、副回路闭合的情况下，将主控制器比例度放 100%，积分时间放最大，微分时间放在 0，然后按 4∶1 整定方法直接整定副回路，找出副变量出现 4∶1 振荡过程时的比例度 δ_{2s} 及振荡周期 T_{2s}。

b. 将副控制器比例度放于 δ_{2s} 值，积分时间放最大，微分时间放在 0，用同样的方法整定主控制器参数，找出主变量出现 4∶1 振荡过程时的比例度 δ_{1s} 及振荡周期 T_{1s}。

c. 依据所得到的 δ_{2s}、T_{2s}、δ_{1s}、T_{1s}，结合主、副控制器的控制规律，按照单回路控制系统整定公式，可以计算出主、副控制器的参数 δ、T_I、T_D。

d. 将上述计算所得控制器参数，按先副回路后主回路、先比例次积分后微分的顺序，在主、副控制器上放好，观察控制过程曲线，如不够满意，可适当地进行一些微小的调整。

② 一步法　两步法需要寻求两个 4∶1 振荡过程曲线，比较费时。通过实践证明，可以简化为一步整定法。所谓一步整定法，就是根据经验，先将副控制器参数一次放好，不再变动，然后按一般单回路的系统的整定方法，直接整定主控制器参数。

一步整定法的整定步骤如下。

a. 在生产正常、系统为纯比例运行的条件下，按照表 8-8 所列的数据，将副控制器比例度调到某一适当的数值。

b. 利用简单控制系统中任一种参数整定方法整定主控制器的参数。

c. 如果出现"共振"现象，可加大主控制器或减小副控制器的参数整定值，一般即能消除。

表 8-5　采用一步整定法时副控制器参数选择范围

副变量类型	副控制器比例度 δ_2/%	副控制器比例放大倍数 K_{P2}
温度	20~60	5.0~1.7
压力	30~70	3.0~1.4
流量	40~80	2.5~1.25
液位	20~80	5.0~1.25

8.3.2　比值控制系统

在工业生产过程中，经常需要两种及两种以上的物料保持一定的比例关系，如果比例失调就可能影响生产或造成事故。

用以实现两个或两个以上参数按照一定比例关系运行的控制系统，称为比值控制系统。通常，比值控制系统是控制两个物料流量为一定比例关系的控制系统。在需要保持比例关系的两种物料中，有一种物料处于主导地位，这种物料称为主物料，其流量称为主动量或主流量，用 F_1 表示；另一种物料按主物料进行配比，在控制过程中，按主物料进行变化，称为从物料，其流量称为从动量或副流量用 F_2 表示。主动量通常是可测不可控，而从动量是既可测又可控，可供调节。

比值控制系统就是要实现副流量 F_2 与主流量 F_1 成一定比例关系，即满足：

$$K = F_2/F_1 \tag{8-4}$$

式中，K 为副流量与主流量的比值，称为比值系数。

(1) 比值控制系统的类型

① 定比值控制系统

a. 开环比值控制系统　图 8-19 为开环比值控制系统，它是一种最简单的比值控制方案。

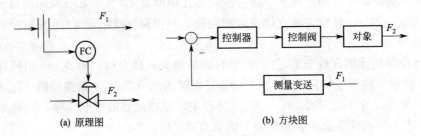

(a) 原理图　　　　　　　　　(b) 方块图

图 8-19　开环比值控制系统

在这个系统中，随着 F_1 的变化，F_2 也将跟着变化，以满足 $F_2 = KF_1$ 的要求。如图 8-20 所示的开环比值控制系统，F_1 处于主导地位，为主流量，F_2 随 F_1 变化，为副流量，控制器只起比例作用，改变控制器的比例度就可以改变两流量的比值。当流量 F_1 随高位槽液面变化时，通过测量变送器及控制器使控制器的输出按比例变化，若控制阀选线性阀，则 F_2 就跟随 F_1 按比例变化，以满足最终质量要求。但是，由于该系统为开环控制系统，副流量 F_2 无反馈校正，对副流量本身无抗扰动能力，若水流量压力有变化的话，就无法保证两流量的比值。因此，这种方案虽然结构简单，但很少使用。

b. 单闭环比值控制系统　为了克服开环比值控制系统的弱点，在副对象引入一个闭合回路，组成如图 8-21 所示的单闭环比值控制系统。当主流量 F_1 变化时，其流量信号经测量变送器送到比值计算器 K，比值计算器按预先设置好的比值系数使输出成比例变化，并作为副流量控制器的设定值，此时副流量控制是一个随动控制系统，F_2 经控制作用自动跟踪 F_1 变化，使其在新的工况下保持两流量比值 K 不变。单闭环比值控制系统的优点是不但能实现副流量跟随主流量的变化而变化，而且可以克服副流量本身干扰对比值的影响，因此主副流量的比值较为精确。它的结构形式较简单，实施起来也比较方便，所以得到了广泛的应用。

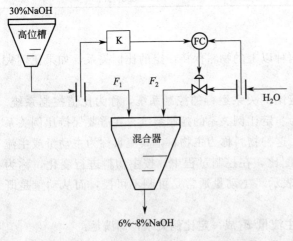

图 8-20　溶液配料的开环比值控制工艺

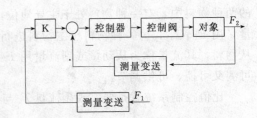

图 8-21　单闭环比值控制系统方块图

由于单闭环比值控制系统主流量是不受控制的，虽然两物料比值一定，但总物料量是不固定的，这对于负荷变化幅度大，物料又直接去化学反应器的场合是不适合的。因为负荷的波动会给反应过程带来一定的影响，有可能会使整个反应器的热平衡遭到破坏，甚至造成严重事故，这是单闭环比值控制系统无法克服的一个弱点。

c. 双闭环比值控制系统 双闭环比值控制系统是为了克服主流量不受控，生产负荷在较大范围内波动的不足而设计的，它是在单闭环比值控制的基础上，增设了主流量控制回路而构成的。例如，在以石脑油为原料的合成氨生产中，进入一段转化炉的石脑油要求与水蒸气成一定的比例，并要求各自的流量比较稳定。因此，设计了如图 8-22 所示的双闭环比值控制系统，其方块图如图 8-22 所示。

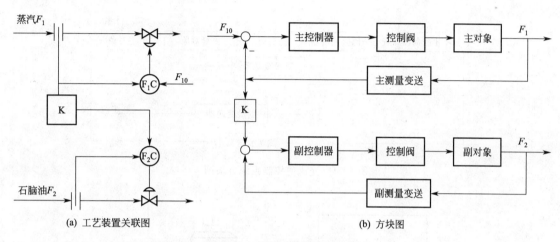

(a) 工艺装置关联图 　　　　　　(b) 方块图

图 8-22 双闭环比值控制系统

图中，F_{10} 是主流量 F_1 的给定值，该系统与单闭环控制系统的区别在于主流量也构成了闭合回路，所以称为双闭环比值控制系统。由于有两个流量闭合控制回路，可以克服各自的外界扰动，使主、副流量都比较平稳，流量间的比值可以通过比值计算器 K 来实现。这样，系统的总负荷也能实现平稳，克服了单闭环比值控制系统总流量不稳定的缺点。该方案所用仪表较多，投资高。该系统从主流量受扰动作用开始，到重新稳定在设定值这段时间内发挥作用。如果这段时间内的动态比值要求不高，采用两个单回路定值控制系统分别稳定主副流量，也能保证它们之间的比值。这样，在投资上可节省一台比值装置且两个单回路流量控制系统操作上也比较方便。

上述三种比值控制方案的共同特点是：控制目的为保持两种物料的流量为一定值。比值计算器的参数经计算设置好后不再变动，工艺要求的实际流量比值 K 也固定不变，因此都属于定比值控制系统。

② 变比值控制系统 实际生产中，维持流量比恒定往往不是控制的最终目的，仅仅是保证产品质量的一种手段，而定比值控制的各种方案只考虑如何来实现这种比值关系，而没有考虑最终的质量是否符合工艺要求。因此，从最终质量看，这种定比值控制方案，系统仍然是开环

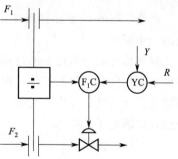

图 8-23 变比值控制系统流程图

的。由于生产过程的扰动因素很多，当系统中存在着除流量扰动以外的其他扰动时，原来设定的比值计算器就不能保证产品的最终质量，需进行重新设置。但是，系统中的扰动总是随机的，而且扰动幅度各不相同，因此可设计出按照某一工艺指标在线修正流量比值的变比值

控制系统，其控制流程如图 8-23 所示。

图中，R 是最终质量指标给定值；Y 是最终质量指标测量值；YC 是主控制器，控制最终质量指标；F_1C 为比值控制器。当系统中出现除流量扰动以外的其他扰动引起主参数 Y 变化时，通过反馈回路使主控制器输出变化，修改两流量的比值，以保持主参数稳定；对于进入系统的主流量 F_1 扰动，由于比值控制回路的快速随动跟踪，使副流量 $F_2 = KF_1$ 关系变化，以保持主参数 Y 恒定；对于副流量本身的扰动，可以通过自身的控制回路克服。因此，这种控制系统相当于一种静态前馈—串级控制系统，其方块图如图 8-24 所示。

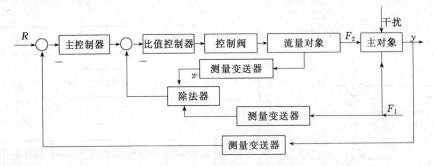

图 8-24　变比值控制系统方块图

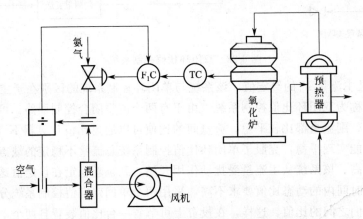

图 8-25　氨气/空气对氧化炉温度的串级比值控制系统

例如，图 8-25 所示硝酸生产中氧化炉温度对氨气/空气串级控制系统就是变比值控制系统的一个实例。

氨氧化生成一氧化氮的过程是放热反应，温度是反应过程的主要指标，而影响温度的主要因素是氨气和空气的比值，保证了混合器氨、空气比值，基本上控制了氧化炉的温度。当温度受其他扰动而发生变化时，则可以通过主控制器 TC 来改变氨量，即改变氨、空气比来补偿，以满足工艺要求。

（2）比值控制系统的实施

① 比值控制的实施方法　比值控制系统有两种实施的方法。依据 $F_2 = KF_1$，就可以对 F_1 的测量值乘以比值 K，作为 F_2 流量控制器的设定值，称为相乘方案；而依据 $F_2/F_1 = K$，就可以将 F_2 与 F_1 的测量值相除，作为比值控制器的设定值，称为相除的方案。

a. 相乘的方案　图 8-26(a) 是采用相乘的方案实现单闭环比值控制系统。图中，×号表示乘法器，比值系统的设计任务，是要按工艺要求的流量比值 K 来正确设置图中仪表的

比值系数 K'。

　　b. 相除的方案　应用相除的方案如图 8-26（b）所示，图中"÷"代表除法器。显然，它还是一个单回路控制系统，只是控制器的测量值和设定值都是流量信号的比值，而不是流量本身。

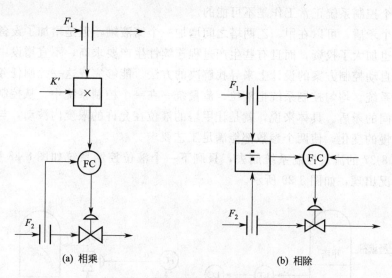

図 8-26　相乘及相除的比值控制方案

　　相除方案的优点是直观，并可直接读出比值，使用方便，其可调范围宽，但工作在小负荷时，系统不易稳定。所以，在比值控制系统中，尽量少用除法器，一般用相乘形式来代替它。

　　② 比值控制系统的设计原则

　　a. 主、从动量的确定　设计比值控制系统时，需要先确定主、从动量。其原则是在生产过程中起主导作用，可测而不可控且较昂贵的物料流量为主动量。其余的物料流量以它为准进行配比，则为从动量。另外，当生产工艺有特殊要求时，主、从动量的确定应服从工艺需要。

　　b. 控制方案的选择　比值控制有多种控制方案，在具体选用时应分析各种方案的特点，根据不同的工艺情况、负荷变化、扰动性质、控制要求等进行合理选择。

　　c. 控制器控制规律的选择　比值控制器控制规律是由不同控制方案和控制要求而确定的。例如，单闭环控制的从动回路控制器选用 PI 控制规律，因为它将起比值控制和稳定从动量的作用；而双闭环控制的主、从动回路控制器均选用 PI 控制规律，因为它不仅要起到比值控制作用，而且要起稳定各自的物料流量的作用；变比值控制可仿效串级系统控制器控制规律的选择原则。

8.3.3　均匀控制系统

　　化工大生产都是一个连续工艺过程，前一设备的出料是后一设备的进料，而且随着生产的进一步强化，前后生产过程的联系更加紧密，均匀控制就是针对这样流程工业中协调前后工序的流量而提出的。

　　(1) 均匀控制系统原理

　　如图 8-27 所示的双塔系统中，甲塔的液位需要稳定，乙塔的进料流量也需要稳定，按此要求设计的控制系统是相互矛盾的。甲塔的液位控制系统用来稳定甲塔的液位，其操纵变量是甲塔底部的出料流量。显然，为了稳定甲塔的液位，甲塔底部的出料流量必然会经常波动，而甲塔底部的出料又是乙塔的进料，对于乙塔进料流量控制系统，为稳定进料流量，则需要经常改变阀门的开度，这与前面的甲塔的液位控制系统对阀门的动作要求相矛盾。因此，要使这两个控制系统正常工作是不可能的。

要解决这个矛盾，可以在甲、乙两塔之间增加一个储液罐，但是增加了设备就增加了流程的复杂性，也加大了投资，而且有些生产过程连续性生产要求高，不宜增设中间储罐。因此，还需要从自动控制方案的设计上来寻找解决的方法。能够完成这一控制任务的控制系统称为均匀控制系统。均匀控制系统把液位、流量统一在一个控制系统中，从控制系统内部解决工艺参数之间的矛盾。具体来说，就是让甲塔的液位在允许的限度内波动，与此同时，让流量做平稳缓慢的变化，使两个参数都能满足工艺要求。

假如把图 8-27 的流量控制系统删去，只剩下一个液位控制系统如图 8-28 所示。这时，可能有三种情况出现，如图 8-29 所示。

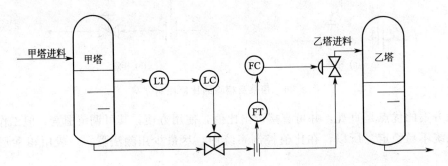

图 8-27　双塔之间存在相互冲突的控制系统

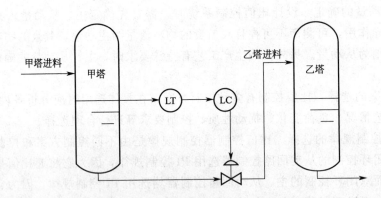

图 8-28　图 8-27 中甲塔液位的单闭环控制系统

可以看出，图 8-29(a) 图表示液位控制系统具有很强的控制作用，液位基本恒定而流量变化很大；(b) 表示液位控制系统控制作用较弱，此时液位、流量两个参数都产生缓慢的变化；(c) 表示液位控制器的控制作用基本消除，在流量基本不变的情况下液位变化很大。这三种情况下，(b) 能做到当甲塔的液位在允许的限度内波动时，流量做平稳缓慢的变化，两个参数都能满足工艺要求，符合均匀控制的要求。

均匀控制系统的特点如下。

① 控制结构上无特殊性。均匀控制系统可以是一个单回路控制系统，例如图 8-30，也

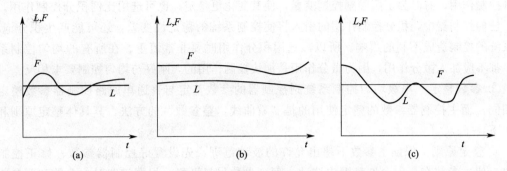

图 8-29　双塔前后设备之间的液位、流量关系

可以是一个串级控制系统。因此，均匀控制是以控制目的而言的，而不是以控制结构来定的。所以，一个普通结构的控制系统，能否实现均匀控制的每个目的，主要在于系统控制器的参数整定如何。可以说，均匀控制是通过降低控制回路灵敏度来获得的，而不是靠结构变化得到的。

② 参数应变化，而且应该是缓慢地变化。

(2) 均匀控制系统方案

① 均匀控制系统结构形式　均匀控制系统常采用以下几种结构形式。

a. 简单均匀控制　简单均匀控制系统采用单回路控制系统的结构形式，如图 8-30 所示。从系统结构形式上来看，它与单回路液位定值控制系统是一样的，但由于它们的控制目的不同，因此在控制器的参数整定上有所不同。通常，均匀控制系统控制器采用纯比例控制算法，并且比例度设置得较大，是以较弱的控制作用达到均匀控制的目的。简单均匀控制系统的最大优点是结构简单，投运方便，成本低廉。但仅适用于干扰不大，要求不高的场合。

b. 串级均匀控制　图 8-30 为精馏塔的塔釜液位与采出流量的串级均匀控制方案。从结构上来看，它与一般的液位与流量串级控制系统是一致的，但这里采用串级形式并不是为了提高主参数液位的控制质量，流量副回路的引入主要是克服控制阀前后压力的波动及自衡作用对流量的影响，使采出流量变化平缓。串级均匀控制系统中主控制器即液位控制器，与简单均匀控制系统控制器的设置相同，以达到均匀控制的目的。

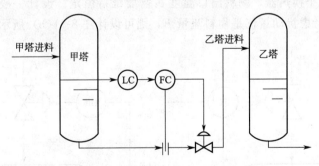

图 8-30　双塔液位/流量的串级均匀控制

串级均匀控制系统能克服较大的干扰，但与简单均匀控制系统相比，使用仪表多，投运复杂。因此，在方案选定时要根据系统的特点、干扰情况及控制要求来确定。

② 控制规律的选择　简单均匀控制系统的控制器及串级均匀控制系统主控制器一般采用纯比例控制作用，有时也可采用比例积分控制作用。串级均匀控制系统的副控制器一般采用纯

比例控制作用，有时为了照顾副控制变量，使其变化更稳定，也可选用比例积分控制作用。但是，任何控制器中，积分控制作用的引入将使控制系统的稳定性变差，还可能产生积分饱和，对系统的控制造成不利的影响。所以，选用积分作用时要非常慎重。在所有的均匀控制系统中，都不应加入微分作用，因为微分作用是加快控制作用的，刚好与均匀控制要求相反。

③ 参数整定　串级均匀控制系统副控制器的参数整定与普通单回路控制器参数整定原则相同，而主控制器参数的整定使用的是"看曲线，整参数"的方法。其具体整定原则和方法如下：

a. 整定原则　保证主参数不超出允许的波动范围，先设置好控制器参数；修正控制器参数，使主参数在最大允许范围内波动，而副参数尽量平稳；根据工艺对主参数和副参数的要求，适当调整控制器的参数。

b. 方法步骤　对于纯比例控制，先将比例度放置在较大的、估计主参数不会超过允许的数值，例如 $\delta=100\%$；观察记录曲线，若主参数的最大波动小于允许范围，则可增加比例度，比例度的增加必然使主参数的控制质量降低，而使副参数的控制质量变好；如果发现主参数超出允许的波动范围，则应减小比例度；反复调整比例度，直到主参数、副参数都满足工艺要求为止。

对于比例积分控制：按纯比例控制进行整定，得到合适的比例度；在适当加大比例度后加入积分，逐步减小积分时间，使主参数在每次扰动后，都有回到设定值的趋势，而副参数过渡过程曲线将要出现缓慢的周期性衰减振荡为止；最终根据工艺要求，调整参数，直到主、副参数都符合要求为止。

8.3.4 前馈控制系统

随着石油化工等生产过程工业的不断发展，有些场合只采用一般的比例、积分、微分反馈控制系统难以满足工艺要求。这时，人们试图按照扰动量的变化来补偿其对被控变量的影响，从而达到被控变量完全不受扰动量影响的控制方式，这种按扰动进行控制的控制方式称为前馈控制。

前馈控制的基本原理就是测取进入过程的扰动量（包括外界扰动和设定值的变化），并按照其信号产生合适的控制作用去改变控制量，使被控变量维持在设定值上。

图 8-31 表示一个换热器，物料出口温度 θ_1 需要维持恒定。设计一般反馈控制系统如图 8-31(a) 所示。若考虑扰动量仅是物料流量 F，则可设计图 8-31(b) 所示的前馈控制系统。

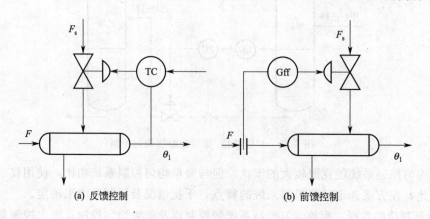

(a) 反馈控制　　　　　　　　(b) 前馈控制

图 8-31　换热器料温的反馈与前馈控制

由图 8-31 可以看出前馈控制系统与反馈控制系统相比，有以下特点。

第一，前馈控制是按照干扰作用的大小进行控制的。当干扰一出现，前馈控制器就直接根据检测到的干扰，按一定的规律去进行控制。当干扰发生以后，被控变量还未发生变化，前馈控制器就产生了控制作用，如控制作用恰到好处，则前馈控制一般比反馈控制要及时。

第二，前馈控制器使用的是视对象特性而定的专用控制器。一般的反馈控制系统多数采用 PID 控制器，而前馈是专用的控制器，对于不同的对象特性，前馈控制器的形式是不同的，应根据对象特性来决定控制器的控制特性。

第三，一种前馈控制作用只能克服一种干扰，因为根据一种干扰设置的前馈控制器只能克服这一干扰，而对于其他干扰，这个前馈控制器无法感受到，也就无能为力了。

第四，前馈控制系统属于"开环"控制系统。前馈控制器按照扰动量产生控制作用以后，被控变量的变化并不反馈回来影响系统的控制作用，其控制效果并不通过反馈加以检验，这一点从某种意义上来说是前馈控制的不足之处。

（1）前馈控制系统结构形式

① 单纯的前馈控制系统　　单纯的前馈控制系统根据对干扰补偿的特点，可分为静态前馈控制及动态前馈控制。

a. 静态前馈控制　　在实际生产过程中，有些前馈控制器的输出仅仅是输入量的函数，而与时间量 t 无关，这样的前馈控制就是静态前馈控制。

在如图 8-31（b）所示的换热器前馈控制系统中，若前馈控制器是一个静态系数为 0 的比例环节，则该控制系统即为静态前馈控制。

b. 动态前馈　　如果前馈控制器的输出不仅仅是输入量的函数，而与时间量 t 有关，这样的前馈控制就是动态前馈控制。

在如图 8-31（b）所示的换热器前馈控制系统中，若前馈控制器力求在任何时刻均实现对干扰的完全补偿，即通过前馈控制器控制规律的选择，使干扰通过前馈控制器至被控变量这一通道的动态特性与干扰通道的动态特性完全一致，并使它们的符号相反，便可达到控制作用完全补偿干扰对被控变量的影响，则该控制系统即为动态前馈控制。

② 前馈-反馈控制　　单纯的前馈控制往往不能很好地补偿干扰，存在不少局限性，这主要表现在单纯前馈没有被控变量的反馈，即对于补偿的效果没有检验的手段。首先，在前馈控制的控制结果并没能消除被控变量偏差时，系统无法得到这一信息而做进一步的校正；其次，由于实际工业对象存在着多个干扰，为了补偿它们对被控变量的影响，势必要设计多个前馈通道，这就增加了投资费用和维护工作量；此外，前馈控制模型的准确度也受多种因素的限制，对象特性要受负荷及工况等因素的影响而发生变化。因此，一个固定的前馈控制器模型难以获得良好的控制品质。为了解决这一局限性，可以将前馈与反馈结合起来使用，构成前馈-反馈控制系统。在该系统中可综合两者的优点，将反馈控制不易克服的主要干扰进行前馈控制，而对其他干扰则进行反馈控制，既发挥了前馈控制及时的特点，又保持了反馈控制能克服多种干扰，并对被控变量始终给予检验的优点。因而，是过程控制中较有发展前途的控制方式。

图 8-32 为换热器前馈-反馈控制系统。图中，被控变量为换热器的出口温度 θ_1，进料流量为主要干扰，因此该控制系统是一个以进料流量为前馈控制量，出口温度为反馈量的前馈-反馈控制系统。

由图 8-32 可以看出，当换热器负荷 F 发生变化时，前馈控制器获得此信息后即按一定的控制作用改变加热蒸汽流量 F_s，以补偿 F 对被控变量 θ_1 的影响。同时，对于前馈未能完全消除的偏差，以及未被引入前馈的其他干扰作用，如物料入口温度、蒸汽压力的波动引起的 θ_1 的变化，在温度反馈控制器获得 θ_1 的变化信息之后，由温度反馈控制器发出控制作用，改变加热蒸汽流量 F_S。这样，两个通道的控制作用相叠加，将使 θ_1 尽快回到给定值。因此，该系统实际上是一个按干扰控制和按偏差控制相结合的复合控制系统。

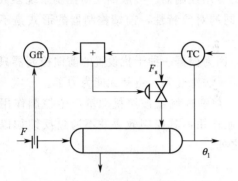

图 8-32　换热器前馈-反馈控制系统

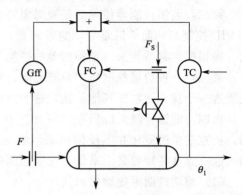

图 8-33　换热器的前馈-串级控制系统

前馈-反馈控制系统的优点如下。

a. 由于增加了反馈控制回路，只需对主要的干扰进行前馈补偿，其他干扰可由反馈控制器予以控制。

b. 反馈回路的存在，降低了前馈控制器的准确度要求。

c. 从反馈控制的角度，由于前馈控制的存在，对扰动做了及时的粗调作用，大大减小了反馈控制的负担，提高了控制准确度。

③ 前馈-串级控制系统　在过程控制中，有的生产过程常受到多个频繁而又剧烈的扰动的影响，而生产过程对被控变量的控制准确度和稳定性要求又很高，前馈-反馈控制系统达不到工艺要求，这时就要考虑采用前馈-串级控制系统。

图 8-33 是一个换热器的前馈-串级控制系统。它在原来的前馈-反馈控制系统的基础上再增设一个蒸汽流量副回路，把前馈控制器的输出与温度控制器的输出叠加后，作为蒸汽流量控制器的给定值，构成前馈-串级控制系统。

（2）前馈控制系统应用场合

原则上讲，在下列情况下可考虑选用前馈控制系统。

① 对象控制通道的滞后比较大，反馈控制难以满足工艺要求时，可以采用前馈控制，把主要的干扰量引入前馈控制，构成前馈-反馈控制系统。

② 系统中存在可测、不可控、变化频繁、幅值大且对被控变量影响显著的干扰，在这种情况下，采用前馈控制可大大提高控制品质。

当决定选用前馈控制方案以后，还需要考虑静态前馈与动态前馈的选择问题。因为动态前馈的设备投资高于静态前馈，而且整定也较麻烦。因此，当静态前馈能满足工艺要求时，不必选用动态前馈。

思考与练习题

1. 简单控制系统由哪几部分组成？各部分的作用是什么？

2. 被控变量的选择原则是什么？

3. 图 8-34 是某反应器温度控制系统示意图。试画出该系统的方块图，并指出各方块具体代表什么？假定在图 8-34 所示的反应器温度控制系统中，反应器内需维持一定温度，以利反应进行，但温度不允许过高，否则有爆炸危险。试确定执行器的气开、气关形式和控制器的正、反作用。

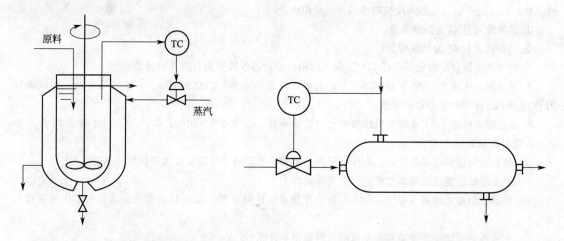

图 8-34　反应器温度控制系统　　　　　　　　图 8-35　换热器温度控制系统

4. 请判定图 8-35 所示温度控制系统中，控制阀的气开、气关形式和控制器的正、反作用。

① 当物料为温度过低易析出结晶颗粒的介质，调节介质为过热蒸汽时。

② 当物料为温度过高易结焦成分解的介质，调节介质为过热蒸汽时。

③ 当物料为温度过低易析出结晶颗粒的介质，调节介质为待加热的软化水时。

④ 当物料为温度过高易结焦成分解的介质，调节介质为待加热的软化水时。

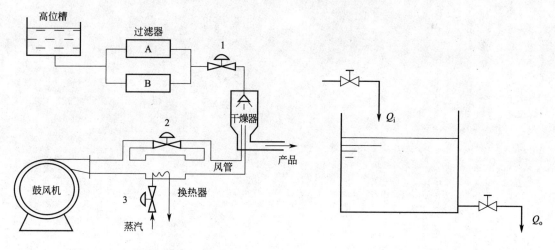

图 8-36　牛奶的干燥过程流程图　　　　　　　图 8-37　储槽的液位控制

5. 图 8-36 所示为牛奶类乳化物干燥过程中的喷雾式干燥设备。浓缩的乳液由高位槽流经过滤器 A 和 B，除去凝结块杂质后再至干燥筒顶部从喷嘴喷出。空气由鼓风机送至换热器（用蒸汽加热），热空气与鼓风机直接来的冷空气混合后，经风管进入干燥器，从而蒸发乳液中的水分成为奶粉，并随湿空气一起送出进行分离。工艺生产对干燥后的产品质量要求很严，水分含量不能波动太大。试验证明，若干燥器内温度控制在（585±2）℃，则产品符合质量要求。过高的温度将使奶粉变黄而不符合要求。试确定：

① 被控量和操纵量；

② 控制阀的气开、气关形式；

③ 控制器的类型及正、反作用方式；

④ 在工艺设备相关位置画出该控制系统示意图。

6. 图 8-37 为储槽液位控制系统，为安全起见，储槽内液体严格禁止溢出，试在下述两种情况下，分别确定执行器的气开、气关形式及控制器的正、反作用。

① 选择流入量 Q_i 为操纵变量。

② 选择流出量 Q_o 为操纵变量。

7. 控制器参数整定的任务是什么？工程上常用的控制器参数整定有哪几种方法？

8. 某控制系统采用 DDZ-Ⅲ 型控制器，用临界比例法整定参数。已测得 $\delta=30\%$、$T_k=3$min，试确定 PI 作用和 PID 作用时控制器的参数。

9. 某控制系统用 4∶1 衰减曲线法整定控制器的参数。已测得 $\delta=50\%$、$T_s=5$min。试确定 PI 作用和 PID 作用时控制器的参数。

10. 临界比例度的意义是什么？为什么工程上控制器所采用的比例度要大于临界比例度？

11. 经验凑试法整定控制器参数的关键是什么？

12. 串级控制技术的基本思想是什么？串级控制系统的特点是什么？具有哪些优点？主要使用在哪些场合？

13. 串级控制系统中主变量和副变量的选择原则是什么？

14. 均匀控制系统的主要目的是什么？它有什么特点？

15. 什么是比值控制系统？它有哪几种类型？画出它们的结构原理图。

16. 前馈控制的基本思想是什么？前馈控制系统有什么特点？应用在什么场合？前馈和反馈相结合有什么好处？

17. 什么情况下要采用前馈-反馈控制系统？画出其方框图，并指出在该系统中，前馈和反馈各起什么作用？

第 9 章　集散控制及现场总线系统

集散控制系统也称为分布式控制系统（distributed control system），是相对于集中控制系统而言的一种新型计算机控制系统。它是在集中控制系统的基础上发展、演变而来的，是一个由过程控制级和过程监控级组成的以通信网络为纽带的多级计算机系统，综合了计算机、通信、显示和控制等技术。其基本思想是分散控制、集中操作、分级管理、灵活配置及方便组态。现场总线系统（fieldbus control system）是在 DCS 的基础上发展起来的，连接智能现场设备与自动化系统的全数字、双向、多站点的通信系统。主要解决工业现场的智能仪器仪表、控制器、执行机构等设备间的数字通信以及这些控制设备和系统间的信息传递问题。FCS 顺应了自动控制系统的发展方向，DCS 则代表传统与成熟。在现阶段，FCS 尚没有统一的国际标准而呈群雄逐鹿之势，DCS 则以其成熟的发展、完备的功能及广泛的应用而占据着一个尚不可完全替代的地位。

9.1　计算机过程控制技术

9.1.1　计算机过程控制系统的基本概念及组成

在工业技术领域，计算机过程控制系统，是指以实现生产过程闭环控制为目的的，由被控对象、测量变送装置、计算机和执行装置组成的控制系统。计算机过程控制系统利用计算机对工业生产过程中的各种物理量进行自动控制，被控制的对象主要包括运动学、电学、热学、声学等方面的物理量，如物体的位置、转角、线速度、角速度、线加速度、角加速度、力、力矩、电压、电流、温度、压力、流量、湿度等。在计算机过程控制系统中均采用数字信号输入和输出，因此控制系统包含信号的输入与输出接口装置和模拟量与数字量的相互转换装置。

典型的计算机过程控制系统包括以下几部分：主机、输入输出通道、外部设备及检测与执行机构，见图 9-1。

① 主机　是计算机过程控制系统的核心，通过不同接口可以向系统的各个部分发出各种指令，同时对被控对象的被控参数进行实时采集及处理。主机的主要功能是控制整个生产过程，进行各种控制运算（如调节规律运算、最优化计算等）和操作，根据运算结果做出控制决策，对生产过程进行监控，使之处于最优工作状态，对事故进行预测和报警，生成生产技术报告，打印制表等。

② 输入输出通道　是主机和生产对象之间进行信息交换的桥梁和纽带。过程输入通道把被控对象的被控参数转换成计算机可以识别的信息。过程输出通道把计算机输出的控制指令和数据转换成可以对被控对象参数进行控制的信号。过程输入输出通道包括模拟量和数字量输入输出通道（A/D 和 D/A 通道）和各种开关量输入输出通道（DI/DO 通道）。

③外部设备　是实现计算机与外界进行信息交换的设备，包括控制台、输入输出设备（磁盘驱动器、键盘、打印机、显示器等）和外存储器（磁盘、磁带等）。其中操作台应具备显示功能，即根据操作人员的要求，能立即显示所要求的内容；操作台上应有操作按钮，以

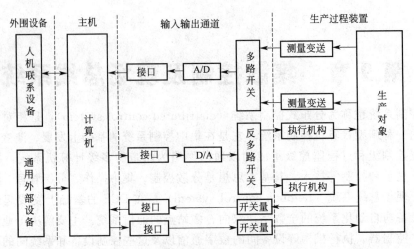

图 9-1　典型的计算机过程控制系统组成

完成系统的启动、停止等功能；此外，操作台还要有保护功能，保障即使操作错误也不会造成恶劣后果。

　　④ 测量传感器及变送器与执行机构　在计算机过程控制系统中，为了采集和测量各种参数，采用了各种测量传感器及变送器，其主要功能是将被测参数由非电量转换为电量，例如热电偶把温度转换成毫伏信号；压力变送器可以把压力转换为电信号，这些信号经变送器转换成统一的计算机标准电平信号（0～5V 或 4～20mA）后，再送入计算机。同样，在计算机过程控制系统中，要控制生产过程，必须具备相应的执行机构，它是计算机过程控制系统中的重要组成部分，其功能是根据计算机输出的控制信号，改变被控参数的输出量，并通过调节机构改变被控参数的值，使生产过程控制达到预定的目标。例如，在温度自动控制系统中，计算机根据采集到的温度值计算出相应的控制量，输出给执行机构（如调节阀、可控硅等）来控制进入加热器的能量以逐步达到预设的温度值。

9.1.2　计算机过程控制的基本类型及其特点

　　根据计算机过程控制的目的，可将其分为操作指导控制系统、数字监控控制系统、集散控制系统、现场总线控制系统；按给定值的特点可分为定值控制系统、随动控制系统、程序控制系统；按系统克服干扰的方法可分为反馈控制系统、前馈控制系统、前馈-反馈控制系统。

　　计算机过程控制系统具有如下特点。

　　① 控制过程种类繁多。

　　② 控制精度高，抗干扰能力强，能实现最优控制。

　　③ 控制方案丰富，控制规律灵活多样，改动方便。

　　④ 控制过程多属于慢过程参量控制。

　　⑤ 能够实现数据统计和工况显示，控制效率高。

　　⑥ 控制与管理一体化，自动化程度高。

9.1.3　计算机过程控制的发展状况

　　生产过程自动化是保持生产稳定、降低消耗、降低成本、改善劳动条件、促进文明生产、保证生产安全和提高劳动生产率的重要手段，是 20 世纪科学与技术进步的特征，是工业现代化的标志。凡是采用模拟或数字控制方式对生产过程的某一或某些物理参数进行的自动控制就称为过程控制。过程控制系统可以分为常规仪表过程控制系统和计算机过程控制系统两大类。随着工业生产规模走向大型化、复杂化、精细化、批量化，单靠仪表控制系统已很难达到生产和管理的控制要求，因此近几十年不断发展起来了以计算机为核心的控制系统。

世界上第一台过程控制计算机于 1959 年在美国德克萨斯州的 Port Arthur 炼油厂正式投入运行。其基本功能是控制反应器的压力为最小。确定 5 个反应器进料量最优分配，并根据催化作用控制热水流量，确定最优循环。

计算机过程控制的发展大致经历了以下几个时期。

① 起步时期（20 世纪 50 年代）　20 世纪 50 年代中期，有人开始研究将计算机用于工业过程控制。

② 试验时期（20 世纪 60 年代）　1962 年，英国的帝国化学工业公司利用计算机完全代替了原来的模拟控制。

③ 推广时期（20 世纪 70 年代）　随着大规模集成电路（LSI）技术的发展，1972 年生产出了微型计算机。其最大优点是运算速度快、可靠性高、价格便宜和体积小。

④ 成熟时期（20 世纪 80 年代）　随着超大规模集成电路（VLSI）技术的飞速发展，使得计算机向着超小型化、软件固定化和控制智能化方向发展。80 年代末，又推出了具有计算机辅助设计（CAD）、专家系统、控制管理融为一体的新型集散控制系统。

⑤ 进一步发展时期（20 世纪 90 年代）　在计算机控制系统进一步完善应用更加普及，价格不断下降的同时，功能却更加丰富，性能变得更加可靠。

计算机控制系统以其特有的优势和强大的功能，已在过程控制领域得到广泛的应用。同时，随着计算机软硬件技术和通信技术的飞速发展，新的控制理论和新的控制方法也层出不穷。展望未来，它的发展趋势有以下几个方面。

① 大力推广应用成熟的先进技术。普及应用功能强、可靠性高的可编程控制器（PLC），广泛使用智能化调节器，采用以位总线（bitbus）、现场总线（fieldbus）技术等先进网络通信技术为基础的新型 DCS 和 FCS 控制系统。

② 大力研究和发展智能控制系统。智能控制是一种无需人的干预就能够自主地驱动智能机器实现其目标的过程，也是用机器模拟人类智能的又一重要领域。智能控制系统的类型主要包括分级梯阶智能控制系统、模糊控制系统、专家控制系统、学习控制系统、人工神经网络控制系统和基于规则的仿人工智能控制系统等。

③ 控制与管理结合，向低成本自动化（low cost automation，LCA）方向发展。LCA 是一种以现代技术实现常规自动化系统中主要的、关键的功能，而投资较低的自动化系统。在 DCS 和 FCS 的基础上，采用先进的控制策略，将生产过程控制任务和企业管理任务共同兼顾，构成计算机集成控制系统，可实现低成本综合自动化系统的方向发展。

总之，由于计算机过程控制在控制、管理功能、经济效益等方面的显著优点，使之在石油、化工、冶金、航天、电力、纺织、印刷、医药、食品等众多工业领域中得到广泛的应用。计算机控制系统将会随着计算机软硬件技术、控制技术和通信技术的进一步发展而得到更大的发展，并深入到生产的各部门。

9.2 集散控制系统 (DCS)

9.2.1 DCS 的基本概念、结构组成及特点

（1）DCS 的基本概念

集散控制系统又称分布式控制系统，是计算机技术（computer）、通信技术（communication）、图形显示技术（CRT）、控制技术（control）（简称 4C 技术）相融合的产物。它是通过某种通信网络将现场控制站、操作员站、工程师站联系起来，共同完成集中监视和管理、分散控制的综合控制系统。它的基本设计思想是危险分散、控制功能分散，操作和管理则集中。

美国 Honeywell 公司于 1975 年 11 月成功推出了第一套 DCS-TDC2000 型集散控制系统，它克服了原有直接数字控制（direct digital control，DDC）的控制方式危险集中及采用常规模拟仪表控制时功能单一等缺点。

集散控制系统吸收了模拟仪表和计算机集中控制的优点，将多台微机分散应用于过程控制系统中，全部信息经通信网络由上级计算机监控，通过显示装置、通信总线、键盘和打印机等外部设备，能高度集中地操作、显示和报警。因此，DCS 系统不仅具备极高的可靠性、多功能性，而且人机联系便利，能够完成各类数据的采集与处理以及复杂高级的控制。

（2）DCS 的结构组成

集散控制系统的结构如图 9-2 所示，一般由过程控制单元（下位机）、操作管理站（上位机）和通信系统三部分组成。

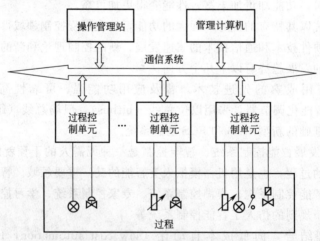

图 9-2 集散控制系统的基本结构

① 过程控制单元 过程控制单元（process control unit，PCU），又称现场控制站或基本控制器。它是 DCS 的核心部分，对生产过程可进行较复杂的闭环控制，可以完成一个或多个回路的控制，可实现顺序控制、逻辑控制和批量控制。其功能是完成对过程现场 I/O 信号的处理，并实现直接数字控制（DDC）。

② 操作管理站 操作管理站是 DCS 与外界联系的人机接口装置，除了显示控制过程中各种类型的信息、监视操作、输出报表，还可以对 DCS 的 PCU 和 PIU 进行组态，实现系统的操作和管理。操作管理站有操作员站和工程师站之分。操作员站供操作人员使用，具有

调出有关控制画面并进行修改、设定等功能。工程师站供技术人员进行组态使用，具有实现监控点的各种控制画面、报警清单、实时数据库、打印报表等功能。监控计算机又称管理计算机（manger computer，MC），也称上位机，是 DCS 的主机，它综合监视 DCS 的各单元，管理 DCS 的所有信息，具有进行大型复杂运算的能力，并具有多输入、多输出的控制功能，以实现系统的最优控制和全厂的优化管理。

③ 通信系统　通信系统是具有高速通信能力的信息总线，可由双绞线、同轴光缆或光纤组成。为实现数据的合理有效传送，通信系统必须具有一定的网络结构，并遵循一定的网络通信协议。早期的 DCS 通信系统采用专门的通信协议，因此对系统互连极为不便，现在逐步采用了标准的通信协议。DCS 的通信系统采用分层的网络结构，最高层是工厂主干网络，负责中控室与上级管理计算机的连接，数据量大，对实时性要求相对较低，通常采用宽带通信网络，如以太网；第二层为过程控制网络，负责中控室各装置间的互联，要求实时性高；最底层为现场总线网络，负责现场仪表之间及其与中控室设备的互连，对实时性要求较高。

通信系统将过程控制单元、操作管理站、监控计算机等设备连接成一个完整的 DCS。以一定的速率在各单元之间完成数据、指令及其他信息的传递。另外，还将通信系统的高速数据通路（DHW）设置成冗余结构，以提高信息传输的可靠性。

冗余结构是指为了提高可靠性，对微计算机系统关键部件，如由微处理器、RAM 和 ROM 等构成的中央处理单元（CPU）的印刷电路板或模块增设装置在同一机箱内的备用部件，一旦主件发生故障，备用部件可立即投入运行，取代故障件实施控制。

（3）DCS 的特点

① 高可靠性成熟技术、模块化技术和冗余技术。DCS 是计算机技术、控制技术和网络技术高度结合的产物，在安全性上，DCS 系统为保证控制设备的安全可靠，采用了双冗余的控制单元，当重要控制单元出现故障时，都会有相关的冗余单元实时无扰动地切换为工作单元，保证整个系统正常工作。

② 灵活的扩展性。硬件、软件的设计均具有标准化、模块化和开放性。DCS 系统所有 I/O 模块都带有 CPU，可以实现对采集及输出信号品质的判断与标量变换，故障带电插拔，随机更换。DCS 在整个设计上留有大量的可扩展性接口，外接系统或扩展系统都十分方便，缺点是成本高，各公司产品不能互换，不能相互操作。

③ 完善的自主控制性。采用分层式分支树结构，可纵向分解为过程控制级、控制管理级和生产管理级。DCS 可以控制和监视工艺全过程，对自身进行诊断、维护和组态。但是，由于自身的致命弱点，其 I/O 信号采用传统的模拟量信号，因此，它无法在 DCS 工程师站上对现场仪表（比如变送器、执行器等）进行远方诊断、维护和组态。当采用现场总线仪表时才能通过现场测控站对现场仪表进行诊断和维护。

④ 完善的通信网络。通过实时性强、安全可靠的工业控制局部网络来实现整个系统的资源共享。

9.2.2　DCS 的网络通信与存取控制技术

计算机网络系统是将位置不同，且具有独立功能的多个计算机系统及外部设备，通过通信设备和线路连接起来，由功能完善的网络软件（网络协议、信息交换方式、控制程序和网络操作系统等）实现网络资源（硬件、软件、信息）共享和信息传递的系统。从所覆盖的地域范围大小来分类，计算机网络可划分为远程网、局部网和分布式多处理机三类。

就通信网络而言，所谓计算机网络结构就是"拓扑结构"，它是指网络的节点与主机之间实现互连的方式。其中，方框代表网络中的计算机，又称主机；圆圈代表主机与通信线路之间的接口，又称节点；节点之间的通信线路称为通信链路。通常把节点和通信链路的集合统称为通信子网，而把所有主机统称为资源子网。

DCS 的网络结构如图 9-3 所示。

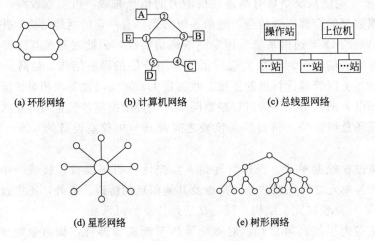

图 9-3　DCS 的网络结构形式

9.2.3　DCS 的组态与可靠性

DCS 的回路控制器具有丰富的控制功能。在具体的回路中，它总是以某些特定的功能去控制回路，这些特定的功能（包括操作）可根据设计需要来确定，这就称为组态（con-figure）。

一个 DCS 的组态功能直接影响着整个 DCS 受用户欢迎的程度，DCS 的组态功能一般包括硬件组态（又称为系统配置）和软件组态两方面的内容。

（1）DCS 的硬件组态

DCS 硬件组态实际上是完成系统设备间的软连接，它是通过先选择硬件设备，然后在显示器上完成系统硬件的配置，它包括以下几方面的内容：工程师站的选择（包括主机型号、显示器、内存、硬盘、打印机等）；操作员站的选择（包括操作员站的个数和操作员站的配置，如显示器尺寸及是否采用双屏、主机型号、内存配置、磁盘和打印机的配置等）；现场控制站的选择（包括现场控制站的个数、地域分布、每个现场控制站中所配的各种模板的种类及块数、电源的选择等）。

（2）DCS 的软件组态

DCS 软件组态包括画面组态和控制组态。画面组态主要完成操作员站上的各种画面、画面间连接；而控制组态是指控制系统软件的生成，包括基本配置组态和应用软件的组态。基本配置组态是给系统一个配置信息，采用面向问题的语言，其方法是填表式语言，可确定系统中各站的个数、组成、索引标志，每个站的最大点数、最短执行周期等。应用软件组态采用功能块语言，即把常用的运算功能、信号交换功能、PID 控制功能及其他功能所对应的程序预先固化成 ROM 中的各种模块，然后用最简单的编程语言或图上作业方法将这些模块进行软连接，构成各种控制系统的应用软件，这类应用软件主要用于现场控制层。

（3）DCS 的组态方法

虽然各种 DCS 的组态软件各有不同，但组态方法大致可分为以下两种。

① 填表格法或功能图法　是用户根据生产过程要求，在 DCS 制造商提供的、用于组态的表格上采用菜单方式，逐行填入相应参数，完成相应组态工作的方法。

② 编程法　是采用厂商提供的编程语言或允许采用的高级语言编制程序，输入组态信息，用 C 语言或 Fortran 语言在管理层编制优化管理软件等。

目前，在工业控制中应用较多的 DCS，如西屋公司的 WDPF、横河公司的 CENTUMCS、Honeywell 公司的 TDC3000、FOXBORO 公司的 I/A 系列、ABB 公司的 Industrial IT、SIEMENS 公司的 PCS7、浙大中控技术有限公司的 JX-300x 和利时公司的 HOLLIES 等都配置了具有自己特色的、功能丰富的组态软件。

9.2.4　DCS 的常用控制算法

严格来说，计算机控制全部是离散控制，但为区别于顺序控制和逻辑控制，还是称它为连续控制。连续是指调节器能随着输入信号的不断变化而按一定规则输出，不间断地修正输出值的大小。连续控制算法一般有常规 PID、微分先行 PID、积分分离、选择性控制、采样控制、自适应控制、非线性控制、Smith 预估控制和多变量解耦控制等常规及高级控制算法。此外，还有模糊控制和 PID 自整定算法等智能控制算法。这里只简单介绍常见的理想 PID 控制算法：

$$p = K_c \left(e + \frac{1}{T_i} \int_0^T e \, dt + T_d \frac{de}{dt} \right)$$

式中，p 是调节器的输出量；e 是给定量与被控量的偏差；K_c 是比例增益系数；T_i 是积分时间常数；T_d 是微分时间常数。只包含第一项时称为纯比例（P）作用，只包含第二项时称为纯积分（I），只包含第三项时称为纯微分（D），只包含第一、二项的是比例积分（PI），只包含第一、三项的是比例微分（PD），同时包含这三项的是比例积分微分（PID）。

在 PID 控制算法中，比例作用是最基本的，不可缺少的，但它不能够消除余差；积分作用能提高控制精度，消除余差；加入微分作用，则起到加速（提前）控制的作用。

自动控制系统组成方框图如图 9-4 所示。

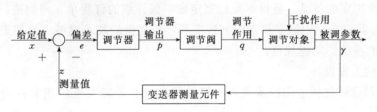

图 9-4　自动控制系统组成方框图

PID 控制算法的特点。

① P、I、D 三种控制作用是独立的，没有控制器参数之间的关联。

② 离散 PID 控制器的参数不受硬件的制约，可以在更大范围内设置。

③ 采用采样控制，引入了采样周期，因此而引入了一个纯时滞环节，使控制品质变差。

④ 采样周期的大小影响控制系统的控制品质。

⑤ 在实际控制工程中究竟采用哪种控制算法，通常视具体控制对象和操作工艺而定。

9.2.5　集散控制系统的设计与选型

集散控制系统的设计一般分为四个阶段：方案论证、方案设计、工程设计和系统文件设计。下面介绍每一阶段应做的工作和必须达到的目标。

(1) DCS 设计的方案论证

这是集散控制系统工程设计的第一步，其目的是完成系统功能规范的制定，选出一个最合适的集散控制系统，为后续的方案设计、工程设计打下基础。方案论证是工程设计的基础，关系到系统应用的成败。方案论证阶段主要做好两件事：一是制定系统功能规范，二是完成有关厂家的配置，拟定若干配置的方案图。

系统功能规范的确定：功能规范主要明确目标系统具体干些什么，而不是详细说明它如何干。系统功能规范必须有操作、工艺、仪表、过程控制、计算机和维修等各方面负责人员签字。其主要内容包括系统功能、性能指标和环境要求等。

① 系统功能　包括功能概述、信号处理、显示功能、操作功能、报警功能、控制功能、打印功能、管理功通信功能、冗余性能和扩展性能。

② 系统的性能指标　可参照有关评价内容制定。各项技术性能的指标是将来系统验收的依据，所以确定必须慎重。

③ 环境要求　这部分的具体内容是：温度和湿度指标，分别规定系统存放和运行时的温度、湿度极限值；抗振动、抗冲击指标；电源电压的幅值、频率以及允许波动的范围；系统对接地方式和接地电阻的要求；电磁兼容性指标、安全指标、系统物理尺寸、防静电和防粉尘指标等。

④ 系统配置　有针对性地选择几种集散控制系统进行系统硬件配置。确定操作站、现场监控站和 I/O 卡件等的数量和规格，拟定出几种配置方案。

(2) DCS 的方案设计

这一阶段主要是针对选定的系统，依据系统功能规范做进一步核实，考核产品是否完全符合生产过程提出的要求；核实无误后，再做方案设计。

方案设计是根据工艺要求和厂方的技术资料，确定系统的硬件配置，包括操作站、工程师站、监控站、通信系统、打印机、拷贝机、记录仪、端子柜、安全栅和 UPS 电源等。配置时除要考虑一定的冗余外，还要为今后控制回路和 I/O 点等的扩展留出 10% 的裕量，另外要留足 3 年维护期的备品、备件。最后制定出一张详细的订货单，与制造厂进行实质性谈判，签订购买合同。合同中除了规定时间进度及厂商提供的技术服务、文档资料外，尤其要包含双方认可的系统的功能规范。

(3) DCS 的工程设计

DCS 的工程设计包括应用技术文档的设计与建立、计算系统应用软件设计以及集散系统的控制室设计。

① 应用软件组态的任务　在系统硬件和系统软件的基础上，将系统提供的功能块以软件组态的方式连接起来，以达到对过程进行控制的目的。包括显示画面组态、动态流程组态、控制策略组态、报警组态、报表生成组态和网络组态等应用软件的设计。

② 应用软件的组态途径　一种是直接在 DCS 系统上，通过操作站进行组态，另一种是通过 PC 机进行组态。

③ 集散系统的控制室设计包括　控制室位置确定，控制室房间配置（操作控制室、机柜室、软件工作室、工程师站、上位机室、DCS 控制系统及 UPS 室、空调机室），还应根据需要设置 DDC 维修间、值班室、仪表维修间、备件间以及更衣卫生间等。

集散控制系统的设计、建设与投运程序如图 9-5 所示。

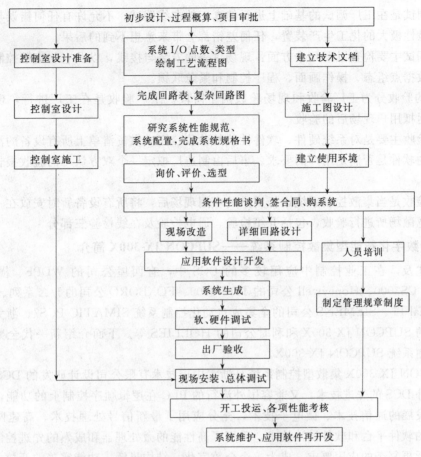

图 9-5　集散控制系统的设计、建设与投运程序

9.2.6　集散控制系统的安装、调试与验收

DCS 在安装之前，各项必须具备的条件需经生产厂商确认无误后方可安装。

安装前的准备工作包括地基、电源和接地三方面。电源一般采用 UPS 电源，在接入 DCS 带电部分之前需向生产厂商递交一份有关电源的测试报告，以保证电压准确无误。在安装之前，各个地基亦须与就位设备一一对应。DCS 的接地要求有专用的工作接地极，且要求它的入地点与避雷入地点的距离应大于 4m，接地体与交流电的中线及其他用电设备接地体间距离大于 3m，DCS 的工作地应与安全地分开。另外还要检测它的电阻要求小于 1Ω。

在准备工作结束后即可开始 DCS 的安装，系统安装工作包括：机柜、设备安装和卡件安装，系统内部电缆连接，端子外部仪表信号线的连接，系统电源、接地的连接。要防止静电对电子模件的损坏，在安装带电子结构的设备时，操作人员一定要戴上防静电器具。另外，在系统安装时应注意库房到机房的温度变化梯度是否符合系统要求。

DCS 的调试分三个部分：工厂调试、用户现场离线调试和在线调试。

工厂调试是集散系统调试的基础。它是在生产厂专业人员的指导下用户对硬件、系统软件和应用软件（向厂方购买的应用软件包）进行应用性调试，目的是在专家指导下学会软件包的使用方法，了解软件包结合用户的工艺过程能实现何种功能。另外，在制造厂应完成复杂回路（如前馈等）和特殊设备（如智能变送器等）的调试。在局部调试完成后，还需进行全方位的调试，包括每一个 I/O 点及其相应回路的调试，同时要观察相关的标准画面。

现场调试是在工厂调试的基础上进行的真正的在线调试，不允许有任何错误与疏漏。特别对于危险性极大的化工生产装置，任何差错都会带来意想不到的后果。

现场调试主要检查以下几个方面：现场仪表的安装与接线，以及它与集散控制系统的通信；检查数据点组态、操作画面、程序控制和紧急联锁。

DCS 的验收分为工厂验收和现场验收两个阶段。工厂验收是在工厂进行，现场验收则是在系统运抵用户现场后的验收。

工厂验收主要是对系统硬件、软件性能的验收，完成供货清单上所有设备的清点，检查厂商提供的软件是否满足用户的要求。事后由制造厂拟定一个双方认可的验收报告，由双方签字确认。

现场验收是当集散控制系统运抵用户的应用现场后，将所有设备暂时安放在一个距控制室较近的宽敞场所进行验收，包括开箱检验、通电检验及在线检验三部分。

9.2.7　全数字化智能型集散控制系统——SUPCON JX-300X 简介

前已述及，在工业控制中应用较多的 DCS 中，有西屋公司的 WDPF、横河公司的 CENTUM-CS3000、Honeywell 公司的 TDC-3000、FOXBORO 公司的 I/A 系列、ABB 公司的 Industrial IT、SIEMENS 公司的全集成自动化控制系统 SIMATIC PCS7、浙大中控技术有限公司的 SUPCON JX-300X 和利时公司的 HOLLIES 等。下面介绍新一代全数字化智能型集散控制系统 SUPCON JX-300X。

SUPCON JX-300X 集散型控制系统是浙大中控技术有限公司设计研发的 DCS 产品，它吸收了国外 DCS 的先进技术，又兼容国外流行的 PLC 在逻辑顺序控制上的功能，吸收了近年来快速发展的通信技术、微电子技术，充分应用了最新信号处理技术、高速网络通信技术、可靠的软件平台和软件设计技术，采用了高性能的微处理器和成熟的先进控制算法，能适应更广泛更复杂的应用要求，成为一个全数字化、结构灵活、功能完善的开放式集散控制系统，广泛应用于化工、电力、冶金、石化行业。

（1）SUPCON JX-300X 的总体结构

① 系统组成　SUPCON JX-300X DCS 由工程师站、操作站、控制站、过程控制网络等组成，如图 9-6～图 9-8 所示。

a. 工程师站　装有相应的组态平台和系统维护工具。通过系统组态平台，可以生成适合生产工艺要求的应用系统，具体功能包括系统生成、数据库结构定义、操作组态、流程图画面组态、报表程序编制等。使用系统维护工具软件可以实现过程控制网络调试、故障诊断、信号调校等。

b. 操作员站　由工业 PC 机、CRT、键盘、鼠标、打印机等组成的人机系统，是操作人员完成过程监控管理任务的环境。

c. 控制站　直接与现场打交道的 I/O 处理单元，完成整个工业过程的实时监控功能。

d. 过程控制网络　能够实现工程师站、操作站、控制站的连接，完成信息、控制命令等的传输。过程控制网络采用双重化冗余设计，使得信息传输安全、高速。

② 系统特点　实现了集散控制系统内部全数字化信息处理和传输，为向新一代现场总线控制系统发展确定了技术基础。

a. 硬件、软件、网络等设计遵循了开放的协议。

b. 符合 IEEE802.3 标准的 10M/100M 冗余网络。

c. 拥有与其他厂家智能设备或企业 MIS 网互连的接口（网关）。

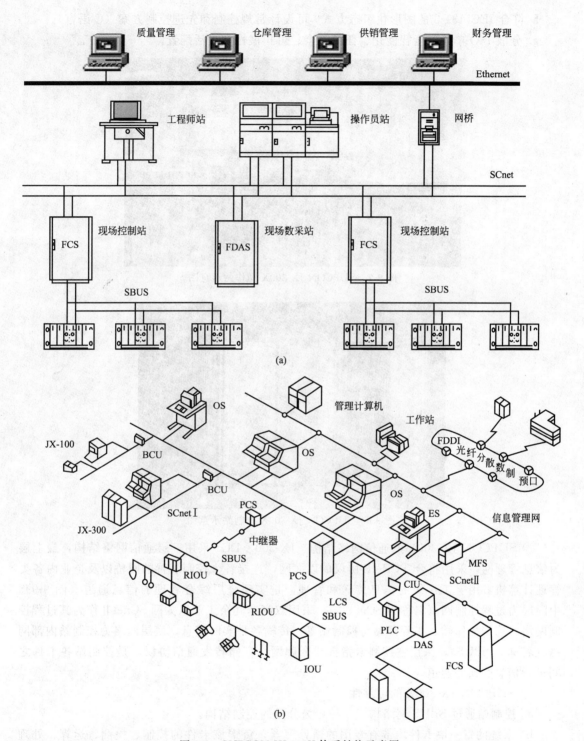

图 9-6　SUPCON JX-300X 体系结构示意图

OS—操作站；ES—工程师站；MFS—多功能计算站；BCU—总线变换单元；PCS—过程控制站；CIU—通信接口单元；SBUS—系统 I/O 总线；RIOU—远程 IO 单元；LCS—逻辑控制站；DAS—数据采集站；IOU—IO 单元

d. 具备 HART、FF 等现场总线接口。

e. 软件具有非常好的稳定性和可靠性。

f. 符合 IEC1131-3 的图形化组态方式，可设计常规控制和先进控制方案（C 语言）。

g. 分散 I/O 单元、全智能化、任意冗余、可扩展性和灵活配置。

图 9-7　SUPCON JX-300X 操作站示意图

图 9-8　SUPCON JX-300X 控制站示意图

③ SUPCON JX-300X 的通信网络结构　JX-300X DCS 采用三层通信网络结构，最上层为信息管理网，采用符合 TCP/IP 协议的以太网，连接各个控制装置的网桥以及企业内各类管理计算机，用于工厂级的信息传送和管理，是实现全厂综合管理的信息通道（图 9-9）。中间层为过程控制网（名称为 SCnetⅡ），采用双高速冗余工业以太网 SCnetⅡ作为其过程控制网络、连接操作站、工程师站与控制站等，传输各种实时信息。底层网络为控制站内部网络（名称为 SBUS），采用主控制卡指挥式令牌网，存储转发通信协议，是控制站各卡件之间进行信息交换的通道。

④ SUPCON JX-300X 的可靠性

a. 控制站通过 SBUS 网络构成一种更为分散的控制结构。

b. 系统的每一块卡件均带有专用的微处理器，负责该卡件的控制、检测、运算、处理及故障诊断等，提高卡件的自治性。

c. 系统的模拟量输入（AI）卡件采用智能调理和先进的信号前端处理技术，将信号调理和 A/D 转换合二为一，使得模拟量输入卡具备信号智能调理、处理的能力。

d. 机笼内部采用板级热冗余技术，卡件可根据需要实现 1∶1 热备份，当任一设置为冗余方式的工作卡件发生故障时，备用卡件立即迅速自动切换，整个系统仍按原进程工作，不

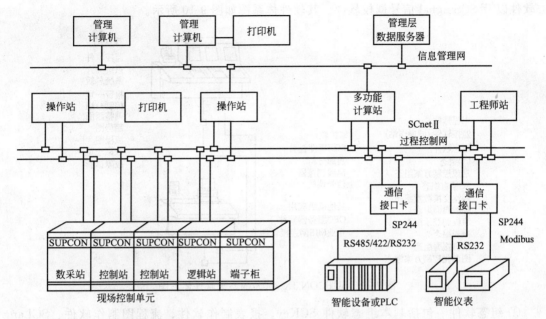

图 9-9　JX-300X DCS 系统的通信网络结构

影响整个系统的工作状态。

e. 信号全部采用磁隔离或光电隔离技术，将干扰拒之于系统之外。

f. 为抑制交流电源噪声干扰系统正常工作，安装了电源低通滤波器，并采用带屏蔽层的变压器，使控制站与其他的供电电路相隔离。同时在布线和接地方面，逻辑电路、模拟电路的布线尽量分开，直流供电备有良好的退耦电路。

g. 所有智能卡件通过先进的硬件设计和周密的软件配合，实现了带电插拔的功能以满足系统在运行过程中维修的需要。

（2）SUPCON JX-300X 的硬件

JX-300X 的硬件包括控制站、操作站两大部分。

① 控制站硬件　控制站主要由机柜、机笼、供电单元和各类卡件（包括主控制卡、数据转发卡和各种信号输入/输出卡）、控制站端子板组成。各卡件的名称、型号、信号类型等请参阅相关资料详解。

② 操作站硬件　操作站的硬件基本组成包括工控 PC 机（IPC）、彩色显示器、鼠标、键盘、SCnetⅡ 网卡、专用操作员键盘、操作台、打印机等。（JX-300X 工程师站的硬件配置与操作站的配置基本一致，它们的区别在于系统软件的配置不同，工程师站除了安装有操作、监视等基本功能的软件外，还装有相应的系统组态、维护等工程师应用工具软件。）

（3）SUPCON JX-300X 的软件组态

JX-300X 系统软件（Adran Trol）基于中文 Windows NT 开发，所有命令都用形象直观的功能图标，只需用鼠标即可完成操作；加上 SP 032 操作员键盘的配合，控制系统设计实现和生产过程实时监控快捷、方便。其系统软件与硬件对应情况如下：主要由 Advan Trol 实时监控软件、Sckey 系统组态软件、Sclang 语言编辑软件、SCControl 图形组态软件、SCDraw 流程图制作软件和 SCForm 报表制作软件组成。可选的软件还有 SCSOE SOE 设置和操作软件、SCConncct OP Server 软件、SCViewer 离线查看器软件、SCNetDiag 网络检查软件以及 SCSingnal 信号调校软件。其软件体系图如图 9-10 所示。

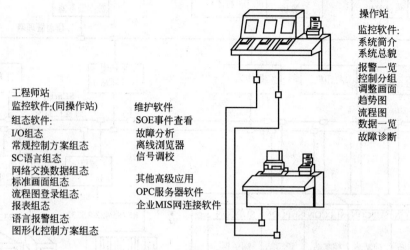

图 9-10 SUPCON JX-300X 的系统软件体系图

① 组态软件 包括基本组态软件 SCKey、报表制作软件、流程图制作软件、SCLang 编程语言软件等。

② 实时监控软件 包括报警一览、系统总貌、控制分组、趋势图、流程图、数据一览等。

③ 控制站组态和操作站组态 分别见图 9-11 和图 9-12 的方框图示意。

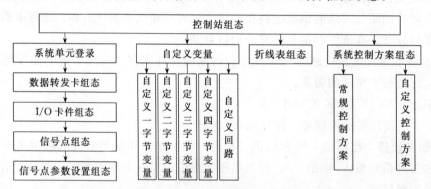

图 9-11 控制站组态流程示意图

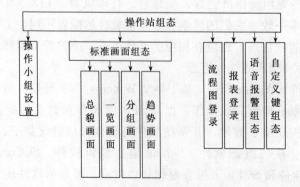

图 9-12 操作站组态流程示意图

（4）JX-300X 通信系统中的双重化冗余以及 SBUS 结构

① JX-300X 的通信网络　其结构如图 9-13 所示。

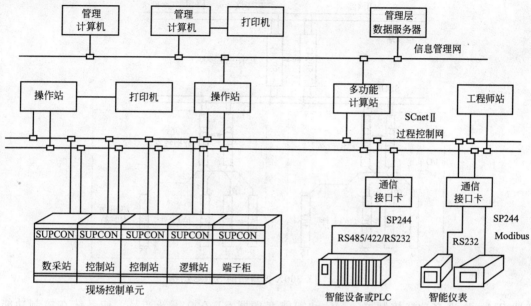

图 9-13　JX-300X DCS 系统的通信网络结构

② JX-300X 中的 SCnetⅡ网络双重化冗余　其结构如图 9-14 所示。

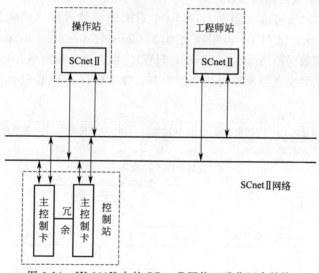

图 9-14　JX-300X 中的 SCnetⅡ网络双重化冗余结构

③ JX-300X 控制站的 SBUS　其结构如图 9-15 所示。

9.2.8　大型集散控制系统——TDC-3000 简介

TDC-3000 是美国 Honeywell 公司在原 TDC-2000 的基础上，经过 8 年的研究，于 1983 年推出的 DCS 产品。它解决了过程控制领域内的关键问题——过程控制系统与信息管理系统的协调问题，为实现全厂生产管理提供了最佳方案。后来又有两次较大的技术更新：1983 年 10 月推出了 TDC-3000（LCN），使系统增加了过程管理层，使得 TDC-3000 与 BASIC 兼容；1988 年推出 TDC-3000（UCN），增加了万能控制网 UCN、万能操作站 UWS、过程管

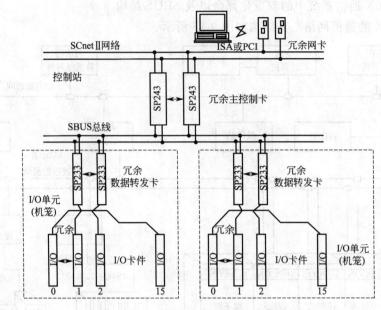

图 9-15   JX-300X 控制站的 SBUS 结构

理站 PM、先进多功能控制器 AMC 和智能变送器 ST3000 等新产品，使系统在控制功能、现场传送智能化、开放式通信网络和综合信息管理等方面进一步得到了加强。

（1）TDC-3000 系统的结构特性

① TDC-3000 的网络构成 组成 TDC3000 系统的三种通信网络包括：局域控制网络（local control network，LCN）；通用控制网络（universal control network，UCN），也称万能控制网络；高速数据通路（data hiway，HW）。以上这三种网络，每一种网络上都挂有不同功能的模块，从而实现控制系统的分散控制、集中管理。TDC-3000 系统的网络构成如图 9-16 所示。

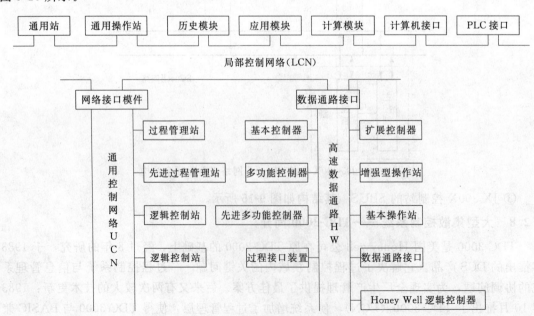

图 9-16   TDC-3000 系统的网络构成

TDC-3000 LCN 要与 TDC-3000 UCN 或 TDC-3000 BASIC 联用，进行综合分析和管理。包括局部控制网络 LCN（local control network）、高速通道接口 HG、万能操作站 US（universal station）、应用模块 AM（application module）、历史模块 HM（history module）、计算机接口 CG（computer gateway）、计算机模块 CM-50S、LCN 扩展器接口 NIM（network interface module）和万能工作站 UWS（universal work station）。

② TDC-3000 的总体构成　TDC-3000 的总体构成图如图 9-17 所示。

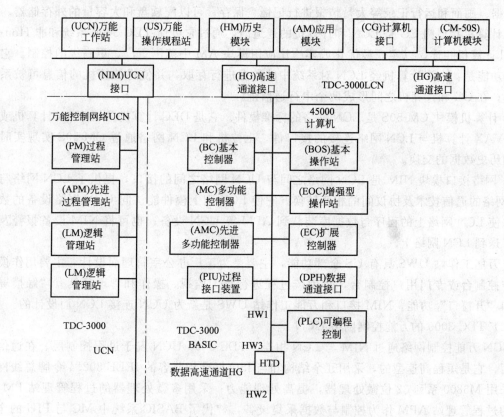

图 9-17　TDC-3000 的总体构成

③ TDC-3000 的局部控制特性

a. 与 LCN 相连的设备称为节块（node），最多 64 台，其中 HG 最多接 10 个。LCN 是一短程高速通信链，一般为控制室内各节块通信用。其通信速度为 5Mb/s，距离不大于 300m。通过扩展器 LCNE 可进行局部控制网络的扩展，最多可连接 96 个模件，最远距离可达 4.9km。LCN 的硬件组成有同轴电缆、连接器、终端连接器以及位于每一模块和通道处的 LCN 接口板。

b. 系统高速数据通道（DHW）设备和 LCN 设备间数据传输和格式变换双向接口门，主要作用是信息转换、匹配、诊断、报警和时间同步。多功能控制器 MC、先进多功能控制器 AMC、过程接口单元 PIU、增强型操作站 EOS 和 45000 上位计算机等属于 TDC-3000BASIC 系统连接设备。

c. 万能操作站 US 由显示器、键盘、打印机和磁盘驱动器构成，是 TDC-3000 系统的主要人-机接口，为操作人员提供对生产过程的监视、操作和控制的功能，并进行报警、报表和趋势打印；为安装和运行提供网络组态、数据库、动态流程的建立以及自由报表、控制程序的编制；为维护人员提供硬件显示、故障诊断、故障信息显示及打印。由监视器和带有用户定义的功能键的键盘组成实时操作接口，把从与过程连接的子系统和装置、系统中的模块和工厂级计算机等各个方面采集来的数据连续地显示在屏幕上，以满足操作员的要求。

d. 应用模块 AM 用控制语言（CL）编程，实现用户算法和特定控制系统的连接，完成高级控制策略以扩大过程单元的操作功能。

e. 历史模块 HM 是系统软件、应用软件和历史数据等的寄存处。此模块可以将过程的历史数据、画面和运行记录等大量情报进行记忆、保存；可以配软盘和大容量的外存储器。

f. 计算机接口门 CG 是 LCN 和计算机的通道门，通过它可使 TDC-3000 系统和非 Honey Well 计算机相连，以实现最优化或实施比应用模块 AM 中范围更广、更高级的控制。它的主要功能是：允许计算机经 LCN 对系统中的数据进行存取，并使得计算机的信息可被系统采用；在 CG 和计算机之间形成两个串行通信链。

g. 计算机模块 CM-50S 是 LCN 网络的标准模件。它是 DEC 计算机公司 VAX 计算机或 Micro VAX 计算机与 LCN 网络连接的接口件。上位机和 LCN 网络通过 CM-50S 实现实时数据和历史数据的交换。

h. 网络接口模块 NIM 是 LCN 网络之间与 UCN 网络之间的接口，提供了 LCN 网络与 UCN 网络的通信技术及协议间的相互转换。它使 LCN 网上模件能访问 UCN 网络设备的数据，并使 LCN 网络上的程序与数据库装载到 APM 等 UCN 设备；也可将 NIM 设备报警及信息传送到 LCN 网络上。

i. 万能工作站 UWS 具有 US 全部功能，主要是为工厂办公室管理而设计。主要用作模块标准控制台或专门用户控制台，对生产过程进行集中监视、操作和管理，具有"触摸屏幕"和"开窗口"功能。NIM 接口和万能工作站 UWS 是新为 UCN 连接 LCN 而设计的。

（2）TDC-3000 的万能控制网络 UCN

UCN 万能控制网络通过 NIM 与 LCN 相连，TDC-3000 UCN 属于过程控制层。在通信链方面，它是短程高速型的，采用冗余结构和与 ISO 标准相兼容的 IEEE 802.4 令牌总线网络，采用 M6800 系列 32 位微处理器，提高处理能力；采用多微处理器的过程管理站 PM、先进的过程管理站 APM 作为控制与数据采集设备，替代了 BASIC 系统中 MC 与 PIU 的全部功能，在速度、容量和功能方面有较大的提高。

万能控制网络除了与 LCN 连接的网络接口模块 NIM 外，还包括过程管理站 PM、先进过程管理站 APM、逻辑管理站 LM 及通信系统，UCN 网络采用双重冗余，整个网络具有点对点的通信功能，使得网上 APM、PM 和 LM 之间可以共享网络数据。在 LCN 上，来自过程控制网络的过程数据都可被标准的 TDC-3000 系统的操作、控制、历史和管理功能等利用。

（3）TDC-3000 系统的数据采集和控制

TDC3000 提供了从简单到复杂整个范围内的各种控制策略，许多工厂的控制策略现在可以采用一台 Honey Well 的过程管理机来完成，它不仅能用来实现数据采集，而且还可扩展成强有力的控制功能，其中包括调节、逻辑和顺序控制，以适应连续的、分批的（间歇）或混合的控制。对于一些控制场合，需要高级控制和强有力的计算功能来完成诸如高级最优化、历史数据管理和数据采集等任务，则需要从 PM（或高速通路模块）、AM 和计算模块 CM 中根据最佳性价比来选择相应的控制系统以满足实际需求。

（4）TDC-3000 系统 MC 的组态

DCS 的组态包括两方面：一是硬件组态，即在计算机上完成系统硬件的配置，也就是硬件系统的建立，它是通过在系统初次启用时，回答操作系统的一系列提问或选择而实现的；二是控制系统软件的生成，也就是把常用的运算功能、信号变换功能、PID 控制功能和其他各种功能所对应的程序，预先固化成 ROM 中的各种模块，然后用最简单的编程语言、填写表格或图上作业等方法，将这些模块加以连接，构成各种控制系统的应用软件。

① DCS 组态的说明　　DCS 的回路控制器具有丰富的控制功能，在具体的回路中，它总是以某些特定的功能去控制回路。这些特定的功能（包括操作）可根据设计需要来确定，这就称为组态（configuration）。

② 组态字的构成　　一般来说，设计控制回路时要对其中所涉及的若干问题给予确定的回答，使控制器的控制功能满足要求。通过设定组态字，分别与回路控制中的若干问题相对应。组态字实质上是八进制的组态代码，共 36 位，分成 9 组，每组 4 位，每一位（或两位）表示了参数性质、操作要求或功能选择。

③ 组态步骤

a. 画出控制系统框图　　根据过程控制的实际需要，画出控制系统的方框图。把图中的每个方块简化成只有两个输入和一个输出的槽路结构。ML 的连续控制功能是通过 16 个 SLOT（由软件实现的控制功能槽）和 24 种标准算法来实现的。每个 SLOT 的信号处理除了有两个模拟输入、一个模拟输出外，还有两个报警状态输出。

b. 确定各槽路的有关特性　　执行的标准算法；X、Y 输入所对应的存储块号及槽路之间的相互关系；显示特性；选择 PV 跟踪和预置功能；报警类型及其高、低限；控制作用及其他要求。

c. 填写组态字　　按相关表格的有关规定填写好组态字。

d. 输入组态字　　由操作站进行组态输入。按键 CONF（组态）进行运算块组态，其他功能按键的符号、含义见相关表所示。组态字共分九个部分，即 CONF1～CONF8，外加 CONF 趋势。

9.2.9　DCS 的设计及其在大型炼油厂的应用

DCS 作为一种工业自动化过程控制系统，已在炼油、石油、化工、冶金等领域广泛应用。DCS 是综合性很强的控制系统，它采用了诸多复杂的计算机技术、各种类型的通信技术、电子与电气技术以及控制系统技术。DCS 所控制的往往都是大范围的对象，涉及各种类型的控制、监视和保护功能。另外，DCS 在应用过程中有各种技术人员和管理人员参与，这样就要求系统设计的结果必须具有很强的规范性，使系统具有易使用性和易维护性。同时，DCS 的另一个重要特点是它不是一般性的设计，而是针对某一工艺系统的设计。要充分发挥该系统的功能就要对 DCS 本身有深刻的理解，所有的 DCS 厂家都在尽量使自己的系统易于掌握，易于使用和设计。

本节举例的大型炼油厂采用了 TDC-3000 集散型控制系统进行控制。其第一操作站操作和控制的生产装置是常减压蒸馏装置、气体脱硫化装置和催化脱硫醇装置。这里仅介绍 DCS 在常减压蒸馏装置上的应用。常减压蒸馏装置是根据不同的原油种类和加工的要求，对原油进行馏分的分离，以得到汽油、石脑油、柴油、蜡油和渣油等不同的油品。由于常减压蒸馏装置是一种应用较普遍、设计较成熟的装置，因此，控制方案已基本定型。常减压蒸馏装置的主要设备有电脱盐罐、初馏塔、常压分馏塔、常压侧线汽提塔、减压分馏塔、常压进料加热炉和减压进料加热炉等。

（1）系统的硬件配置

TDC-3000 集散型控制系统采用了 LCN 和 UCN 的网络通信系统，在分散过程控制级采用了 PM 过程控制管理站和 LM 逻辑管理站。图 9-18 为常减压蒸馏装置和其他两个装置上使用的第一操作站区的硬件配置图。

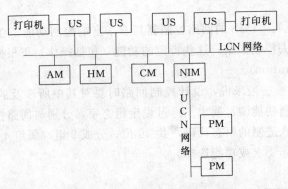

图 9-18　针对炼油厂常减压蒸馏装置的 TDC-3000 硬件配置

为了满足工艺过程操作和控制的要求，在该操作站区设置了 4 个通用站 US 和相应的操作键盘，为了便于组态和维护，配置了一个工程师用键盘。系统设置了两台打印机，一台用于报警事件的打印，另一台用于报表的打印。系统与其他操作站区共用了应用模块 AM、历史模块 HM、计算模块 CM 和工程师站等设备。为了与过程控制管理站 PM 通信，系统通过网络接口模块 NIM 把 PM 的数据传送到 LCN 网络和操作站。

在该操作站区有两套 PM 过程控制管理站，共设 400 个检测点，控制 120 个回路。PM 管理站通过冗余的通用控制网络 UCN 接到 NIM 上，NIM 模块除了连接该操作站区的两套 PM 外，还连接了第二操作站区的两套 PM 过程管理站。为了保证数据通信的可靠，在该系统中的 NIM 也采用了冗余配置。

（2）系统的软件配置

① 系统软件　该控制系统的系统软件版本为 Release300，该版本的软件增强了 PM 的控制功能，输入输出采用了冗余控制，增加了脉冲量输入、低电平多路切换、远程输入输出及逻辑管理功能等，在操作控制、系统维修和软、硬件扩展等方面显示了明显的优势。

② 应用优化软件　为提高控制效果，系统还提供了优化的应用软件：回路自整定软件包，前景预测控制软件包，实时质量控制软件包，过程模型和优化软件包。

（3）控制系统分析

在常减压蒸馏装置中，控制方案的实施有一个十分重要的目标，即尽可能地利用原油来吸收热量，而少用冷凝水来吸收热量。因此，冷却水只应用于必不可少的地方，即塔顶的产品冷凝，而避免用水来冷却中段回流。在中段回路应控制进料量来精确控制中段回路的传热速率，为回收热量，尽可能地把热量用在下部的中段回路，在加热进料系统也要考虑热量的充分利用。故在控制系统中采用了常压塔塔顶温度和塔顶压力、塔顶循环回流量的串级控制系统、原油换热系统的节能控制系统以及热炉热制系统。

9.3　现场总线控制系统

9.3.1　现场总线的基本概念、体系结构和特点

在计算机测控系统发展初期，由于计算机技术尚不发达且价格昂贵，人们又希望采用计算机取代控制室所用的仪表，因此出现了集中式数字测控系统。但这种早期的测控系统可靠性较差，一旦计算机出现故障，就会造成整个系统崩溃。以后随着计算机可靠性的提高和价格的大幅下降，出现了集中/分散相结合的集散型控制系统（DCS），在 DCS 系统中，由测量传感器、变送器向计算机传送模拟信号。上、下位计算机之间传递数字信号，所以它是一种模拟/数字混合系统。这种系统在功能和性能上有了很大提高，曾被广泛采用。随着工业生产的发展以及控制、管理水平和通信技术的提高，相对封闭的 DCS 系统已不能满足实际需求。20 世纪 50 年代前，过程控制仪表使用气动标准信号，60 年代发展了 4～20mA 标准直流电流信号。20 世纪 90 年代初，用微处理器技术实现了过程控制，随着智能传感器技术的发展，需要采用数字信号取代 4～20mA 直流模拟信号，这就形成了一种先进工业测控技术——现场总线（field bus）。现场总线是连接工业过程现场仪表和控制系统之间的全数字化、双向和多站点的串行通信网络，从各类变送器、传感器、人-机接口或有关装置获取的信息通过控制器向执行器传送信息，构成现场总线控制系统（field bus control system，FCS）。现场总线不仅是一种通信技术，也不仅是用数字仪表取代模拟仪表，而是采用了新一代的现场总线控制系统来替代传统的分散型控制系统。

（1）现场总线的定义和特点

根据国际电工委员会（International Electro technical Commission，IEC）标准和现场总线基金会（Field Bus Foundation，FF）的定义，现场总线是一种用于智能化现场设备和自动化系统的开放式、数字化、双向串行、多节点的底层通信总线。其性能特点如下。

① 全数字化　现场总线系统是一个纯数字系统，具有很强的抗干扰能力，过程控制的准确性和可靠性更高。

② 全分布、双向传输　一对 N 结构，一对传输线，N 台仪表，双向传输多个信号。接线简单，工程周期短，安装费用低，维护容易。

③ 自诊断　整个系统始终处于操作员的远程监视和可控状态，提高了系统的可靠性、可控性和可维护性。

④ 多功能仪表　设备及仪表的互换性高，实现了即接即用。

⑤ 节省布线及控制室空间　现场仪表具有功能综合性，既有检测、变换和补偿功能，又有控制和运算功能，具有一表多用的功能。

⑥ 互操作性与自治性　控制站的功能分散在现场仪表中，自行构成控制回路，实现了分散控制，提高了系统的可靠性、自治性和灵活性。

⑦ 智能化　各个制造商的设备或仪表使用相同的功能块，实行统一组态，用户不需要因为组态方法的不同再去学习和培训。

⑧ 开放性　现场总线为开放式的互联网络系统，所有技术和标准都是公开的，制造商必须遵循，用户可以自由集成不同制造商的通信网络，既可与同层网络互联，也可与不同层网络互联，还可方便地共享网络数据库。

（2）现场总线的结构特点

① 通信网络一直延伸到生产现场或设备。

② 现场设备及仪表（变送器、执行器、服务器和网桥、辅助设备以及监控设备等）的信息通过一对传输线（双绞线、同轴电缆、光纤和电源线等）进行互联传输。

③ 现场设备之间能够实现信息交互操作与互换，用户能够实现"即插即用"，对 FCS 自由地集成。

④ FCS 摒弃了 DCS 的输入与输出单元和控制站，把控制站的功能分配给现场仪表，并统一组态，构成虚拟控制站。

⑤ FCS 允许现场仪表直接从通信线上获取能量，用这种能量获取方式提供给用于本质安全环境的低功耗现场仪表，与其配套的还有安全栅。

⑥ 现场总线为开放式互联网络，既与同层网络互联，又可以与不同层网络互联。通过网络对现场设备和功能块统一组态，使不同厂商的网络及设备融为一体，网络数据库共享，构成统一的 FCS。现场总线的连接示意图如图 9-19 所示。

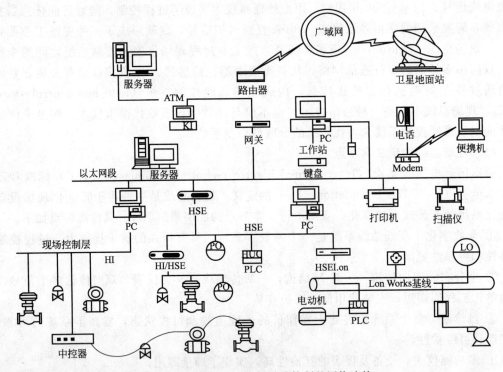

图 9-19　现代化工厂现场总线控制的网络连接

新一代的现场总线控制层及其分散控制块的关联如图 9-20 所示。

（3）现场总线的技术优势

① 数字式通信方式取代了设备间的模拟量（如 $4\sim20\text{mA}$，$0\sim5\text{V}$ 等信号）和开关量信号，运行更加稳定可靠。

② 实现车间级与设备级的数字化网络通信，是工厂自动化过程中现场级通信的一次数字化革命。

③ 在自控系统与设备中加入工厂信息网络，使之成为企业信息网络底层，使企业信息沟通的覆盖范围可一直延伸到生产现场。

④ 在计算机集成制造系统（CIMS）中，现场总线是工厂计算机网络到现场级设备的延

伸，是支撑现场级与车间级信息集成的技术基础。

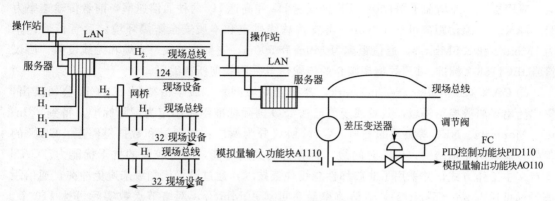

图 9-20　FCS 的控制层次及其分散功能的实现

9.3.2　现场总线网络协议模式与常见的现场总线系统

（1）现场总线网络协议模式

现场总线网络协议是按照国际标准化组织（International Standardization Organization，ISO）制定的开放系统互联（open system interconnection，OSI）参考模型建立的，它规定了现场应用进程之间的相互可操作性、通信方式、层次化的通信服务功能划分、信息的流向及传递规则。ISO/OSI 参考模型的七个层次如图 9-21 所示。

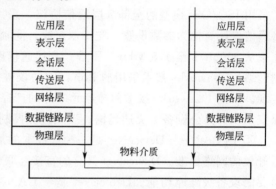

图 9-21　ISO/OSI 参考模型的七个层次

客户（client）与服务器（server）间的确认与非确认服务，在客户/服务器类型中，由客户向服务器发出请求，当服务器收到请求后，进行处理并进行相应的操作，然后向客户返回一个应答，如图 9-22 所示。

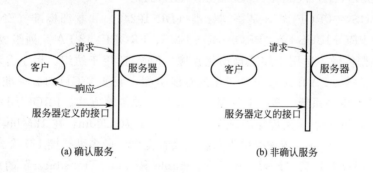

图 9-22　客户与服务器之间的服务确认

（2）常见的现场总线系统

① 基金会现场总线（foundation fieldbus，FF）　这是以美国 Fisher-Rousemount 公司为首的联合了横河、ABB、西门子、英维斯等 80 家公司制定的 ISP 协议和以 Honeywell 公司为首的联合欧洲等地 150 余家公司制定的 WorldFIP 协议于 1994 年 9 月合并的。该总线在过程自动化领域得到了广泛的应用，具有良好的发展前景。基金会现场总线采用国际标准

化组织 ISO 的开放化系统互联 OSI 的简化模型（1 层、2 层、7 层），即物理层、数据链路层、应用层，另外增加了用户层。FF 分低速 H_1 和高速 H_2 两种通信速率，前者传输速率为 31.25kbit/s，通信距离可达 1900m，可支持总线供电和本质安全防爆环境。后者传输速率为 1Mbit/s 和 2.5Mbit/s，通信距离为 750m 和 500m，支持双绞线、光缆和无线发射，协议符号 IEC1158-2 标准。FF 的物理媒介的传输信号采用曼彻斯特编码。

② CAN（controller area network，控制器局域网）　最早由德国 BOSCH 公司推出，它广泛用于离散控制领域，其总线规范已被 ISO 国际标准组织制定为国际标准，得到了 Intel、Motorola、NEC 等公司的支持。CAN 协议分为两层：物理层和数据链路层。CAN 的信号传输采用短帧结构，传输时间短，具有自动关闭功能，具有较强的抗干扰能力。CAN 支持多主工作方式，并采用了非破坏性总线仲裁技术，通过设置优先级来避免冲突，通信距离最远可达 10km（5kbit/s），通信速率最高可达 40Mbit/s，网络节点数实际可达 110 个。目前已有多家公司开发了符合 CAN 协议的通信芯片。

③ Lonworks　它由美国 Echelon 公司推出，并由 Motorola、Toshiba 公司共同倡导。它采用 ISO/OSI 模型的全部 7 层通信协议，采用面向对象的设计方法，通过网络变量把网络通信设计简化为参数设置。支持双绞线、同轴电缆、光缆和红外线等多种通信介质，通信速率从 300bit/s 至 1.5 Mbit/s 不等，直接通信距离可达 2700m（78kbit/s），被誉为通用控制网络。Lonworks 技术采用的 LonTalk 协议被封装到神经元（Neuron）的芯片中，并得以实现。采用 Lonworks 技术和神经元芯片的产品，被广泛应用在楼宇自动化、家庭自动化、保安系统、办公设备、交通运输、工业过程控制等行业。

④ DeviceNet　DeviceNet 是一种低成本的通信连接也是一种简单的网络解决方案，有着开放的网络标准。DeviceNet 具有的直接互联性不仅改善了设备间的通信而且提供了相当重要的设备级阵地功能。DebiceNet 基于 CAN 技术，传输率为 125～500kbit/s，每个网络的最大节点为 64 个，其通信模式为：生产者/客户（producer/consumer），采用多信道广播信息发送方式。位于 DeviceNet 网络上的设备可以自由连接或断开，不影响网上的其他设备，而且其设备的安装布线成本也较低。DeviceNet 总线的组织结构是开放式设备网络供应商协会（Open DeviceNet Vendor Association，ODVA）。

⑤ PROFIBUS　PROFIBUS 是德国标准（DIN19245）和欧洲标准（EN50170）的现场总线标准。由 PROFIBUS-DP、PROFIBUS-FMS、PROFIBUS-PA 系列组成。DP 用于分散外设间高速数据传输，适用于加工自动化领域。FMS 适用于纺织、楼宇自动化、可编程控制器、低压开关等。PA 用于过程自动化的总线类型，服从 IEC1158-2 标准。PROFIBUS 支持主-从系统、纯主站系统、多主多从混合系统等几种传输方式。PROFIBUS 的传输速率为 9.6kbit/s～12Mbit/s，最大传输距离在 9.6kbit/s 下为 1200m，在 12Mbit/s 下为 200m，可采用中继器延长至 10km，传输介质为双绞线或者光缆，最多可挂接 127 个站点。

⑥ HART　HART 是 "Highway Addressable Remote Transducer" 的缩写，最早由 Rosemount 公司开发。其特点是在现有模拟信号传输线上实现数字信号通信，属于模拟系统向数字系统转变的过渡产品。其通信模型采用物理层、数据链路层和应用层三层，支持点对点主从应答方式和多点广播方式。由于它采用模拟数字信号混合，难以开发通用的通信接口芯片。HART 能利用总线供电，可满足本质安全防爆的要求，并可用于由手持编程器与管理系统主机作为主设备的双主设备系统。

⑦ CC-Link　CC-Link 是 "Control & Communication Link（控制与通信链路系统）"

的缩写，在 1996 年 11 月，由三菱电机为主导的多家公司推出，其增长势头迅猛，在亚洲占有较大份额。在其系统中，可以将控制和信息数据同时以 10Mbit/s 高速传送至现场网络，具有性能卓越、使用简单、应用广泛、节省成本等优点。其不仅解决了工业现场配线复杂的问题，同时具有优异的抗噪性能和兼容性。CC-Link 是一个以设备层为主的网络，同时也可覆盖较高层次的控制层和较低层次的传感层。2005 年 7 月 CC-Link 被中国国家标准委员会批准为中国国家标准指导性技术文件。

⑧ WorldFIP　WorkdFIP 的北美部分与 ISP 合并为 FF 以后，WorldFIP 的欧洲部分仍保持独立，总部设在法国。其在欧洲市场占有重要地位，特别是在法国占有率大约为 60%。WorldFIP 的特点是具有单一的总线结构来适用不同应用领域的需求，而且没有任何网关或网桥，用软件的办法来解决高速和低速的衔接。WorldFIP 与 FFHSE 可以实现"透明连接"，并对 FF 的 H_1 进行了技术拓展，如速率等。在与 IEC61158 第一类型的连接方面，WorldFIP 做得最好，走在世界前列。

⑨ INTERBUS　INTERBUS 是德国 Phoenix 公司推出的较早的现场总线，2000 年 2 月成为国际标准 IEC61158。INTERBUS 采用国际标准化组织（ISO）的开放化系统互联（OSI）的简化模型（1 层、2 层、7 层），即物理层、数据链路层、应用层，具有强大的可靠性、可诊断性和易维护性。其采用集总帧型的数据环通信，具有低速度、高效率的特点，并严格保证了数据传输的同步性和周期性；该总线的实时性、抗干扰性和可维护性也非常出色。INTERBUS 广泛地应用到汽车、烟草、仓储、造纸、包装、食品等工业，成为国际现场总线的领先者。

（3）现场总线系统的基本设备

现场总线的节点设备称为现场设备或现场仪表，节点设备的名称及功能随所应用的企业而定。用于过程自动化 FCS 的基本设备主要包括以下几种。

① 变送器　有温度、压力、流量、物位和分析五大类，每类又有多个品种，既有检测、变换和补偿功能，又有 PID 控制和运算功能。

② 执行器　分为电动和气动两大类，其基本功能是信号驱动和执行，还内含调节阀输出特性补偿、PID 控制和运算等功能，另外，还有阀门特性自校验和自诊断等功能。

③ 服务器和网桥服务器　服务器下接 H_1 和 H_2，上接局域网 LAN；网桥上接 H_2，下接 H_1。

④ 辅助设备　H_1/气压、H_1/电流和电流/H_1 转换器，安全栅，总线电源，便携式编程器等。

⑤ 监控设备　主要有工程师站、操作员站和计算机站。工程师站提供现场总线控制系统组态，操作员站供工艺操作与监视，计算机站用于优化控制和建模。

9.3.3　现场总线控制系统的集成

自动控制系统通常需要完成各种数据的采集和任务的自动控制。在多标准共存的情况下，能解决好系统集成和应用集成的问题尤为重要。从狭义上讲，系统集成特指计算机系统集成，包括计算机硬件、网络系统、系统软件、工具软件和应用软件的集成，以及围绕这些系统的相应咨询、服务和技术支持等。

现场总线系统的集成就是利用现场总线技术为用户提供一揽子的自动化解决方案。它以实现检测、采集、控制和执行以及信息的传输、交换、存储与利用为目标，广泛采用了现场总线技术、局域网和因特网技术。近年来，通过它的发展，逐步实现了各种物理设备的系统互联技术——"设备集成"技术，并且实现了"信息（软件）集成"技术和"数据集成"技术，从而不断满足用户综合自动化控制的要求。

现场总线控制系统是以现场总线为通信介质的计算机集成控制系统，一般可分为三个层次，即现场控制层、过程监控层和企业管理层（图9-23）。

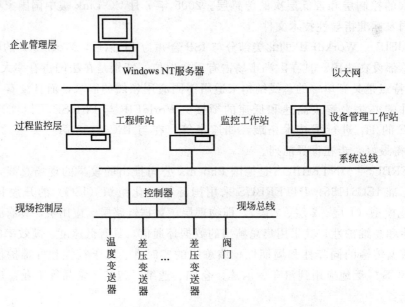

图 9-23　现场总线网络集成控制的三个层次

（1）现场控制层

现场控制层是集成系统的底层，主要是实现对生产过程的常规检测和基本控制，由现场总线智能节点实现包括传感变送、PID调节等功能的集成，形成控制网段。它可以包括基金会现场总线 FF 的 H_1 网段或 HART、PROFI-BUS 和 Lon Works 等网段。同种通信协议的网段间可采用网桥、中继器连接；各种不同通信协议的网段之间则采用网关相连，或直接在操作站的计算机内交换信息。带有 AI、AO、DI、DO 和 PID 功能块的现场设备负责完成生产过程的参数测量、数据传输与过程控制，即由现场总线网络完成现场控制层的自动化任务。

下面通过单回路控制系统的应用集成来简单说明（图9-24）。

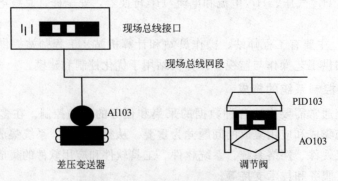

图 9-24　单回路控制系统的应用集成

这是一个完整的液位 PID 控制回路，差压变送器用来测量被控液位，调节阀用来控制容器的进料量。3 个标准的功能块 AI、PID 和 AO 分别被置入变送器和调节阀。由系统对这

3 个功能块及其信号连接关系进行组态，并通过通信调度执行控制系统的应用功能。它将 AI 功能块的输出送给 PID 功能块，把经过 PID 功能块运算得到的输出送给 AO 功能块，由 AO 功能块的输出来控制阀门的开度，最终实现对容器液位的有效控制。

在现场控制层的应用集成中，标准功能块和设备描述（DD）是应用集成的基础。所谓功能块是指带输入和输出参数、控制参数、控制算法、事件子系统以及报警子系统的通用结构。按照这种通用结构来开发相应的控制系统软件，使不同的功能块之间可以相互连接、调用，实现互换与互操作，以保证控制功能的集成。设备描述又被称为设备驱动程序。将不同的设备添加到控制网络中，只要给系统提供该台设备的 DD，就可以正确地理解该设备的信息内容，对该设备进行操作。在现场总线网络的实际运行中，应用程序通过设备描述服务（DDS）读取 DD，以获取所需的设备信息，其他网络节点通过主机系统可获取相应的设备信息。

（2）过程监控层

过程监控层是系统实现稳定生产、优化操作的保证，也是人与生产过程进行交互的层面。过程监控系统接收来自现场总线智能节点中的现场状态信息和来自决策管理层的调度信息，利用软测量和数据校正技术对这些数据进行完备性和一致性处理，形成过程实时数据库，并利用来自过程实时数据库中的数据实现实时操作指导、动态优化、高级控制、故障诊断和实时报警等功能。一般由担任监控任务的工作站、PC 机或控制器作为网络节点，构成局域网段。现场总线网络通过专门的现场总线通信接口与过程监控层相连。该监控层除了完成上述功能外，还要对控制系统进行组态。

（3）企业管理层

它是集成系统的最上层，又称信息层，包括决策分析、市场营销、计划、离线优化、调度和生产管理等功能，即集成控制系统对这些任务提出信息服务和决策支持，包括通过历史数据的分析和挖掘，提出发展目标和营销策略，根据相应的营销策略调整生产方案。对生产和业务信息实现集成管理，制定综合计划、落实和生产计划分解，并根据生产的实际情况形成调度指令，组织日常均衡生产和处理异常事件，即实地指挥生产。它是企业信息集成和管、控一体的重要组成部分。它的网络节点主要有高性能计算机、工作站和 PC 机等，包括各类管理、计算用客户机，以及服务器、数据库等，并与 Internet 连接。通过 Internet 实现与企业内远程网点的信息集成和管理。

9.3.4　基于现场总线的测量仪表和智能传感变送器

（1）智能温度变送器

集成采用 HART 协议，使变送器在两根电源线上既可以传送模拟信号（4～20mA）。又可以接收和发送数字信号，使得该系列温度变送器有许多不同以往的功能。首先，温度变送器的输出不再局限于只通过电流值单纯地反映测量温度，而是同时可以通过数字信号把诸如环境温度、输出电流、电流百分比、温度传感器类型、量程、控制设定值、偏差、PID 参数、报警信息、自检信息、运行情况、设备类型、ID 号以及软硬件版本号等传送给需要这些信息的监控设备。其次，主机也可以将指令下达给温度变送器，从而改变其性能，以达到适应不同现场的目的。

主机可修改的参数主要有：传感器类型、用户可以在总测量范围内自由设定所需要的量程，此时电流输出将自动跟踪此量程、上位机可以命令下位机自动校准 4mA 或 20mA 电流输出。

　　智能变送器最主要的特点之一是可以进行一些控制运算，所以它要从主机上接收诸如
PID 参数、控制设定值、阻尼系数、报警方式、报警上下限及输出限幅值等。

　　为了管理及多站通信的需要，上位机可以修改下位机的 ID 号、通信站号、显示单位及
小数点位数等参数。

　　由于在节点中使用了 CPU，可以很方便地把一些在模拟仪表中很难实现的功能用计算
机实现，确保变送器的精度。在 ITT 系列温度变送器中对传感器的线性化以及温度补偿等
都自动进行，在 0～70℃ 范围内精度可以达到 2%。

　　① ITT 智能温度变送器的硬件结构　　根据基于 HART 的温度变送器的功能，在设计中
把硬件分成两个最基本的部分——测控部分和通信部分。测控部分主要完成对传感器的测
量，并根据要求以标准信号（4～20mA）输出测量值或控制值，通信部分的主要任务是保
证上、下位机可按 HART 协议进行正常通信。

　　ITT 智能温度变送器的测控部分和单片机测控系统基本相同，其结构原理如图 9-25 所示。

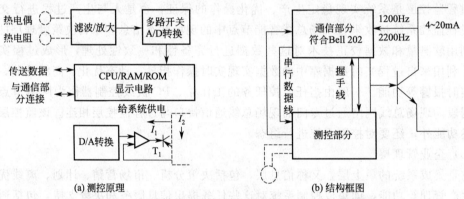

图 9-25　ITT 智能温度变送器的测控原理及其结构框图

　　智能温度变送器硬件的通信与单回路调节器或其他简单测控设备的主要区别在于没有键
盘，也就是说，用户的控制信息都是来自网上，无需在本地操作，因而便于缩小变送器的体
积，把它和传感器设计成一体化结构。

　　智能温度变送器通信部分的结构和外部接线如图 9-26 所示。

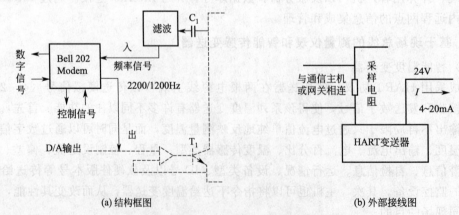

图 9-26　智能温度变送器通信部分的结构框图和外部接线图

　　通信时，通过隔直电容 C_1 把叠加在 4～20mA 上的频率信号传给带通滤波器，它应保
证频率为 950～2500Hz 的信号正常通过。经过滤波后的信号进入符合 Bell 202 标准的调制

解调器，在此它把 2200Hz 变为逻辑电平"0"，把 1200Hz 变为逻辑电平"1"，然后送入 CPU。而 CPU 送出的数字信号经过调制解调器被变成频率信号，叠加在 A/D 的输出上，经调整管 T_1 送到环路上。

② ITT 智能温度变送器的软件结构　测控部分的软件与一般的单片机测控系统很相像，主要是完成数据采集、数据处理（包括对数据的线性化处理、码值折算以及各种补偿计算等）、数据分析（包括数据合理性判断、是否超出报警值等）、控制计算（主要是利用各种控制算法去计算控制值）、显示控制、输出控制和自我诊断等功能。该部分程序主要在主程序中完成。在测控程序中用到的许多参数（如量程上下限、报警上下限、传感器曲线表、阻尼系数和 PID 参数等）都可以通过网络由主机发送。

通信部分的软件在上电时或看门狗复位后，主程序要对通信部分进行初始化，主要包括串口工作方式设定、波特率设定、清通信缓冲区、清通信标志字和开中断等内容。由于 HART 通信采取的主从方式，而像变送器这类的现场设备都是从机，因此在初始化中和每次回答完主机命令后，都要把接收中断打开且一直等候主机命令。在初始化完成后，通信部分就一直处在准备接收的状态下。一旦上位机有命令发来，程序就进入接收部分。

③ ITT 智能温度变送器的通信步骤

a. 程序根据 HART 的链路层协议，把主机发来的数据包放入通信缓冲区，并得出校验和，与主机的校验和及主机的校验字节进行比较，如果正确则通知程序进行下一步处理，否则进入通信错误程序。

b. 如果接收无误，则程序将检查地址项，判断是否与变送器地址相符合。如不相符则不予理睬，变送器将继续处在接收状态，反之，变送器将禁止接收并准备回答主机的命令。

在准备应答的过程中主要是完成对主机命令的解释，并根据此命令去执行相应的操作，最后把要回传到主机的内容放入通信缓冲区等待发送。在应答完主机后，从机将进入接收状态，等待主机的下一条命令。

（2）智能压力变送器

现场总线压力变送器 LD302 是智能压力变送器的典型代表，由南美 SMAR 公司生产提供，可用于测控差压、绝压、表压、液位和流量等工业过程参数的现场总线变送。其主要由传感器组件板、主电路板和显示板组成，如图 9-27 所示。

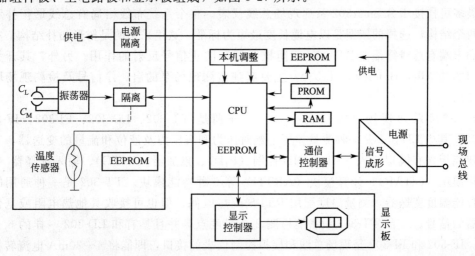

图 9-27　现场总线压力变送器 LD302 的硬件组成

（3）多用型变送器

主机为一台 IBM-PC，从机为一台或多台遵循 HART 协议的现场总线智能变送器称为 HF 变送器，其工作原理框图如图 9-28 所示。

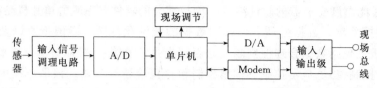

图 9-28　现场总线 HF 变送器的工作原理框图

当主机只有一台 HF 变送器时，即点对点方式时，可继续使用 4～20mA 信号进行模拟传输，而测量、调整和测试数据用数字方式传输，模拟信号不受影响，仍可按正常方式用于控制。当从机为多台变送器（即多站方式）时，此时 4～20mA 信号作废，每台变送器的工作电流均为 4mA。由于每一台 HF 变送器都有唯一的编号，所以主机根据从机的各自编号分别对每一台变送器进行操作，将从机输出信号的数字量传送到计算机中，即此时所有的测量、调整和测试数据等信号均用数字信号传输。无论是点对点方式还是多站点方式，当用数字信号传输时，主机必须配接符合 Bell 202（1200bit/s）的 Modem（调制解调器）。

9.3.5　Smar 现场总线系统在乙腈精制装置上的应用

（1）Smar 现场总线控制系统硬件组成

乙腈精制装置是将丙烯腈生产中的副产品经过氢氰酸脱除、反应、减压精馏、加压精馏等工艺提炼出高纯度精乙腈。该系统由两个操作员站及一些现场仪表构成，操作员站直接与现场仪表相连。该工艺流程中包括检测点 49 个、控制回路 22 个、流程图画面 30 幅。整个控制系统的硬件结构如图 9-29 所示。

该系统的操作员站由 2 台工业 PC 机组成，机内主板的扩展槽上对应插有 2 块总线硬件接口卡（PCI 卡）。该卡通过现场总线 H_1 与现场总线设备连接，每块卡可接 4 个相互独立的通道，在防爆条件下，每个通道下可挂接 4 块总线安全栅（SB302）。该安全栅除了起总线安全隔离作用外，还起总线电源和总线重复器的作用。根据信息量和速度要求，每块安全栅下最多可挂接 4 台 Smar302 系列现场总线仪表。整个系统布线格局有总线形拓扑和树形拓扑两个结构，选择的依据是以电缆长度最短为标准，这里采用的是树形拓扑结构。在每个分支的末端有总线终端器 BT302，起阻抗匹配和防止信号反射的作用。另外，其开关量接口采用的是 Allen Bradley SCL-530，主要起到监测现场泵的启、停信号及检测现场塔釜温度的作用。

Smar302 系列现场总线仪表有 5 种，分别是 TT-302、LD-302、FI-302、IF-302 和 FP-302。其中 LD-302 是一种测量差压、绝对压力和表压力及液位和流量的变送器，其表头上的智能板含有模拟输入（AI）、PID 控制（PID）、累加器（INTG）、输入选择器（ISS）、线性化模块（CHAR）、计算模块（ARTH）等 6 种功能模块。TT-302 是一种通用的现场总线智能温度变送器，测量温度配用 RTDS 或热电偶，但也可接收其他热电阻或毫伏输出传感器的信号。一台 TT-302 设备能检测 2 个温度点，并且具有和 LD-302 一样的 6 个功能模块。IF-302 和 FI-302 是现场总线和模拟控制仪表的接口，即能将 4～20mA 电流转换成能在现场总线上传输的数字信号（IF-302）或将现场总线上的数字信号转换成 4～20mA 电流

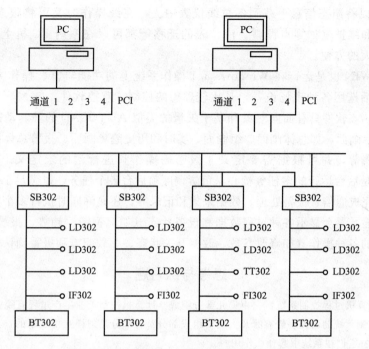

图 9-29　乙腈精制过程控制系统硬件示意图

(FI-302)。每台设备都可处理 3 路信号，并带 PID 功能。FP-302 是一种电气转换器，能将现场总线上的数字信号转换成 20～100kPa 的压力信号，通过它，现场总线输出的控制信号可以直接控制调节阀这类的执行元件，FP-302 具有一个 AO 模块。

Smar 仪表的优势表现在现场总线上的每一台仪表既能在网络上作为主站使用，也可以在本地用磁性工具组态。这样，在许多基本应用情况下不再需要组态器或控制盘，而且一个通道内又可互连多台仪表，通过各表内功能块的连接，很容易建立和总览复杂的控制策略。

这样也大大增加了控制的灵活性，调整控制策略不需要重新接线或改变硬件，只需要进行软件编制。由于在数据通信上采用 HART 协议，在不干扰 4～20mA 直流信号的情况下，利用同一根信号线可实现双向多个信息的传输，因而大大减少了布线电缆。

双向的全数字通信总线直接延伸到现场仪表，中间节省了很多 A/D、D/A 环节，既可提高系统的精度和可靠性，又可减少 I/O 卡及安装空间，从而大大降低安装、运行和维护成本。在安全可靠性方面，由于控制功能下放到各处现场总线仪表，从而将危险分散，冗余的人机接口则可大大提高系统的可靠性。

（2）Smar 现场总线控制系统软件组态及功能

Smar 现场总线控制系统是一种开放性系统，对 PC 机硬件要求是：486DX2/66（或 100）、540MB 硬盘、8MB 或 16MB RAM、双向串行接口、超级增强型图形显示（super VGA）或 VGA 彩显。Smar 组态软件主要分为两大部分：总线设备组态软件 Syscon 和系统人机接口软件 AIMAX-WIN。Syscon 运行在 Windows 3.1 操作系统上，具有友好的人机接口、文本和图形界面，直观易懂，菜单及对话框使组态操作十分简便，控制功能组态通过建立或编辑以下两类文件完成：①FBC 文件，其内容包括物理接口、位号、现场仪表型号、使用的功能模块及各功能的参数；②FBL 文件，它可以对各功能块进行输入、输出的连接，并使用直观的图形表示，以连线方式构成完整的控制回路和控制策略，因而简单易行。

Syscon 可以将组态信息下载到各总线仪表中去，在线操作时又可将很多参数和状态上传，以便察看和维护（如零点调整、液位表的迁移等都可以在室内 PC 机上进行），这给系统维护带来极大的方便。

AIMAX. WIN 也是运行在 Windows 3.1 操作系统上的功能丰富、操作方便的人机接口软件，可以灵活选用各种现场设备，是比较理想的控制、监控软件。

在组态时，该软件具有面向对象和基于矢量的类似 AUTOCAD 的静、动态作画软件，还能自动产生显示画面，如总体画面、组画面、实时和历史趋势画面、报警总体画面、固定格式和自动格式报表等，并可根据需要定义 4 级密码操作和进行键的宏定义。在实时运行时，AIMAX. WIN 是后台运行的多任务核心，负责调度前后台各个任务，以满足工业实时要求。后台任务主要是完成通信、报警处理、数据采集和记录等，还允许同时执行多个用户程序。前台任务主要是在显示器上显示各种过程数据和设备状态（如流程图、趋势、报警等），并允许操作员进行必要的各种操作（如修改参数、改变开关状态、下载配方和报警确认等）。

思考与练习题

1. 什么是计算机过程控制系统？它由哪几部分组成？计算机控制工业生产过程有哪些类型？

2. 计算机控制系统的硬件一般有哪几大主要组成部分？各部分是怎样互相联系的？其中过程输入设备有几种基本类型？它们在系统中起什么作用？

3. 何为直接数字控制（DDC）？DDC 系统的基本组成是什么？它与模拟控制系统相比较有什么优点？

4. 数字 PID 控制算法有几种形式？各有什么特点？

5. 什么是集散型控制系统？它的主要特点是什么？与直接数字控制系统相比较，集散型控制系统的优点是什么？

6. 集散型控制系统的设计思想是什么？为什么集散型控制系统能得到广泛应用？集散型控制系统的发展方向是什么？

7. 集散控制系统主要由哪几部分？各部分的主要功能是什么？

8. 何谓危险"集中"？DCS 系统为什么能够使危险"分散"？

9. 什么是通信网络协议？常用的通信网络协议有哪几种？

10. 在 DCS 中，对通信网络访问的存取控制技术主要有哪几种？

11. 集散型控制系统的设计有哪些方法？包括哪几个阶段？

12. 提高集散型控制系统的可靠性途径有哪些？在软件、硬件方面各有什么措施？

13. 在集散型控制系统中，对关键性部件系统通常采用哪些冗余结构？

14. 评价集散型控制系统的准则是什么？

15. 在集散型控制系统选型时，主要需要考虑哪些性能指标？

16. 集散型控制系统的调试一般包括哪些内容？

17. TDC-3000 系统结构怎样？特点是什么？

18. TDC-3000 系统有哪些冗余措施？

19. 举例说明 TDC-3000 标准算法。

20. TDC-3000 的 LCN 系统由哪几部分构成？

21. TDC-3000 的 UCN 系统由哪几部分构成？简述各部分的作用。

22. 试简述现场总线和现场总线控制系统及其特点。在结构上与技术上，它与 DCS 相比有什么特点？

23. 现场总线的节点设备有哪些？

第 10 章　典型化工单元设备的控制

化工生产过程自动化控制是保障化工生产稳定进行、提高产品质量和数量的重要措施。要设计出一个好的控制系统，必须深入了解生产工艺要求，按照化学工程的内在机制探讨其自动控制模型。化工单元过程按其中所发生的物理和化学变化及加工方式来分，主要有动量传递、热量传递、质量传递和化学反应过程（"三传一反"）。能够完成这些操作的设备种类繁多，控制方案也因对象的不同而异，这里只选择一些典型的化工单元过程进行讨论。有关单元设备的结构、原理和特性，在以往的化工专业课程中已经学过，这里就只从自动控制的角度，根据对象特性和控制要求，分析典型化工操作过程中若干具有代表性的设备的控制方案，从中阐明设计控制方案的共同原则和方法。

10.1　流体输送设备的控制

在化工生产过程中，用于输送流体和提高流体压头的机械设备，通称为流体输送设备。其中输送液体、提高压力的机械称为泵；输送气体并提高压力的机械称为风机和压缩机。大多数物料是在连续流动状态下进行传热、传质和化学反应的。为使物料便于输送和控制，我们会尽可能使物料以气态或液态方式在管道内流动。倘若是固态物料，有时也将其流态化。流体的输送，是一个动量传递过程，流体在管道内流动，从泵或压缩机等输送设备获得能量（提高流体压头）。

在连续性化工生产过程中，要求平稳生产，除了某些特殊情况，如泵的启停、压缩机的程序控制和信号联锁外，对流体输送设备的控制目标就是使被控流量保持恒定（定值控制）。流体输送系统的主要扰动来自压力和管道阻力的变化，特别是对于同一台泵分送几支并联管道的场合，控制阀上游压力的变动更为显著，有时必须采用适当的稳压措施，也可将流量控制回路作为串级控制系统的副环。在另一些过程中，要求各种物料保持合适的比例，保证物料平衡，就需要采用比值控制系统。此外，有时要求物料的流量与其他变量保持一定的函数关系，就采用以流量控制系统为副环的串级控制系统。至于阻力的变化，例如管道积垢的效应等，往往是比较迟缓的。另外，还有为保护输送设备不致被损坏的一些保护性控制方案，如离心式压缩机的"防喘振"控制等。

流体输送控制系统中，被控变量是流量，操纵变量也是流量，它们是同一物料的流量，因此被控过程接近 1∶1 的比例环节，时间常数很小，广义对象传递函数需考虑检测变送和器的特性。由于检测变送、执行器和流量对象的时间常数接近且数值不大，因此流量控制系统的可控性较差，系统工作频率较高的控制器，其比例度需设置较大，如需消除余差而引入积分，则积分时间也与对象时间常数在相同的数量级，一般为几秒到几分钟。通常不引入正微分，如果必要可引入反微分，并采用测量微分的接法。

10.1.1　泵的控制

（1）离心泵的控制

离心泵是使用最为广泛的液体输送设备，它是依靠离心泵翼轮旋转所产生的，作用于液体的离心力而提高液体的压力（俗称压头）的。转速 n 越高，离心力越大，流体出口压力越高。随着出口阀开度增大，流量增大，流体的压力下降。离心泵的压头 H、流量 Q 和转速 n 之间的关系称为离心泵的工作特性，大体如图 10-1 所示。

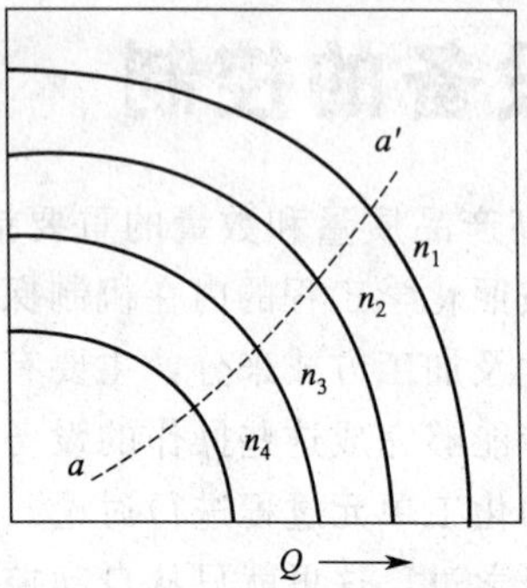

亦可由下列经验公式来近似求取。

$$H = k_1 n^2 - k_2 Q^2 \qquad (10\text{-}1)$$

式中，k_1、k_2 是比例系数。

流量控制在化工生产中是最常见的，离心泵流量控制的目的是要将泵的排出流量恒定于某一给定的数值上，例如进入连续反应器的原料量需要维持恒定、精馏塔的进料量或回流量需要维持恒定等。

当离心泵装在管路系统时，实际的排出量与压头是多少呢？这就需要与管路特性结合起来考虑。管路特性就是管路系统中流体的流量和管路系统阻力的相互关系，如图 10-2 所示。

图 10-1 离心泵的特性曲线
aa'—对应于最高效率时的工作点轨迹；
转速 $n_1 > n_2 > n_3 > n_4$

图 10-2 中，h_L 表示液体提升一定高度所需的压头，即升扬高度，这项是恒定的；h_P 表示克服管路两端静压差的压头，即为 $(p_2 - p_1)\gamma$，这项也是比较平稳的；h_f 表示克服管路摩擦损耗的压头，这项与流量的平方几乎成比例；h_V 是控制阀两端的压头，在阀门的开启度一定时，也与流量的平方值成比例。同时，h_V 还取决于阀门的开启度。

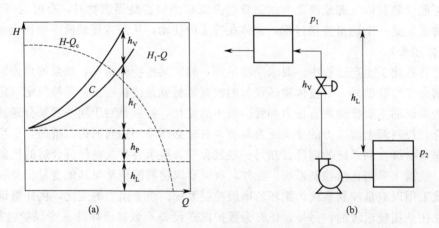

(a)　　　　　　　(b)

图 10-2　管路特性

设　　　　　　$H_L = h_L + h_P + h_f + h_V$

则 H_L 和流量 Q 的关系称为管路特性，图 10-2 所示为其中一例。

系统达到平稳状态时，泵的压头 H 必然等于 H_L，这是建立平衡的条件。从特性曲线上看，工作点 C 必然是泵的特性曲线与管路特性曲线的交点。

工作点 C 的流量应符合预定要求，它可以通过以下方案来控制。

① 调整控制阀的开启度，直接节流　调整控制阀的开启度，即改变了管路阻力特性，图 10-3(a) 所示表明了工作点变动情况。当干扰作用使被控变量（流量）发生变化偏离给定值时，控制器发出控制信号，阀门动作，控制结果使流量回到给定值。图 10-3(b) 所示直接节流的控制方案是用得很广泛的。这种方案的优点是简便易行，缺点是在流量小的情况

下，总的机械效率较低。所以这种方案不宜使用在排出量低于正常值 30％的场合。

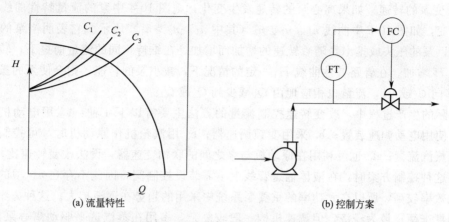

(a) 流量特性　　　　　　　　　　　　(b) 控制方案

图 10-3　通过节流直接控制流量

　　在不同流量下，泵提供给流体的压头是不同的，这种压头又必须与管路上的阻力相平衡。调整泵的出口阀门开启度就是改变管路上的阻力，因为在一定转速下，离心泵的排出流量 Q 与泵对流体产生的压头 H 有一定的对应关系，如图 10-4 曲线 A 被称为泵的流量特性曲线。曲线 A 表明克服管路阻力所需压头大小随流量的增加而增加；曲线 1 称为管路特性曲线，曲线 A 与曲线 1 的交点 C_1 即为进行操作的工作点。此时泵所产生的压头正好用来克服管路的阻力，C_1 点对应的流量 Q_1 即为泵的实际出口流量。

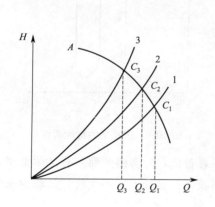

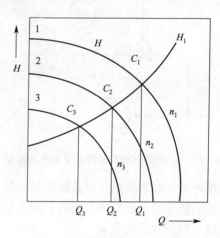

图 10-4　离心泵的流量特性曲线与管路特性曲线　　　　图 10-5　改变离心泵的转速控制流量

　　如果泵的转速是恒定的，当控制阀开启度发生变化时，泵的特性没有变化，即图 10-4 中的曲线 A 没有变化。但管路上的阻力却发生了变化，即管路特性曲线不再是曲线 1，随着控制阀的关小，可能变为曲线 2 或曲线 3。工作点就由 C_1 移向 C_2 或 C_3，出口流量也由 Q_1 改变为 Q_2 或 Q_3，这就是通过控制泵的出口阀开启度来改变流体流量的基本原理。

　　采用本方案时，应将这种控制阀安装在泵的出口管线上，而不能安在吸入管线上（会出现气缚或气蚀现象，特殊情况除外）。这是因为控制阀在正常工作时需要有一定的压降，而离心泵的吸入高程是有限的（≤10.332m 水柱）。

　　控制出口阀门开启度的方案简单可行，是应用最为广泛的方案。但是，此方案总的机械效率较低，特别是控制阀开度较小时，阀上压降较大，对于大功率的泵，损耗的功率相当大，因此能耗上是不经济的。

② 改变泵的转速　如果离心泵的转速发生变化，则图 10-4 中泵的流量特性曲线的形状也随即改变，如图 10-5 中曲线 n_1、n_2、n_3（其中 $n_1 > n_2 > n_3$）所示。它表明当泵的转速发生改变时，泵的压头或排出量随着转速的增加而增加。在维持相同的流量前提下，转速提高会使压头 H 增加。在管路特性曲线 H_1 一定的情况下，减小泵的转速，则会使泵的操作工作点由 C_1 移向 C_2 或 C_3，流量也相应地由 Q_1 减少到 Q_2 或 Q_3。

在实际的生产过程中，改变转速控制流量的方法主要有以下 4 种：a. 用电动机作原动机时，可使用电动调速装置；b. 采用变频调速器；c. 用汽轮机作原动机时，可控制导向叶片角度或蒸汽流量；d. 也可利用在原动机与泵之间的联轴变速器，设法改变转速比。

采用这种控制方案时，在液体输送管线上不需装设控制阀，因此不存在 h_V 项的阻力损耗，机械效率较高，所以在大功率的重要泵系统中采用的趋势在逐渐扩大。这种方案从能量消耗的角度来衡量最为经济，但调速机构一般较复杂，多用在蒸汽透平驱动离心泵的场合，此时仅需控制蒸汽量即可控制转速。

③ 通过旁路控制　旁路阀控制方案如图 10-6 所示，将控制阀装在与离心泵并联的旁路上，通过改变旁路阀的开启度，将泵流量的一部分重新送回到吸入管路来控制管路的实际排出量。由于压差大，流量小，所以控制阀的尺寸可以选得比装在出口管道的小得多。

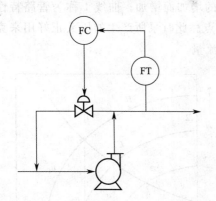

图 10-6　采用旁路阀控制离心泵系统的流量

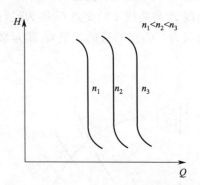

图 10-7　往复泵的特性曲线

这种方案较为简单，而且控制阀口径较小。但不难看出，对旁路的那部分液体来说，由泵供给的能量完全消耗于控制阀，因此总的机械效率较低，这种方案不经济，故较少采用。

（2）容积式泵的控制

容积式泵有两类：一类是往复泵，包括活塞式、柱塞式等；另一类是直接位移旋转式，包括椭圆齿轮泵、螺杆式等。这类泵的共同特点是泵的运动部件与机壳之间的间隙很小，液体不能在其缝隙中流动，所以泵的排出量与管路系统无关。往复泵的出口液体流量只取决于单位时间内活塞的往复次数及冲程的大小，而直接位移旋转泵仅取决于转速，它们的流量特性大体如图 10-7 所示。

往复泵多用于流量较小、压头要求较高的场合，它是利用活塞在汽缸中往复滑行来输送流体的。往复泵提供的理论流量（m^3/h）可按下式计算：

$$Q_{理} = 60nFs \tag{10-2}$$

式中，n 为活塞的每分钟往复次数；F 为汽缸筒圆柱的横截面积，m^2；s 为活塞冲程，m。

由上述计算公式中可清楚地看出，从泵体角度来说，影响往复泵出口流量变化的仅有

n、F、s 三个参数，或者说只能通过改变 n、F、s 来控制流量。

往复泵的排出量与压头 H 的关系很小，这是因为往复泵活塞每往返一次，总有一定体积的流体被排出，因此，在它们的出口管道上不允许安装控制阀。如果在其出口管线上节流，压头 H 会大幅度增加（图 10-7 的曲线表明在一定的转速下，随着往复泵流量的减少压头急剧增加）。因此，企图用改变往复泵的出口管道阻力既达不到控制流量的目的，又极易导致泵体损坏。因此不能在出口管线上用节流的方法控制流量，一旦将出口阀关死，将产生泵损、机毁的危险。所以，对往复泵流量的控制方案常用的是以下三种。

① 改变原动机的转速　此法与离心泵的调转速相同，这种方案适用于以蒸汽机或汽轮机作原动机的场合，此时，可借助于改变蒸汽流量的方法方便地控制转速，进而控制往复泵的出口流量，如图 10-8 所示。由于调速机构较复杂，当用电动机作原动机时，很少采用改变原动机转速的方法来控制流量。

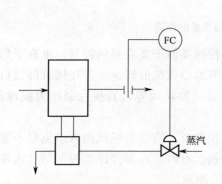
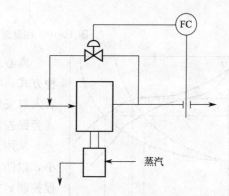

图 10-8　改变往复泵转速控制流量　　　　图 10-9　通过旁路阀控制往复泵系统的流量

② 通过旁路控制　其控制方案与离心泵相同，是最简单易行也最常用的容积式泵的控制方式。通过改变旁路阀开度的方法来控制管路实际流出量的这种方案同样要将高压流体的部分能量白白消耗在旁路上，故经济性较差。通过旁路阀控制往复泵系统的流量如图 10-9 所示。

③ 改变往复泵的冲程　在多数情况下，这种控制冲程的方法机构复杂，且有一定难度，只在一些计量泵等特殊往复泵上才考虑采用。计量泵常用改变冲程 s 来进行流量控制，冲程 s 的调整既可在停泵时进行，也可在运转状态下进行。

④ 利用旁路阀控制，稳定压力，再利用节流阀来控制流量　通过旁路控制使往复泵的出口压力稳定，然后用节流控制阀控制流量，控制方案如图 10-10 所示。通常，压力控制可采用自力式压力控制阀，但这种方案由于压力和流量两个控制系统之间相互关联，动态上有交互影响。为此，有必要把它们的振荡周期错开，将排出流量作为主要被控变量，压力控制器参数整定等措施来削弱或减小系统的耦合。

以上叙述的往复泵的前两种控制方案，原则上亦适用于其他直接位移式的泵（如齿轮泵等）。

10.1.2　气体输送设备的控制

气体输送机械和泵同为输送流体的机械，它们的种类很多，按其作用原理不同也可分为离心式和往复式两大类；按进、出口压力高低的差别，可分为真空泵、引风机、鼓风机、压缩机等类型。气体输送机械也有自己的特性曲线（典型形式如图 10-11 所示），其区别在于前者是通过对气体压力改变的方式进行气体输送。气体是可以压缩的，所以要考虑压力对密度的影响。

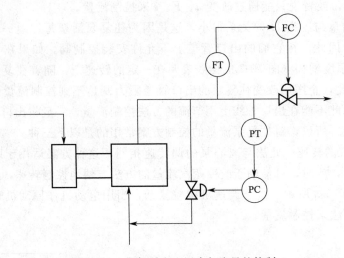

图 10-10　往复泵出口压头与流量的控制

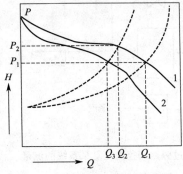

图 10-11　风机的工作特性曲线

离心式风机的控制类似于离心泵的控制，也有下列几种方式：①直接调节离心风机的转速；②在风机的出口或者入口安装节流装置（如蝶阀等）直接控制压力或流量；③旁路控制。

采用入口节流控制时，应注意风机的入口流量不能太小，以防止发生喘振。有时，可与旁路阀控制结合组成分程控制，如图 10-12 所示。

压缩机是指输送压力较高的气体机械，一般产生高于 300kPa 的压力。压缩机同样分为离心式和往复式两大类，本节重点讨论压缩机的控制。

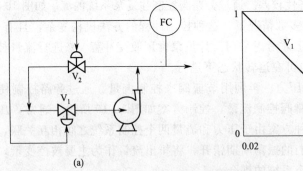

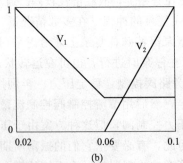

图 10-12　离心风机的分程控制

往复式压缩机适用于流量小，压缩比高的场合，其常用控制方案有：气缸余隙控制；顶开阀控制（吸入管线上的控制）；旁路回流量控制；转速控制等。这些控制方案有时可以同时使用。例如，图 10-13 是氮压缩机气缸余隙及旁路控制的流程图，这套控制系统是个分程控制系统，允许负荷波动的范围为 60%～100%，当控制器输出信号在 20～60kPa 时，余隙阀动作。当余隙阀全部打开，压力还下不来时，旁路阀动作，即输出信号在 60%～100% 时，"三回一"旁路阀动作，以保持压力恒定。

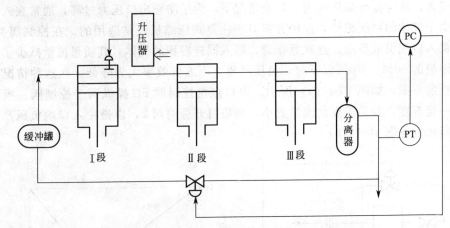

图 10-13 氮压缩机气缸余隙及旁路控制示意图

近年来由于石油、化学及造纸工业向大型化发展，离心式压缩机急剧地向高压、高速、大容量、自动化方向发展。与往复式压缩机相比，离心式压缩机有下述优点：体积小、流量大、重量轻、运行效率高、易损件少、维护方便、气缸内无油气污染、供气均匀、运转平稳、经济性较好等，因此离心式压缩机近年里得到了很广泛的应用。

离心式压缩机虽然有很多优点，但在大容量机组中，有许多技术问题必须很好地解决，例如喘振、轴向推力等，微小的偏差很可能造成严重事故，而且事故的出现又往往迅速、猛烈，仅靠操作人员处理，常常措手不及。因此，为保证压缩机能够在工艺所要求的工况下安全运行，必须配备一系列的自控系统和安全联锁系统。

(1) 大型离心式压缩机的控制系统

一台大型离心式压缩机通常有下列控制系统。

① 气量控制系统（即负荷控制系统）。常用气量控制方法有：出口节流法；改变进口导向叶片的角度，主要是改变进口气流的角度来改变流量，它比进口节流法节省能量，但要求压缩有导向叶片装置，这样机组在结构上就要复杂一些；改变压缩机转速的控制方法，这种方法最节能，特别是大型压缩机现在一般都采用蒸汽透平作为原动机，实现调速较为简单，应用较为广泛。除此之外，在压缩机入口管线上设置控制挡板，改变阻力亦能实现气量控制，但这种方法过于灵敏，并且压缩机入口压力不能保持恒定，所以较少采用。压缩机的负荷控制可以用流量控制来实现，有时也可以采用压缩机出口压力控制来实现。

② 压缩机入口压力控制。入口压力的控制方法有：采用吸入管压力控制转速来稳定入口压力；设有缓冲罐的压缩机，缓冲罐压力可以采用旁路控制；采用入口压力与出口流量的选择控制。

③ 防喘振控制系统（后面将单列一节讨论）。

④ 压缩机各段吸入温度以及分离器的液位控制。

⑤ 压缩机密封油、润滑油、调速油的控制系统。

⑥ 压缩机振动和轴位移检测、报警、联锁系统。

(2) 压缩机的控制方案

压缩机的控制方案与泵类的控制方案有很多相似之处，被控变量同样是流量或压力，控制方法大体上可分为三类。

① 直接控制流量 对于低压的离心式鼓风机，一般可在其出口直接用控制阀控制流量。

由于管径较大，执行器可采用蝶阀。其余情况下，为了防止出口压力过高，通常在入口端控制流量。由于气体的可压缩性，这种方案对往复式压缩机也是适用的。在控制阀关小时，会在压缩机入口端引成负压，这就意味着，吸入同样容积的气体，其质量流量减少了。流量降低到额定值的 50%～70% 以下时，负压严重，压缩机效率大为降低。在这种情况下，可采用分程控制方案，如图 10-14(a) 所示。出口流量控制器 FC 操纵两个控制阀。吸入阀只能关小到一定开度，如果需要的流量更小，则应打开旁路阀 2，以避免入口端负压严重。两只阀的运行特性见图 10-14(b)。

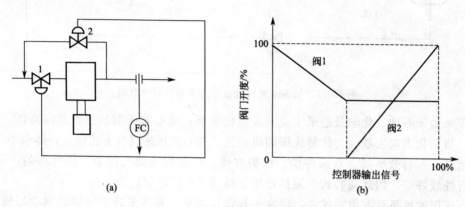

图 10-14 往复式压缩机的分程控制及其特性

为了减少阻力损失，对大型压缩机，往往不用控制吸入阀的方法，而用调整导向叶片角度的方法来控制流量。

② 控制旁路流量 它和泵的控制方案相同，见图 10-15。对于压缩比很高的多段压缩机，从出口直接旁路回到入口是不适宜的。这样控制阀前后压差太大，功率损耗太大。为了解决这个问题，可以在中间某段安装控制阀，使其回到入口端，用一只控制阀可满足一定工作范围的需要。

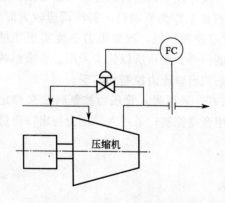

图 10-15 控制压缩机的旁路方案

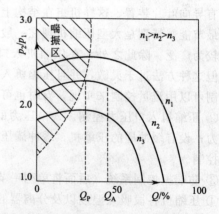

图 10-16 离心式压缩机的特性曲线

③ 调节转速 压缩机的流量控制可以通过调节原动机的转速来达到，这种方案效率最高，节能最好，问题在于调速机构一般比较复杂，没有前两种方法简便。

10.1.3 离心式压缩机的防喘振

离心式压缩机有这样的特性：当负荷降低到一定程度时，气体的排送会出现强烈的振荡，因而机身亦剧烈振动，这种现象称为喘振。喘振会严重损坏机体，进而产生严重后果，压缩机是不允许在喘振振状态下运行的，在操作中一定要防止喘振的产生。因此，在离心式压缩机的控制中，防喘振控制是一个重要课题。

离心式压缩机的特性曲线如图 10-16 所示。

由图 10-17 可知，只要保证压缩机吸入流量 Q 大于临界吸入力量 Q_P，系统就会工作在稳定区，不会发生喘振。

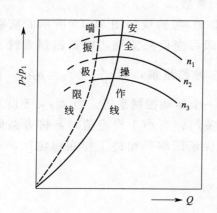

图 10-17　离心式压缩机防喘振曲线

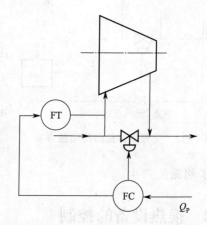

图 10-18　固定极限流量防喘振控制系统

为了使进入压缩机的气体流量 Q 保持在 Q_P 以上，当生产负荷下降时，须将部分出口气从出口旁路返回到入口或将部分出口气放空，保证系统工作在稳定区。

目前工业生产上采用两种不同的防喘振控制方案：固定极限流量（或称最小流量）法与可变极限流量法。

（1）固定极限流量防喘振

这种防喘振控制方案是使压缩机的流量始终保持大于某一固定值，即正常可以达到最高转速下的临界流量 Q_P，从而避免进入喘振区运行。显然压缩机不论运行在哪一种转速下，只要满足压缩机流量大于 Q_P 的条件，压缩机就不会产生喘振，其控制方案如图 10-18 所示。压缩机正常运行时，测量值大于设定值 Q_P，则旁路阀完全关闭。如果测量值小于 Q_P，则旁路阀打开，使一部分气体返回，直到压缩机的流量达到 Q_P 为止，这样虽然压缩机向外供气量减少了，但可以防止发生喘振。

固定极限流量防喘振控制系统应与一般控制中采用的旁路控制法区别开来。其主要差别在于检测点位置不一样，防喘振控制回路测量的是进压缩机流量，而一般流量控制回路测量的是从管网送来或是通往管网的流量。

固定极限流量防喘振控制方案简单，系统可靠性高，投资少，适用于固定转速场合。在变转速时，如果转速低到 n_2，n_3 时，流量的裕量过大，能量浪费很大。

（2）可变极限流量防喘振

为了减少压缩机的能量消耗，在压缩机负荷有可能经常波动的场合，采用可变极限流量防喘振控制方案。

假如在压缩机吸入口测量流量，只要满足下式即可防止喘振产生：

$$\frac{p_2}{p_1} \leqslant a + \frac{bK_1^2 p_{1d}}{\gamma p_1} \text{ 或 } p_{1d} \geqslant \frac{\gamma}{bK_1^2}(p_2 - a p_1) \tag{10-3}$$

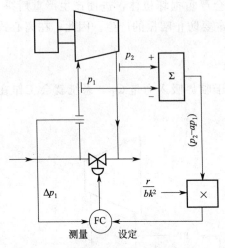

图 10-19 变极限流量的防喘振方案

式中 p_1——压缩机吸入口压力，绝对压；
p_2——压缩机出口压力，绝对压；
p_{1d}——入口流量 Q_1 的压差；
$\gamma = M/ZR$——常数（M 为气体分子质量；Z 为压缩系数；R 为气体常数）；
K_1——孔板的流量系数；
a、b——常数。

按式(10-3) 可构成如图 10-19 所示的防喘振控制系统，即可变极限流量防喘振控制系统。该方案取 p_{1d} 作为测量值，而 $\dfrac{\gamma}{bK_1^2}$ $(p_2 - ap_1)$ 为设定值，此是一个随动控制系统。当 p_{1d} 大于设定值时，旁路阀关闭；当小于设定值时，将旁路阀打开一部分，保证压缩机始终工作在稳定区，这样防止了喘振的产生。

10.2 换热设备的控制

在许多化工工业生产过程中，例如蒸馏、干燥、蒸发、结晶、反应和冶金等，均需要根据具体的工艺要求，对物料进行加热或冷却来维持一定的温度。对于化学反应来讲，为了使反应能达到预定的转化率和选择性，更需要严格控制一定的反应温度，这也要靠冷却或加热才能实现。因此，在化工生产过程中对传热设备的控制显得格外重要。

工业上用以实现冷热两流体换热的设备称为传热设备。换热有直接换热或间接换热两种方式。直接换热是指冷热两流体直接混合以达到加热或冷却的目的，而间接换热是指冷热两种流体有间壁隔开的换热，热量首先从温度较高的物体传给间壁，间壁再传向温度较低的冷物体。化工生产中，传热设备的种类很多，主要有换热器、再沸器、冷凝器及加热炉等。由于传热的目的不同，被控变量也不完全一样。但在多数情况下，被控变量是温度。

10.2.1 热量传递的方式与传热设备的结构类型

热量的传递方向是由高温物体传向低温物体，两物体之间的温度差是传热的推动力，温度差越大，传热速率（单位时间内传递的热量）也就越大。

（1）热量传递的三种方式

热量能通过热传导、对流传热、热辐射三种方式进行传递。

① 热传导 在受热不均匀的物体中，热量从高温处依靠物体内的分子运动逐渐传到低温处的现象，称为热的传导。这种方式的热交换一直进行到整个物体的温度相等为止。传导在固体、液体和气体之间均能发生，发生传导作用的物体必须借助它们之间的相互接触才能完成。

② 对流传热 在液体或气体（包括蒸汽）中，热量靠物质分子的流动从一部分向另一部分转移的传递方式称为对流传热。热的液体或气体，体积因温度升高而膨胀，密度减少，于是温度高的流体上升，其周围冷的部分就被补充其原来地位，形成对流。热的对流只发生在液体或气体中，而且必定与传导同时发生。

③ 热辐射　高温热源通过空间将热量辐射向低温物体，使低温物体受热升温，这种热量的传递方式称为辐射。热辐射与光相似，它以直线方式进行，可以在真空中传播；辐射可以通过空气和玻璃等透明介质，而这些透明介质本身吸热极少。表面黑、粗糙的物体善于吸收热；表面白亮、光滑的物体不善于吸收热和辐射热，但善于反射热。

前面简述了三种方式热量传递的主要机制。必须指出的是，在实际的传热过程中，很少是以一种传热方式单独进行的，而是一种方式伴随着另一种方式同时进行，或者是三种方式同时进行。

有关热量传递的一些基本概念，如传热速率、热导率、温度梯度、温差、传导壁厚、传热膜系数、换热面积、黑体等，大家可在其他相关课程中学习，此处不再复述。三种传热方式中传热速率的求取与影响因素也不做讨论，本节只讨论以温度参数为被控变量时各种传热设备的控制方案，并按发生传热的两种介质有无相变化的不同情况分别叙述。

（2）传热设备的结构类型

在化工生产过程中，一般以间接换热较为常见。因此，本节主要讨论的是间壁传热设备的控制问题，其结构形式有列管式、夹套式、套管式、蛇管式、导流板式、螺旋板式等，如图 10-20 所示。

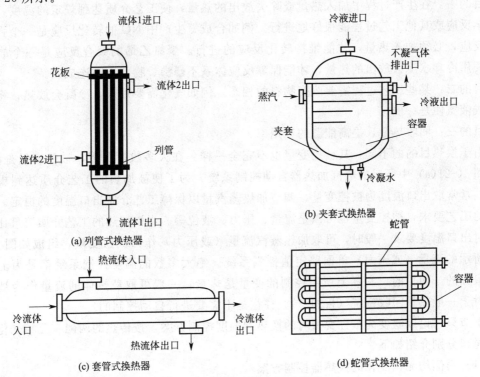

图 10-20　传热设备的结构类型

（3）传热设备的温度参数分布特性

传热设备的温度参数分布是指对象的输出（即被控变量）不仅与时间有关，而且是其物理位置的函数。传热设备大致可以分为以下几种情况。

① 传热壁的两侧流体在进行热交换时都无相变发生，且两侧流体都没有轴向混合时，传热壁两侧各点的温度是距离和时间的函数，也就是说两侧都是分布参数对象，一般列管式换热器、套管式换热器都属于此类。

② 传热壁面两侧流体都发生相变时，例如精馏塔的再沸器，两侧的温度皆可近似为集中参数。相变化（气化或冷凝）的特点是流体温度取决于所处压力，而不是取决于传热量。

③ 当传热壁面两侧流体中有一侧发生相变时，例如列管式蒸汽加热器、氨冷器等，发生相变化的一侧是集中参数，另一侧需视具体情况而定。

由上所述，不少传热对象具有温度参数分布特性，这时必须用偏微分方程式来表示，然后求解获得其特性。这样做比较精确，但是比较复杂、麻烦。有时亦可用集中参数特性来近似表示，例如把进出口温度的平均值作为流体温度看待，这样比较简单，但精度差。

在间壁式换热器中，热流体的热量通过对流传热传给间壁，经间壁热传导后，再由间壁将热量以对流方式传给冷流体。因此，间壁式传热设备属于典型的多容对象，并带有较大的纯滞后。同时，测温元件的测量滞后是比较显著的。为了保护其不致损坏或被介质腐蚀，常用的热电偶、热电阻等测温元件一般均加有保护套管，这样就更增加了测温元件的测量滞后，也给传热设备的自动控制系统增加了滞后时间。

10.2.2 换热器的控制

在化工生产过程中，进行换热的目的主要有下列 3 种。

目的一：在生产过程中加入热量或除去放出的热量，使工艺介质达到规定的温度，以促进化学反应或其他工艺过程能很好地进行。例如合成氨生产中 NO 的转化反应是一个强烈的吸热反应，必须加入热量，才能维持转化反应的进行。聚氯乙烯的聚合反应是一个放热反应，要用冷却水除去放出的热量，才能保障反应体系不暴沸、物料不粘连成团。

目的二：某些工艺过程需要改变物料的相态。例如气化需要加热，冷凝会放热，将氨气冷凝成液氨便是一例。

目的三：回收热量，提高能源的利用率。

由于换热目的的不同，其被控变量也不完全一样。在大多数情况下，被控变量是温度，例如图 10-21(a) 中所示的蒸汽加热器自动控制系统。为了使被加热的工艺介质达到规定的温度，常常取出口温度为被控变量，调节加热蒸汽量以保障工艺介质出口温度的恒定。对于不同的工艺要求，被控变量也可以是流量、压力、液位等。当被加热的工艺介质流量比较平稳且对出口温度要求一般时，可取加热蒸汽流量（或压力）作为被控变量，组成如图 10-21(b) 所示的流量（或压力）单回路定值控制系统。绝大多数的温度控制系统都是为上述目的一服务的。而目的二实际上所需控制的变量是热量，一般可取载热体的流量作为被控变量。对于一般热量回收系统（目的三），往往是不需要进行自动控制的。

本节只讨论以温度为被控变量时的换热器温度控制方案，按传热的两侧有无相变化的不同情况，分别介绍如下。

(1) 两侧均无相变化的换热器控制方案

换热器的目的是为了使工艺介质加热（或冷却）到某一温度，自动控制的目的就是要通过改变换热器的热负荷，以保证工艺介质在换热器出口的温度恒定在给定值上。当换热器两侧流体在传热过程中均不起相变化时，常采用下列几种控制方案。

① 控制载热体的流量　图 10-22 表示利用控制载热体流量来稳定被加热介质出口温度的控制方案。从传热基本方程式可以解释这种方案的工作原理。

若不考虑传热过程中的热损失，则热流体传出的热量应等于冷流体获得的热量，可写出下列热量平衡方程式：

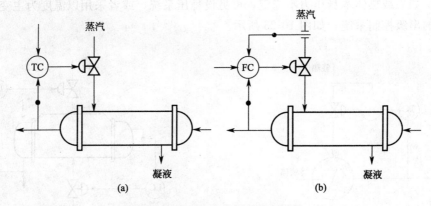

图 10-21　蒸汽加热器的控制系统

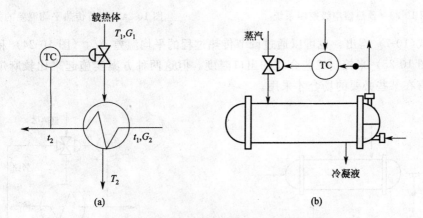

图 10-22　改变载热体流量控制温度的方案

$$Q = G_1 c_1 (T_1 - T_2) = G_2 c_2 (t_2 - t_1) \tag{10-4}$$

传热过程中传热的速率可按下式计算：

$$Q = KF\Delta t_{\mathrm{m}} \tag{10-5}$$

由于冷热流体间的传热既要符合热量平衡方程式（10-4），也要符合传热速率方程式（10-5），因此有下列关系式：

$$G_2 c_2 (t_2 - t_1) = KF\Delta t_{\mathrm{m}} \tag{10-6}$$

移项后可改写为：

$$t_2 = \frac{KF\Delta t_{\mathrm{m}}}{G_2 c_2} + t_1 \tag{10-7}$$

从式（10-7）可以看出，在传热面积 F、冷流体进口流量 G_2、温度 t_1 及比热容 c_2 一定的情况下，影响冷流体出口温度 t_2 的因素主要是传热系数 K 及平均温差 Δt_{m}。控制载流体流量实质上是改变 Δt_{m}。假如由于某种原因使 t_2 升高，控制器 TC 将使阀门关小以减少载体热流量，传热就更加充分，因此载热体的出口温度 T_2 将要下降，这就必然导致冷热流体平均温差 Δt_{m} 下降，从而使工艺介质出口温度 T_2 也下降。因此这种方案实质上是通过改变 Δt_{m} 来控制工艺介质出口温度 t_2 的。必须指出，载热体流量的变化也会引起传热系数 K 的变化，只是通常 K 的变化不大，所以讨论中可以忽略不计。

改变载热体流量是应用最为普遍的控制方法，多用于载热体流量的变化对温度影响较灵敏的场合。如果载热体本身压力不稳定，可另设稳压系统，或者采用以温度为主变量、流量为副变量的串级控制系统，如图 10-23 所示。

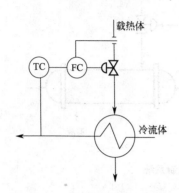

图 10-23　预热器串级控制系统

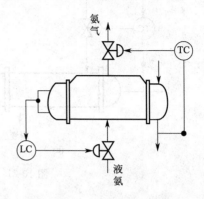

图 10-24　调节传热平均温差的方案

分析式(10-7) 得出，也可以通过调节传热过程的平均温差 Δt_m（图 10-24）和调节传热面积 F（图 10-25）来控制工艺介质的出口温度。但这两种方案实施起来比较麻烦，且滞后较大，只有在某些必要的场合才采用。

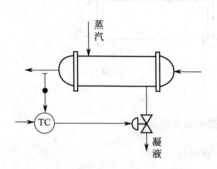

图 10-25　调节传热面积的方案

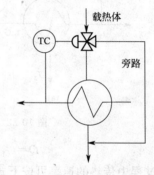

图 10-26　用载热体旁路控制温度

② 控制载热体旁路流量　当载热体是工艺流体，其流量不能改变时，可采用如图 10-26 所示的控制方案。这种方案的工作原理与图 10-24 的方案相同，也是利用改变温差 Δt_m 来达到控制温度的目的，即采用三通控制阀来改变进入换热器的载热体流量与旁路流量的比例，这样既可以改变进入换热器的载热体流量，又可以保证载热体总流量不受影响。

旁路的流量一般不用直通阀来直接进行控制，这是由于在换热器内部流体阻力小的时候，控制阀前后压降很小，这样就使控制阀的口径要选得很大，而且阀的流量特性易发生畸变。

③ 控制被加热流体自身的流量　由式(10-7) 可以看出，被加热流体流量 G_2 越大，出口温度 t_2 就越低。这是因为 G_2 越大，流体的流速越快，与热流体换热必然不充分，出口温度一定会下降。如图 10-27 所示，可以考虑把控制阀安装在被加热流体进入换热器的管道上。这种控制方案，只能用在工艺介质的流量允许变化的场合，否则应考虑采用下一种方案。

④ 控制被加热流体自身流量的旁路　当被加热流体的总流量不能被调节，而且换热器的传热面积有余量时，可将一小部分被加热流体由旁路直接流到出口处，使冷热物料混合来控制温度，如图 10-28 所示。这种控制方案从工作原理来说与第三种方案相同，即都是通过

改变被加热流体自身流量来控制出口温度的，只是在改变流量的方法上采用三通控制阀，改变进入换热器的被加热介质流量与旁路流量的比例，这一点与第二种方案相似。

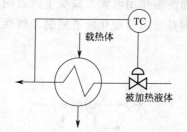
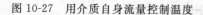
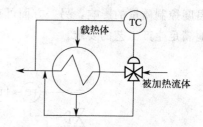

图 10-27　用介质自身流量控制温度　　　　图 10-28　用介质旁路控制温度

由于此方案中载热体一直处于最大流量，而且要求传热面积有较大的裕量，因此在通过换热器的被加热介质流量较小时，就不太经济。

在设计传热设备自动控制方案时，要视具体传热设备的特点和工艺条件而定。例如大部分蒸汽加热器的操纵变量是载热体即加热蒸汽的流量。而在某些场合，当被加热工艺介质的出口温度较低，采用低压蒸汽作载热体；传热面积裕量较大时，为了保证温度控制平稳及冷凝液排除畅通，往往以冷凝液流量作为操纵变量，调节传热面积，以保持出口温度恒定。在采用单回路控制系统时，根据传热设备滞后较大的特点，控制器选型中引入微分作用是有益的，有时也是必要的，这样相对地可以改善控制品质。

（2）载热体进行冷凝的换热器自动控制

利用蒸汽冷凝热来加热介质的换热器在石油化工中也十分常见。在蒸汽加热器中，蒸汽冷凝由气相变为液相，放出热量，通过管壁加热工艺介质。如果要求加热到 200℃ 以上或 30℃ 以下时，则需要采用一些有机化合物作为载热体。

这种蒸汽冷凝的传热过程不同于两侧均无相变的传热过程。蒸汽在整个冷凝过程中温度保持不变。因此这种传热过程分两段进行，先冷凝后降温。但在一般情况下，由于蒸汽冷凝潜热比凝液降温的显热要大得多，所以有时为简化起见，可以不考虑显热部分的热量。当仅考虑汽化潜热时，工艺介质吸收的热量应该等于蒸汽冷凝放出的汽化潜热，于是热量平衡方程式为：

$$Q = G_1 c_1 (t_2 - t_1) = G_2 \lambda \tag{10-8}$$

传热速率方程式仍为：

$$Q = G_2 \lambda = K F \Delta t_m \tag{10-9}$$

当被加热介质的出口温度 t_2 为被控变量时，常采用下述两种控制方案：一种是控制进入的蒸汽流量 G_2；另一种是通过改变冷凝液排出量以控制冷凝的有效面积 F。

① 控制蒸汽流量　这种方案最为常见。当蒸汽压力本身比较稳定时可采用图 10-22 所示的简单控制方案。通过改变加热蒸汽量来稳定被加热介质的出口温度。当阀前蒸汽压力有波动时，可对蒸汽总管加设压力定值控制，或者采用温度与蒸汽流量（或压力）的串级控制。一般来说，对压力定值控制比较方便，但采用温度与流量的串级控制另有一个好处，它对于副环内的其他干扰，或者阀门特性不够完善的情况，也能有所克服。

大多数情况下，当工艺介质较稳定时，采用单回路控制就能满足要求，若还满足不了工艺要求，则需从方案着手，引入复杂控制系统，如串级、前馈等。以图 10-22 所示的蒸汽加热系统为例，当蒸汽阀前压力波动较大时，可采用工艺介质出口温度与蒸汽流量或蒸汽压力组成的串级控制系统，如图 10-29 所示。而当主要扰动是生产负荷变化时，引入前馈信号组成前馈-反馈控制系统是一种行之有效的方案，可获得更好的控制品质。图 10-30 以变比值串级控制方式引入了工艺介质流量的前馈信息，一方面前馈作用可大大减少生产负荷变化对出口温度控制质量的影响，另一方面可克服控制通道增益随负荷变化所造成的非线性，从而更好地满足生产工艺的要求。

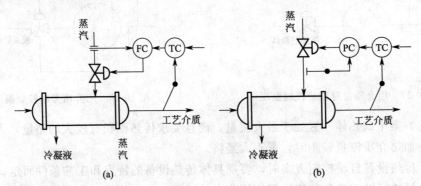

图 10-29　换热器出口温度的串级控制方案

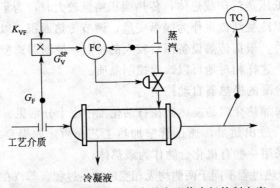

图 10-30　换热器出口温度的变比值串级控制方案

② 控制换热器的有效换热面积　如图 10-31 所示，将控制阀装在凝液管线上。如果被加热物料出口温度高于给定值，说明传热量过大，可将凝液控制阀关小，凝液就会积聚起来，减少了有效的蒸汽冷凝面积，使传热量减少，工艺介质出口温度就会降低；反之，如果被加热物料出口温度低于给定值，可开大凝液控制阀，增大有效传热面积，使传热量相应增加。

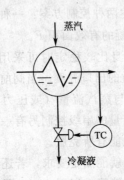

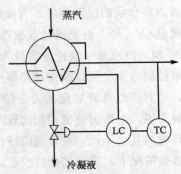

图 10-31　用冷凝液排出量控制温度　　　　　图 10-32　温度-液位串级控制系统

这种控制方案，由于冷凝液与传热面积之间的通道是个滞后环节，控制作用比较迟钝。当工艺介质温度偏离给定值后，往往需要很长时间才能校正过来，影响了控制质量，更有效的办法是采用串级控制方案。串级控制有两种方案，图 10-32 为温度与凝液的液位串级控制，图 10-33 为温度与蒸汽流量的串级控制。由于串级控制系统克服了进入副回路的主要干扰，改善了对象特性，从而提高控制品质。

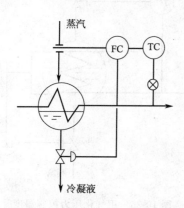

图 10-33　温度-流量串级控制系统

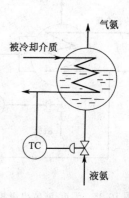

图 10-34　用冷却剂流量控制温度

以上介绍了两种控制方案及其各自改进的串级控制方案，它们各有优缺点。控制蒸汽流案简单易行、过渡过程时间短、控制迅速；缺点是需选用较大的蒸汽阀门、传热量变化比较剧烈，有时凝液冷到 100℃以下，这时加热器内蒸汽一侧会产生负压，造成冷凝液的排放不连续，影响均匀传热。控制凝液排出量的方案，控制通道长、变化迟缓，且需要有较大的传热面积裕量。但由于变化平缓，有防止局部过热的优点，所以对一些过热后会引起化学变化的过敏性介质比较适用。另外，由于蒸汽冷凝后凝液的体积比蒸汽体积小得多，所以可以选用尺寸较小的控制阀门。

（3）冷却剂进行汽化的冷却器温度控制

当用水或空气作为冷却剂不能满足冷却温度要求时，需要采用其他冷却剂，这些冷却剂有液氨、乙烯、丙烯等。这些液体冷却剂在冷却器中由液体汽化为气体时带走大量潜热，从而使另一种物料得到冷却。以液氨为例，当它在常压下汽化时，可以使物料冷却到－30℃的低温。

在这类冷却器中，以氨冷器为最常见，下面以它为例介绍几种控制方案。

① 控制冷却剂的流量　图 10-34 的方案为通过改变液氨的进入量来控制介质的出口温度。这种方案的控制过程为：当工艺介质出口温度上升时，就相应增加液氨进入量使氨冷器内液位上升，液体传热面积就增加，因而使传热量增加，介质的出口温度下降。

这种控制方案并不以液位为被控变量，但要注意液位不能过高，液位过高会造成蒸发空间不足，使出去的氨气中夹带大量液氨，引起氨压缩机的操作事故。因此，这种控制方案带有上限液位报警，或采用温度-液位自动选择性控制，当液位高于某上限值时，自动把液氨阀关小或暂时切断。

② 温度与液位的串级控制　在图 10-35 所示方案中，操纵变量仍是液氨流量，但以液位作为副变量，以温度作为主变量构成串级控制系统。应用此类方案时对液位的上限值应该加以限制，以保证有足够的蒸发空间。

这种方案的实质仍然是改变传热面积。但由于采用了串级控制，将液氨压力变化而引起液位变化的这一主要干扰包含在副环内，从而提高了控制质量。

　　③ 控制气化压力　由于氨的气化温度与压力有关，所以可以将控制阀装在气氨出口管道上，如图 10-36 所示。

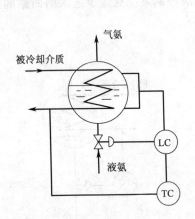

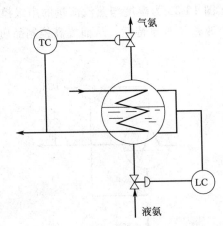

图 10-35　温度-液位串级控制　　　　　　图 10-36　用气化压力控制温度

　　这种控制方案的工作原理是，当控制阀的开度变化时，会引起氨冷器内气化压力改变，相应的气化温度也就改变了。譬如说，当工艺介质出口温度升高偏离给定值时，就开大氨气出口管道上的阀门，使氨冷器内压力下降，液氨温度也就下降，冷却剂与工艺介质间的温差 Δt_m 增大，传热量就增大，工艺介质温度就会下降，这样就达到了控制工艺介质出口温度恒定的目的。为了保证液位不高于允许上限，在该方案中还设有辅助的液位控制系统。

　　这种方案控制作用迅速，只要气化压力稍有变化，就能很快影响气化温度，达到控制工艺介质出口温度的目的。但是由于控制阀安装在气氨出口管道上，故要求氨冷器要耐压，并且当气氨压力由于整个制冷系统的统一要求不能随意加以控制时，这个方案就不能采用了。

10.3　精馏塔的控制

　　精馏过程是现代化工生产中应用极为广泛的传质过程，其目的是利用混合液中各组分相对挥发度的不同将各组分进行分离，并达到规定的含量要求。

　　精馏塔是精馏过程的关键设备，它包含一系列复杂的物理化学现象。在精馏过程中，被控变量多，可以选用的操作变量亦多，它们之间又可以形成各种不同组合，所以控制方案繁多。

10.3.1　精馏塔的控制目标

　　精馏就是将一定浓度的溶液送入精馏装置，使其反复地进行部分气化和部分冷凝，从而得到预期的塔顶与塔底产品的操作。完成这一操作过程的相应设备除精馏塔外，还有再沸器、冷凝器、回流罐和回流泵等辅助设备。目前，工业上一般所采用的连续精馏装置的物料流程如图 10-37 所示。

　　精馏塔的控制目标，应该在满足产品质量合格的前提下，使总的收益最大或总的成本最低。因此，精馏塔的控制要求，应该从质量指标（产品纯度）、产品产量和能量消耗三个方面进行综合考虑。

（1）质量指标

对于一个正常操作的精馏塔，一般应当使塔顶或塔底产品中的一个产品达到规定的纯度要求，另一个产品的成分亦应保持在规定的范围内。为此，应当取塔顶或塔底的产品质量作被控变量，这样的控制系统称为质量控制系统。

质量控制系统需要应用能测出产品成分的分析仪表。由于目前被测物料种类繁多，还不能相应地生产出多种测量滞后小而又精确的分析仪表。所以，质量控制系统目前所见不多，大多数情况下，是由能间接控制质量的温度控制系统来代替。

对于多组分精馏，一般仅控制关键组分。所谓关键组分，是指对产品质量影响较大的组分。从塔顶分离出挥发度较大的关键组分称为轻关键组分，从塔底分离出挥发度较小的关键组分称为重关键组分。有时，对多元组分的分离可简化为对两个关键组分的分离，也相应地简化了精馏操作。

应当指出，产品质量最好控制到刚好能满足规格要求上，即处于"卡边"生产。超过规格的产品是一种浪费，因为它的售价不会更高，反而要增大能耗、降低产量。

（2）产品产量和能量消耗

精馏过程的其他两个重要控制指标是产品的产量和能量消耗。精馏塔的任务，不仅要保证产品质量，还要有一定的产量。另外，分离混合液也需要消耗一定的能量，这主要是再沸器的加热量和冷凝器的冷却剂消耗。此外，塔的附属设备及管线也要散失部分热量和冷量。分离所得的产品纯度越高，产品产量越大，所消耗的能量也越多。

产品回收率、产品纯度及能量消耗是企业对精馏工段的考核指标，它们三者间的相互关系可以用图 10-38 来表示。

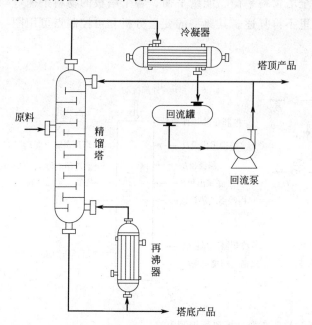

图 10-37 精馏系统内的物料流程

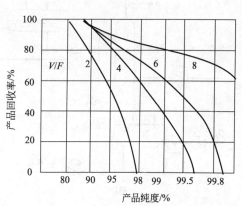

图 10-38 精馏过程的产品回收率、
产品纯度及能量消耗的关系

图中的曲线是每单位进料所消耗能量的等值线（即塔内上升蒸气量 V 与进料量 F 之比 V/F 为定值）。曲线表明，为了达到一定的产品纯度要求，在一定的能耗 V/F 情况下，随着产品纯度的提高，会使产品的回收率迅速下降。纯度越高，这个倾向越明显。V/F 从小到大逐步增加，刚开始可以显著提高产品的回收率。然而，当 V/F 增加到一定程度以后，再进一步增加 V/F 所得的效果就不显著了。

在精馏操作中，质量指标（产品纯度）是必要条件，在质量指标一定的前提下，对过程的控制应该使产品产量尽量高一些；同时能量消耗尽可能低一些。在运筹学里，这种满足质量指标条件下，使单位产品产量的能量消耗最低或使单位产品量的成本最低以及使综合经济效益最大等，属于不同目标函数的最优控制问题。

（3）保证平稳操作

为了保证塔的平稳操作，必须把进塔之前的主要可控干扰尽可能预先克服，同时尽可能缓和一些不可控的主要干扰。例如，可设置进料的温度控制、加热剂和冷却剂的压力控制、进料量的均匀控制系统等。为了维持塔的物料平衡，必须控制塔顶馏出液和釜底采出量，使其之和等于进料量，而且两个采出量变化要缓慢，以保证塔的平稳操作。塔内的持液量应保持在规定的范围内。控制塔内压力稳定，对塔的平稳操作是十分必要的。

（4）约束条件

为维持精馏塔的正常运行，需规定某些参数的极限值为约束条件。例如对塔内气体流速的限制，流速过高易产生液泛；流速过低会降低塔板效率，尤其是对操作条件相对较窄的筛板塔和乳化塔必须高度注意。通常在塔底和塔顶装有测量压差的仪表，有时还附上报警装置。塔体本身还受到最高压力的限制，超过这个压力，塔体的安全性就没有保障。

10.3.2　精馏塔的干扰因素

精馏塔的静态特性和动态特性，包括全塔物料平衡、能量平衡、各个塔板的物料平衡等在化工原理课程中已经有过详细讨论，这里不再复述。其典型的变量分析和可控制点可用图 10-39 来示意。

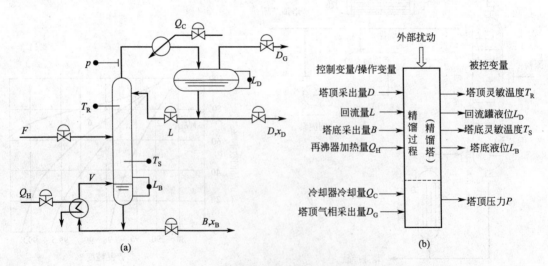

图 10-39　精馏塔过程的变量分析和可控制点

在精馏塔的操作过程中，影响其质量指标控制的主要干扰因素有以下几种。

① 进料流量 F 的波动　进料量的波动通常是难免的。如果精馏塔位于整个生产过程的起点，对其进料流量 F 采用定值控制是可行的。但是，精馏塔的处理量往往是由上道工序决定的，如果一定要使进料量恒定，势必要设置容量很大的中间储槽进行缓冲。现代化工设

计的新趋势是尽可能减小或取消中间储槽，而采取在上一工序设置液位均匀控制系统来控制出料，使塔的进料流量 F 波动比较平稳，尽量避免剧烈的变化。

② 进料成分 Z_F 的变化　进料成分 Z_F 是由上一工序出料或原料情况决定的，因此就精馏塔系统而言，它属于不可控的干扰因素。

③ 进料温度 T_F 及进料热焓 Q_F 的变化　进料温度通常是较为稳定的。假如不恒定，可以先将进料预热（或冷却），通过温度控制系统来使其恒定。然而，即使进料温度 T_F 以及前述的 F 和 Z_F 都恒定时，只有当进料状态全部是气态或全部是液态时，塔的进料热焓才是稳定的。当进料是气液相混合物料时，也只有气液两相的比例恒定时，进料热焓才能稳定。为了保持精馏塔的进料热焓恒定，必要时可通过热焓控制的方法来维持恒定。

④ 再沸器加热剂（如蒸汽）加入热量的变化　当加热载体是蒸汽时，加入热量的变化往往是由蒸汽压力的变化引起的。可以通过在蒸汽总管设置压力控制系统来加以克服，或者在串级控制系统的副回路中予以克服。

⑤ 冷却剂在冷凝器内除去热量的变化　这个热量的变化会影响到回流量或回流温度，它的变化主要是由于冷却剂的压力或温度变化引起的。一般冷却剂的温度变化较小，而压力的波动可采用克服加热剂压力变化类似的方法予以克服。

⑥ 环境温度的变化　一般情况下，环境温度的变化较小，但在采用风冷器作冷凝器时，则天气骤变与昼夜温差，对塔的操作影响较大，它会使回流量或回流温度变化。对此，可采用内回流控制的方法予以克服。内回流通常是指精馏塔的精馏段内上一层塔盘向下一层塔盘流下的液体量，内回流控制则是指在精馏过程中，控制内回流为恒定量或按某一规律变化的操作。

由上述干扰分析可以看出，进料流量和进料成分的波动是精馏塔操作的主要干扰，往往是不可控的。其余干扰一般比较小，而且可以通过努力使其变为可控，或者采用一些控制系统预先加以克服。

10.3.3　精馏塔的控制方案

（1）提馏段的温度控制

如果采用以提馏段温度作为控制精馏产品质量的间接指标，而以改变再沸器加热量作为控制手段的方案，就称为提馏段温度控制。

图 10-40 是提馏段温度控制的一种常见方案。该方案中的主要控制系统是以提馏段塔板温度为被控变量，加热蒸汽量为操作变量。除了这个主要控制系统外，还设有 5 个辅助控制系统：对塔底采出量 B 和塔顶馏出液 D，按物料平衡关系分别设有塔底与回流罐的液位控制器作均匀控制；进料量 F 为定值控制（如不可控，也可采用均匀控制系统）；为维持塔压恒定，在塔顶设置压力控制系统，控制手段一般为改变冷凝器的冷剂量，回流量采用定值控制，而且回流量应足够大，以便当塔的负荷最大时，仍能保持塔顶产品的质量指标在规定的范围内。

提馏段温控的主要特点与使用场合如下。

① 由于采用了提馏段温度作为间接质量控制指标，因此，它能较直接地反映提馏段产品情况。将提馏段温度恒定后，就能较好地保证塔底产品的质量。所以，在以塔底采出为主要产品，对塔釜成分要求比对馏出液为高时，常采用提馏段温控方案。

② 当有干扰首先进入提馏段时，例如以液相进料时，进料量或进料成分的变化首先要

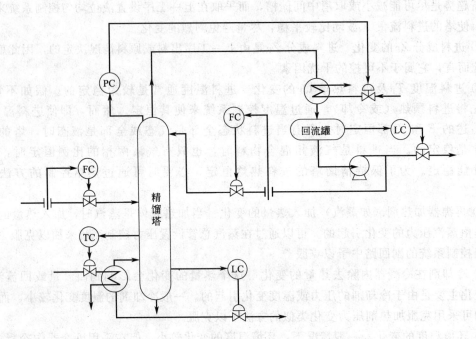

图 10-40　提馏段温度的控制方案（附 5 个辅助控制系统）

影响塔底的成分，故用提馏段温控就比较及时，动态过程也比较快。

由提馏段温控时，回流量是足够大的，因而仍能使塔顶质量保持在规定的纯度范围内，在许多工厂里，即使塔顶产品质量要求比塔底严格时，也有采用提馏段温控方案的。

（2）精馏段的温度控制

如果采用以精馏段温度作为衡量质量指标的间接指标，而以改变回流量作为控制手段的方案，就称为精馏段的温度控制。

图 10-41 是常见的精馏段温度控制的一种方案。它的主要控制系统是以精馏段塔板温度为被控变量，而以塔顶回流量为操作变量。

除了上述主要控制系统外，精馏段温控还设有 5 个辅助控制系统。对进料量、塔压、塔底采出量与塔顶馏出液的控制方案与提馏段温控时相同。在精馏段温控时，再沸器加热量应维持一定，而且足够大，以使塔在最大负荷时，仍能保证塔底产品的质量指标在一定范围内。

精馏段温控的主要特点与使用场合如下。

① 采用精馏段温度作为塔顶产品质量的间接控制指标，它能比较直接地反映精馏段的产品情况。当塔顶产品纯度要求比塔底严格时，一般宜采用精馏段温控方案。

② 如果有干扰因素首先进入精馏段，例如气相进料时，由于进料量的变化首先影响塔顶的成分，所以采用精馏段温控就比较及时。

在采用精馏段温控或提馏段温控，且要求产品分离得较纯时，由于塔顶或塔底的温度变化很小，对测温仪表的灵敏度和控制准确性都提出了很高的要求，但实际上却很难满足。解决这一问题的方法是将测温元件安装在塔顶以下或塔底以上几块塔板的灵敏板上，以灵敏板的温度作为被控变量。所谓灵敏板，是指在受到干扰时，当达到新的稳定状态后，温度变化量最大的那块塔板。由于灵敏板上的温度在受到干扰后变化比较大，因此，对温度检测装置

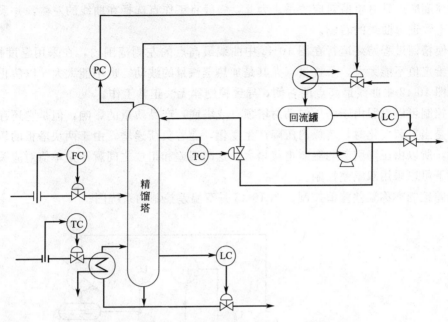

图 10-41　精馏段的温度控制方案（附 5 个铺助控制系统）

灵敏度的要求就可以不必很高，同时，也有利于提高控制精度。

（3）精馏塔的温差控制及双温差控制

以上两种方案，都是以温度作为被控变量，这对于一般的精馏塔来说是可行的。但是在精密精馏时，产品纯度要求很高，而且塔顶、塔底产品的沸点相差又不大时，应当采用温差控制，以进一步提高产品的质量。

以温差作为控制产品质量的间接变量，是为了消除塔压波动的影响。因为系统中即使设置了压力定值控制，压力也总是会有些微小的波动，因而引起精馏效率的变化，这对产品纯度要求不太高的精馏塔是可以忽略不计的。但如果是精密精馏，对产品纯度要求很高，微小的压力波动亦足以影响精馏效率，使产品质量超出允许的范围，也就是说，精密精馏时，用温度作为被控变量就不能很好地控制产品的纯度，因为温度的变化可能是成分和压力两个变量都变化的结果，只有当压力恒定时，温度与精馏产品的成分之间才具有单值对应关系（严格来说，只是对二元组分来说）。为了解决这个问题，可以在塔顶（或塔底）附近的一块塔板上检测出该板温度，再在灵敏板上也检测出温度，由于压力波动对每块塔板的温度影响是基本相同的，只要将上述检测到的两个温度值相减，压力的影响就消除了，这就是采用温差来预期产品质量的原理。

值得注意的是，温差与精馏产品的成分之间并非单值关系。图 10-42 是正丁烷和异丁烷分离塔的温差 ΔT 和塔底产品轻组分浓度 $x_{轻}$ 之间关系的示意图。由图可见，曲线有最高点，其左侧表示塔底产品纯度较高（即轻组分浓度 $z_{轻}$ 较小）情况下，温差随着产品纯度的增加而减小；其右侧表示在塔底产品不很纯的情况下，温差随产品纯度的降低而减小。为了使控制系统能正常工作，温

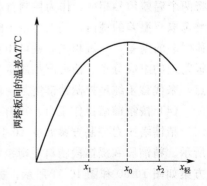

图 10-42　精馏塔的 ΔT-$x_{轻}$ 曲线

差与产品纯度应该具有单值对应关系。为此，一般将工作点选择在曲线的左侧，并采取措施使工作点不致进入曲线的右侧。

为了使精馏过程始终运行在图 10-42 中曲线最高点的左侧范围内，在采用温度控制时，控制器的给定值不能太大，干扰量（尤其是加热蒸汽量的波动）也不能太大，以防止工作状态进入到图 10-42 中曲线最高点的右侧，导致控制器无法正常工作。

温差控制可以克服由于塔压波动对塔顶（或塔底）产品质量的影响，但是它还存在一个问题，就是当负荷变化时，塔板的压降产生变化，随着负荷递增，由于两块塔板的压力变化值不相同，所以由压降引起的温差也将增大。这时温差和组成之间就不是单值对应关系，在这种情况下可以采用双温差控制。

双温差控制亦称温差差值控制。图 10-43 是双温差控制的系统图。

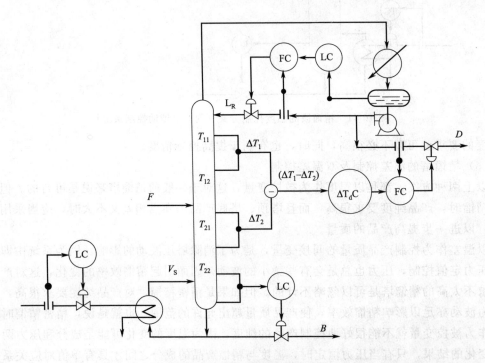

图 10-43　双温差控制系统方案

由图可知，所谓双温差控制就是分别在精馏段及提馏段的灵敏板上选取温差信号，然后将两个温差信号相减，作为控制器的测量信号（即控制系统的被控变量）。从工艺角度来理解选取双温差的理由，是因为由压降引起的温差不仅出现在顶部，也出现在底部，这种因负荷引起的温差，在做相减后就可相互抵消。从工艺上来看，双温差法是一种控制精馏塔进料板附近的组成分布，使得产品质量合格的办法。它以保证工艺上最好的温度分布曲线为出发点，来代替单纯地控制精馏塔某一段的温度（或温差）。

（4）按精馏塔操作压力、物料平衡、能量平衡的控制方案简介

精馏塔压力控制方案如图 10-44 所示。精馏塔物料平衡控制方案如图 10-45～图 10-47 所示。精馏段和提馏段物料平衡控制方案如图 10-48 和图 10-49 所示。精馏段能量平衡控制方案如图 10-50 和图 10-51 所示；提馏段能量平衡控制方案如图 10-52 所示。两端产品质量控制方案如图 10-53～图 10-55 所示。

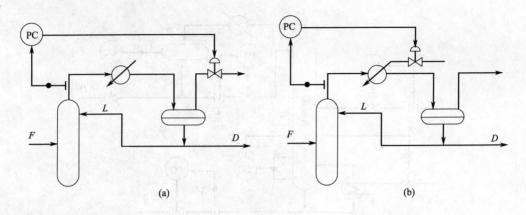

图 10-44　精馏塔压力控制方案

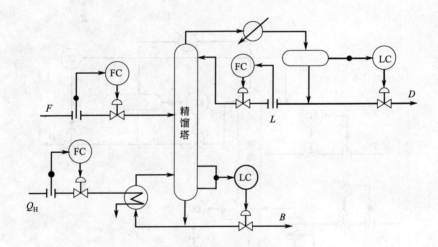

图 10-45　精馏塔物料平衡控制方案一

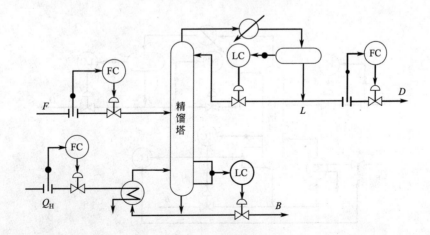

图 10-46　精馏塔物料平衡控制方案二

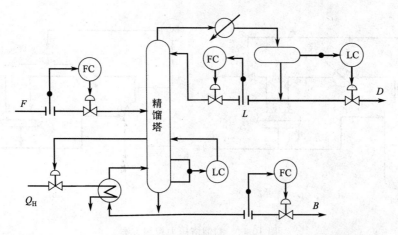

图 10-47　精馏塔物料平衡控制方案三

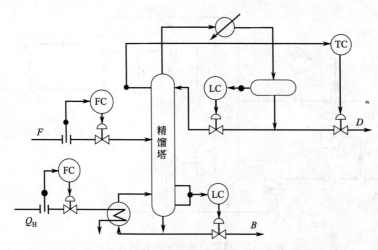

图 10-48　精馏段物料平衡控制方案

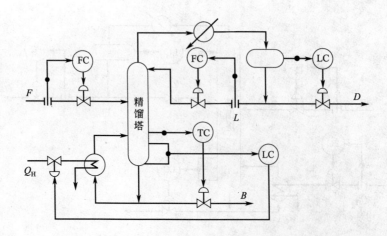

图 10-49　提馏段物料平衡控制方案

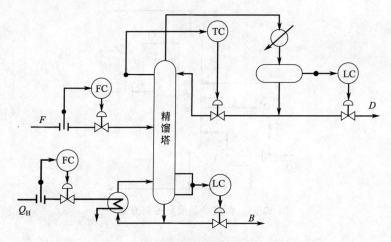

图 10-50　精馏段能量平衡控制方案一

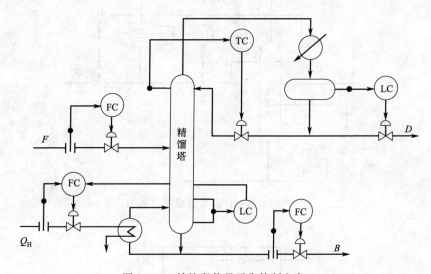

图 10-51　精馏段能量平衡控制方案二

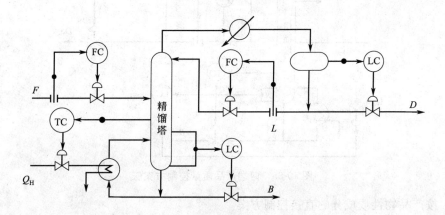

图 10-52　提馏段能量平衡控制方案

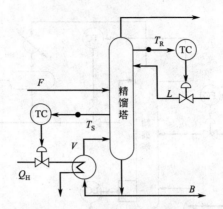

图 10-53 两端产品质量控制方案一

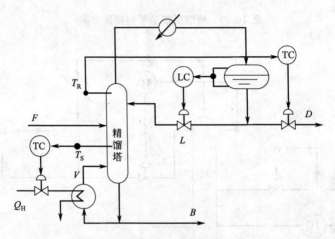

图 10-54 两端产品质量控制方案二

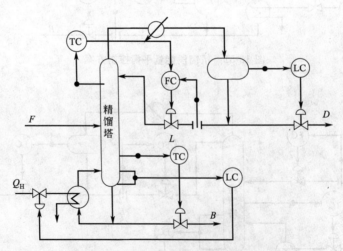

图 10-55 两端产品质量控制方案三

（5）按产品物性或成分的直接控制方案

以上介绍的温度、温差或双温差控制都是间接控制产品质量的方法。如果能利用成分分析器，例如红外分析器、色谱仪、密度计、干点和闪点以及初馏点分析器等，分析出塔顶

（或塔底）的产品成分并作为被控变量，用回流量（或再沸器加热量）作为控制手段组成成分控制系统，就可实现按产品成分的直接指标控制。

塔顶或塔底产品的成分就是产品的质量指标，当分离得到的产品较纯时，在邻近塔顶、塔底各板间的成分差已经很小了，而且每块板上的成分在受到干扰后变化也很小，这就对检测成分仪表的灵敏度提出了很高的要求。但是，目前的成分分析仪器一般精度较低，控制效果往往不够满意，这时可选取灵敏板上的成分作为被控变量进行控制。

把产品成分直接作为控制（或者操作）变量的控制方案对精馏塔而言是最直接的，也是最有效的。但是，一般来说，目前测量化学成分的检测仪表的滞后时间很长、维护比较复杂，致使这类控制系统的控制质量受到很大影响，因此目前这种方案在实际工业生产上还没有应用的报道。

10.4　化学反应器的温度控制

化学反应器是化工生产中的重要设备。化学反应过程伴有化学物理现象，涉及能量、物料平衡，以及物料动量、热量和物质传递等过程，因此化学反应器的操作一般比较复杂，反应器的自动化控制程度直接关系到产品的质量、产量和安全生产。

由于反应器在结构、物料流程、反应机制和传热情况等方面的差异，自控的难易程度相差很大，自控的方案也千差万别。下面只对反应器的控制要求及几种常见的反应器控制方案做一简单的介绍。

10.4.1　化学反应器的控制要求和被控变量的选择

化学反应器自动控制的基本要求，是使化学反应在符合预定要求的条件下自动进行。设计化学反应器的自控方案，一般要从质量指标、物料平衡、约束条件三方面加以考虑。

（1）质量指标

化学反应器的质量指标一般是指目的产物的收率或原料的转化率。显然，转化率应当是被控变量。如果收率（转化率）不能直接测量，就只能选取几个与它相关的参数，经过适当的运算来间接控制。如聚合釜进、出口物料的温差与转化率的关系为：

$$y = \frac{\rho g c (t_0 - t_i)}{x_i H} \tag{10-10}$$

式(10-10)表明，对于绝热反应器，当进料温度一定时，转化率 y 与温度差成正比，即 $y = K (t_0 - t_i)$。这是由于转化率越高，反应生成的热量也越多，因此物料出口的温度也越高。所以温差 $\Delta t = t_0 - t_i$ 作为被控变量，可以用来间接控制单体的转化率。

因为绝大部分化学反应不是吸热就是放热，也就是说反应过程总伴随有热效应。所以，温度也是一个能够表征化学反应质量的间接控制指标。

也有用出料浓度作为被控变量的，如硫酸生产过程中的焙烧硫铁矿或尾砂产生二氧化硫工段，取出口气体中的 SO_2 含量作为被控变量。但是就目前的仪表监测和控制水平来看，成分仪表还不能及时地对某些成分进行在线检测和控制反应的进程，通常是采用温度作为质量间接控制指标来设计各种控制系统，必要时再辅以压力和处理量（流量）等控制系统，以保证反应器的正常操作。

以温度、压力等工艺参数作为间接控制指标，有时并不能保证反应产品的质量稳定。当存在扰动作用时，目的产物的收率或原料的转化率等仍会受到影响。特别是在某些反应中，温度、压力等工艺参数与产物组分之间不呈单值对应关系，这就需要不断地根据反应状况变化对温度控制系统的设定值做相应的调整。在利用催化剂导引的反应器中，催化剂的活性随时发生变化，其反应温度设定值也要随之改变。

（2）物料平衡

为使化学反应按设计方向进行，并且获得比较高的目的产物的收率或原料的转化率，要求进入反应器的各种物料量维持恒定，化学计量比符合要求。为此，往往需要对进入反应器的各种物料采用流量定值控制或比值控制。在物料参与循环的反应系统中，为保持反应物的浓度和物料平衡，需另设辅助控制系统，如氨合成过程中的惰性气体自动排放系统。

（3）约束条件

对于反应器，如果存在易燃易爆、剧烈反应冲料和设备承压受限等情况，必须防止工艺参数进入危险区域。例如，在不少催化接触反应中，温度过高或进料中某些杂质含量过高，将会损坏催化剂；在流化床反应器中，流体速度过高，会将固相吹走，而流速过低，又会让固相沉降等；这些都是维持化学反应正常进行所必须遵循的约束条件。为此，应当配备一些报警、联锁装置或设置辅助和强化控制效果。

10.4.2　釜式反应器温度的自动控制

釜式反应器在化学工业中的应用十分普遍，除广泛用于聚合反应外，在有机染料、农药等生产中还经常用来进行碳化、硝化、卤化等反应。反应温度的测量与控制是实现釜式反应器在最佳操作参数下运行的关键问题，下面主要针对温度控制进行讨论。

（1）控制进料温度

图 10-56 是这类方案的示意图。物料经过预热器（或冷却器）进入反应釜，通过改变进入预热器（或冷却器）的热剂量（或冷剂量）控制进入反应釜的物料温度，从而达到维持釜内温度稳定的目的。

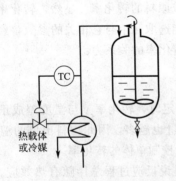

图 10-56　调整进料温度以控制釜温

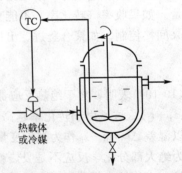

图 10-57　通过改变换热量控制釜温

（2）改变传热量

工业上的釜式反应器都设计有传热面用来引入或移去反应热，通过改变引入或移去热量能够实现对釜式反应器温度的控制。图 10-57 为一带夹套的反应釜，当釜内温度改变时，可采用改变热载体（或冷媒）流量的方法来控制釜内温度。这种方案比较简单，使用仪表少，但由于反应釜容量大，温度滞后严重，特别是用来进行聚合反应时，釜内物料黏度大，传热效果较差，又不易很快实现混合均匀，很难使温度控制达到严格的要求。

（3）串级控制

针对温度滞后性较大的特点，对于反应釜的温度控制可采用串级控制方案。根据影响反应体系温度的主要扰动情况的不同，可以采用釜温与热载体（或冷媒）流量串级控制（图 10-58）、釜温与夹套温度串级控制（图 10-59）及釜温与釜压串级控制（图 10-60）等。

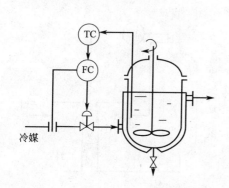

图 10-58　釜温与冷媒流量的串级控制

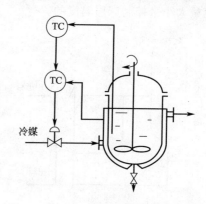

图 10-59　釜温与夹套温度的串级控制

10.4.3　固定床反应器温度的控制

固定床反应器是指把催化剂"固定"在设备的某段床层上不动的反应器，流体原料在与催化剂接触作用下进行化学反应生成目标产物。通常最适宜的床层温度综合考虑了化学反应速度、化学平衡和催化剂活性等因素，它是原料转化率（或目标产物收率）的函数，因此固定床反应器的温度控制十分重要。

固定床反应器的温度控制首先要正确判断敏感点位置，把感温元件安装在敏感点处，以便及时反映整个催化剂床层的温度变化。多段的催化剂床层往往要求分段进行温度控制，这样可使反应进程更趋合理。常见的温度控制方案有下列几种。

（1）改变进料浓度

对放热反应来说，原料浓度越高，放热量越大，反应体系的温升也越高。以硝酸生产为例，当氨浓度在 9%～11% 范围内时，氨含量每增加 1% 可使反应体系温度提高 60～70℃。图 10-61 是通过改变进料浓度以保证反应温度稳定的一个实例，改变氨和空气比值就相当于改变进料中氨的浓度。

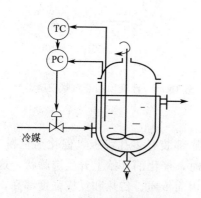

图 10-60　釜温与釜压的串级控制

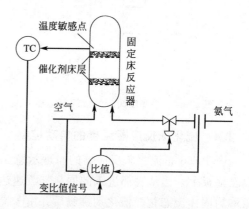

图 10-61　改变进料浓度控制反应床温度

（2）改变进料温度

改变进料温度，整个床层温度也会变化，因为进入反应器的总热量随进料温度变化而改变，若原料进反应器前需预热，可通过改变进入换热器的载热体流量，以控制反应床层的温度，如图 10-62 所示，原料预先冷却的情况也亦然。也有按图 10-63 所示方案通过改变进料旁路流量大小来控制床层温度的。

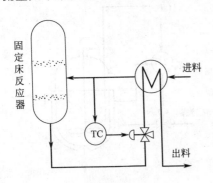

图 10-62　用热载体流量控制釜温

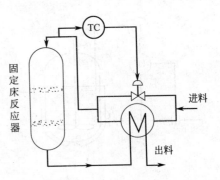

图 10-63　借助旁路阀进料量控制釜温

（3）改变段间进入的冷气量

在多段固定床反应器中，可将部分冷的原料气不经预热直接进入段间，与上一段反应后的热气体混合，从而降低下一段床层上气体的温度。图 10-64 为硫酸生产中 SO_2 氧化生成 SO_3 的固定床反应器温度控制方案，其中由于冷的那一部分原料气未经过上一段催化剂床层，原料气总的转化率有所降低。另外一种情况，如在合成氨生产过程中，当用水蒸气与一氧化碳变换成氢气（反应式为 $CO + H_2O \Longrightarrow CO_2 + H_2$）时，为了使反应完全，进入变换炉的水蒸气往往是大大过量的，如果把引入该段的冷气改为水蒸气，从化学反应平衡原理可知，这样就不会降低一氧化碳的转化率，图 10-65 为这种方案的原理图。

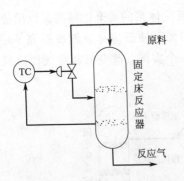

图 10-64　改变段间冷气量控制釜温

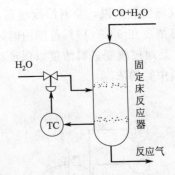

图 10-65　改变段间蒸汽量控制釜温

10.4.4　流化床反应器温度的自动控制

图 10-66 是流化床反应器的原理示意图。反应器底部装有多孔筛板，催化剂呈粉末状，放在筛板上，当从底部进入的原料气流速达到一定值时，催化剂开始上升呈沸腾状，这种现象称为固体流态化。催化剂沸腾后，由于搅动剧烈，因而传质、传热和反应强度都高，并且有利于连续化和自动化生产。

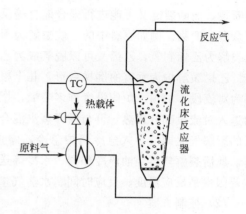

图 10-66　流化床反应器物料流向　　　　　　图 10-67　改变进气温度以控制釜温

　　与固定床反应器温度的自动控制相似,流化床反应器的温度控制也是十分重要的。为了自动控制流化床的温度,可以通过改变原料入口温度(图 10-67),也可以通过改变进入流化床的冷媒流量来控制(图 10-68)。

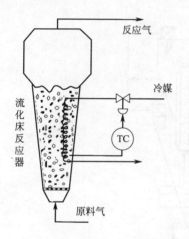

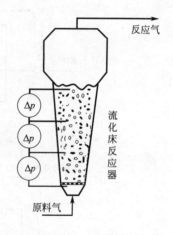

图 10-68　改变冷媒流量以控制釜温　　　　图 10-69　流化床压力差监测系统

　　在流化床反应器内,为了了解催化剂的沸腾状态,常设置差压指示系统,如图 10-69 所示。在正常情况下,差压不能太小或太大,以防止催化剂下沉或冲走的现象。当反应器中有结块、结焦和堵塞现象时,也可以通过差压仪表显示出来。

10.4.5　管式热裂解反应器的控制

　　管式反应器广泛应用于气相或液相的连续反应,它能承受较高的压力,也便于传热控温,结构类似于列管式换热器,根据化学反应的热交换性质可分为吸热和放热两大类。化学工业中的管式反应器多称管式炉,用于吸热反应居多。管内进行反应,管外利用燃料燃烧加热。在控制的特点方面,此类吸热反应是开环稳定的;由于反应器内部存在热量、动量、质量的传递过程,其扰动因素较多。下面以乙烯裂解炉为例简单介绍一下管式裂解反应器的自动控制。

　　(1) 乙烯裂解炉工艺特点

　　裂解反应必须由外界不断供给热量,在高温下进行,其本质是用外界能量使原料中的碳链断裂，而断裂链又可能进行聚合缩合等反应，所以裂解过程中伴随着错综复杂的反应，并有众多的产物。例如原料中的丁烷裂解为丙烯、甲烷、乙烯、乙烷、碳、氢等，而乙烷又可以裂解为乙烯和氢，乙烯又可以脱氧成为乙炔和氢或转变为丁二烯等。

乙烯裂解炉为垂直的倒梯台形，几十根裂解管在炉中垂直排列，炉体上部为辐射段，下部为对流段；炉顶、炉侧设置许多喷嘴，燃烧油或燃烧气由此喷出燃烧，加热裂解管；原料油进入对流段部分预热，再与稀释蒸汽混合加热后，在裂解管内通过并发生裂解反应，反应后的裂解气立即被导入急冷锅炉急冷，停止裂解反应，以免生成的乙烯、丙烯等进一步裂解。此后裂解气再经油淬冷却器、水冷等送到压缩分离工段，把产品分离出来。影响裂解的主要因素是反应温度、反应时间、水蒸气量。

（2）控制方案

图 10-70 为裂解炉的控制图，主要包括三个控制回路：原料油流量控制，稀释蒸汽流量控制和出口裂解气温度控制。

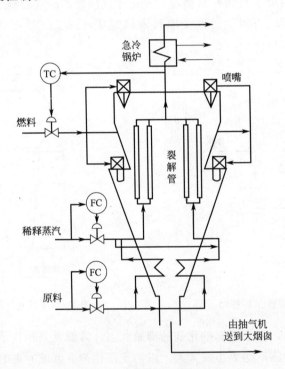

图 10-70 裂解炉的控制图

① 原料油流量的控制 原料油流量的变化使得进入反应器的反应物浓度发生变化，既影响反应温度也影响反应时间，所以必须设置流量控制回路，一般采用定值控制。

② 蒸汽流量控制 为提高乙烯收率以及防止裂解管结焦，需要以一定比例的蒸汽混入原料油。采用蒸汽流量控制回路保障混入蒸汽量的恒定。由于原料油流量采用定值控制，所以生产上是对原料油和蒸汽量两个参数用比值控制方案来进行控制。

③ 裂解管出口温度的控制 当原料油流量和蒸汽流量稳定后，裂解质量主要由反应温度决定。由于反应温度在裂解管不同位置是不一样的，且同一位置不同裂管内的结焦情况不一，反应温度也有所区别。一般选定裂解管出口温度作为被控变量，操作变量为燃烧气或燃烧油的量。

该控制方案比较简单，在工况稳定的情况下可以满足要求。由于燃料油要通过燃烧加热炉膛，再加热裂解管才影响到出口温度，因此，控制通道较长，时间常数较大。当工况经常变化时，就难以满足控制要求，此时可采用出口温度与燃烧油流量的串级控制方案解决。

（3）乙烯裂解炉的平稳控制

反应温度控制是维持裂解炉正常生产的关键，仅仅依靠上述控制方案还不能保证炉内各裂解管的正常运行。在设备设计和安装时，通常将裂解炉中的裂解管按照排列情况分为若干组，每组对应若干喷嘴。裂解管总管出口温度是各裂解管出口温度的平均温度。由于安装、物料流动、结焦情况各不相同，各组裂解管的加热、反应情况都不同（严格地讲，是每根裂解管的情况也不一样），这就导致各裂解管出口温度的不均匀性，温度高的容易结焦。因此工艺上要求各组炉管之间的温差不能太大。

解决办法是对应每组裂解管设置一个温度控制回路，被控变量取各自组管的出口温度，操作变量为对应于每组的喷嘴燃烧油流量，通过控制阀门加以控制。此时就存在各组之间的相互关联问题。由于裂解炉的结构非常紧凑，裂解管排列得很近，其中任意一个控制阀的变化，对其他组的炉管也有影响。

为了尽量减少各组炉管之间的温度差别，使它们出口温度相一致。在每个控制阀前配置一个偏差设定器（称为 TXC）对控制阀开度进行修正。此时作用于控制阀的是控制回路信号和修正信号之和。修正信号对各组裂解管之间的影响进行修正，达到解耦控制的目的，如图 10-71 所示。当各组裂解管的出口温度相差太大，上述解耦控制不能实现炉管出口温度一致时，可采用在总负荷保持不变的前提下，借助于各组炉管原料油流量的改变来实现炉管温度的一致。

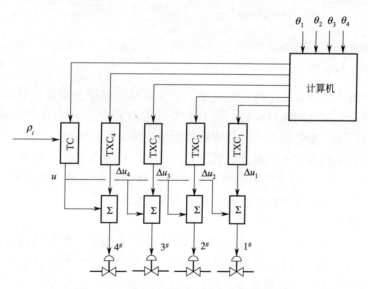

图 10-71 裂解炉总管出口温度的解耦控制

裂解炉的解耦控制和温度控制都是以保持裂解炉中各组炉管的出口温度一致，且使负荷保持平衡为目的的，它使整个生产得以平稳运行，因而统称为裂解炉的"平稳控制"。

10.4.6 鼓泡床反应器的控制

进行气液相反应时也常常用鼓泡床反应器。鉴于气液相间反应的特点，鼓泡床操作的基本要求一是控制好气相和液相量；二是保持一定的液位，以免因液位过高使气体滞液严重，或者液位太低气体停留时间太短而影响转化率;三是维持反应所需的温度稳定。鼓泡床反应器的控制方案主要根据这些要求来设计。

(1) 保证反应物料比稳定的流量控制

流量控制回路如图 10-72 所示,包括气相进料量控制回路和液相进料流量控制回路,可以采用单回路定值控制和比值控制等方式来保证各种反应物料量以及它们之间相对比值的稳定。在使用催化剂的鼓泡床反应器中,催化剂量一般也应有流量控制,如果其流量太小,难以精确测控时,可用定量泵、高位槽恒速加入等方式尽量使其稳定。

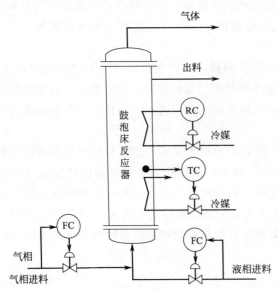

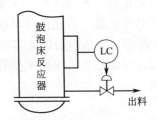

图 10-72　鼓泡床反应器原料量以及温度的控制　　图 10-73　鼓泡床反应器的液位控制

(2) 温度控制

在反应物料的流量以及配比稳定的情况下,反应温度就是控制反应转化率的重要参数,即使在以质量符合要求为控制目标时,温度的变化往往也是反应转化率(或者更合理的指标——目标产物收率)变化的先导,监测起来也要比质量指标灵敏,同时也是监视反应不致超温达到危险程度的标志之一。因此,鼓泡床反应器均设置温度控制回路,操作变量多为冷却剂流量,可以是总冷却剂流量,也可以是上部冷却器水量遥控,单独控制下部冷却器水量。图 10-72 为以下部冷却器水量为操作变量的温度控制。

(3) 液位控制

当鼓泡床反应器不是采用从上部溢流方式出料时,要对反应器内的液位进行控制,以保证反应的正常进行。图 10-73 是鼓泡床反应器液位控制的最常见、最简单的控制方案。其缺点是不管反应程度是否合格,只要有进料就必须有出料。

液位控制的另一方案是用液位控制液相进料,而用反应温度控制出料,反应温度的控制仍然由控制冷却剂量来实现,其中比值控制是为了保证气液相进料之间的比例。这一方案,可以克服上一方案的不足。以放热反应为例,当流量增加使反应温度上升时,通过温度控制回路的控制,一方面加大冷却剂量;另一方面关小出口阀门,通过液位控制减少进料量,加速温度下降。两个温度控制回路用同一测量元件和变送,是为了避免两个回路用两套测量系统带来误差。而采用两个控制器,则是为了满足不同对象对控制器参数的不同要求。

液位测量，采用差压法或外沉筒式比较合适。但在安装和校验液位计时要注意到液位静止时与在鼓泡状态时的体积差别。内浮筒式测量，波动较大，不宜用作液位控制的输入。

（4）压力控制

压力波动对进料的影响一般要比液位波动时对进料影响大，而且也影响到反应体系的温度。为了充分利用反应器的体积，增加气液接触时间，控制的液位较高，液位的上部空间也较小，对于强放热反应会产生骤爆的反应，设置压力控制和报警等紧急措施就更显得重要。压力控制可装在本设备上，也可装在后继设备上；可采用单回路控制，也可采用分程控制，正常情况下控制小阀，不正常时控制大阀。

思考与练习题

1. 离心泵的控制方案有哪几种？各有什么优缺点？

2. 往复泵的控制方案有哪些？各有什么优缺点？

3. 何为离心式压缩机的喘振现象？其产生的原因是什么？

4. 简述压缩机防喘振的两种控制方案，并比较其特点。

5. 两侧均无相变化的换热器的控制方案有哪些？各有什么特点？

6. 控制加热蒸汽流量和控制冷凝水排出量的加热器控制方案的特点各是什么？

7. 氨冷器的控制方案有哪些？各有什么特点？

8. 何谓温差控制和双温差控制？试述它们的使用场合。

9. 为什么对人多数化学反应器来说，其主要的被控变量都是温度？

10. 改变加热蒸汽流量利改变冷凝水流量的加热器控制方案的特点各是什么？

11. 某列管式蒸汽加热器，工艺要求出口物料温度稳定在（90±1）℃。已知主要干扰为进口物料流量的波动。（1）确定被控变量，并选择相应的测量元件。（2）制定合理的控制方案，以获得较好的控制质量。（3）若物料温度不允许过低，否则易结晶，试确定控制阀的气开、气关形式。（4）画出控制系统的原理图与方块图。（5）确定温度控制器的正、反作用。

12. 某列管式蒸汽加热器，工艺要求出口物料温度稳定、无余差、超调量小。已知主要干扰为载热体（蒸汽）压力不稳定，试确定控制方案，画出自动控制系统的原理图与方块图。假定介质的温度不允许过高，否则易分解，试确定控制阀的气开、气关形式；控制器的控制规律及正、反作用。

13. 某生产工序从节能考虑，要同收其产品的热量，用它与另一需要预热的物料进行换热，其物料流程如图 10-74 所示。由于产品的总流量是不允许控制的，因此采用旁路，使产品的一部分经过换热器，另一部分由旁路通过。为了使被预热物料的出口温度达到规定的指标，试确定其控制方案，并选择系统中控制阀的气开、气关形式与控制器的正、反作用。

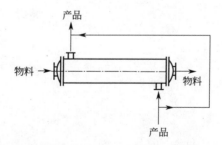

图 10-74　利用热产品加热物料流程图

14. 对精馏塔的自动控制有哪些基本要求？

15. 精馏塔操作的主要干扰有哪些？哪些是可控的？哪些是不可控的？

16. 精馏塔的被控变量与操纵变量一般是如何选择的？

17. 精馏段温控与提馏段温控方案各有什么特点？分别使用在什么场合？

18. 什么叫精馏塔的内回流控制？如何实现？

19. 某精馏塔采用提馏段温控的方案，但进料量经常波动且是不可控的。为提高控制质量，试设计一控制方案，既能及时克服进料量波动这一干扰对塔底质量指标的影响，又能消除其他干扰对塔底温度的影响，使塔底温度控制在一定数值上。画出系统的原理图与方块图，并确定控制阀的气关、气开形式及控制器的正反作用。

20. 化学反应器对自动控制的基本要求是什么？

21. 简述釜式反应器的温度自动控制方案。

22. 在流化床反应器中，为什么常设置差压指示系统？

23. 今有一进行放热化学反应的釜式反应器，由于该化学反应必须在一定的温度下才能进行，故反应初始阶段必须给反应器加热。待化学反应开始后，由于热效应较大，为了保证反应正常进行及安全起见，必须及时移走热量。根据以上要求，试设计一个控制系统，画出系统的原理图，确定控制阀的气开、气关形式及控制器的正、反作用。

24. 某釜式反应器通过改变进料温度来使反应正常进行。为了尽可能地回收热量，利用反应生成物来预热进入反应器的物料，使进料温度恒定。试确定控制方案，画出控制系统的原理图。如果釜温不允许过高，否则反应物会白聚，试确定控制阀的形式与控制器的正、反作用。

附录1 热电偶分度表（冷端温度：0℃）

1. 镍铬-镍硅型热电偶（分度号 K）

温度/℃	热电动势/μV									
	0	10	20	30	40	50	60	70	80	90
0	0	397	798	1203	1611	2022	2436	2850	3266	3681
100	4095	4508	4919	5327	5733	6137	6539	6939	7338	7737
200	8137	8537	8938	9341	9745	10151	10560	10969	11381	11793
300	12207	12623	13039	13456	13874	14292	14712	15132	15552	15974
400	16395	16818	17241	17664	18088	18513	18938	19363	19788	20214
500	20640	21066	21493	21919	22346	22772	23198	23624	24050	24476
600	24902	25327	25751	26176	26599	27022	27445	27867	28288	28709
700	29128	29547	29965	30383	30799	31214	31629	32042	32455	32866
800	33277	33686	34095	34502	34909	35314	35718	36121	36524	36925
900	37325	37724	38122	38519	38915	39310	39703	40096	40488	40879
1000	41269	41657	42045	42432	42817	43202	43585	43968	44349	44729
1100	45108	45486	45863	46238	46612	46985	47356	47726	48095	48462
1200	48828	49192	49555	49916	50276	50633	50990	51344	51697	52049
1300	52398	53093	53093	53439	53782	54125	54466	54807		

2. 镍铬硅-镍硅镁热电偶（分度号 N）

温度/℃	热电动势/μV									
	0	10	20	30	40	50	60	70	80	90
0	0	261	525	793	1065	1340	1619	1902	2189	2480
100	2774	3072	3374	3680	3989	4302	4618	4937	5259	5585
200	5913	6245	6579	6916	7255	7597	7941	8288	8637	8988
300	9341	9696	10054	10413	10774	11136	11501	11867	12234	12603
400	12974	13346	13719	14094	14469	14846	15225	15604	15984	16336
500	16748	17131	17515	17900	18286	18672	19059	19447	19835	20224
600	20613	21003	21393	21784	22175	22566	22958	23350	23742	24134
700	24527	24919	25312	25705	26098	26491	26883	27276	27669	28062
800	28455	28847	29239	29632	30024	30416	30807	31199	31590	31981
900	32371	32761	33151	33541	33930	34319	34707	35095	35482	35869
1000	36256	36641	37027	37411	37795	38179	38562	38944	39326	39706
1100	40087	40466	40845	41223	41600	41976	42352	42727	43101	43474
1200	43846	44218	44588	44958	45326	45694	46060	46425	46789	47152
1300	47513									

3. 镍铬-铜镍型热电偶（分度号 E）

温度/℃	热电动势/μV									
	0	10	20	30	40	50	60	70	80	90
0	0	591	1192	1801	2419	3047	3683	4329	4983	5646
100	6317	6996	7683	8377	9078	9787	10501	11222	11949	12681
200	13419	14161	14909	15661	16417	17178	17942	18710	19481	20256
300	21033	21814	22597	23383	24171	24961	25754	26549	27345	28143

续表

温度/℃	热电动势/μV									
	0	10	20	30	40	50	60	70	80	90
400	28943	29744	30546	31350	32155	32960	33767	34574	35382	36190
500	36999	37808	39426	40236	41045	41853	42662	43470	44278	45085
600	45085	45891	46697	47502	48306	49109	49911	50713	51513	52312
700	53110	53907	54703	55498	56291	57083	57873	58663	59451	60237
800	61022	61806	62588	63368	64147	64924	65700	66473	67245	68015
900	68783	69549	70313	71075	71835	72593	73350	74104	74857	75608
1000	76358									

4. 铁-康铜型热电偶（分度号 J）

温度/℃	热电动势/μV									
	0	10	20	30	40	50	60	70	80	90
0	0	507	1019	1536	2058	2585	3115	3649	4186	4725
100	5268	5812	6359	6907	7457	8008	8560	9113	9667	10222
200	10777	11332	11887	12442	12998	13553	14108	14663	15217	15771
300	16325	16879	17432	17984	18537	19089	19640	20192	20743	21295
400	21846	22397	22949	23501	24054	24607	25161	25716	26272	26829
500	27388	27949	28511	29075	29642	30210	30782	31356	31933	32513
600	33096	33683	34273	34867	35464	36066	36671	37280	37893	38510
700	39130	39754	40382	41013	41647	42283	42922	43563	44207	44852
800	45498	46144	46790	47434	48076	48716	49354	49989	50621	51249
900	51875	52496	53115	53729	54321	54948	55553	56155	56753	57349
1000	57942	58533	59121	59708	60293	60876	61459	62039	62619	63199
1100	63777	64355	64933	65510	66087	66664	67240	67815	68390	68964
1200	69536									

5. 铜-康铜型热电偶（分度号 T）

温度/℃	热电动势/μV									
	0	10	20	30	40	50	60	70	80	90
0	0	391	789	1196	1611	2035	2467	2908	3357	3813
100	4277	4749	5227	5712	6204	6702	7207	7718	8235	8757
200	9286	9820	10360	10905	11456	12011	12572	13137	13707	14281
300	14860	15443	16030	16621	17217	17816				

6. 铂铑10-铂型热电偶（分度号 S）

温度/℃	热电动势/μV									
	0	10	20	30	40	50	60	70	80	90
0	0	55	113	173	235	299	365	432	502	573
100	645	719	795	872	950	1029	1109	1190	1273	1356
200	1440	1525	1611	1698	1785	1873	1962	2051	2141	2232
300	2323	2414	2506	2599	2692	2786	2880	2974	3069	3164
400	3260	3356	3452	3549	3645	3743	3840	3938	4036	4135
500	4234	4333	4432	4532	4632	4732	4832	4933	5034	5136
600	5237	5339	5442	5544	5648	5751	5855	5960	6064	6169
700	6274	6380	6486	6592	6699	6805	6913	7020	7128	7236
800	7345	7454	7563	7672	7782	7892	8003	8114	8225	8336
900	8448	8560	8673	8786	8899	9012	9126	9240	9355	9470

续表

温度/℃	热电动势/μV									
	0	10	20	30	40	50	60	70	80	90
1000	9585	9700	9816	9932	10048	10165	10282	10400	10517	10635
1100	10754	10872	10991	11110	11229	11348	11467	11587	11707	11827
1200	11947	12067	12188	12308	12429	12550	12671	12792	12913	13034
1300	13155	13276	13397	13519	13640	13761	13883	14004	14125	14247
1400	14368	14489	14610	14731	14852	14973	15094	15215	15336	15456
1500	15576	15697	15817	15937	16057	16176	16296	16415	16534	16653
1600	16771	16890	17008	17125	17245	17360	17477	17594	17711	17826

7. 铂铑$_{13}$-铂型热电偶（分度号 R）

温度/℃	热电动势/μV									
	0	10	20	30	40	50	60	70	80	90
0	0	54	111	171	232	296	363	431	501	573
100	647	723	800	879	959	1041	1124	1208	1294	1381
200	1469	1558	1648	1739	1831	1923	2017	2112	2207	2304
300	2401	2498	2597	2696	2796	2896	2997	3099	3201	3304
400	3408	3512	3616	3721	3827	3933	4040	4147	4255	4363
500	4471	4580	4690	4800	4910	5021	5133	5245	5357	5470
600	5583	5697	5812	5926	6041	6157	6273	6397	6507	6625
700	6743	6861	6980	7100	7220	7340	7461	7583	7705	7827
800	7950	8073	8197	8321	8446	8571	8697	8823	8950	9077
900	9205	9333	9461	9590	9720	9850	9980	10111	10242	10374
1000	10506	10638	10771	10905	11039	11173	11307	11442	11578	11714
1100	11850	11986	12123	12260	12397	12535	12673	12812	12950	13089
1200	13228	13367	13507	13646	13786	13926	14066	14207	14347	14488
1300	14629	14770	14911	15052	15193	15334	15475	15616	15758	15899
1400	16040	16181	16323	16464	16605	16746	16887	17028	17169	17310
1500	17451	17591	17732	17872	18012	18152	18292	18431	18571	18710
1600	18849	18988	19126	19264	19402	19540	19677	19814	19951	20087
1700	20222	20356	20488	20620	20749	20877	21003			

8. 铂铑$_{30}$-铂铑$_6$型热电偶（分度号 B）

温度/℃	热电动势/μV									
	0	10	20	30	40	50	60	70	80	90
0	0	−2	−3	−2	0	2	6	11	17	25
100	33	43	53	65	78	92	107	123	140	159
200	178	199	220	243	266	291	317	344	372	401
300	431	462	494	529	561	596	632	669	707	746
400	786	827	870	913	957	1002	1048	1095	1143	1192
500	1241	1292	1344	1397	1450	1505	1560	1617	1674	1732
600	1791	1851	1912	1974	2036	2100	2164	2230	2296	2363
700	2430	2499	2569	2639	2710	2782	2855	2928	3003	3078
800	3154	3231	3308	3387	3466	3546	3626	3708	3790	3873
900	3957	4041	4126	4212	4298	4386	4474	4562	4652	4742
1000	4833	4924	5016	5109	5202	5297	5391	5487	5583	5680
1100	5777	5875	5973	6073	6172	6273	6374	6475	6577	6680
1200	6783	6887	6991	7096	7202	7308	7414	7521	7628	7736
1300	7845	7953	8063	8172	8283	8393	8504	8616	8727	8839
1400	8952	9065	9178	9291	9405	9519	9634	9748	9863	9979
1500	10094	10210	10325	10441	10558	10674	10790	10907	11024	11141
1600	11257	11374	11491	11608	10725	11842	11959	12076	12193	12310
1700	12436	12543	12659	12776	12892	13008	13124	13239	13354	13470
1800	13585	13699	13814							

9. 钨铼$_5$-钨铼$_{26}$型热电偶（分度号 W5/26）

温度/℃	热电动势/μV									
	0	10	20	30	40	50	60	70	80	90
0	0	135	272	412	554	699	845	994	1144	1296
100	1451	1607	1766	1925	2087	2250	2415	2581	2749	2919
200	3089	3261	3435	3609	3785	3962	4141	4320	4500	4682
300	4864	5047	5231	5416	5602	5788	5976	6164	6352	6541
400	6731	6922	7113	7304	7496	7688	7881	8074	8268	8461
500	8655	8850	9044	9239	9434	9629	9824	10020	10215	10411
600	10606	10802	10997	11193	11388	11584	11779	11974	12169	12364
700	12559	12753	12948	13142	13336	13530	13723	13916	14109	14302
800	14494	14686	14878	15069	15260	15451	15641	15831	16020	16209
900	16397	16585	16773	16960	17147	17333	17519	17704	17889	18074
1000	18257	18441	18623	18806	18987	19169	19349	19529	19709	19888
1100	20066	20244	20422	20598	20775	20950	21125	21300	21474	21647
1200	21820	21992	22163	22334	22505	22674	22844	23012	23180	23347
1300	23514	23680	23846	24011	24175	24339	24502	24665	24827	24988
1400	25149	25309	25468	25627	25785	25943	26100	26257	26413	26568
1500	26723	26877	27030	27183	27335	27487	27638	27788	27938	28087
1600	28236	28384	28531	28678	28824	28970	29115	29259	29403	29546
1700	29688	29830	29971	30112	30252	30391	30530	30668	30806	30943
1800	31079	31214	31349	31483	31617	31750	31882	32014	32145	32275
1900	32404	32533	32661	32789	32915	33041	33167	33291	33415	33538
2000	33660	33782	33903	34023	34142	34260	34378	34495	34611	34726
2100	34840	34953	35066	35177	35288	35398	35506	35614	35721	35827
2200	35932	36036	36139	36241	36341	36441	36540	36637	36733	36829
2300	36923	37015								

10. 钨铼$_3$-钨铼$_{25}$型热电偶（分度号 W3/25）

温度/℃	热电动势/μV									
	0	10	20	30	40	50	60	70	80	90
0	0	98	199	305	415	528	644	765	888	1015
100	1145	1273	1414	1554	1696	1840	1988	2137	2290	2445
200	2602	2761	2923	3087	3253	3420	3590	3761	3935	4110
300	4286	4464	4644	4825	5008	5192	5377	5563	5751	5940
400	6129	6320	6512	6705	6898	7093	7288	7484	7681	7879
500	8077	8275	8475	8675	8875	9076	9277	9479	9681	9883
600	10086	10289	10492	10695	10899	11103	11307	11511	11715	11920
700	12124	12329	12534	12738	12343	13147	13352	13557	13761	13966
800	14171	14376	14580	14785	14989	15194	15398	15601	15805	16008
900	16211	16414	16617	16819	17021	17223	17424	17625	17826	18026
1000	18226	18426	18625	18824	19023	19221	19419	19616	19813	20009
1100	20206	20401	20597	20791	20986	21180	21373	21566	21759	21951
1200	22143	22334	22525	22715	22905	23094	23283	23471	23659	23846
1300	24033	24220	24406	24591	24776	24961	25145	25328	25511	25693
1400	25875	26057	26238	26418	26598	26777	26956	27134	27312	27489
1500	27666	27842	28018	28193	28368	28542	28715	28888	29061	29233
1600	29404	29575	29745	29914	30083	30252	30419	30587	30753	30919
1700	31085	31249	31413	31577	31740	31902	32063	32224	32384	32543
1800	32702	32860	33017	33174	33330	33485	33639	33792	33945	34097
1900	34248	34398	34547	34695	34843	34989	35135	35279	35423	35566
2000	35707	35848	35987	36126	36263	36399	36535	36668	36801	36933
2100	37063	37192	37319	37446	37571	37694	37816	37937	38056	38174
2200	38290	38404	38517	38628	38738	38845	38951	39055	39158	39258
2300	39256	39453								

附录2 热电阻分度表

1. Pt100 型热电阻（分度号 Pt100）

温度/℃	热电阻/Ω									
	0	10	20	30	40	50	60	70	80	90
0	100.00	103.9	107.79	111.67	115.54	119.4	123.24	127.08	130.9	134.71
100	138.51	142.29	146.07	149.83	153.58	157.33	161.05	164.77	168.48	172.17
200	175.86	179.53	183.19	186.84	190.47	194.1	197.71	201.31	204.9	208.48
300	212.05	215.61	219.15	222.68	226.21	229.72	233.21	236.7	240.18	243.64
400	247.09	250.53	253.96	257.38	260.78	264.18	267.56	270.93	274.29	277.64
500	280.98	284.3	287.62	290.92	294.21	297.49	300.75	304.01	307.25	310.49
600	313.71	316.92	320.12	323.3	326.48	329.64	332.79	335.93	339.06	342.18
700	345.28	348.38	351.46	354.53	357.59	360.64	363.67	366.7	369.71	372.71
800	375.70	378.68	381.65	384.6	387.55	390.48				

2. Pt10 型热电阻（分度号 Pt10）

温度/℃	热电阻/Ω									
	0	10	20	30	40	50	60	70	80	90
0	10.000	10.390	10.779	11.167	11.554	11.940	12.324	12.708	13.090	13.471
100	13.851	14.229	14.607	14.983	15.358	15.733	16.105	16.477	16.848	17.217
200	17.586	17.953	18.319	18.684	19.047	19.410	19.771	20.131	20.490	20.448
300	21.205	21.561	21.915	22.268	22.621	22.972	23.321	23.670	24.018	24.364
400	24.709	25.053	25.396	25.738	26.078	26.418	26.756	27.093	27.429	27.764
500	28.098	28.430	28.762	29.092	29.421	29.749	30.075	30.401	30.725	31.049
600	31.371	31.692	32.012	32.330	32.648	32.964	33.279	33.593	33.906	34.218
700	34.528	34.838	35.146	35.453	35.759	36.064	36.367	36.670	36.971	37.271
800	37.570	37.868	38.165	38.460	38.755	39.048				

3. Cu50 型热电阻（分度号 Cu50）

温度/℃	热电阻/Ω									
	0	10	20	30	40	50	60	70	80	90
0	50.000	52.144	54.285	56.426	58.565	60.704	62.842	64.981	67.120	69.259
100	71.400	73.542	75.686	77.833	79.982	82.134				

4. Cu100 型热电阻（分度号 Cu100）

温度/℃	热电阻/Ω									
	0	10	20	30	40	50	60	70	80	90
0	100.00	104.29	108.57	112.85	117.13	121.41	125.68	129.96	134.24	138.52
100	142.80	147.08	151.37	155.67	159.96	164.27				

参 考 文 献

[1] 沈怀洋主编. 化工测量与仪表 [M]. 北京：中国石化出版社，2011.

[2] 厉玉鸣主编. 化工仪表及自动化 [M]. 4版. 北京：化学工业出版社，2006.

[3] 解怀仁，杨彬彦主编. 石油化工仪表控制系统选用手册 [M]. 北京：中国石化出版社，2004.

[4] 郑明方主编. 石油化工仪表及自动化 [M]. 北京：中国石化出版社，2009.

[5] 丁炜等. 过程检测及仪表 [M]. 北京：北京理工大学出版社，2010.

[6] 杜维等. 过程检测技术及仪表 [M]. 2版. 北京：化学工业出版社，2010.

[7] 黄永杰等. 检测与过程控制技术 [M]. 北京：北京理工大学出版社，2010.

[8] 《石油化工仪表自动化培训教材》编写组. 测量仪表 [M]. 北京：中国石化出版社，2009.

[9] 柏逢明. 过程检测及仪表技术 [M]. 北京：国防工业出版社，2010.

[10] 张志君等. 现代检测与控制技术 [M]. 北京：化学工业出版社，2007.

[11] 张岳. 集散控制系统及现场总线 [M]. 北京：机械工业出版社，2006.

[12] 杨宁，赵玉刚编著. 集散控制系统及现场总线 [M]. 北京：北京航空航天大学出版社，2003.

[13] 曲丽萍主编. 集散控制系统及其应用实例 [M]. 北京：化学工业出版社，2007.

[14] 凌志浩主编. DCS与现场总线控制系统 [M]. 上海：华东理工大学出版社，2008.

[15] 周荣富，陶文英主编. 集散控制系统 [M]. 北京：北京大学出版社，2011.

[16] 张根宝. 工业自动化仪表与过程控制 [M]. 4版. 西安：西北工业大学出版社 2008.

[17] 俞金寿. 化工自动化及仪表 [M]. 上海：华东理工大学出版社，2011.

[18] 李先允. 自动控制系统 [M]. 北京：高等教育出版社，2003.